"十二五"国家重点图书出版规划项目
轨道交通科技攻关学术著作系列

铁路土建工程施工安全管理

刘建亮　主编

科学出版社
北京

内 容 简 介

本书主要针对工程技术与施工管理人员的实际需求，突出介绍铁路建设工程中易发生安全问题的重点专业工程。全书共九章，分别介绍施工安全管理理论，重大危险源监控及应急救援，施工现场安全管理，路基与土石方工程、桥涵工程、隧道工程、轨道工程的施工安全管理，建设项目安全管理信息化系统，以及工程事故分析。

本书主要面向铁路建设项目中从事施工技术及施工安全管理的技术人员及管理人员，对铁路建设有关的人员也有一定的参考意义。

图书在版编目(CIP)数据

铁路土建工程施工安全管理/刘建亮主编. —北京：科学出版社，2014.6
(轨道交通科技攻关学术著作系列)
ISBN 978-7-03-041171-6

Ⅰ.①铁… Ⅱ.①刘… Ⅲ.①铁路工程-土方工程-工程施工-安全管理 Ⅳ.①TU714

中国版本图书馆 CIP 数据核字(2014)第 128285 号

责任编辑：刘宝莉 孙伯元 / 责任校对：张小霞
责任印制：赵 博 / 封面设计：陈 敬

科学出版社 出版
北京东黄城根北街 16 号
邮政编码：100717
http://www.sciencep.com
北京凌奇印刷有限责任公司印刷
科学出版社发行 各地新华书店经销
*
2014 年 7 月第 一 版 开本：B5(720×1000)
2025 年 1 月第八次印刷 印张：24 1/2
字数：474 000

定价：158.00 元

(如有印装质量问题，我社负责调换)

"轨道交通科技攻关学术著作系列"序

"涓涓溪流，汇聚成河"，无数科技工作者不辍的耕耘，似在时刻诠释着这一亘古不变理念的真谛，成就着人类知识财富源远流长的传承与积累。

回溯新中国成立后中国铁路发展历程，特别是我国铁路高速、重载、既有线提速、高原铁路建设等一系列令世人瞩目的辉煌成就，无不映衬着"铁科人"励志跋涉的身影，凝聚了"铁科人"滴滴汗水与智慧结晶。历经六十多年的发展，中国铁道科学研究院充分发挥专家业务水平高、能力强，技术人才队伍集中，专业配套齐全，技术手段先进等综合资源优势，既历史性地开创了中国高速铁路联调联试、综合试验技术、无砟轨道技术，完成了重载运输、既有线提速和高原铁路等关键技术研究与试验，实现了互联网售票、运营调度、应急管理，以及高速动车组牵引、制动系统及网络控制系统等大批技术创新和成果转化，又在铁道行业重大技术决策信息支持、基础设施检测、产品认证、专业技术培训等技术服务领域发挥了重要作用，成为集科研、开发、生产、咨询、人才培养与培训等业务为一体的轨道交通高新技术企业，是全路当之无愧的科研、试验、信息、标准制修订的研发中心。业已完成的大量重大、关键技术攻关与试验研究，积淀了厚重的专业基础理论，取得了 2300 多项科研成果。其中，有 170 多项获国家科技奖，600 多项获省、部级科技奖。

此时，由中国铁道科学研究院(以下简称"我院")统筹组织科研人员，深入系统梳理总结优质科研成果，编著专业技术专著形成系列丛书，既是驱动我院科研人员自我深入总结，不断追求提高个人学术修养的发展动力，也是传承我院多年科研积累的知识结晶，有效夯实提升人才培养与培训内在品质的重要举措，更是打造我院核心竞争力，努力建设铁路科技创新研发中心并做大做强，彰显责任与担当的真实写照。

本套专业技术系列丛书作为"十二五"国家重点图书出版规划项目，充分反映了我院在推动轨道交通领域技术进步与学科发展中取得的基础理论研究和最新技术应用成果，内容囊括铁路运输组织、机车车辆及动车组技术、工务工程、材料应用、节能环保、检测与信息技术、标准化与计量，以及城轨交通等专业技术发展。丛书在院编委会的指导下，尊重个人学术观点，鼓励支持有为的“铁科人”将科技才华呈现于行业科技之巅，并为致力于轨道交通现代化发展的追“梦”者们，汇聚知识的涓流、铸就成长的阶梯。

中国铁道科学研究院常务副院长

丛书编委会主任

2013 年 12 月

前　言

安全管理具有强制性，“安全第一，预防为主，综合治理”是我国安全生产工作的基本方针，也是铁路建设工程施工安全管理的基本要求。

在工程施工中，安全才能生产、生产必须安全成为施工单位及作业人员必须遵守的准则。但是，由于施工设备的临时性，工作环境的多变性，多工种立体作业，人机流动性，直接从事施工操作的人员和管理人员水平参差不齐，作业者随时都会受到自身行为失误和危险状态的威胁及伤害；而安全事故发生所造成的危害是无法估量的。从这个意义上说，做好施工安全管理工作，实现施工安全是工程施工管理的核心，是工程能够顺利进行的基础，是企业获得效益的前提和保障。

铁路建设工程规模大、战线长、工期紧张；参建单位多，人员结构复杂。施工单位必须处理好工程质量与进度、施工安全与效率之间的矛盾，加强安全管理，严格日常检查考核，优化配置资源，加强施工技术措施，调动人的能动性，以科学管理确保施工安全。

本书是在原培训讲义的基础上，结合历次培训中各方的意见和建议，重新进行了修改和完善。本书主要针对工程技术与施工管理人员的实际需求，突出易发生安全问题的重点专业工程，以现行法律、法规为依据，以现代安全管理理论为导向，对铁路施工安全管理提出了有益的见解和观点。本书主要面向铁路建设项目中从事施工技术及施工安全管理的技术人员及管理人员，对铁路建设有关的人员也有一定的参考意义。

本书由刘建亮主编，第 1 章、第 9 章由刘伟哲、袁媛负责编写，第 2 章、第 3 章由顾问宇编写，第 4 章、第 7 章由杨一农编写，第 5 章、第 6 章由刘建亮编写（其中 5.3 节由刘伟哲编写），第 8 章由蒋秋华编写。

由于编者水平有限，书中难免存在不足之处，恳请广大读者批评指正。

目　录

第 1 章　施工安全管理概述

根据现行法律法规的规定，结合引发事故的原因，本章介绍了安全生产管理理论的基本概念与相关内容，强调了施工过程中加强安全管理、建立安全责任制的意义。

1.1　现代安全生产管理理论简介

1.1.1　安全生产管理基本概念

1. 安全生产

安全生产是指为预防生产过程中发生人身、设备事故，形成良好劳动环境和工作秩序而采取的一系列措施和活动。安全生产旨在保护劳动者在生产过程中的安全，是企业管理必须遵循的一项原则，要求最大限度地减少劳动者的工伤和职业病，保障劳动者在生产过程中的生命安全和身体健康。概括地说，安全生产是为了使生产过程在符合物质条件和工作秩序下进行，防止发生人身伤亡和财产损失等生产事故，消除或控制危险有害因素，保障人身安全与健康、设备和设施免受损坏、环境免遭破坏的总称。

2. 劳动保护

仅从字面上理解，劳动保护是指保护劳动者在生产过程中的安全与健康。很明显，劳动保护的对象是从事生产的劳动者。更广泛地说，劳动保护是依靠科学技术和管理，采取技术措施和管理措施，消除生产过程中危及人身安全和健康的不良环境、不安全设备和设施、不安全环境、不安全场所和不安全行为，防止伤亡事故和职业危害，保障劳动者在生产过程中的安全与健康的总称。劳动保护是站在政府的立场上，强调为劳动者提供人身安全与身心健康的保障。

3. 职业安全卫生

职业安全卫生是安全生产、劳动保护和职业卫生的统称，它是以保障劳动者在劳动过程中的安全和健康为目的的工作领域，以及在法律法规、技术、设备与设施、组织制度、管理机制、宣传教育等方面所有的措施、活动和事务。目前职业安全卫生与劳动安全卫生可以作为同义词使用。

对于企业，职业安全卫生涉及企业生产、管理的方方面面。如目前很多国家正在推行的职业安全卫生管理体系，包括了企业的安全、卫生和管理，涉及企业内部和进入企业的外部的生产设备、设施、环境和场所以及企业员工和相关方。

4. 事故及事故隐患

(1) 在生产过程中，事故是指造成人员死亡、伤害、职业病、财产损失或其他损失的意外事件。从这个解释可以看出，事故是意外事件，该事件是人们不希望发生的；同时该事件产生了违背人们意愿的后果。如果事件的后果是人员死亡、受伤或身体的损害，就称为人员伤亡事故；如果没有造成人员伤亡，就称为非人员伤亡事故。

事故有很多种分类方法，我国在工伤事故统计中，按照导致事故发生的原因，将工伤事故分为20类，分别为物体打击、车辆伤害、机械伤害、起重伤害、触电、淹溺、灼烫、火灾、高处坠落、坍塌、冒顶片帮、透水、放炮、瓦斯爆炸、火药爆炸、锅炉爆炸、容器爆炸、其他爆炸、中毒和窒息、其他伤害等。

(2) 事故隐患泛指生产系统中可导致事故发生的人的不安全行为、物的不安全状态和管理上的缺陷。

事故隐患分类非常复杂，它与事故分类有密切关系，但又不同于事故分类。本着尽量避免交叉的原则，综合事故性质分类和行业分类，考虑事故起因，可将事故隐患归纳为21类，即火灾、爆炸、中毒和窒息、水害、坍塌、滑坡、泄漏、腐蚀、触电、坠落、机械伤害、煤与瓦斯突出、公路设施伤害、公路车辆伤害、铁路设施伤害、铁路车辆伤害、水上运输伤害、港口码头伤害隐患、空中运输伤害隐患、航空港伤害隐患、其他类隐患等。

5. 危险、危险源及重大危险源

(1) 根据系统安全工程的观点，危险是指系统中存在导致发生不期望后果的可能性超过了人们的承受程度。从危险的概念可以看出，危险是人们对事物的具体认识，必须指明具体对象；如危险环境、危险条件、危险状态、危险物质、危险场所、危险人员、危险因素等。

一般用危险度来表示危险的程度。在安全生产管理中，危险度用生产系统中事故发生的可能性与严重性给出，即

$$R = f(F, C) \tag{1.1}$$

式中，R——危险度；

F——发生事故的可能性；

C——发生事故的严重性。

(2) 从安全生产角度，危险源是指可能造成人员伤害、疾病、财产损失、作业环

境破坏或其他损失的根源或状态。

(3) 为了对危险源进行分级管理，防止重大事故发生，提出了重大危险源的概念。广义上说，可能导致重大事故发生的危险源就是重大危险源。但各国政府部门为了对重大危险源进行安全生产监察，对重大危险源做出了规定。

我国标准《重大危险源辨识》(GB 18218—2000)和《中华人民共和国安全生产法》对重大危险源做出了明确的规定。《中华人民共和国安全生产法》第九十六条的解释是：重大危险源，是指长期地或者临时地生产、搬运、使用或者储存危险物品，且危险物品的数量等于或者超过临界量的单元(包括场所和设施)。当单元中有多种物质时，如果各类物质的量满足下式，就是重大危险源：

$$\sum_{i=1}^{N}\frac{q_i}{Q_i}\geqslant 1 \tag{1.2}$$

式中，q_i——单元中物质 i 的实际存在量；

Q_i——物质 i 的临界量；

N——单元中物质的种类数。

在国家标准《重大危险源辨识》(GB 18218—2000)中，作为举例给出了爆炸性物质、易燃物质、活性化学物质和有毒物质等共 142 种物质生产场所和储存区的临界量。各国政府部门对重大危险源的定义、规定的临界量是不同的。无论是重大危险源的范围，还是重大危险源临界量，都是为了防止重大事故发生，从国家的经济实力、人们对安全与健康的承受水平和安全监督管理的需要给出的，随着人们生活水平的提高和对事故控制能力的增强，重大危险源的规定也会发生改变。

6. 安全及本质安全

(1) 按照系统安全工程观点，安全是指生产系统中人员免遭不可承受危险的伤害。在生产过程中，不发生人员伤亡，职业病，设备、设施损害或环境危害的条件，是安全条件。不因人、机、环境的相互作用而导致系统失效、人员伤害或其他损失，是指安全状况。

安全与危险是相对的概念，它们是人们对生产、生活中是否可能遭受健康损害和人身伤亡的综合认识，按照系统安全工程的认识论，无论是安全还是危险都是相对的。

(2) 本质安全是指设备、设施或技术工艺含有内在的能够从根本上防止发生事故的功能，具体包括三方面的内容：

① 失误-安全功能。指操作者即使操作失误，也不会发生事故或伤害，或者说设备、设施和技术工艺本身具有自动防止人的不安全行为的功能。

② 故障-安全功能。指设备、设施或技术工艺发生故障或损坏时，还能暂时维持正常工作或自动转变为安全状态。

③ 上述两种安全功能应该是设备、设施和技术工艺本身固有的，即在规划设计阶段就被纳入其中，而不是事后补偿的。

本质安全是安全生产管理预防为主的根本体现，也是安全生产管理的最高境界，实际上由于技术、资金和人们对事故的认识等原因，到目前还很难做到，只能作为人们为之奋斗的目标。

7. 安全生产管理

安全管理不仅具有一般管理的规律和特点，还有自身的特殊范畴和方法。安全生产是为了使生产过程在符合物质条件和工作秩序下进行，防止发生人身伤亡和财产损失等生产事故，消除或控制危险、有害因素，保障人身安全与健康、设备和设施免受损坏、环境免遭破坏的总称。

安全生产管理是管理的重要组成部分，是安全科学的一个分支。安全生产管理，就是针对人们在生产过程中的安全问题，运用有效的资源，发挥人们的智慧，通过人们的努力，进行有关决策、计划、组织和控制等活动，实现生产过程中人与机器设备、物料、环境的和谐，达到安全生产的目标。

安全生产管理的目标是减少和控制危害，减少和控制事故，尽量避免生产过程中由于事故所造成的人身伤害、财产损失、环境污染以及其他损失。安全生产管理包括安全生产法制管理、行政管理、监督检查、工艺技术管理、设备设施管理、作业环境和条件管理等。

安全生产管理的基本对象是企业的员工，涉及企业中的所有人员、设备设施、物料、环境、财务、信息等各个方面。安全生产管理的内容包括：安全生产管理机构和安全生产管理人员、安全生产责任制、安全生产管理规章制度、安全生产策划、安全培训教育、安全生产档案等。

1.1.2 现代安全生产管理理论简介

1. 我国安全生产管理理论发展状况

现代安全生产管理理论、方法、模式是20世纪50年代进入我国的。在20世纪60～70年代，我国开始吸收并研究事故致因理论、事故预防理论和现代安全生产管理思想。20世纪80～90年代，开始研究企业安全生产风险评价、危险源辨识和监控，一些企业管理者开始尝试安全生产风险管理。20世纪末，我国几乎与世界工业化国家同步研究并推行了职业健康安全管理体系。21世纪以来，我国有些学者提出了系统化的企业安全生产风险管理理论雏形，认为企业安全生产管理是风险管理，管理的内容包括危险源辨识、风险评价、危险预警与监测管理、事故预防与风险控制管理以及应急管理等。该理论将现代风险管理完全融入了安全生产管理中。

2. 安全生产管理的原理与原则

1) 安全科学原理

安全管理的原理基于安全科学原理。安全科学原理以安全系统作为研究对象,建立人-物-能量-信息的安全系统要素体系,提出系统自组织的思路,确立了系统本质安全的目标。通过安全系统论、安全控制论、安全信息论、安全协同学、安全行为科学、安全环境学、安全文化建设等科学理论研究,提出在本质安全化认识论的基础上全面、系统、综合地发展安全科学理论。主要表现为:从人与机器和环境的本质安全入手,人的本质安全不但要解决人的知识、技能、意识素质等问题,还要从人的观念、伦理、情感、态度、认知、品德等人文素质入手,提出文化建设的思路;物和环境的安全化是指要采用先进的安全科学技术、推广自组织、自适应、自动控制与闭锁的安全技术;研究人、物、能量、信息的安全系统论、安全控制论和安全信息论等现代工业安全原理;技术项目中要遵循安全措施与技术设施同时设计、施工、投产的三同时原则;企业在考虑经济发展、进行机制转换和技术改造时,安全生产方面要同时规划、发展、同时实施,即所谓三同步原则,还有对生产现场危险点、危害点、事故多发点的三点控制工程、生产现场的工具、设备、材料、工件等物流与现场工人流动的定量管理等超前预防型安全活动,推行安全目标管理、无隐患管理、安全经济分析、危险预知活动、事故判断技术等安全科学方法。

2) 安全生产管理的原理

安全生产管理原理是从生产管理的共性出发,对生产管理中安全工作的实质内容进行科学分析、综合、抽象与概括所得出的安全生产管理规律。安全生产原则是指在生产管理的基础上,指导安全生产活动的通用规则。

安全生产管理系统是生产管理的一个子系统,包括各级安全管理人员、安全防护设备与设施、安全管理规章制度、安全生产操作规范和规程以及安全生产管理信息等。安全贯穿于生产活动的方方面面,安全生产管理是全方位、全天候且涉及全体人员的管理。

(1) 人本原理:在管理中必须把人的因素放在首位,体现以人为本的指导思想。以人为本有两层含义:一是一切管理活动都是以人为本开展的,人既是管理的主体又是管理的客体,每个人都处于在一定的管理层面上,离开人就无所谓管理;二是管理活动中,作为管理对象的要素和管理系统各环节,都需要人掌管、运作、推动和实施。

(2) 预防原理:安全生产管理工作应该做到预防为主,通过有效的管理和技术手段,减少和防止人的不安全行为和物的不安全状态。在可能发生人身伤害、设备或设施损坏和环境破坏的场合，事先采取措施，防止事故发生。由于预防是事前工作，其准确性和有效性十分重要。为了使预防工作真正起到作用，一方面要重视经验积累，对发生的事故和大量未遂事故进行统计分析，从中发现规律，做到有的放矢；另一方面要采用科学的安全分析、评价技术，对生产中人和物的不安全因素及其后果做出准确判断，从而实施有效的对策，预防事故的发生。值得注意的是，在日常安全管理中人们往往更多注重从技术措施角度去预防，而对危险源以及人的管理反而忽视，而这恰恰是预防的重点。

(3) 强制原理：安全管理具有强制性，即采取强制管理的手段控制人的意愿和行动，使个人的活动、行为受到安全管理要求的约束，从而实现有效的安全管理。安全管理的强制性基于事故损失的偶然性、人的冒险心理及事故损失的不可挽回性这三方面原因；事故的发生并不一定产生具有灾难性的后果，往往会使人产生懈怠心理，忽视安全工作，使得不安全行为和不安全状态继续存在，直至发生事故。进一步分析就上升到人权问题，人的生命高于一切，为了确保人的生命，在安全管理中必须包括强制的内容。实际上，各级政府的安全监督就是强制原理的体现。强制性管理的实现离不开法律、法规、标准和各级规章制度，这些法规制度构成了安全行为的规范；强有力的管理和监督体系，是保证被管理者始终按照行为规范进行活动。

3) 安全生产管理的原则

(1) 安全第一原则：就是要求在进行生产和其他活动时把安全工作放在一切工作的首要位置。当生产和其他工作与安全发生矛盾时，要以安全为主，生产和其他工作要服从安全。

(2) 计划性原则，即方针目标管理：没有明确目的的安全管理是一种盲目行为。企业必须根据政府部门下达的控制目标，制定本企业或本项目的安全控制指标和相应的安全计划。

(3) 预防为主原则。

(4) 坚持动态管理原则。

(5) 效果原则。

(6) 监督原则：在安全工作中，为了使安全生产法律法规得到落实，必须设立安全生产监督管理部门，对企业生产中的守法和执法情况进行监督。

(7) 反馈原则：安全管理要讲求目的性和效果性，要有评价，因此，安全管理中要不断地将实际情况与计划相互比较，改进方法或措施，反馈对于安全管理提高效果能起到重要作用。从控制论的角度看，就是对于计划或系统的输入要有自检、评价、修整的功能。

(8) 系统性原则：把事故现象和安全工作看成一个相互关联的综合整体，管理的实施应建立在系统分析基础上。

3. 安全管理的组织系统

安全管理工作一般由安全工作指挥系统、安全检查系统和安全监督系统构成。安全管理在组织结构、人员保障和经费保障三方面要遵循以下几点。①合理的组织结构:形成横到边、纵到底的安全工作体系;合理设置横向安全管理部门、划分纵向安全管理层次。②明确责任和权利。各部门、各层次乃至各工作岗位都要明确安全工作责任,并由上级授予相应的权利。这样有利于内部各部门、各层次为实现安全生产而协同工作。③人员选择与配备。根据不同部门、不同层次的不同岗位的责任情况,选择和配备人员。特别是专业安全技术人员和专业安全管理人员应具备相应的专业知识和能力。④制定和落实规章制度。制定和落实各种规章制度可以保证安全工作组织有效地运转。⑤信息沟通。单位内部要建立有效的信息沟通模式,使信息沟通渠道畅通,保证安全信息及时、正确传达。⑥与外界协调。企业存在于大的社会环境中,安全工作要接受政府的指导和监督。⑦推行安全经济奖励与惩罚机制。

1.1.3　安全管理在施工过程中的地位和作用

安全管理具有强制性,伴随着国家及铁路部门各项安全管理法律、法规、规章、标准、规范的颁布和实施,施工企业的安全管理制度也日趋完善。在工程施工中,安全才能生产、生产必须安全已成为全体施工作业人员及管理人员必须遵守的准则。人们从以往被动地讲安全,到主动地要说安全,到今天的安全就是效益,完成了认识上的一个飞跃。但是,由于施工企业生产设备的临时性等,工作环境的多变性,多工种立体作业,人、机的流动性等都存在着多种危险因素,直接从事施工操作的人和相关人员随时随地活动于危险因素包围之中,随时都会受到自身行为失误和危险状态的威胁和伤害;而安全事故的发生,造成的危害是无法估量的。多少次惨痛的教训告诉人们做好安全管理,实现安全生产的重要意义。因此,生产必须安全,安全为了生产,从这个意义上说做好安全管理工作,实现安全生产是工程施工的核心,是工程能够顺利进行的基础,是获得效益的前提和保障。

1.2　铁路工程施工安全管理的相关规定

1.2.1　安全生产管理的方针

《中华人民共和国安全生产法》在总结我国安全生产管理实践经验的基础上,将"安全第一,预防为主,综合治理"规定为我国安全生产工作的基本方针。

安全第一。是指在生产经营活动中,在处理保证安全与生产经营活动的关系上，要始终把安全放在首要位置，优先考虑从业人员和其他人员的人身安全，实行安全优先的原则。在确保安全的前提下，努力实现生产的其他目标。

预防为主。就是说对安全生产的管理，主要避免在发生事故后去组织抢救，进行事故调查、处理和分析，而是按照系统化、科学化的管理思想，按照事故发生的规律和特点，千方百计预防事故的发生，做到防患于未然，将事故消灭在萌芽状态。虽然人类在生产活动中还不可能完全杜绝安全生产事故的发生，但只要思想重视，预防措施得当，事故是可以大大减少的。

综合治理。就是标本兼治，重在治本，在采取断然措施遏制重特大事故，实现治标的同时，积极探索和实施治本之策，综合运用科技手段、法律手段、经济手段和必要的行政手段，从发展规划、行业管理、安全投入、科技进步、经济政策、教育培训、安全立法、激励约束、企业管理、监管体制、社会监督以及追究事故责任、查处违法违纪等方面着手，解决影响制约我国安全生产的历史性、深层次问题，做到思想认识上警钟长鸣，制度保证上严密有效，技术支撑上坚强有力，监督检查上严格细致，事故处理上严肃认真。

1.2.2　参建单位的施工安全责任

根据国务院《建设工程安全生产管理条例》，结合铁路行业特点，原铁道部颁布了《铁路建设工程安全生产管理办法》（铁建设[2006]179号）；规定了建设单位、勘察单位、设计单位、工程监理单位、施工单位以及其他工程建设参与单位的责任，明确了建立工程施工安全管理的要求。

1. 建设单位的主要安全责任

（1）建设单位在工程招标资格审查时，应检查施工企业的安全生产许可证原件，审查拟任项目负责人、专职安全管理人员的安全记录和铁道部安全培训合格证。建设单位不得接受没有安全生产许可证原件、拟任项目负责人、专职安全管理人员安全培训考试不合格或被限制进入铁路建设市场的施工企业的投标文件。

（2）建设单位应当向施工单位提供施工现场及毗邻区域内供水、排水、供电、供气、供热、通信、信号、广播电视等地下管线资料，气象和水文观测资料，拟建工程可能影响的相邻建筑物和构筑物、地下工程的有关资料，并保证有关资料的真实、准确、完整。

（3）建设单位在组织编制施工组织设计时，应包含安全生产保证措施，对勘察设计、施工、监理以及其他参建单位的安全生产要求，包括安全生产制度要求、安全生产管理人员配置要求、应急救援预案等。

（4）建设单位不得对勘察设计、施工、监理等单位提出不能保证安全生产的要求，不得明示或暗示施工单位在不具备安全保证的条件下施工，不得明示或暗示施工单位购买、租赁、使用不符合安全施工要求的建筑材料、安全防护用具、机械设备、施工机具及配件、消防设施和器材。

2. 勘察单位的安全责任

勘察单位应当按照法律、法规和工程建设强制性标准进行勘察，提供的勘察文件应当真实、准确，满足建设工程安全生产的需要。在勘察作业时，应当严格执行操作规程，采取措施保证各类管线、设施和周边建筑物、构筑物的安全。

3. 施工监理单位的安全责任

工程监理单位应当审查施工组织设计中的安全技术措施或者专项施工方案是否符合工程建设强制性标准。工程监理单位在实施监理过程中，若发现存在安全事故隐患，应当要求施工单位整改；情况严重的，应当要求施工单位暂时停止施工，并及时报告建设单位；施工单位拒不整改或者不停止施工的，应当及时向有关主管部门报告。

工程监理单位和监理工程师应当按照法律、法规和工程建设强制性标准实施监理，并对建设工程安全生产承担监理责任。

4. 施工单位的安全责任

(1) 施工单位必须在铁路建设项目设立安全生产管理机构，配备符合规定数量、满足生产需要的专职安全人员；采用新技术、新工艺、新材料以及施工作业难度大的工程项目，应适当增加专职安全生产管理人员，并通过相应培训和考核。

(2) 项目专职安全生产管理人员应参与上岗前培训和技术交底，进行现场安全生产检查，督促作业人员遵守安全操作规程和技术标准，及时制止并纠正违反施工安全技术规范、规程的行为。发现安全生产隐患应及时向项目负责人和企业安全生产管理机构报告，并督促整改。

(3) 施工前，项目技术人员应就有关安全施工的技术要求和安全生产措施向施工作业班组、作业人员进行详细说明，交底记录由双方签字确认，交底及确认资料纳入工程档案。

作业人员有权对施工现场的作业条件、作业程序和作业方式中存在的安全问题提出意见、检举和控告，有权拒绝违章指挥和冒险作业。

(4) 对达到一定规模且危险性较大的工程，应编制专项施工方案，进行安全检算，经施工企业技术负责人签字，总监理工程师审核后，报建设单位批准后实施，并由施工单位专职安全生产管理人员进行现场监督。必要时，施工单位还应对上述专项施工方案组织专家论证、审查。

(5) 在营业线施工时，应严格执行铁路部门关于营业线施工安全管理的规章制度；对照设计文件进行现场设备核对，按照审查后的指导性施工组织设计和现场设备核对情况编制实施性施工组织设计；实施性施工组织设计经单位技术负责人审查后报建设单位审批，依据批准后的实施性施工组织设计与铁路运输企业签署施工安全协议并组织实施，接受铁路运输企业的安全监督管理。施工单位应比照营业线运输管理规定建立新线施工运输安全管理制度，完善调度命令，规范运输组织管理，严格按照管理制度组织行车，加强对运输机车车辆的维修保养，保证施工运输安全。

(6) 隧道工程应采用与工程地质条件适应的工艺工法，使用与施工方法匹配的施工设备和机具。加强围岩监控，及时按规范进行支护和衬砌；有瓦斯等有害气体的隧道必须配置符合相关规定的通风设备。实行隧道风险评估制度，按规定需要进行工程地质超前预报的，必须配备相应的人员和设备进行工程地质超前预报；完善现场人员管理，实行洞口出入登记制度。

(7) 建立铁路建设安全事故隐患排查治理、建档监控制度和预警机制，按照评估的事故隐患风险等级，建立并落实隐患排查治理和监控责任制。

发现重大安全事故隐患的，应及时向建设单位、铁路建设工程质量安全监督机构和工程所在地县级以上地方人民政府安全生产监督管理部门报告。

(8) 所承建工程施工现场和驻地容易引发自然灾害、事故灾难的危险源、危险区域进行调查、风险评估，建立危险源登记台帐，定期进行检查，根据危险源分布、危险性分析状况和可能发生的事故等级组织制定应急预案。重大危险源的专项应急预案须组织论证或评审。

应急预案在监理单位批准后报建设单位核备，至少每半年组织一次演练、每年组织一次修订。应急要素发生重大变化时，应及时修订应急预案。

(9) 项目管理人员和作业人员每年至少进行一次安全生产教育培训，教育培训情况记入个人工作档案。新开工项目应在开工前进行全员安全培训，新上岗及转岗人员应进行上岗前安全培训。未经培训或者教育培训考核不合格的人员，不得上岗。

采用新技术、新工艺、新设备、新材料时，应当对生产管理、技术及作业人员进行相应的安全生产专题教育培训。

1.2.3 铁路施工安全管理基本要求

1. 中国铁路工程建设管理特点

铁路建设工程任务重，管理难度大。绝大多数工程项目规模大、战线长，工期紧张，参建单位多，人员结构复杂。施工管理中必须处理好工程质量与进度、施工安全与效率之间的矛盾，加强安全质量管理，严格日常检查考核，优化配置资源，提高工作效率，以科学管理、强有力的技术措施确保工程质量及施工安全，工程建设管理难度大。

铁路建设工程施工条件差，项目分布地域广阔，涉及不同的水文地质条件，作业环境复杂。施工过程涉及诸多新技术、新工艺、新材料、新设备。施工中采用的安全标准、技术方案、安全技术措施要求都非常高。这一切均对安全管理提出了新的要求。

2. 施工安全管理工作流程

铁路建设工程中主要参建单位的施工安全管理工作流程见图 1.1。

3. 施工单位专职人员安全职责

1）项目经理安全职责

贯彻执行国家、行业和企业安全生产要求；掌握项目安全生产动态，定期研究安全工作；组织制定安全工作实施计划；组织制定和完善项目安全生产规章制度及奖惩办法；组织制定并实施生产安全事故应急救援预案；建立、健全安全生产责任制；安全生产保证体系，保证安全生产投入；督促、检查安全生产工作，及时消除生产安全事故隐患；及时、如实报告生产安全事故。

2）主管安全生产负责人职责

组织落实安全生产责任制和安全生产管理制度，对安全生产工作负直接领导责任；组织实施安全工作规划、目标及实施计划；领导、组织安全生产宣传教育工作；确定安全生产考核指标。领导、组织安全生产检查；认真听取、采纳安全生产的合理化建议，保证安全生产保障体系的正常运转；发生生产安全事故，组织实施生产安全事故应急救援。

3）技术负责人的安全生产职责

贯彻执行国家和上级的安全生产方针、政策，在本企业施工安全生产中负技术领导责任；审批施工组织设计和施工方案时，审查其安全技术措施，并做出决定性意见；领导开展安全技术攻关活动，并组织技术鉴定和验收。

新材料、新技术、新工艺使用前，组织审查其使用和实施过程中的安全性，组织编制或审定相应的操作规程；参加生产安全事故的调查和分析，从技术上分析事故原因，制定整改防范措施。

4）安全管理机构的安全职责

宣传和贯彻国家安全生产法律法规和标准规范，编制并适时更新安全生产管理制度并监督实施；组织或参与企业（项目）生产安全相关活动；协调配备工程项目专职安全生产管理人员；制定企业（项目）安全生产考核计划，查处安全生产问题，建立管理档案。

工作内容	建设单位	勘察设计单位	施工单位	监理单位
安全管理组织机构	成立安全管理组织机构	成立现场施工配合机构	组建施工现场项目安全管理机构	组建监理现场管理机构
安全资源配置	保证安全费用投入，配置相应安全资源	将安全费用纳入概算，配置相应安全资源	制定安全费用使用计划，专款专用，配置相应安全资源	督促施工单位落实安全费用投入，配置相应安全资源
安全管理制度	编制安全管理办法及安全文明标准工地规划，建立相应的安全管理制度	建立相应的设计安全管理制度	编制项目相应的施工管理制度	编制监理安全管理规划及细则，建立相应的安全管理监理制度
安全管理目标	研究决定本项目的安全控制和管理目标	细化分解安全控制和管理目标	细化分解安全控制和管理目标	细化分解安全控制和管理目标
安全教育培训	根据本项目特点和安全控制重点，编制培训教材，组织培训	对设计总体和相关设计人员进行培训	三类人员具有行业主管部门或铁道部颁发的安全培训考试合格证，对作业人员进行培训	对总监、监理工程师等进行培训
专项施工方案	组织审查	参加核查，提出意见或建议	编制专项方案，落实修改意见，并组织实施	总监审核
安全技术交底	组织重大方案的安全交底，检查施工单位的安全交底情况	参加重大方案安全交底	进行安全交底，并保持交底记录	参加重大方案的安全交底，检查施工单位的交底情况
应急预案	编制相应的应急预案，组织审查各方面预案	编制相应的应急预案	编制相应的应急预案	编制应急预案，并审查施工单位的预案
营业线施工	审查并上报审批施工计划，根据施工等级现场把关	根据营业线施工情况，提出营业线施工过渡方案，以及在施工期间保证安全运营的措施和施工注意事项	提报施工计划，包括施工方案设计、施工组织设计、施工安全协议书等基本内容。根据计划组织实施	制定监理细则，审查施工计划，监督施工单位按设计标准和有关规范、规定施工，及时防范施工中的安全隐患
安全检查	定期检查重点抽查	配合检查	自检并接受检查	现场巡查旁站监理
处理反馈信息	核实、督促采取防范措施	处理施工反馈的有关问题	反映和处理相关问题	核实和督促处理

图 1.1　施工安全管理工作框图

5）专职安全管理人员职责

监督项目安全生产管理要求的实施，建立项目安全生产管理档案；对危险性较大分部分项工程实施现场监护并做好记录；阻止和处理违章指挥、违章作业和违反劳动纪律等现象；定期向企业安全生产管理机构报告项目安全生产管理情况。

4. 施工安全措施

施工安全措施包括技术措施与管理措施。安全技术措施是指运用工程技术手段消除物的不安全因素，实现生产工艺和机械设备等生产条件本质安全的措施。工程施工中，针对工程的特点、施工现场环境、施工方法、劳动组织、作业方法、使用的机械、动力设备、变配电设施、架设工具以及各项安全防护设施等制定确保安全施工的措施，成为施工安全措施。施工安全措施是施工组织设计（或施工方案）的重要组成部分。

1）施工安全技术措施编制要求

（1）工程开工前编制，并经过审批；施工过程中根据工程更改等情况，及时补充完善。

（2）要有针对性。针对不同工程特点、不同施工方法、使用的机械设备、施工场地及周围环境因素、作业人员的特点、类似工程管理经验等，从技术上、管理上采取措施，对作业人员及施工环境给以保护，防止出现安全事故。

（3）要全面、具体。安全技术措施均应贯彻于全部施工工序之中，力求细致全面、具体。

（4）重点工程应编制单位工程或分部分项工程安全技术措施。对具有一定危险或危险性较大的分部分项工程、特种（殊）作业，要编制专项施工方案。

2）施工安全技术措施的主要内容

施工安全技术措施的主要内容包括作业技术要求，安全防护设施，安全通道，施工机械操作要求，立体交叉施工作业区的隔离措施，施工作业区、交通道路与居民区的防护隔离设置，场内运输道路及行人通道的布置，施工临时用电、防火、防毒、防爆、防雷等安全措施。

3)执行安全技术措施的要求

工程技术人员负责编制的安全技术措施，必须报经上一级技术负责人审批后执行，它具有技术法规的作用，在施工过程中要求作业人员必须认真执行。基本要求如下：①认真进行安全技术交底；②认真组织落实；③加强安全技术措施实施情况的检查，务使可靠、有效；④建立与经济挂钩的奖罚制度。

5. 安全生产投入

（1）施工单位必须安排适当资金，用于改善安全设施，更新安全技术装备、器材、仪器、仪表以及其他安全生产投入,保证达到法律、法规、标准规定的安全生产条件,并对由于安全生产所必需的资金投入不足导致的后果承担责任。

(2) 安全生产投入主要用于以下方面:①建设安全技术措施项目,如防火、通风等;②增设新安全设备、器材、装备、仪器、仪表等以及这些安全设备的日常维护;③重大安全生产课题的研究;④按国家标准为职工配备劳动保护用品;⑤职工的安全生产教育和培训;⑥其他有关预防事故发生的安全技术措施费用,如用于制定及落实生产事故应急救援预案等。

1.2.4 安全生产责任制

1. 建立安全生产责任制的必要性

《中华人民共和国安全生产法》明确规定了生产经营单位必须建立、健全本单位安全生产责任制。

安全生产责任制是施工单位各项安全生产规章制度的核心,是行政岗位责任制和经济责任制度的重要组成部分,也是最基本的职业健康安全管理制度。安全生产责任制按照职业健康安全工作方针"安全第一,预防为主"和管生产的同时必须管安全的原则,将各级负责人员、各职能部门及其工作人员、各岗位生产工人在职业健康安全方面应做的事情和应负的责任加以明确规定的一种制度。

2. 安全生产责任制的主要要求

安全生产责任制的核心是实现安全生产的五同时,就是在计划、布置、监察、总结、评比生产工作的时候,同时计划、布置、检查、总结、评比安全工作。其内容大体可分为两个方面:一是纵向方面各级人员的安全生产责任制,即各类人员(从最高管理者、管理者代表到一般职工)的安全生产责任制;二是横向方面各职能部门(如安全、设备、技术、生产、人事、财务、设计、档案、培训、宣传等部门)的安全生产责任制。

安全生产是关系到施工单位全员、全层次、全过程的大事,因此,施工单位必须建立安全生产责任制。把安全生产、人人有责从制度上固定下来。从而增强各级管理人员的责任心,使安全管理纵向到底、横向到边、责任明确、协调配合,共同努力把安全工作真正落到实处。要建立起一个完善的安全生产责任制,需要达到如下要求:

(1) 必须符合国家安全生产法律法规和政策、方针的要求,并应适时修订。

(2) 建立的安全生产责任制体系要与施工单位管理体制协调一致。

(3) 制定安全生产责任制要根据本单位、部门、班组、岗位的实际情况,明确、具体,具有可操作性,防止形式主义。

(4) 制定、落实安全生产责任制要有专门的人员与机构来保障。

(5) 在建立安全生产责任制的同时建立安全生产责任制的监督、检查等制度,特别要注意发挥职工群众的监督作用,以保证安全生产责任制得到真正落实。

3. 安全生产责任制应包含的主要内容

1) 单位主要负责人

施工单位的主要负责人是本单位安全生产的第一责任者,对安全施工全面负责。其职责包括:建立、健全本单位安全生产责任制;组织制定本单位安全生产规章制度和操作规程;保证本单位安全生产投入的有效实施;督促、检查本单位的安全生产工作,及时消除生产安全事故隐患;组织制定并实施本单位的生产安全事故应急救援预案;及时、如实报告生产安全事故。

2) 单位其他负责人

其他负责人在各自职责范围内,协助主要负责人搞好安全生产工作。

3) 职能管理机构负责人及其工作人员

职能管理机构负责人按照本机构的职责,组织有关工作人员做好安全生产责任制的落实,对本机构职责范围的安全生产工作负责;职能机构工作人员在本人职责范围内做好有关安全生产工作。

4) 班组长

班组安全生产是搞好安全生产工作的关键,班组长全面负责本班组的安全生产,是安全生产法律、法规和规章制度的直接执行者。贯彻执行本单位对安全生产的规定和要求,督促本班组的工人遵守有关安全生产规章制度和安全操作规程,切实做到不违章指挥,不违章作业,遵守劳动纪律。

5) 岗位工人

岗位工人对本岗位的安全生产负直接责任。要接受安全生产教育和培训,遵守有关安全生产规章和安全操作规程,不违章作业,遵守劳动纪律。特种作业人员必须接受专门的培训,经考试合格取得操作资格证书的,方可上岗作业。

1.2.5 安全生产检查

安全检查是指对施工过程及安全管理中可能存在的隐患、有害与危险因素、缺陷等进行查证,以确定隐患或有害与危险因素、缺陷的存在状态,以及它们转化为事故的条件,以便制定整改措施,消除隐患、有害与危险因素,确保施工安全。安全检查是安全管理工作的重要内容,是消除隐患、防止事故发生、改善劳动条件的重要手段。通过安全检查可以发现施工过程中的危险因素,以便有计划地制定纠正措施,保证施工的安全。

1. 安全检查的类型

1) 按检查的性质分类

(1) 一般检查:又称普遍检查,是一种经常的、普遍的检查。一般采取个别的、日常的巡视方式来实现。在施工过程中进行经常性的预防检查,能及时发现并及时消除隐患,保证施工正常进行。

(2) 专业(项)安全检查:专项安全检查是对某个专项问题或在施工中存在的普遍性安全问题进行的单项定性检查。对危险较大的在用设备、设施,作业场所环境条件的管理性或监督性定量检测检验则属专业性安全检查。专项检查具有较强的针对性和专业要求,用于检查难度较大的项目。通过检查,发现潜在问题,研究整改对策,及时消除隐患,进行技术改进。

(3) 季节性及节假日前安全检查:由各级生产单位根据季节变化,按事故发生的规律对易发的潜在危险,突出重点进行季节检查。如冬季防冻保温、防火、防煤气中毒;夏季防暑降温、防汛、防雷电等检查。

由于节假日(特别是重大节日,如元旦、春节、劳动节、国庆节)前后容易发生事故,应进行有针对性的安全检查。

(4) 综合性安全检查:一般是由主管部门对下属各企业或生产单位进行的全面综合性检查,必要时可组织进行系统的安全性评价。

2) 按检查方式分类

(1) 定期安全检查:定期检查列入安全管理活动计划,有较一致时间间隔的安全检查。定期安全检查周期,施工项目自检宜控制在10～15天。班组必须坚持日检。季节性、专业性安全检查按规定要求确定日程。

(2) 连续检查:主要是针对某些设备的运行状况和操作进行长时间观察,通过观察发现设备运转的不正常情况并予以调整及做小的修理。观察使用设备的工人的操作情况,并帮助他们进行安全操作的训练,使工人熟悉机械设备各部分正常运转情况,及时察觉操作中的不安全行为和不正常现象。

(3) 突击检查:它是对特殊部门、特殊设备或某一工作区域进行的,而且事先未曾宣布的一种检查。这种检查可以促进管理人员对安全的重视,促进他们预先做好检查并改进缺陷。

(4) 不定期的职工代表巡视检查:由企业或工会负责人负责组织有关专业技术特长的职工代表进行巡视检查。重检点查国家安全生产方针、法规的贯彻执行情况;检查单位领导干部安全生产责任制的执行情况;工人安全生产权利的执行情况;检查事故原因、隐患整改情况;对责任者提出处理意见。此类检查可进一步强化各级领导安全生产责任制的落实,促进职工劳动保护合法权利的维护。

(5) 特种检查:对采用的新设备、新工艺、新建、改建的工程项目,以及出现的新危险因素进行的安全检查。特殊检查还包括：对有特殊安全要求的手持电动工具、电气、照明设备、通风设备、有毒有害物的储运设备进行的安全检查。

2. 安全生产检查的内容

安全检查对象的确定应本着突出重点的原则，对于危险性大、易发事故、事故危害大的生产系统、部位、装置、设备等应加强检查。一般应重点检查：易造成重大损失的易燃易爆危险物品、剧毒品、锅炉、压力容器、起重、运输、电气设备、机械、高处作业和本单位易发生工伤、火灾、爆炸等事故的设备、工种、场所及其作业人员；造成职业中毒或职业病的尘毒点及其作业人员；直接管理重要危险点和有害点的部门及其负责人。

安全检查应根据施工特点，主要检查下述内容：查思想、查制度、查机械设备、查安全设施、查安全教育培训、查操作行为、查劳保用品使用、查伤亡事故处理、查环境影响等。为此，必须制定检查项目、查方法、检查要求与标准，并做好检查记录，系统保存归档。检查后，应有分析、总结、对问题的处理措施。

3. 检查方法

1）常规检查

常规检查是常见的一种检查方法。通常是由安全管理人员作为检查工作的主体，到作业场所的现场，通过感观或辅助一定的简单工具、仪表等，对作业人员的行为、作业场所的环境条件、生产设备设施等进行的定性检查。安全检查人员通过这一手段，及时发现现场存在的安全隐患并采取措施予以消除，纠正施工人员的不安全行为。

这种方法完全依靠安全检查人员的经验和能力，检查的结果直接受安全检查人员个人素质的影响。因此，对安全检查人员要求较高。

2）安全检查表法

为使检查工作更加规范，使个人的行为对检查结果的影响减少到最低，常采用安全检查表法。

安全检查表（safety checklist，SCL）是为了系统地找出系统中的不安全因素，事先把系统加以剖析，列出各层次的不安全因素，确定检查项目，并把检查项目按系统的组成顺序编制成表，以便进行检查或评审，这种表就叫做安全检查表。安全检查表是进行安全检查，发现和查明各种危险和隐患，监督各项安全规章制度的实施，及时发现事故隐患并制止违章行为的一个有力工具。

安全检查表应列举需查明的所有会导致事故的不安全因素。每个检查表均需注明检查时间、检查者、直接负责人等，以便分清责任。安全检查表的设计应做到系统、全面，检查项目应明确。

编制安全检查表应依据有关标准、规程、规范及规定；国内外事故案例及本单位在安全管理及生产中的有关经验；通过系统分析，确定危险部位及防范措施；新知识、新成果，新方法、新技术、新法规和标准。在我国许多行业都编制并实施了适合行业特点的安全检查标准。企业在实施安全检查工作时，根据行业颁布的安全检查标准，可以结合本单位情况制定更具可操作性的检查表。

3）仪器检查法

机器、设备内部的缺陷及作业环境条件的真实信息或定量数据，只有通过仪器检查法来进行定量化的检验与测量，才能发现安全隐患，为后续整改提供信息。因此必要时需要实施仪器检查。由于被检查对象不同，检查所用的仪器和手段也不同。

4. 安全生产检查的工作程序

1）安全检查准备

确定检查对象、目的、任务，查阅、掌握有关法规、标准、规程的要求，了解检查对象的工艺流程、生产情况、可能出现危险危害的情况，制定检查计划，安排检查内容、方法、步骤，编写安全检查表或检查提纲，准备必要的检测工具、仪器、书写表格或记录本，挑选、训练检查人员并进行必要的分工等。

2）实施安全检查

实施安全检查就是通过访谈、查阅文件和记录、现场检查、仪器测量的方式获取信息。

（1）访谈。与有关人员谈话来了解相关部门、岗位执行规章制度的情况。

（2）查阅文件和记录。检查设计文件、作业规程、安全措施、责任制度、操作规程等是否齐全、是否有效，查阅相应记录，判断上述文件是否被执行。

（3）现场观察。到作业现场寻找不安全因素、事故隐患、事故征兆等。

（4）仪器测量。利用一定的检测检验仪器设备，对在用的设施、设备、器材状况及作业环境条件等进行测量，以发现隐患。

3)通过分析做出判断

掌握情况（获得信息）之后，就要进行分析、判断和检验。可凭经验、技能进行分析、判断，必要时可以通过仪器、检验得出正确结论。

4）及时做出决定进行处理

做出判断后应针对存在的问题做出采取措施的决定，即下达隐患整改意见和要求，包括要求进行信息的反馈。

5）整改落实

通过复查整改落实情况，获得整改效果的信息，以实现安全检查工作的闭环。

检查后的整改，必须坚持三定和不推不拖，不使危险因素长期存在而危及人的安全。三定是指对检查后发现的危险因素的消除态度。三定即定具体整改责任人,定解决与改正的具体措施,限定消除危险因素的整改时间。在解决具体的危险因素时,凡借用自己的力量能够解决的,不推脱、不等不靠,坚决地组织整改。

1.3　事故致因与事故预防

1.3.1　事故致因理论简介

事故致因理论是从大量典型事故中的原因的分析中所提炼出的事故机理和事故模型,概括地考虑构成系统的人、机、物、环境。这些事故机理和事故模型反映了事故发生的规律,它对认识事故本质,消除和控制事故发生、指导事故调查、事故分析、事故预防及事故责任的认定都有重大作用。

近十几年来,人们一致认为,事故的直接原因不外乎是人的不安全行为或人为失误、物的不安全状态或故障两大因素作用的结果。间接原因是社会因素和管理因素,也是导致事故发生的本质原因。

随着科学技术和生产方式的发展,事故发生的规律在不断变化,人们对事故原因的认识也在不断深入,到目前为止,已经提出十多种事故致因理论,这里介绍其中常用的几种。

1. 事故频发倾向理论

1919年,英国的格林伍德和伍兹对许多伤亡事故发生次数进行统计分析时发现,当发生事故的概率不存在个体差异时,一定时间内事故发生次数服从泊松分布。一些工人由于存在精神或心理方面的毛病,如果在生产操作过程中发生过一次事故,当再继续操作时,就有重复发生第二次、第三次事故的倾向,符合这种统计分布的主要是少数有精神或心理缺陷的工人,服从偏倚分布。当工厂中存在许多特别容易发生事故的人时,发生不同次数事故的人数服从非均等分布。

1939年,法默和查姆勃等在此研究基础上提出了事故频发倾向理论。事故频发倾向是指个别容易发生事故的稳定个人内在倾向。事故频发倾向者的存在是工业事故发生的主要原因,即少数具有事故频发倾向的工人是事故频发倾向者,他们的存在是工业事故发生的原因。如果企业中减少了事故频发倾向者,就可以减少工业事故。

2. 海因里希因果连锁理论

1931年,美国的海因里希阐述了工业安全因果连锁理论。海因里希把工业伤害事故的发生发展过程描述为具有一定因果关系事件的连锁,即人员伤亡的发生是事故的结果,事故的发生原因是人的不安全行为或物的不安全状态,人的不安全行为或物的不安全状态是由人的缺点造成的,人的缺点是由不良环境诱发或者是由先天的遗传因素造成的。

海因里希将事故因果连锁过程概括为以下五个因素:遗传及社会环境、人的缺点、人的不安全行为或物的不安全状态、事故、伤害。海因里希用多米诺骨牌来形象地描述这种事故因果连锁关系。在多米诺骨牌系列中,一颗骨牌被碰倒了,则将发生连锁反应,其余的几颗骨牌相继被碰倒。如果移去中间的一颗骨牌,则连锁被破坏,事故过程被中止。他认为,企业安全工作的中心就是防止人的不安全行为,消除机械的或物质的不安全状态,中断事故连锁的进程,避免事故的发生。

3. 能量意外释放理论

1961 年,吉布森提出了事故是一种不正常的或不希望的能量释放,各种形式的能量是构成伤害的直接原因。因此,应该通过控制能量或控制作为能量及人体媒介的能载体来预防伤害事故。

1966 年,在吉布森的研究基础上,哈登完善了能量意外释放理论,提出"人受伤害的原因只能是某种能量的转移。"并提出了能量逆流于人体造成伤害的分类方法,将伤害分为两类:第一类伤害是由施加了局部或全身性损伤阈值的能量引起的;第二类伤害是由影响了局部或全身性能量交换引起的,主要指中毒窒息和冻伤。哈登认为,在一定条件下某种形式的能量能否产生伤害造成人员伤亡事故取决于能量大小、接触能量时间长短和频率以及力的集中程度。根据能量意外释放论,可以利用各种屏蔽来防止意外的能量转移,从而防止事故的发生。

4. 系统安全理论

20 世纪 50～60 年代,在美国研制洲际导弹的过程中,系统安全理论应运而生。系统安全理论包括很多区别于传统安全理论的创新概念。

(1) 在事故致因理论方面,改变了人们只注重操作人员的不安全行为而忽略硬件的故障在事故致因中作用的传统观念,开始考虑如何通过改善物的系统可靠性来提高复杂系统的安全性,从而避免事故。

(2) 没有任何一种事物是绝对安全的,任何事物中都潜伏着危险因素。通常所说的安全或危险只不过是一种主观的判断。

(3) 不可能根除一切危险源,可以减少来自现有危险源的危险性,宁可减少总的危险性而不是只彻底去消除几种选定的风险。

(4) 由于人的认识能力有限,有时不能完全认识危险源及其风险,即使认识了现有的危险源,随着生产技术的发展,新技术、新工艺、新材料和新能源的出现,也会产生新的危险源。安全工作的目标就是控制危险源,努力把事故发生概率减到最低，即使万一发生事故，也把伤害和损失控制在较轻的程度上。

1.3.2　防止事故的原则

安全管理的作用，就是通过采用技术和管理手段使事故不发生，或在事故发生后不造成严重后果或使后果尽可能减小。对于事故的预防与控制，应从安全技术、安全教育、安全管理等三方面入手，采取相应措施。安全技术对策着重解决物的不安全状态问题；安全教育对策和安全管理对策则主要着眼于人的不安全行为问题。安全教育对策主要是使相关人员知道存在的危险源、事故发生的可能性及严重程度、对于可能的危险应该怎么做。安全管理措施则是从制度及规章上规范管理者及作业者的行为，体现了安全管理的强制性。

1. 可能预防的原则

人灾的特点和天灾不同，原则上人灾都是能够预防的。对人灾不要只考虑发生后的对策，必须进一步考虑发生之前的对策。

在事故预防过程中，涉及两个系统对象，一是事故系统，二是安全系统。事故系统（见图1.2），其要素是人、物、环境与管理。人——人的不安全行为是事故的最直接的因素；物——物的不安全状态也是事故的最直接因素；环境——生产环境不良，影响人的行为和对机械设备产生不良的作用；管理——管理的欠缺。安全系统（见图1.3），其要素是人、物、能量及信息；人——人的安全素质（心理与生理、安全能力、文化素质）；物——设备与环境的安全可靠性（设计安全性、制造安全性、使用安全性）；能量——生产过程能的安全作用（能的有效控制）；信息——充分可靠的安全信息流（管理效能的充分发挥）是安全的基础保障。根据安全系统科学的原理，预防为主是实现生产本质安全化的必经之路。

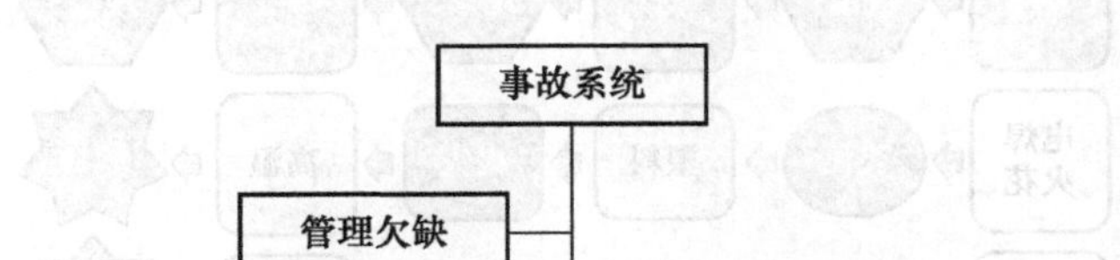

图1.2　事故系统要素

2. 偶然损失的原则

灾害包含两层意思：意外事故及由此而产生的损失。事故就是在正常流程图

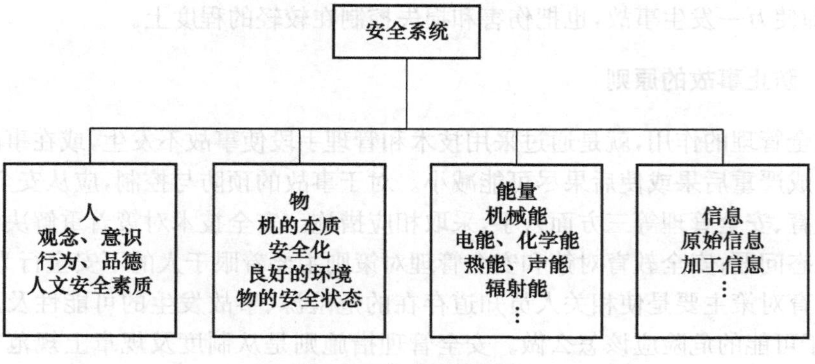

图 1.3　安全系统要素

上所没有记载的事件。事故和损失之间有下列关系：一个事故的后果产生的损失大小或损失种类由偶然性决定。反复发生的同种事故并不一定产生相同的损失，也有无损失事故。但是，如再发生会产生多大的损失，只能由偶然性决定而不能预测。

3. 继发原因的原则

防止灾害的重点是防止发生事故。事故原因常可分为直接原因和间接原因。直接原因又称为一次原因，是在时间上最接近事故发生的原因。因果是继承性的、多层次的。一次原因是二次原因的结果，二次原因又是三次原因的结果，依此类推。图 1.4 给出了一起电焊事故的案例。

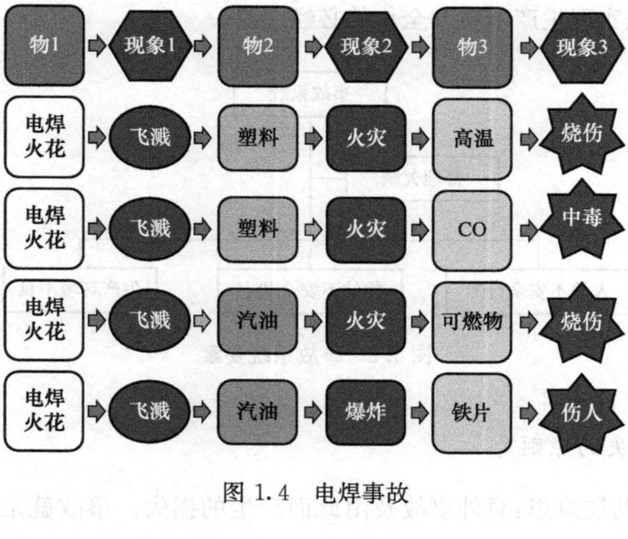

图 1.4　电焊事故

4. 选择对策的原则

1) 技术对策

主要是运用工程技术手段消除物的不安全因素，来实现生产工艺和机械设备等生产条件的本质安全。

按照导致事故的原因可分为防止事故发生的安全技术和减少事故损失的安全技术等，常用来防止事故发生的安全技术有消除系统中的危险源、限制能量或危险物质、隔离等。

消除系统中的危险源，可以从根本上防止事故的发生。但是，按照现代安全工程的观点，彻底消除所有危险源是不可能的。因此，人们往往首先选择危险性较大、在现有技术条件下可以消除的危险源作为优先考虑的对象。可以通过选择合适的工艺、技术、设备、设施，合理的结构形式，无害、无毒或不能致人伤害的物料来彻底消除某种危险源。

限制能量或危险物质可以防止事故的发生，如减少能量或危险物质的量，防止能量蓄积，安全地释放能量等。

隔离是一种常用的控制能量或危险物质的安全技术措施。采取隔离技术，既可以防止事故的发生，又可以防止事故的扩大，减少事故的损失。

故障-安全设计：在系统、设备、设施的一部分发生故障或破坏的情况下，在一定时间内也能保证安全的技术措施称为故障-安全设计。通过设计，使系统、设备、设施发生故障或事故时处于低能状态，防止能量的意外释放。

减少故障和失误：通过增加安全系数、增加可靠性或设置安全监控系统等来减轻物的不安全状态，减少物的故障或事故的发生。

防止意外释放的能量引起人的伤害或物的损坏，或减轻其对人伤害或对物破坏的技术称为减少事故损失的安全技术。

常用的减少事故损失的安全技术有隔离、个体防护、设置薄弱环节、避难与救援等。

作为减少事故损失的隔离，是把被保护对象与意外释放的能量或危险物质等隔开。隔离措施按照被保护对象与可能致害对象的关系可分为隔开、封闭和缓冲等。

个体防护是把人体与意外释放能量或危险物质隔离开，是一种不得已的隔离措施，但是却是保护人身安全的最后一道防线。

利用事先设计好的薄弱环节，使事故能量按照人们的意图释放，防止能量作用于被保护的人或物。如锅炉上的易熔塞、电路中的熔断器等。

设置避难场所，当事故发生时人员暂时躲避，免遭伤害或赢得救援的时间。在事先选择撤退路线，当事故发生时，人员按照撤退路线迅速撤离。事故发生后，组织有效的应急救援力量,实施迅速救护,是减少事故人员伤亡和财产损失的有效措施。

此外,安全监控系统作为防止事故发生和减少事故损失的安全技术,是发现系统故障和异常的重要手段。安装安全监控系统,可以及早发现事故,获得事故发生、发展的数据,避免事故的发生或减少事故的损失。

2) 教育对策

实施安全生产教育培训制度。施工单位主要负责人必须进行安全资格培训,经安全生产监督管理部门或法律法规规定的有关主管部门考核合格并取得安全资格证书后方可任职;其他负责人必须按照国家有关规定进行安全生产培训;所有作业人员每年应进行安全生产培训及作业前的安全技术交底。

培训主要内容包括:国家有关安全生产的方针、政策、法律和法规及有关行业的规章、规程、规范和标准;安全生产管理的基本知识、方法与安全生产技术,有关行业安全生产管理专业知识;重大事故防范、应急救援措施及调查处理方法,重大危险源管理与应急救援预案编制原则;国内外先进的安全生产管理经验;典型事故案例分析。

特种作业人员上岗作业前,必须进行专门的安全技术和操作技能的培训教育,增强其安全生产意识,获得证书后方可上岗。特种作业人员安全技术考核包括安全技术理论考试与实际操作技能考核两部分,以实际操作技能考核为主。“特种作业人员操作证”由国家统一印制,地、市级以上行政主管部门负责签发,全国通用。离开特种作业岗位达6个月以上的特种作业人员,应当重新进行实际操作考核,经确认合格后方可上岗作业。取得“特种作业人员操作证”者,每两年进行一次复审。连续从事本工种10年以上的,经用人单位进行知识更新教育后,每4年复审1次。复审的内容包括:健康检查、违章记录、安全新知识和事故案例教育、本工种安全知识考试。未按期复审或复审不合格者,其操作证自行失效。

安全培训与安全教育是安全生产管理中一个重要手段,是安全生产工作的基础工程。安全教育的目的是提高劳动者的安全防护能力,增强安全意识,促进企业落实安全生产主体责任,确保安全责任目标的实现。实施安全教育培训,必须注意人员的层次及内容的针对性。

3) 法制对策

贯彻执行建设项目“三同时”。建设项目“三同时”是指生产性基本建设项目中的劳动安全卫生设施必须符合国家规定的标准,必须与主体工程同时设计、同时施工、同时投入生产和使用,以确保建设项目竣工投产后,符合国家规定的劳动安全卫生标准,保障劳动者在生产过程中的安全与健康。

“三同时”的要求针对我国境内的新建、改建、扩建的基本建设项目、技术改造项目和引进的建设项目,它包括在我国境内建设的中外合资、中外合作和外商独资的建设项目。

建设项目中引进的国外技术和设备应符合我国规定或认可的劳动安全卫生标准;全部设计应符合我国有关规范和规定的要求。

“三同时”是生产经营单位安全生产的重要保障措施,是一种事前保障措施。“三同时”贯彻落实安全第一,预防为主方针,改善劳动者的劳动条件,防止发生工伤事故,促进社会主义经济的发展,具有重要意义,也是各级政府安全生产监督管理机构实施安全卫生监督管理的主要内容,是一项根本性的基础工作,也是有效消除和控制建设项目中危险、有害因素的根本措施。随着经济建设迅速发展,“三同时”作为事前预防的途径,将不断深化并不断提出更高的要求。

“三同时”制度的实施要求从项目的论证到设计、施工、竣工验收都应按“三同时”的规定进行审查验收。

5. 危险因素防护原则

为选取有效及合理的防护措施,必须对潜在危险、潜在危险因素进行定量风险评价。风险可以表征为事故发生的频率和事故后果的乘积,定量风险评价包括事故发生的频率和事故出现引发的后果这两方面。通过风险评价可以将风险的大小完全量化,并提供足够的信息,为各方决策提供定量化的依据。

危险因素防护原则主要有:消除潜在危险、降低潜在危险因素的量值、增加防护距离、延长防护时间、屏蔽潜在危险、加固薄弱环节、不予接近、区域闭锁、取代操作人员、警告和禁止信息原则。

1.3.3 事故应急管理

应急管理是预防发生重大事故、重大灾害和重大紧急事件的关键。应急管理包括应急管理系统和应急救援辅助决策支持系统。

1. 应急预案管理原则

应急预案的管理应遵循综合协调、分类管理、分级负责、属地为主的原则。国家安全生产监督管理总局负责应急预案的综合协调工作。国务院其他负有安全生产监督管理职责的部门按照各自的职责负责本行业、本领域内应急预案的管理工作。

2. 应急预案编制的基本要求

编制应急预案要结合危险源状况、危险性分析和可能发生的事故特点,并符合下列要求:

(1) 符合有关法律、法规、规章和标准的规定。

(2) 结合项目特点、行业管理要求和本单位的安全生产实际情况，紧密结合项目危险性分析情况。

(3) 应急组织和人员的职责分工明确，并有具体的落实措施，应当包括应急组织机构和人员的联系方式。

(4) 有明确、具体的事故预防措施和应急程序，并与应急能力相适应。

(5) 有明确的应急保障措施，并能满足本项目应急工作要求，要包括应急物资储备清单等附件信息。

(6) 预案基本要素齐全、完整，预案附件提供的信息准确，预案内容与相关应急预案相互衔接。

3. 应急预案分类和主要内容

应急预案分为综合应急预案、专项应急预案和现场处置方案。三种应急预案应相互衔接，并与所涉及其他单位的应急预案相互衔接。

1) 综合应急预案

风险种类多、可能发生多种事故类型的，应当组织编制综合应急预案。施工单位应当编制施工标段及同类工程综合应急预案。综合应急预案应当包括本单位的应急组织机构及其职责、预案体系及响应程序、事故预防及应急保障、应急培训及预案演练等主要内容。

2) 专项应急预案

对于某一种类的风险，根据存在的重大危险源和可能发生的事故类型，制定相应的专项应急预案。施工单位应当编制风险工点或风险部位专项应急预案。专项应急预案应当包括危险性分析、可能发生的事故特征、应急组织机构与职责、预防措施、应急处置程序和应急保障等内容。

3) 现场处置方案

对于危险性较大的重点部(岗)位，分项、分部工程，施工单位应当编制相应的现场处置方案。如深基坑开挖、高陡边坡开挖、滑坡治理、起重吊装、钢结构安装，建筑物拆除、工程爆破、桥隧施工、铺架工程、营业线施工等现场处置方案。现场处置方案应当包括危险性分析、可能发生的事故特征、应急处置程序、应急处置要点和注意事项等内容。

4. 应急预案评审

(1) 应急预案编制完成后，需要组织专家评审。

(2) 施工单位预案的评审人员应当包括建设、监理单位的人员和有关方面的专家。

(3) 注重实用性、基本要素完整性、预防措施针对性、组织体系科学性、响应程序操作性、保障措施可行性、应急预案衔接性等内容。

(4) 应急预案经评审由单位主要负责人签署公布。

5. 应急预案备案

(1) 施工单位项目应急预案报建设单位和企业上级主管部门备案。

(2) 受理备案登记的单位对应急预案进行形式审查,经审查符合要求的,予以备案;不符合要求的,不予备案并说明理由。

(3) 受理备案登记的单位应当指导、督促检查生产经营单位做好应急预案的备案登记工作,建立应急预案备案登记建档制度。

6. 应急预案实施

开展宣传教育,普及生产安全事故预防、避险、自救和互救知识,提高从业人员安全意识和应急处置技能。组织培训活动,使有关人员了解应急预案内容,熟悉应急职责、应急程序和岗位应急处置方案。应急预案的要点和程序应当张贴在应急地点和应急指挥场所,并设有明显的标志。

组织培训活动,使有关人员了解应急预案内容,熟悉应急职责、应急程序和岗位应急处置方案。应急预案的要点和程序应当张贴在应急地点和应急指挥场所,并设有明显的标志。

制定演练计划,根据本单位的事故预防重点,每年至少组织一次综合应急预案演练或者专项应急预案演练,每半年至少组织一次现场处置方案演练。对应急预案演练效果进行评估,撰写应急预案演练评估报告,分析存在的问题,并对应急预案提出修订意见。

7. 下列情况应急预案应当及时修订

(1)工艺和技术发生变化。

(2)周围环境发生变化形成新的重大危险源。

(3) 应急组织指挥体系或者职责已经调整。

(4) 依据的法律法规、规章和标准发生变化。

(5) 应急预案演练评估报告要求修订。

(6) 应急预案管理部门要求修订。施工单位应急预案的修订情况及时向建设单位和企业上级主管部门报告,并按照有关应急预案报备程序重新备案。

1.3.4 事故救援

施工单位是救援的主体。事故发生后,立即启动项目应急救援预案,救护受伤害者,采取有效措施防止事故蔓延扩大,减少人员伤亡和财产损失。项目负责人、项目安全负责人立即赶赴现场,发生较大及以上等级事故时,单位负责人立即赶赴现场救援。

(1) 建立现场救援组织,主动开展或配合实施事故救援。成立自救领导小组,设置现场临时指挥部,根据事故等级、危害程度、事态趋势,设立事故现场专业工作小组。

(2) 事故现场紧急处置组负责配合有关人民政府、建设单位指挥救援人员,组织现场人员撤离危险区域,抢救事故受困人员,将伤亡人员迅速转移至安全位置;对受伤人员实施临时救护,就近及时联系送往医院;采取措施控制事态,防止事故蔓延扩大;必要时,向建设项目管理机构、有关人民政府第一时间提出救援请求事项;对事故现场采取紧急保护措施,临时治安维护;做好队伍稳定工作,稳定职工、劳务人员情绪,结合救援进展尽快恢复生产。

(3) 善后处理组负责安排人员协助配合医疗部门对伤者进行救治护理;妥善处置遇难者遗体、遗物;联系伤亡人员家属,妥善做好家属接待、安抚工作,开展伤亡人员赔偿协商,及时支付赔偿金,组织伤亡人员家属、受伤出院人员返乡。

善后处理工作应取得事故发生地人民政府的支持和配合,对于群死、群伤事故中农民工来源地集中的,必要时可请求农民工输出地有关人民政府协助善后处理。

(4) 事故信息(媒体接待)组负责及时向有关人民政府救援指挥人员汇报事故信息,客观公正地向媒体介绍事故情况,正确引导媒体,不得无端臆测,误导媒体。有关人民政府救援指挥人员到场后,统一发布权威事故信息。

(5) 后勤保障组负责为事故救援人员提供必需的生活保障,协助伤亡人员家属的接待、临时安置,配合做好稳定情绪工作;与地方政府有关部门联系,配合善后处理组做好为遇难者开具死亡证明等相关工作。

(6) 综合接待组负责妥善安排事故救援用车、会议、通信、联络等相关事宜。

(7) 救援和现场保护要求。有关单位应妥善保护事故现场以及相关证据,凡与事故有关的物体、痕迹,不得破坏。因事故救援、恢复通车需要改变事故现场的,应当做出标记、绘制现场示意图,制作视听资料,并书面记录。为抢救伤者需要移动现场某些物体时,必须做好现场标志。

1.4 安全评价与安全教育

1.4.1 安全评价概述

1. 安全评价的分类

安全评价是指运用定量或定性的方法,对建设项目或生产经营单位存在的职业危险因素和有害因素进行识别、分析和评估。根据安监管技装字[2002]45 号文件《关于加强安全评价机构管理的意见》,安全评价包括安全预评价、安全验收评价、安全现状综合评价和专项安全评价。

安全预评价是根据建设项目可行性研究报告的内容,分析和预测该建设项目存在的危险、有害因素的种类和程度,提出合理可行的安全技术设计和安全管理的建议。安全预评价内容主要包括危险、有害因素识别、危险度评价和安全对策措施及建议。它是以拟建建设项目作为研究对象,根据建设项目可行性研究报告提供的生产工艺过程、使用和产出的物质、主要设备和操作条件等,研究系统固有的危险及有害因素,应用系统安全工程的方法,对系统的危险性和危害性进行定性、定量分析,确定系统的危险、有害因素及其危险、危害程度;针对主要危险、有害因素及其可能产生的危险、危害后果提出消除、预防和降低的对策措施;评价采取措施后的系统是否能满足规定的安全要求,得出建设项目应如何设计、管理才能达到安全指标要求的结论。

安全验收评价是在建设项目竣工、试生产运行正常后,通过对建设项目的设施、设备、装置实际运行状况的检测、考察,查找该建设项目投产后可能存在的危险、有害因素,提出合理可行的安全技术调整方案和安全管理对策。

安全现状综合评价是针对某一个生产经营单位总体或局部的生产经营活动安全现状进行的全面评价。主要内容包括:全面收集评价所需的信息资料,采用合适的安全评价方法进行危险识别、给出量化的安全状态参数值;对于可能造成重大后果的事故隐患,采用相应的数学模型进行事故模拟,预测极端情况下的影响范围,分析事故的最大损失,以及发生事故的概率;对发现的隐患,根据量化的安全状态参数值、整改的优先度进行排序;提出整改措施与建议。

评价形成的现状综合评价报告内容应纳入生产经营单位安全隐患整改和安全管理计划,并按计划加以实施和检查。

2. 安全评价的基本程序

安全评价的基本程序如图1.5所示。

3. 安全评价报告

安全评价报告是安全评价工作过程形成的成果。安全评价报告的载体一般采用文本形式,为适应信息处理、交流和资料存档的需要,报告可采用多媒体电子载体。电子版本中能容纳大量评价现场的照片、录音、录像及文件扫描,可增强安全验收评价工作的可追溯性。

目前国内将安全评价根据工程、系统生命周期和评价的目的分为安全预评价、安全验收评价、安全现状评价和专项安全评价4类。但实际上可看成3类,即安全预评价、安全验收评价和安全现状评价,专项安全评价可看成安全现状评价的一

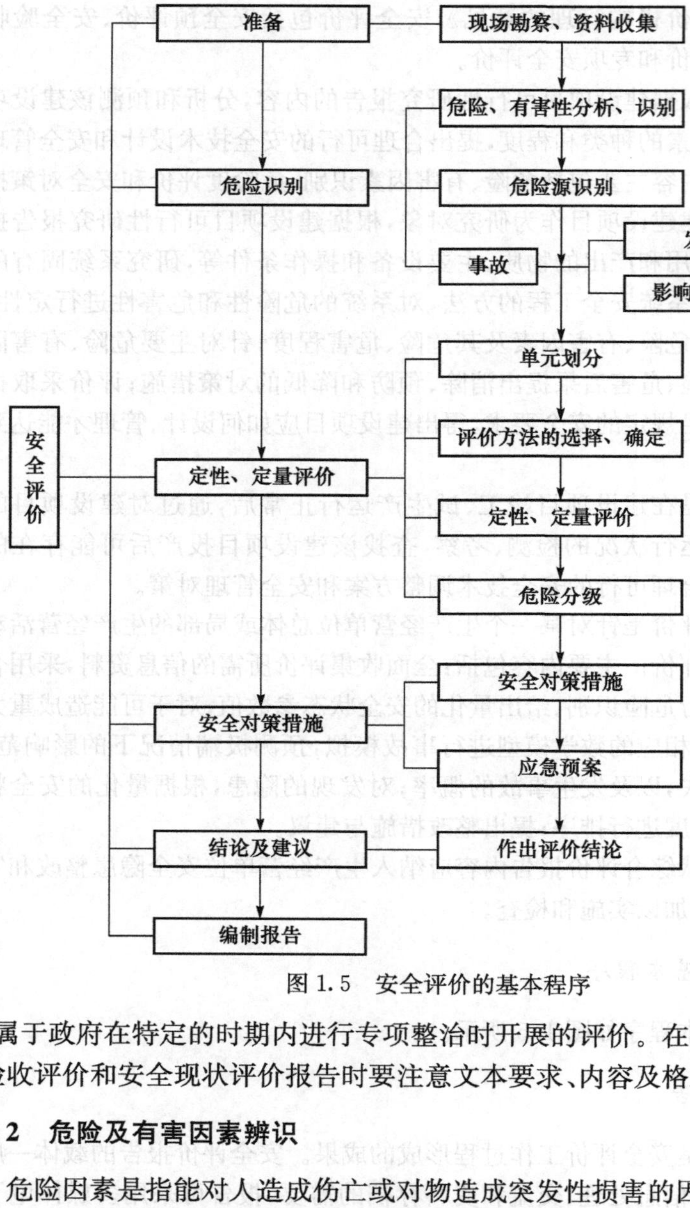

图 1.5 安全评价的基本程序

种，属于政府在特定的时期内进行专项整治时开展的评价。在编写安全预评价、安全验收评价和安全现状评价报告时要注意文本要求、内容及格式。

1.4.2 危险及有害因素辨识

危险因素是指能对人造成伤亡或对物造成突发性损害的因素。有害因素是指能影响人的身体健康、导致疾病，或对物造成慢性损害的因素。通常情况下，二者并不加以区分而统称为危险、有害因素。

1. 危险、有害因素的辨识方法

常用的危险、有害因素辨识方法有直观经验分析方法和系统安全分析法。

直观经验分析方法适用于有可供参考先例、有以往经验可借鉴的系统，不能应用在没有可供参考先例的新开发系统。包含有对照、经验法和类比法。

系统安全分析方法是应用系统安全工程评价方法的部分方法进行危险、有害因素辨识。系统安全分析方法常用于复杂、没有事故经验的新开发系统。常用的系统安全分析方法有事件树、事故树等。

2. 危险、有害因素的识别

虽然现代企业千差万别，但是如果能够通过事先对危险、有害因素的识别，找出可能存在的危险、危害，就能够对所存在的危险、危害采取相应的措施(如修改设计，增加安全设施等)，从而可以大大提高系统的安全性。

在进行危险、有害因素的识别时，要全面、有序地进行识别，防止出现漏项，宜按厂址、总平面布置、道路运输、建构筑物、生产工艺、物流、主要设备装置、作业环境、安措施全管理等几方面进行。识别的过程实际上就是系统安全分析的过程。

1.4.3 安全评价常用的方法

1. 安全检查表方法(safety checklist analysis，SCA)

为查找工程、系统中各种设备设施、物料、工件、操作、管理和组织措施中的危险、有害因素，事先把检查对象加以分解，将大系统分割成若干小的子系统，以提问或打分的形式，将检查项目列表逐项检查，避免遗漏，这种表称为安全检查表。

2. 危险指数方法(risk rank，RR)

危险指数方法是一类分析方法。通过评价人员对几种工艺现状及运行的固有属性(是以作业现场危险度、事故概率和事故严重度为基础，对不同作业现场的危险性进行鉴别)进行比较计算，确定工艺危险特性重要性大小及是否需要进一步研究。

危险指数评价可以运用在工程项目的各个阶段(可行性研究、设计、运行等)，或在详细的设计方案完成之前，或在现有装置危险分析计划制定之前。当然它也可用于在役装置，作为确定工艺操作危险性的依据。

3. 预先危险分析方法(preliminary hazard analysis，PHA)

预先危险分析方法是一种起源于美国用标准安全计划要求方法。它是在一项实现系统安全危害分析的初步或初始的工作，包括设计、施工、生产前，首先对系统中存在的危险性类别，出现条件、导致事故的后果进行分析，其目的是识别系统中的潜在危险，确定其危险等级，防止危险发展成事故。

4. 故障假设分析方法(what…if,WI)

故障假设分析方法是一种对系统工艺过程或操作过程的创造性分析方法。它一般要求评价人员用 what…if 作为开头对有关问题进行考虑,任何与工艺安全有关的问题,即使不太相关也可提出加以讨论。通常,将所有的问题都记录下来,然后将问题分门别类,例如按照电气安全、消防、人员安全等问题分类,分头进行讨论。所提出的问题要考虑到任何与装置有关的不正常的生产条件,而不仅仅是设备故障或工艺参数变化。

故障假设分析方法比较简单,评价结果一般以表格形式显示,主要内容有:提出的问题,回答可能的后果、降低或消除危险性的安全措施。其目的是识别危险性、危险发生或可能产生的意想不到结果的事件。

5. 危险和可操作性研究(hazard and operability study,HAZOP)

危险和可操作性研究是一种定性的安全评价方法。它的基本过程是以关键词为引导,找出过程中工艺状态的变化(即偏差),然后分析找出偏差的原因、后果及可采取的对策,侧重点是工艺部分或操作步骤各种具体值。

危险和可操作性研究方法所基于的原理是,背景各异的专家们如若在一起工作,就能够在创造性、系统性和风格上互相影响和启发,能够发现和鉴别更多的问题,与他们独立工作并分别提供工作结果相比更为有效。

危险和可操作性研究方法可按分析的准备、完成分析和编制分析结果报告 3 个步骤来完成。其本质就是通过系列会议对工艺流程图和操作规程进行分析,由各种专业人员按照规定的方法对偏离设计的工艺条件进行过程危险和可操作性研究,是帝国化学工业公司(Imperial Chemical Industries,ICI)最早确定要由一个多方面人员组成的小组执行危险和可操作性研究工作的。鉴于此,虽然某一个人也可能单独使用危险与可操作性研究方法,但这绝不能称为危险和可操作性研究。所以,危险和可操作性研究方法与其他安全评价方法的明显不同之处是,其他方法可由某人单独使用,而危险和可操作性分析则必须由一个多方面的、专业的、熟练的人员组成的小组来完成。

6. 故障类型和影响分析(failure mode effects analysis,FMEA)

故障类型和影响分析是系统安全工程的一种方法,根据系统可以划分为子系统、设备和元件的特点,按实际需要,将系统进行分割,然后分析各自可能发生的故障类型及其产生的影响,以便采取相应的对策,提高系统的安全可靠性。

故障类型和影响分析的目的是辨识单一设备和系统的故障模式及每种故障模式对系统或装置造成的影响。故障类型和影响分析的步骤如下:明确系统本身的情况,确定分析程度和水平,绘制系统图和可靠性框图,列出所有的故障类型并选出对系统有影响的故障类型，理出造成故障的原因。在故障类型和影响分析中不直接确定人的影响因素，但像人失误、误操作等影响通常作为一个设备故障模式表示出来。

7. *故障树分析*(fault tree analysis，FTA)

故障树(fault tree)又称事故树，是一种描述事故因果关系的有方向的树，是安全系统工程中的重要的分析方法之一。它能对各种系统的危险性进行识别评价，既适用于定性分析，又能进行定量分析，具有简明、形象化的特点，体现了以系统工程方法研究安全问题的系统性、准确性和预测性。

8. *事件树分析*(event tree analysis，ETA)

事件树分析是用来分析普通设备故障或过程波动(称为初始事件)导致事故发生的可能性。

在事件树分析中，事故是典型设备故障或工艺异常(称为初始事件)引发的结果。与故障树分析不同，事件树分析是使用归纳法(而不是演绎法)，事件树可提供记录事故后果的系统性的方法，并能确定导致事件后果事件与初始事件的关系。

9. *作业条件危险性评价法*(job risk analysis，JRA)

美国的格拉汉姆和金尼研究了人们在具有潜在危险环境中作业的危险性，提出了以所评价的环境与某些作为参考环境的对比为基础，将作业条件的危险性作为因变量(D)，事故或危险事件发生的可能性(L)、暴露于危险环境的频率(E)及危险严重程度(C)作为自变量，确定了它们之间的函数式。他们根据实际经验给出3个自变量的各种不同情况的分数值，采取根据情况对所评价的对象进行打分的办法，根据公式计算出其危险性分数值，再在按经验将危险性分数值划分的危险程度等级表或图上查出其危险程度。这是一种简单易行的评价作业条件危险性的方法。

10. *定量风险评价方法*(quantity risk analysis，QRA)

在识别危险分析方面，定性和半定量的评估是非常有价值的，但是这些方法仅是定性，不能提供足够的定量化，特别是不能对复杂的并存在危险的工业流进行分析。

1.4.4 安全教育培训的实施

安全培训与安全教育是安全生产管理中一个重要手段，是安全生产工作的基础工程。安全教育的目的是提高劳动者的安全防护能力，增强安全意识，促进企业落实安全生产主体责任，确保安全责任目标的实现。实施安全教育培训，必须注意人员的层次及内容的针对性。

1. 企业负责人重在提高综合安全管理素质

企业法人代表及决策者是企业生产和经营的主要决策人，是企业利益分配和生产资料调度的主要控制者，同时也是企业安全生产的第一指挥者和责任人。强化对企业负责人的安全教育培训、提高其综合安全管理素质对企业落实主体责任具有重大意义。

(1) 强化安全知识体系教育。企业负责人的个人能力和魅力对企业的发展会产生重大影响；同样，企业负责人的安全意识和技能也会对员工产生潜移默化的影响，对员工起到示范作用。因此，企业负责人必须加强安全法律法规的学习和安全技术素质的培养，强化劳动生产设备、安全卫生标准、防护用品标准等知识及事故发生规律、重大责任事故的行政处罚、违反安全生产法律应承担的民事和刑事责任、在什么情况下承担重大责任等内容的学习。

(2) 强化安全管理能力培养。企业负责人只有具备较高的安全管理素质才能真正负起安全生产第一责任人的责任，在安全生产问题上正确运用决定权、否决权、协调权、奖惩权，在机构、人员、资金、执法上为安全生产提供保障，对企业中层管理人员进行求实的工作作风教育，防止口头上重视安全，实际上忽视安全，避免"说起来重要，做起来次要，忙起来不要"现象的发生。

(3) 强化安全第一的安全生产观。培养企业负责人在思想认识上安全高于其他工作，在资金安排上安全重于其他工作，在知识的更新上安全知识学习先于其他知识培训和学习，在检查考核上安全的检查评比严于其他考核工作，当安全与生产、经济、效益发生矛盾时，安全优先。企业负责人只有具备安全第一的观念，才能处理好安全与生产、安全与效益的关系，才能做好企业的安全工作。

(4) 强化预防为主的科学观。要高效、高质量地实现企业的安全生产，必须坚持预防为主的方针，采用超前管理、预期型管理的方法和现代的安全管理技术，变纵向单因素管理为横向综合管理，变事后处理为预先分析，变事故管理为隐患管理，变管理的对象为管理的动力，变静态被动管理为动态主动管理，实现企业本质安全化。

2. 特种作业人员的教育培训要突出强制性

《中华人民共和国安全生产法》规定："生产经营单位的特种作业人员必须按照国家有关规定经专门的安全作业培训，取得特种作业操作资格证书，方可上岗作业。"国家对特种作业人员的安全技术培训考核和复审培训考核工作相当重视，但不少企业未落到实处，使安全隐患增多，令人担忧。国家曾三令五申地严禁无证操作，但是，翻开许多事故档案，我们还是不难发现，无证操作造成的触电、坠落等事故屡屡发生。所以，必须强制性执行特种作业人员的培训考核和持证上岗制度。

3. 从业人员的教育培训重在提高安全意识

所谓安全意识，就是人们关于安全生产的思想、观点、知识和心理素质的总和，是安全生产重要性在人们头脑中所反映的程度。如果安全意识淡薄、掌握安全知识不够，就很容易出现违章指挥、违章作业的现象，势必造成各种事故频繁发生，事故发生率居高不下。

因此，对从业人员教育培训的重点是提高他们的安全意识。一要帮助他们正确认识和学习国家有关安全生产方针、政策、法律法规及行业有关规章、规程、规范、标准等；二要普及和提高安全技术知识，使其了解相关的安全管理制度，增强安全操作技能、掌握作业场所和工作岗位存在的危险因素及防护措施、应急措施等；三要通过对典型的事故案例进行分析，使他们从事故中汲取深刻的教训，让他们了解到自己所执行的安全管理制度及操作规程，不但是根据国家的法律法规和标准所要求，是实践中积累的经验，而且也是从血淋淋的事故中汲取来的教训。

只有人人都确实感到搞好企业安全生产，是他们切身利益所在，是与自己生命安全、身体健康和家庭幸福息息相关的大事，他们才会积极行动起来，自觉参与到安全生产管理中来。

4. 农民工的安全教育培训重在普及安全技术知识

加强对农民工的安全教育培训，突出地表现在建筑领域。随着我国国民经济的不断发展，人民生活、居住条件的不断改善，建筑业已更加显示出支柱产业的地位。随着改革开放的步伐不断向前迈进，大多数建筑企业已由原来的生产管理型企业转变为管理型企业，作业层与管理层分离，由劳务分包单位提供一线生产作业工人，而这些生产工人基本上都是大量涌入城市的农村剩余劳动力——农民工。这些农民工文化程度较低，安全知识、安全技能知之甚少，自我保护意识缺乏，基本上是放下锄头就上工地，带来的安全隐患和血的教训数不胜数。当前建筑施工现场经常发生的高处坠落，机具、起重伤害，触电、物体打击、施工坍塌等多发事故，大多发生在这些农民工身上，究其原因，大多数是这些施工生产一线的农民工安全意识不强，违章操作或无证操作，未进行必要的安全技术知识培训，使本可避免的安全事故不可避免地发生，严重地影响和危及人民群众的生命财产安全。因此，必须通过教育培训，将这些昔日的农村泥瓦匠培养成今天的城市技术工人。只有他们的安全意识增强了，安全知识、安全技能提高了，改变目前建筑工程领域的安全形势才能得到保证，施工企业才能创造良好的经济效益和社会效益。

1.4.5 提高安全教育效果的途径

1. 改进教学方法和手段的必要性

好的教学内容只有通过好的教学方法和形式与之结合，才能收到好的教学效果。一项关于知识保持即记忆持久性的试验发现，人们一般能记住自己阅读内容的10%，听到内容的20%，看到内容的30%，听到和看到内容的50%，在交流过程中自己所说内容的70%。另外，记忆率的研究结果表明对同样的学习材料，单用听觉，三小时后能保持所获知识的60%，三天后则下降为15%；单用视觉，三小时后能保持70%，三天后降为40%；如果视觉和听觉并用，三小时后能保持90%，三天后可保持75%。所以，同时调动视觉、听觉、触觉、运动觉等多种感觉器官参与感知活动，可以提高学习者在课堂的记忆力，提高他们的学习效果。因此，创建安全生产教育培训新模式，选择和设计多种课堂教学方式并进行合理组合，是提高安全教育培训效果的关键。

2. 变单向传授为双向传递

传统的课堂教学，采用的是由教师讲授课程内容，即口述加板书的方式，而学员则主要处于接受者的位置，被动地接受教师讲授的知识，信息传递途径是单向的，由教师推向学员，教学效果的好坏完全依赖于教师的推动力。要取得较好的教育培训效果，必须把教学方式由这种单向传递改为双向传递。可先由教师讲要点，然后找学生上讲台演示，既可以检验学生对安全知识的掌握程度，也可以让学生亲自动手实习，同时也给讲台下的学生做一次复习，加深实操的印象。

3. 变注入式为启发式

启发式教学能充分调动学生学习主动性、积极性，使课堂教学变得生动，提高教学效果。提问和设疑是常用的一种启发形式，因为有些常规性的内容，一味按常规讲授，会使人感觉枯燥。在全员安全培训或三级安全教育教学时，教师可采用讨论法，以对学生启发和引导。通过教师和学员互相交流，教师传递知识，完成教学任务，学生增强记忆，掌握知识。

4. 采用现代化教学手段

运用现代化教学手段，对于缩短教学时间，降低学时有明显的作用。例如，以幻灯片教学，提供色彩鲜明的图片，能提高学习效率。大量试验证实，人类获取的信息83.5%来自视觉、11%来自听觉、1.5%来自触觉、1%来自味觉。可见，人们通过听觉和视觉获得的信息占其所获得的总信息的94%。

对于安全生产状况及规章制度、预防事故和职业危害的措施及应注意的安全事项、从业人员在本生产经营单位内调整工作岗位或离岗一年以上重新上岗时的安全培训、实施新工艺、新技术或者使用新设备、新材料时的安全培训，可采用多媒体的教学方式，如把上述知识制作成幻灯片、图片或影视短片等形式，以讲授法的方式传授安全知识。对于各类事故应急救援、事故应急预案演练及防范措施等教育内容，可把平时演练的过程拍成完整的短片，作为安全教育的素材。实践证明，一般可以降低20%左右的学时，提高学生对知识的记忆率30%左右，这对提高教学质量很有帮助。

5. 变封闭式教学为开放式教学

单一呆板的封闭式课堂授课方式限制了学员的视野和思维，最终导致理论与实际脱节，而开放式课堂教学则弥补了以上不足。如新进企业的员工，他们不了解企业的生产状况、工艺流程、设备与设施的情况，这时采用开放式课堂教学，即带领学员有目的有计划地参观企业的生产流程、重点危险部位(危险源)，使新员工对企业有一个初步认识，初步了解本单位安全生产情况及安全生产基本知识、安全设备设施的使用、现场工作环境及危险因素。对于现场操作规范等安全培训，应该由班组长在生产现场做示范和讲解。这样，不仅丰富了课堂教学的内容，而且使学员产生浓厚兴趣，加深了对安全知识的记忆。

只有充分利用各种有效资源，通过各种教学模式的有机组合，调动学员的视觉、听觉、触觉等多种感觉器官参与安全教育培训，把安全教育培训工作深入到各层次和每个岗位，提高安全教育培训的效果，才能提高员工的安全意识和安全素质。

1.4.6　安全教育培训的执法检查

依照《中华人民共和国安全生产法》及安全生产的有关法律法规，各级安全监督管理部门应加大安全生产执法检查力度，深入企业，切实加强对生产经营单位安全生产培训工作的日常检查监督。一是检查企业安全生产培训计划安排及开展培训情况，询问了解企业主要负责人和从业人员接受安全培训情况，考核安全基本知识和安全操作技能，对不符合规定的，要责令限期整改；二是检查生产经营单位的特种作业人员，是否按照国家有关规定，经专门的安全操作技能培训，取得特种作业操作资格证书，杜绝无证上岗和违规作业，坚决预防和遏制各类安全事故的发生；三是对严重违法、抗法的企业主要负责人以及相关人员，依法从重处罚，对未按规定参加安全培训而上岗作业，造成伤亡事故和重大经济损失的，依法追究责任，直至追究刑事责任；四是对发生安全事故的企业，严格按照“四不放过”的原则，认真调查，严肃处理。

事实证明，只有加大安全生产执法检查的力度，才能推动安全生产培训工作扎实有效开展，从而更加有力地促进企业安全生产主体责任的落实。

第 2 章　重大危险源监控及应急救援

施工过程中，作好危险源控制、建立应急救援体系，体现了安全管理中预防为主、事前控制的原则，是施工安全管理中必须抓好的两个重要环节。

2.1　重大危险源辨识及监控

2.1.1　重大危险源概念

20 世纪 70 年代以来，预防重大工业事故已成为各国社会、经济和技术发展的重点研究对象之一，引起国际社会的广泛重视。随之产生了重大危害(major hazard)、重大危害设施(国内通常称为重大危险源)(major hazard installation)等概念。1993 年 6 月第 80 届国际劳工大会通过的《预防重大工业事故公约》将重大事故定义为：在重大危害设施内的一项活动过程中出现意外的、突发性的事故，如严重泄漏、火灾或爆炸，其中涉及一种或多种危险物质，并导致对工人、公众或环境造成即刻的或延期的严重危险。对重大危害设施定义为：不论长期或临时地加工、生产、处理、搬运、使用或储存数量超过临界量的一种或多种危险物质，或多类危险物质的设施(不包括核设施、军事设施以及设施现场之外的非管道的运输)。

我国国家标准《重大危险源辨识》(GB 18218—2000)将重大危险源定义为长期地或临时地生产、加工、搬运、使用或储存危险物质，且危险物质的数量等于或超过临界量的单元。单元指一个(套)生产装置、设施或场所，或同属一个工厂的且边缘距离小于 500m 的几个(套)生产装置、设施或场所。《中华人民共和国安全生产法》第九十六条规定，重大危险源是指长期地或者临时地生产、搬运、使用或者储存危险物品，且危险物品的数量等于或者超过临界量的单元(包括场所和设施)。

2.1.2　重大危险源的辨识

防止重大事故发生的第一步是辨识或确认高危险性的设施(危险源)。一般由政府主管部门或权威机构在物质毒性、燃烧、爆炸特性基础上，确定危险物质及其临界量标准(即重大危险源辨识标准)。通过危险物质及其临界量标准，就可以确定哪些是可能发生重大事故的潜在危险源。参考国外同类标准，结合我国生产特点和火灾、爆炸、毒物泄漏重大事故的发生规律，相关部门起草提出了国家标准《重大危险源辨识》(GB 18218—2000)，此标准已经在 2001 年 4 月 1 日实施。

1. 危险源的辨识标准

铁路工程施工中危险源、危害因素辨识应以行业规范为标准，对于其中未具体列明或未作详细规定的应参照国家、地方的相关法律、法规和标准执行。现行的行业安全技术规程包括国家相关标准、法律法规，原铁道部、原建设部(现住建部)、交通部相关标准以及原劳动部标准，如表 2.1 所示。其他未作具体规定的施工项目可参照关于危险源、有害因素分类及企业职工伤亡事故分类的标准，由现场人员根据经验或由专家进行辨识。

表 2.1 铁路工程危险源辨识依据的国家及相关行业规范

标准、规范类别	颁布部门	标准、规范名称	标准代号
行业标准	原铁道部	铁路工程基本作业施工安全技术规程	TB 10301—2009
	原铁道部	铁路路基工程施工安全技术规程	TB 10302—2009
	原铁道部	铁路桥涵工程施工安全技术规程	TB 10303—2009
	原铁道部	铁路隧道工程施工安全技术规程	TB 10304—2009
	原铁道部	铁路轨道工程施工安全技术规程	TB 10305—2009
	原铁道部	铁路通信、信号、电力、电力牵引安全技术规程	TB 10305—2009
	原建设部	建筑施工高处作业安全技术规范	JGJ 80—91
	原建设部	施工现场临时用电安全技术规范	JGJ 46—2005
	原建设部	建筑机械使用安全技术规程	JGJ 33—2001
	住建部	建筑施工扣件式钢管脚手架安全技术规范	JGJ 130—2011
	住建部	建筑施工模板安全技术规范	JGJ 162—2008
	住建部	建筑施工安全检查标准	JGJ 59—2011
	原劳动部	起重机械吊索安全规程	LD 48—93
国家标准	国标委	重大危险源辨识	GB 18218—2000
	国标委	生产过程危险和有害因素分类与代码	GB/T 13861—2009
	国标委	建设工程施工现场供用电安全规范	GB 50104—93
	国标委	电梯制造与安装安全规范	GB 7588—2003
	国标委	起重机械安全规程	GB 6067—2010
	国标委	建设工程施工现场消防安全技术规范	GB 50720—2011
法律法规	国务院	建设工程安全生产管理条例	第 393 号令

2. 危险和有害因素分类

《生产过程危险和有害因素分类与代码》(GB/T 13861—2009)中把危险有害因素分为人的因素、物的因素、环境因素和管理因素共 4 大类、15 个小类。《企业伤亡事故分类》(GB 6441—86)将危险因素分为 16 类，如表 2.2 所示。

表 2.2 危险和有害因素

因素	危险和有害因素	因素	危险和有害因素
人的因素	心理、生理性危险和有害因素	人的因素	辨识错误
	负荷超限		其他辨识功能缺陷
	体力负荷超限		其他心理、生理性危险和有害因素
	听力负荷超限		行为性危险和有害因素
	视力负荷超限		指挥错误
	其他负荷超限		指挥失误
	健康状况异常		违章指挥
	从事禁忌作业		其他指挥错误
	心理异常		操作错误
	情绪异常		误操作
	冒险心理		违章作业
	过度紧张		其他操作错误
	其他心理异常		监护失误
	辨识功能缺陷		其他行为性危险和有害因素
	感知延迟		-
物的因素	物理性危险和有害因素	物的因素	机械性振动
	设备、设施、工具、附件缺陷		电磁性振动
	强度不够		流动力性振动
	刚度不够		其他振动危害
	稳定性差		电磁辐射
	密封不良		电离辐射
	应力集中		非电离辐射
	外形缺陷		运动物伤害
	外露运动件		抛射物
	操纵器缺陷		飞溅物
	制动器缺陷		坠落物
	控制器缺陷		反弹物
	其他设备、设施、工具、附件缺陷防护缺陷		土、岩滑动
	无防护		料堆滑动
	防护装置、设施缺陷		气流卷动
	防护不当		冲击地压
	支撑不当		其他运动物伤害
	防护距离不够		明火
	其他防护缺陷		高温物质
	电伤害		高温气体
	带电部位裸露		高温液体
	漏电		高温固体

续表

因素	危险和有害因素	因素	危险和有害因素
物的因素	雷电	物的因素	氧化剂和有机过氧化物
	静电		有毒品
	电火花		腐蚀品
	其他电伤害		粉尘与气溶胶
	噪声		其他化学性危险和有害因素
	机械性噪声		生物性危险和有害因素
	电磁性噪声		致病微生物
	流体动力性噪声		细菌
	其他噪声		病毒
	振动危害		真菌
	信号显示不准		其他高温物质
	其他信号缺陷		低温物质
	标志缺陷		低温气体
	无标志		低温液体
	标志不清晰		气体低温物质
	标志不规范		信号缺陷
	标志选用不当		无信号设施
	标志位置缺陷		信号选用不当
	其他标志缺陷		信号位置不当
	有害光照		信号不清
	其他物理性危险和有害因素		其他致病微生物
	化学性危险和有害因素		传染病媒介物
	爆炸品		致害动物
	物品危险压缩气体和液体气体		致害植物
	易燃液体		其他生物性危险和有害因素
	易燃固体、自然物品和遇湿易燃物品		
环境因素	脚手架、阶梯和活动梯架缺陷	环境因素	地面、墙和天花板的开口缺陷
	地面开口缺陷		有害物质的内部通道和地面区域房屋基础下沉
	有害物的交通和作业场地		室内安全通道缺陷
	建筑和其他结构缺陷		房屋安全出口缺陷
	门和围栏缺陷		采光照明不良
	室内作业场所环境不良		作业场所空气不良
	室内地面滑		室内温度、湿度、气压不适
	室内作业场所狭窄		室内给、排水不良
	室内作业场所杂乱		室内涌水
	室内地面不平		室内物料储存方法不安全
	室内梯架缺陷		

续表

因素	危险和有害因素	因素	危险和有害因素
环境因素	其他内作业场所环境不良	环境因素	地下作业面有害气体超限
	室外作业场地环境不良		地下作业通风不良
	恶劣气候与环境		水下作业供氧不当
	作业场地和交通设施湿滑		支护结构缺陷
	作业场地狭窄		非正常地下水
	作业场地光照不良		其他地下作业环境不良
	作业场地空气不良		作业场地杂乱
	作业场地温度、湿度、气压不适		作业场地不平
	作业场地涌水		作业场地基础下沉
	植物伤害		作业场地安全通道缺陷
	其他作业场地环境不良		作业场安全出口缺陷
	地下(含水下)作业环境不良		其他作业环境不良
	隧道/矿井顶面缺陷		强迫体位
	隧道/矿井正面或侧壁缺陷		综合性作业环境不良
	隧道/矿井地面缺陷		其他作业环境不良
管理因素	职业安全卫生组织机构不健全	管理因素	其他职业安全卫生管理规章制度不健全
	职业安全卫生责任制未落实		职业安全卫生投入不足
	职业安全卫生管理规章制度不完善		职业健康管理不完善
	建设项目“三同时”制度未落实		其他管理因素缺陷
	操作规程不规范		事故应急预案及响应缺陷
	培训制度不完善		-

3. 伤害事故诱因、伤害方式分类

危险源、危害因素识别时，还应结合《企业伤亡事故分类》(GB 6441—86)，综合考虑起因物、引起事故的先发的诱导性原因、致害物、伤害方式等。

(1) 物体打击，指物体在重力或其他外力的作用下产生运动，打击人体造成人身伤亡事故，不包括因机械设备、车辆、起重机械、坍塌等引发的物体打击。

(2) 车辆伤害，指企业机动车辆在行驶中引起的人体坠落和物体倒塌、飞落、挤压伤亡事故，不包括起重设备提升、牵引车辆和车辆停驶等发生的事故。

(3) 机械伤害，指机械设备运动(静止)部件、工具、加工件直接与人体接触引起的夹击、碰撞、剪切、卷入、绞、碾、割刺等伤害，不包括车辆、起重机械引起的机械伤害。

(4) 重伤害，指各种起重作业(包括起重机安装、检修、试验)中发生的挤压、坠落(吊具、吊重)物体打击和触电。

(5) 触电，包括雷击伤亡事故。

(6) 淹溺,包括高处坠落淹溺,不包括矿山、井下透水淹溺。

(7) 灼烫、指火焰烧伤、高温物体烫伤、化学灼伤(酸、碱、盐、有机物引起的体内外灼伤)、物理灼伤(光、放射性物质引起的体内外灼伤),不包括电灼伤和火灾引起的烧伤。

(8) 火灾、一切引起火灾的事故。

(9) 高处坠落,指在高处作业中发生坠落造成的伤亡事故,不包括触电坠落事故。

(10) 坍塌、指物体在外力或重力作用下,超过自身的强度极限或因结构稳定性破坏而造成的事故,如挖沟时的土石塌方、脚手架坍塌、堆置物倒塌等,不适用于矿山冒顶片帮和车辆、起重机械、爆破引起的坍塌。

(11) 放炮、指爆破作业中发生的伤亡事故。

(12) 火药爆炸,指火药、炸药及其制品在生产、加工、运输、储存中发生的爆炸事故。

(13) 化学性爆炸,指可燃性气体、粉尘等与空气混合形成爆炸性混合物,接触引爆能源时,发生的爆炸事故(包括气体分解、喷雾爆炸)。

(14) 物理性爆炸,包括锅炉爆炸、容器超压爆炸、轮胎爆炸等。

(15) 中毒和窒息,包括中毒、缺氧窒息、中毒性窒息。

(16) 其他伤害、指除上述以外的危险因素、如摔、扭、挫、擦、刺、割伤和非机动车碰撞、扎伤等。

4. 职业病分类

我国于1987年11月颁布了《职业病范围和职业病处理办法的规定》,其中列为我国法定职业病范围的疾病共有9种。这些也应该纳入到危险源的辨识内容中。分述如下。

(1) 职业中毒:铅及其化合物中毒(不包括四乙基铅)、汞及其化合物中毒、锰及其化合物中毒、砷及其化合物中毒(不包括砷化氢)、砷化氢中毒、氯气中毒、二氧化硫中毒、氨中毒、氮氧化合物中毒、一氧化碳中毒、硫化氢中毒、苯中毒、汽油中毒、甲醇中毒、酚中毒、甲酸中毒、拟除虫菊酯类农药中毒、其他中毒(仅列铁路工程施工中可能的类型)。

(2) 尘肺:矽肺、炭黑尘肺、石棉尘肺、滑石尘肺、水泥尘肺、云母尘肺、铝尘肺、电焊工尘肺。

(3) 物理因素职业病:中暑、减压病、高原病、局部振动病、放射性疾病。

(4) 职业性传染病:炭疽、森林脑炎、布氏杆菌。

(5)职业性皮肤病:接触性皮炎、光敏性皮炎、电光性皮炎、黑变病、痤疮、溃疡、以及根据《职业性皮肤病诊断标准及处理原则》可以诊断的其他职业皮肤病。

（6）职业性眼病：化学性眼部烧伤、电光性眼炎、职业性白内障（含辐射性白内障）。

（7）职业性耳鼻喉疾病：噪声性耳聋、鼻病。

（8）职业性肿瘤：石棉所致肺瘤，间皮瘤，联苯胺所致肿瘤，苯所致白血病，氯甲醚所致肺瘤，砷所致肺瘤，皮肤瘤，氯乙烯所致肝血管瘤。

（9）其他职业病：化学灼伤、金属烟热、职业性哮喘、职业性变态反应性肺泡炎。

5. *危险源的辨识方法*

铁路施工单位应针对铁路工程的类型、特点、规模及自身管理水平等情况，根据现行的国家法律法规、国家标准、行业规范、操作规程及以前一些事故案例，充分辨识出本工程各个施工阶段、部位和场所需控制的危险源和环境因素，列出清单，并采用适当方法，评价已辨识的全部危险源和环境因素对施工现场场界内外的影响，将其中导致事故发生的可能性较大，且事故发生会造成严重后果的危险源确定为重大危险源。

施工企业或项目可以按照类似作业安全分析的方式，由所属各部门的作业流程展开，再经由每个流程的危害辨识，找出各流程的危害原因，并依此危害原因发生的严重性、可能性及此流程的暴露率，量化其风险值。量化的依据可以采取定量经济损失估算、人员伤亡、结构有限元分析、LEC 法、事故模拟法、专家调查法等进行，再针对较高风险的流程进行追踪改善，达成有效的风险控制。

铁路工程危险源辨识常采用标准规范检查表法、经验类比、系统安全分析法辨识，对于较为简单的工程项目可采用经验类比方法，对于大型复杂结构及工程采用标准规范检查表及系统安全分析法辨识。

1）标准规范检查表法

对照铁路施工安全的有关标准、法规、检查表或依靠专家、施工管理、技术人员的观察分析能力，借助于技术文件及经验和判断能力逐一细致地评价对象危险性和危害性的方法。这种方法简便、易行，但受辨识人员对规范标准系统掌握及知识、经验和占有资料的限制，可能出现遗漏。为弥补个人判断的不足，常采取工程设计、施工安全方面专家会议的方式来相互启发、交换意见、集思广益、是危险、危害因素的辨识更加细致、具体。

对照事先编制的检查表辨识危险、危害因素，可弥补知识、经验不足的缺陷，具有方便、实用、不易遗漏的优点，但须有事先编制的、适用的检查表。检查表是在大量实践经验基础上编制的，我国化工、矿山等一些行业的安全检查表、事故隐患检查表可作为借鉴。

2）类比方法

对设备、设施、危险品、环境、气候等固有的显而易见的危险源（点），可以通过现场考察或认真预想的方法直接进行查找。对情况复杂难以凭经验或想象作出准确判断的潜在的危险点，就要通过各种分析方法进行查找。一是从本企业及同行业在同类作业中曾经发生过的事故实例，经过分析推断，归纳总结；二是利用相同或相似工程或施工作业条件的经验和职业安全卫生的统计资料来类推、分析评价对象的危险、危害因素。此法多用于危害因素和作业条件危险因素的辨识过程。

3）系统安全分析方法

根据危险源（点）存在的一般规律，通过演绎推理，分析判断作业过程中所存在的危险点；通过调查研究，在掌握大量情况的基础上，进行去伪存真，去粗取精由表及里地分析推断，找出危险源（点）的存在。这需要应用系统安全工程评价方法进行危险、危害因素的辨识。系统安全分析方法常用于大型、复杂的工程、没有事故经验的新型结构系统；如复杂的地下工程、斜拉桥施工等。常用的系统安全分析方法有事件树、事故树等。

6. 危险源辨识的步骤

明确危险点分类和危险点分析预控的对象，是做好危险点分析预控的前提。在精细化管理中，首先应按照可能导致事故的原因、事故类别，列举各种危险点类别，明确告诉企业职工哪些是危险点，引导职工正确识别。其次，系统分解日常生产活动中各类基本作业项目，分析各作业项目之间的关系，分层次列举需要进行危险点分析预控的具体作业项目，并编制必要的危险点控制网络图和统一的危险点控制措施登记表，以明确危险点辨识对象，辨识方法和步骤，为系统开展危险点分析和预控奠定基础。

1）工程现场危险因素辨识的一般步骤

施工企业在进行工程现场危害因素辨识时，可以按照以下步骤进行：

（1）细划分施工作业活动。

（2）辨识与各项施工作业活动有关的主要危害。

（3）假定现有的或计划的控制措施适应的情况下，对与各项危害有关风险的程度做出主观评价，并给出风险的分级。

（4）制定并保存辨识施工场所和施工过程危险、施工设备和技术的资料。

（5）采用故障假设分析法，即"如果…会…"分析法，进行工作场所危险评价，包括事故隐患的辨识，灾难性事故引发因素的辨识，估计事故影响范围，对施工从业人员安全和健康的影响。

（6）编制计划以控制评价中发现的，需要重视的任何风险，尤其是不可承受的风险。

（7）针对已修正的控制措施，重新评价风险。

（8）根据危害性事件的发生频率和后果严重度，检查风险是否可承受，并给出优先顺序的排列。

(9) 修订完善并向施工管理、技术人员下发、培训、实施安全技术操作规程(程序),包括每个施工阶段的程序、操作技术参数、要点、安全措施。

按照以上步骤程序进行辨识,铁路工程危险源、危害因素辨识中可按照通用部分及特殊部分分别辨识。

2) 铁路工程通用部分危险源、危害因素的辨识

各单位由工区管理人员、专业技术人员主持,组织员工以会议讨论的形式,确定出通用部分危险源,填写危险源识别表和危险源评价表。

(1) 地下(表)水、火、强度不足、交叉施工、高处作业、易燃物、硒尘、噪声、临时结构、大型机械、变配电设施、材料运输等作业现场常规危险直接识别为通用部分危险源。

(2) 所有与人为因素有关的施工、管理人员在工作现场可能发生的危险因素,识别为本单位通用部分危险源。例如:违反规程、冒险作业、管理人员跟班上岗、安监员空岗、无规程、措施施工、应急救援系统等。

3) 铁路工程现场特殊部分危险源、危害因素辨识

各单位指定一名班组长或工长为危险源识别负责人,末班组长的零星岗位可指定一名安全责任心较强的员工为危险源识别负责人,同时由值班人员发放给危险源识别负责人"危险源辨识与控制表"。危险源识别负责人在工作现场组织员工对当班工作中遇到的危险源进行辨识,并做好记录。

(1) 按工种进行危险源识别。挖掘机、架桥机、起重机等大型机械设备操作司机、机电工、爆破工、钻眼工、模板工、架子工、焊接工等工种,在现场工作时,遇到的危险源识别为特殊部分危险源,现场填写"危险源辨识与控制表",进行签字。

(2) 按工序进行危险源识别。例如掘进工作面现场可以按打眼、放炮、初期支护、装砟运输、验收等工序进行危险源识别。二衬工作面现场可以按防水施工、钢筋工程、台车支设、混凝土运输、浇筑振捣、脱模养护、表面观察等工序进行危险源识别。在打眼工序中,可以识别出电钻台车电缆漏点、风管脱落、断钳子、水管断裂等危险源。

(3) 按岗位进行危险源识别。例如配电房、空压机房、混凝土搅拌站、料库及零星岗等工作岗位的环境和设备运行时,产生的危险源识别为特殊部分危险源。

4) 重大危险源的专家辨识

对于特殊施工、复杂工程、部位及设施、场所等,如高度超过 24m 的脚手架,桥梁悬臂挂篮施工、深大基坑支护工程、交叠隧道等特殊工程,各单位要组织有现场安全管理经验、熟悉业务和工艺流程的专业人员、工程技术专家、安全分析专家收

集本工程适用的设计、施工规范、安全法律、法规、标准、规程、规范等安全管理文件，对本单位范围内生产、服务全过程进行危险事件排查，识别存在的危险源并进行初步评价，经安全主管部门分类汇总、审查，报单位主管审批后确认为重大危险源。

2.1.3　重大危险源控制系统

重大危险源控制的目的，不仅是预防重大事故发生，而且要做到一旦发生事故，能将事故危害限制到最低程度。由于生产活动的复杂性，有效地控制重大危险源需要采用系统工程的思想和方法。重大危险源控制系统包括：重大危险源的辨识、重大危险源的评价、重大危险源的管理、重大危险源的安全报告、事故应急救援预案。

1. 重大危险源评价

进行重大危险源辨识和确认后，就应对其进行风险分析评价。一般来说，重大危险源的风险分析评价包括下述几个方面：

①辨识各类危险因素及其原因与机制；②依次评价已辨识危险事件发生的概率；③评价危险事件的后果；④进行风险评价，即评价危险事件发生概率和发生后果的联合作用；⑤风险控制，即将上述评价结果与安全目标值进行比较，检查风险值是否达到可接受水平，否则需进一步采取措施，降低危险水平。常用的评价方法有 LEC 法和 PHA 法。

1) LEC 法

铁路工程现场对危险源评价常用 LEC 法。LEC 评价法是对具有潜在危险性作业环境中的危险源进行半定量的安全评价方法。L 称为可能性指数，是指发生事故的可能性大小；E 称为暴露率，是指人体暴露在这种危险环境中的频发程度；C 为一旦发生事故会造成的损失后果。风险分值 $D=L\times E\times C$，D 值越大，说明该系统危险性越大，需要增加安全措施，或改变发生事故的可能性，或减少人体暴露于危险环境汇总的频繁程度，或减轻事故损失。

对 L、E、C 分别进行客观的科学计算，得到准确数据，是相当繁琐的过程。为简化评价过程，一般采取半定量计值法，即根据以往的经验和估计，分别对这 3 方面划分不同的等级，并赋值。具体如下：

按照所考虑的因素是否可能导致事件的发生，将 L 分出 7 个等级。危害识别时需要关注下列因素的可能性指数(见表 2.3)：

①暴露的施工作业人数；②暴露的频率和持续时间；③施工人员和危险区的接近程度；④影响工作强度的因素；⑤缺少适合的训练和监督或者不合适的工作场所设计；⑥其他。

表 2.3　事故发生可能性指数表

分数值	事故发生的可能性
10	完全可以预料
6	相当可能
3	可能,但不经常
1	可能性小,完全意外
0.5	很不可能,可以设想
0.2	极不可能
0.1	实际不可能

根据施工作业人员在现场危险环境中接触或暴露的时间、频繁程度给出 E。暴露率等级指数可见表 2.4。

表 2.4　暴露率等级指数表

分度值	暴露于危险环境的频繁程度
10	连续暴露
6	每天工作时间内暴露
3	每周一次或偶然暴露
2	每月一次暴露
1	每年几次暴露
0.5	非常罕见暴露

发生事故后果指数见表 2.5。

表 2.5　发生事故后果指数表

分度值	发生事故产生的后果
100	10 人以上死亡
40	3～9 人死亡
15	1～2 人死亡
7	严重
3	重大,伤残
1	引人注意

危险源危险性大小可根据以下公式:

$$D = L \times E \times C$$

计算施工作业危险源的危险程度,并判断评价危险性的大小,其中的关键是如何确定各个分值,以及对乘积值的分析、评价和利用,见表 2.6。

表 2.6　危险源危险程度评定

D值	危险程度
＞320	极其危险，不能继续作业
160～320	高度危险，要立即整改
70～160	显著危险，需要整改
20～70	一般危险，需要注意
＜20	稍有危险，可以接受

对于不易确定的或危险性较大的重大危险源应做必要的评估和定量分析计算，可由安全检测评估、科研单位等采取理论机构计算、事故损失预测、失效分析和人员、设备损失模拟方法进行定量分析。

2) PHA法

PHA法是一种系统安全分析法，铁路工程施工管理中主要用于某一项工程设计、施工、生产之前，对该工程存在的危险性类别、出现条件、可能导致事故的后果作出概略分析的一种方法。该方法也是一份实现系统安全危害分析的初步或初始的计划，是在方案开发初级阶段或设计阶段之初完成的。该方法的分析步骤包括：

(1) 对所要分析的分部工程的结构特点、施工过程以及技术条件和周围环境作较充分的调查了解。

(2) 调查、了解和收集过去的经验以及类似工程中发生过的事故，查明分析对象可能出现造成的损害，尤其是人员伤害的危险性(按系统和子系统一步一步地找)。

(3) 调查、确认危险源(危险源的确认可用前述方法确定)。

(4) 识别危险转化条件：研究危险因素转变为事故状态的触发条件，即哪些条件存在可以使危险因素转化为事故。具体分析步骤如图 2.1 所示。

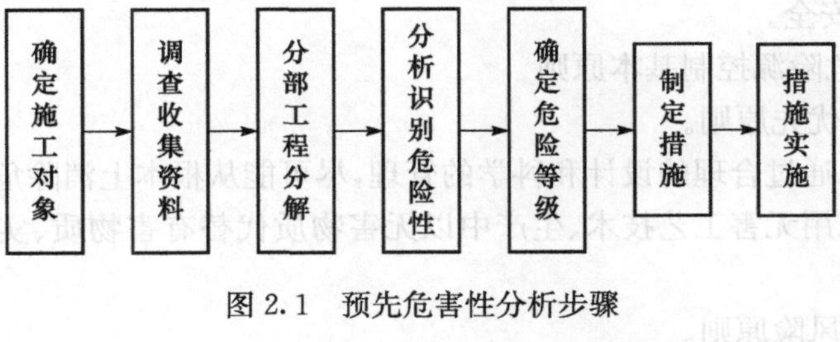

图 2.1　预先危害性分析步骤

为了分出清重缓急，将危险性等级高的事件或因素作为重点控制的对象，需要把预计到的潜在事故划分为危险等级，通常分为 4 个等级。

Ⅰ级：安全的(可忽视的)——不会造成人员伤亡和系统的损失(物质损失)。

Ⅱ级:临界(极限)——处于事故的边缘状态,暂时还不会造成人员伤亡和系统的损失或降低系统性能,应予以排除和控制。

Ⅲ级:危险的——会造成人员伤亡或系统损坏,要立即采取措施。

Ⅳ级:灾难性的(破坏)——造成人员的重大伤亡及系统严重损坏的灾难性事故。

根据危险性等级标准对危险源性进行分析,制定预防措施及对策,找出消除或控制危险的可能方法,在危险不能控制的情况下,分析最好的预防或减少损失方法,如隔离、个体防护、救护等,指定需要和负责改进措施的部门、人员和完成日期。(见表2.7)。

表2.7　危险源辨别与风险评价表

序号	辨别部位及内容	潜在危险危害因素	可能导致的事故	现有控制措施	状态			时态			评价方法	重大因素		拟采用的措施	备注
					正常	异常	紧急	过去	现在	将来	矩阵法	是	否		
1															
2															
3															
4															
5															
6															

2. **重大危险源的管理**

在重大危险源辨识和风险评价的基础上,编制科学的危险源管理方案,预控施工中各个环节可能出现的风险,确保安全管理人员的主要精力投入到高风险的地方,达到实施风险控制的目的。低成本、高效率地消除施工过程中存在的不安全因素,保障施工安全。

1)重大危险源控制基本原则

(1)消除优先原则。

首先考虑通过合理的设计和科学的管理,尽可能从根本上消除危险源,实现本质安全。如采用无害工艺技术、生产中以无害物质代替有害物质、实现自动化、遥控技术等。

(2)降低风险原则。

若无法从根本上消除危险源,其次考虑降低风险。采取技术和管理措施,努力降低伤害或损坏发生的概率或潜在的严重程度。

(3)个体防护原则。

在采取消除或降低风险措施后，还不能完全保证作业人员的安全健康时，最后考虑个体防护设备，作为补充对策。如穿戴特种劳动防护用品等。

2）重大危险源控制措施

（1）管理措施。

建立健全危险源管理的规章制度。危险源确定后，在对危险源进行系统危险性分析的基础上建立健全各项规章制度，包括岗位安全生产责任制、危险源重点控制实施细则、安全操作规程、操作人员培训考核制度、日常管理制度、交接班制度、检查制度、信息反馈制度、危险作业审批制度、异常情况应急措施和考核奖惩制度等。

明确安全责任、定期检查。应根据各危险源的等级，分别确定各级负责人，并明确其应负的具体责任。特别是要明确各级危险源的定期检查责任，除了作业人员必须每天自查外，还要规定各级领导定期参加检查。对危险源的检查要制定检查表，对照规定的方法和标准逐条逐项进行检查，并进行记录。如发现隐患则应及时反馈，及时进行消除。

加强危险源的日常管理。要严格要求作业人员贯彻执行有关危险源日常管理的规章制度，按专项施工方案安全操作规程进行操作；按安全检查表进行日常安全检查；危险作业经过审批等。所有活动均应按要求认真做好记录，领导和安检部门定期进行严格检查考核，发现问题，及时给予指导教育，根据检查考核情况进行奖惩。

抓好信息反馈、及时整改隐患。要建立、健全危险源信息反馈系统，制定信息反馈制度并严格贯彻实施。对信息反馈和隐患整改的情况，各级领导和安检部门要进行定期考核和奖惩。安检部门要定期收集、处理信息，及时提供给各级领导研究对策，改进危险源的控制管理工作。

搞好危险源控制管理的基础建设工作。建立健全危险源的安全档案，设置安全标志牌。应按安全档案管理的有关内容要求建立危险源档案，并指定专人保管，定期整理。在危险源的显著位置悬挂安全标志牌，标明危险等级，注明负责人员，表明主要危险，并扼要注明防范措施。

搞好危险源控制管理的考核评价和奖惩。对危险源控制管理的各个方面工作指定考核标准，并力求量化，划分等级。定期严格考核评价，促使危险源控制管理的水平不断提高。

（2）技术措施。

大量事故统计表明，工艺设备故障、人的误操作和生产安全管理上的缺陷是引发事故发生的三大原因，因而对工艺设备危险进行有效监控，提高操作人员基本素质和提高安全管理的有效性，能大大抑制事故的发生。

消除系统中的危险源，可以从根本上防止事故的发生。但是，按照现代安全工程的观点，彻底消除所有危险源是不可能的。因此，人们往往首先选择危险性较大、在现有技术条件下可以消除的危险源，作为优先考虑的对象。可以通过选择合适的工艺、技术、设备、设施，合理结构形式，选择无害、无毒或不能致人伤害的物料来彻底消除某种危险源。

当消除危险源有困难时，可采取预防危险因素发生的措施，如使用安全阀、安全屏护、漏电保护装置、安全电压、熔断器、排风装置等。

在无法消除危险源和难以预防的情况下，可采取减轻危险因素的措施，如降温措施、避雷装置、消除静电装置、减震装置等。

加强操作的准确性及可靠性，加强法制教育和职业道德教育等。

3. 重大危险源控制程序

铁路工程在开工前，应先编制完整的施工设计方案；针对施工组织设计安排，组织有关安全专家辨识施工现场潜在的重大危险源，并通过科学的风险评价方法，判定哪些是重大危险源，然后确定有关责任部门制定各专项安全施工控制方案及应急救援预案；通过资金保证，明确相关人员的职责，来监督安全管理、技术、教育等控制措施到位；最后对执行成果进行评估、改进。重大危险源控制程序主要分6个实施步骤：普查辨识-申报登记-建档建库-安全评估-隐患整改-监测监控。

4. 重大危险源的安全报告

施工单位应在规定的期限内，对已辨识和评价的重大危险源向政府主管部门提交安全报告。安全报告应详细说明重大危险源的情况，可能引发事故的危险因素以及前提条件，安全操作和预防失误的控制措施，可能发生的事故类型，事故发生的可能性及后果，限制事故后果的措施，现场事故应急救援预案等。

5. 事故应急救援预案

事故应急救援预案是重大危险源控制系统的重要组成部分。施工单位应负责制定现场事故应急救援预案，并且定期检验和评估现场事故应急救援预案和程序的有效程度，以及在必要时进行修订。

2.1.4 事故严重度评价

事故严重度用事故后果的经济损失（万元）表示。事故后果系指事故中人员伤亡以及房屋、设备、物质等的财产损失，不考虑停工损失。人员伤亡分为人员死亡数、重伤数、轻伤数。财产损失严格讲应分若干个破坏等级，在不同等级破坏区破坏程度是不相同的，总损失为全部破坏区损失的总和。在危险性评估中为了简化方法，用一个统一的财产损失区来描述，假定财产损失区内财产全部破坏，在损失区外全不受损，即认为财产损失区内未受损失部分的财产同损失区外受损失的财产相互抵消。死亡、重伤、轻伤、财产损失各自都用一当量圆半径描述。对于单纯毒物泄漏事故仅考虑人员伤亡，暂不考虑动植物死亡和生态破坏所受到的损失。

国务院 2007 年颁布的《生产安全事故报告和调查处理条例》规定，根据生产安全事故（简称事故）造成的人员伤亡或者直接经济损失，事故一般分为以下等级：

(1) 特别重大事故，是指造成 30 人以上死亡，或者 100 人以上重伤（包括急性工业中毒，下同），或者 1 亿元以上直接经济损失的事故。

(2) 重大事故，是指造成 10 人以上 30 人以下死亡，或者 50 人以上 100 人以下重伤，或者 5000 万元以上 1 亿元以下直接经济损失的事故。

(3) 较大事故，是指造成 3 人以上 10 人以下死亡，或者 10 人以上 50 人以下重伤，或者 1000 万元以上 5000 万元以下直接经济损失的事故。

(4) 一般事故，是指造成 3 人以下死亡，或者 10 人以下重伤，或者 1000 万元以下直接经济损失的事故。

2.2　铁路工程重大危险源辨识及管理

2.2.1　铁路重大危险源的定义

工程施工生产活动都存在着包括劳动者本身、工器具与设备、作业对象、作业环境等方面不同程度的危险性和不安全因素，这些危险因素的作用导致危险源的出现，而重大危险源相对于一般危险源（点）具有危害大、突发性以及一旦发生很难进行控制等特点。

依据《中华人民共和国安全生产法》、《建设工程安全生产管理条例》、铁路建设行政主管部门关于《铁路建设工程安全风险管理暂行办法》（铁建设[2010]162 号）、住建部关于《危险性较大的分部分项工程安全管理办法》（建质[2009]87 号）等有关文件，铁路建设工程重大危险源（简称重大危险源）是铁路建设工程在施工过程中存在的、可能导致作业人员群死群伤或造成重大不良社会影响的分部、分项工程。

1. 基坑开挖工程

(1) 开挖深度超过 5m（含 5m）的基坑（槽）的土方开挖、支护、降水工程。

(2) 基坑虽未超过 5m，但地质条件和周围环境复杂、影响毗邻建筑（构筑）物安全的基坑（槽）的土方开挖、支护、降水工程。

2. 模板工程及支撑体系

(1) 工具式模板工程：包括滑模、爬模、飞模工程。

(2) 混凝土模板支撑工程：搭设高度8m及以上；搭设跨度18m及以上；施工总荷载15kN/m²及以上；集中线荷载20kN/m及以上。

(3) 承重支撑体系：钢结构安装等满堂支撑体系，承受单点集中荷载700kg以上。

3. 起重吊装及安装拆卸工程

(1) 采用非常规起重设备、方法，且单件起吊重量在100kN及以上的起重吊装工程。

(2) 起重量300kN及以上的起重设备安装工程。

4. 脚手架工程

(1) 搭设高度24m(桥梁工程16m)及以上的落地式钢管脚手架工程。

(2) 附着式整体和分片提升脚手架工程。

(3) 悬挑式脚手架工程。

(4) 吊篮脚手架工程。

(5) 自制卸料平台、移动操作平台工程。

(6) 新型及异型脚手架工程。

5. 拆除、爆破工程

(1) 建筑物、构筑物拆除工程。

(2) 采用爆破拆除的工程。

6. 铁路营业线工程

(1) 上跨、下穿主要干线的桥涵(管)工程。

(2) 繁忙干线、干线及枢纽站改造专项工程。

(3) 邻近营业线大型吊装、安装工程可能因翻塌、坠落等意外而危及营业线行车安全的工程。

(4) 邻近营业线降水、注浆、打桩、开挖等影响路基稳定的工程。

7. 其他

(1) 搭设高度超过24m的建筑幕墙安装工程。

(2) 跨度大于36m的钢结构安装工程；跨度大于60m的网架和索膜结构安装工程。

(3) 16m及以上的人工挖扩孔桩工程。

(4) 隧道、地下暗挖、顶管及水下作业工程。

(5) 采用新技术、新工艺、新材料、新设备及尚无相关技术标准的危险性较大的分部分项工程。

此外，重大危险源根据所处环境分为营业线及非营业线两类。根据事故发生的概率和造成后果的影响程度，分为一级重大危险源(极高度风险)、二级重大危险源(高度风险)、三级重大危险源(中度风险)三个等级。

2.2.2　铁路重大危险源等级划分

重大危险源按事故发生的概率和造成后果的影响程度分为三级。

一级重大危险源：因建设施工可能导致安全生产重大及以上事故或引起铁路交通一般 B 类及以上事故的。

二级重大危险源：因建设施工可能导致安全生产较大事故或引起铁路交通一般 C 类事故的。

三级重大危险源：因建设施工可能导致安全生产一般事故或引起铁路交通一般 D 类事故的。

具体评定方法可以采用 LEC 半定量评价法(具体内容见 2.1.3 小节重大危险源控制系统)。

危险等级为

$$D = L \times E \times C$$

式中，L 为发生事故的可能性大小；E 为人体暴露在这种危险环境中的频繁程度；C 为一旦发生事故会造成的损失后果；D 为危险性分值。D 值越大，说明该项目危险性大，需要增加安全防范措施，以减小发生事故的可能性，如表 2.8～表 2.11 所示。

表 2.8　事件发生的可能性(L)

分数值	事故发生的可能性
10	随时可能发生
6	偶然发生
3	可能性极小
1	完全意外

表 2.9　人员或行车暴露于危险环境的频繁程度(E)

分数值	暴露于危险环境的频繁程度
10	连续暴露
6	每天工作时间内暴露
3	每周一次或偶然暴露
1	每月一次暴露

表 2.10　发生事故的后果(C)

分数值	发生事故产生的后果
100	生产安全特别重大事故以上或铁路交通较大事故以上
40	生产安全重大事故或铁路交通一般 A、B 类事故
15	生产安全较大事故或铁路交通一般 C 类事故
3	生产安全一般事故或铁路交通一般 D 类事故

表 2.11　重大危险源等级的判定(D)

分数值	$L\times E\times C$(重大危险源等级)
>320	一级重大危险源
70～320	二级重大危险源
<70	三级重大危险源

一般来说施工单位应在开工前应根据 2.2.1 小节中所规定的内容、建设单位或勘察设计单位提出的高风险工点以及承建工程施工范围和特点，对重大危险源进行辨识初步进行分类、分级，经项目技术负责人审查、监理单位项目总监审批后，报建设项目管理机构进行辨识。建设项目管理机构组织专家对施工单位初步确定的重大风险源进行辨识，确定重大危险源分类、分级及包保负责人，上级建设主管部门，最终由有关建设主管部门审核公布。

建设项目管理机构、施工单位、监理单位根据确定的重大危险源及等级，分别建立管理台账，按职责分工，实施重大危险源管理。

2.2.3　铁路重大危险源管理程序及管理要求

1. 重大危险源的管理程序

施工单位对重大危险源的辨识应由施工项目技术负责人组织，监理单位参加。提出重大危险源分类、分级的初步意见，经监理单位项目总监审查。建设项目管理机构接到施工单位报送重大危险源分类、分级的初步意见，由总工程师组织有关专业技术人员对重大风险源进一步辨识。确定的重大危险源应建立统计表，并报上级建设主管部门。上级建设主管部门接到建设项目管理机构报送的重大危险源辨识资料，对重大危险源进行分类、分级审核，并以向有关部门及单位公布。

各建设项目应对重大危险源实行动态管理。开工前，建设项目管理机构应组织设计、施工、监理单位对建设项目重大危险源进行全面辨识，并将分类、分级统计表报上级建设主管部门。施工中施工单位、建设项目管理机构应对重大危险源动态情况进行动态跟踪管理。

2. 重大危险源的管理要求

1）施工专项方案的编制及审批要求

凡纳入重大危险源的分部分项施工，施工前，施工单位必须编制专项施工方案，并按规定程序审批。对一级及二级采用非常规施工方案进行施工的重大危险源，施工单位应组织不少于5人的专家组进行论证评审。论证审查后，专家组应提出书面论证审查报告，施工单位根据论证审查报告对编制的专项施工方案进行完善，经施工单位技术负责人、监理单位项目总监理工程师签字、盖章后方可实施。

如果涉及铁路营业线施工的重大危险源专项施工方案，还应按相关铁路局有关规定办理审查手续。

经审查批准的专项施工方案是现场施工的唯一依据，任何单位和部门不得随意更改。因特殊原因必须对已批准的专项施工方案变更时，需按原程序重新报审。

考虑到铁路建设工程区别于其他建设工程的特点，譬如地域偏远、建设规模大等，重大危险源施工专项方案审批、签认权限应根据项目的规模和具体情况由当地铁路建设主管部门规定执行，也可参考表2.12执行。

表2.12　重大危险源专项方案审批、签认权限应根据

重大危险源等级	建设项目管理机构	监理单位	施工单位
一级	单位技术负责人	监理公司技术负责人	集团公司技术负责人
二级	单位技术负责人	项目总监	子公司技术负责人
三级	部门负责人	项目总监	项目部（指挥部）技术负责人签认

2）参建单位的管理职责

建设项目管理机构需严格落实施工、监理单位对重大危险源的辨识及分类、分级标准，加强对重大危险源专项施工方案评估、论证程序的检查及监督，督促施工单位建立并落实重大危险源有关登记、公示、监控、整改等各项管理制度。

施工前施工单位应对涉及重大危险源的从业人员进行培训，使其全面掌握本岗位的安全操作技能和在紧急情况下应当采取的应急措施。对重大危险源的施工作业，应向所有作业人员进行安全技术交底，并有书面记录和签字。施工单位应针对重大危险源每年至少开展一次综合应急演练或专项应急演练，每半年至少开展一次现场处置应急演练。

监理单位须对重大危险源的施工现场制定检查制度，总监理工程师每周检查不少于一次，监理组长或包保负责人每周检查不少于两次，监理工程师每天检查不少于一次，关键性工序监理工程师须旁站监理。各级管理人员检查结果须在检查登记本上做好记录。对发现的问题,应立即下达整改通知书。对整改不力的,应按规定程序责令停工整顿。监理单位应将重大危险源的安全管理情况纳入监理月报。

2.3 事故应急救援体系

2.3.1 事故应急救援的基本任务及特点

事故应急救援的总目标是通过有效的应急救援行动,尽可能地降低事故的后果,包括人员伤亡、财产损失和环境破坏等。

1. 事故应急救援的基本任务

(1) 立即组织营救受害人员,组织撤离或者采取其他措施保护危害区域内的其他人员。抢救受害人员是应急救援的首要任务,在应急救援行动中,快速、有序、有效地实施现场急救与安全转送伤员是降低伤亡率、减少事故损失的关键。由于重大事故发生突然、扩散迅速、涉及范围广、危害大,应及时指导和组织群众采取各种措施进行自身防护,必要时迅速撤离出危险区或可能受到危害的区域。在撤离过程中,应积极组织群众开展自救和互救工作。

(2) 迅速控制事态,并对事故造成的危害进行检测、监测,测定事故的危害区域、危害性质及危害程度。及时控制住造成事故的危险源是应急救援工作的重要任务,只有及时控制住危险源,防止事故的继续扩展,才能及时有效进行救援。特别对发生在城市或人口稠密地区的化学事故,应尽快组织工程抢险队与事故单位技术人员一起及时控制事故防止继续扩展。

(3) 消除危害后果,做好现场恢复。针对事故对人体、动植物、土壤、空气等造成的现实危害和可能的危害,迅速采取封闭、隔离、洗消、监测等措施,防止对人的继续危害和对环境的污染。及时清理废墟,恢复基本设施,将事故现场恢复至一相对稳定的基本状态。

(4) 查清事故原因,评估危害程度。事故发生后应及时调查事故的发生原因和事故性质,评估出事故的危害范围和危险程度,查明人员伤情况,做好事故调查。

2. 事故应急救援的特点

1) 重大事故的特点

重大事故往往具有不确定性、突发性、复杂性和后果、影响易猝变、激化、放大的特点。针对重大事故的特点,应在事故产生重大灾难后果之前采取各种有效的防护、救助、疏散和控制事态等措施。为保证对事故做出迅速有效的初始响应,及时控制住事态，应急救援工作应强调应急准备工作，包括全天候的昼夜值班制度，确保报警、指挥通信系统始终保持完好状态，明确各部门的职责，确保各种应急救援的装备、技术器材、有关物资随时处于完好可用状态，制定科学有效的突发事件应急预案等措施。

2）事故应急救援的特点

根据重大事故的特点，应急救援行动必须做到迅速、准确、有效。

（1）迅速，就是要求建立快速的应急响应机制，能迅速准确地传递事故信息，迅速地召集所需的应急力量和设备、物资等资源，迅速建立统一指挥与协调系统，开展救援活动。事故灾害虽然是小概率事件，但后果一般比较严重，能造成广泛的社会影响，应急处置稍有不慎就可能改变事故的性质。使平稳、有序、和平状态向动态、混乱和冲突方面发展，引起事故波及范围扩展、人员伤亡和财产损失加大。所以重大事故的处置必须坚决果断，而且越早越好，防止事态扩大。

（2）准确，要求有相应的应急决策机制，能基于事故的规模、性质、特点、现场环境等信息，正确地预测事故的发展趋势，准确地对应急救援行动和战术进行决策。

（3）有效，主要指应急救援行动的有效性，很大程度取决于应急准备的充分性与否，包括应急队伍的建设与训练、应急设备（施）、物资的配备与维护、预案的制定与落实以及有效的外部增援机制等。

3. 应急救援活动的复杂性

应急救援活动的复杂性主要表现在两方面：①事故、灾难或事件影响因素与演变规律的不确定性和不可预见的多变性；②众多来自不同部门参与应急救援活动的单位，在信息沟通、行动协调与指挥、授权与职责、通信等方面的有效组织和管理；③应急响应过程中公众的反应、恐慌心理、公众过急等突发行为的复杂性；④现场处置措施的复杂性。重大事故的处置措施往往涉及较强的专业技术支持，包括易燃、有毒危险物质、复杂危险工艺以及隧道事故处置等，对每一行动方案、监测以及应急人员防护等都需要在专业人员的支持下进行决策。

2.3.2 事故应急管理的过程

应急管理是对重大事故的全过程管理，贯穿于事故发生前、中、后的各个过程，应充分体现预防为主、常备不懈的应急思想。应急管理是一个动态的过程，包括预防、准备、响应和恢复四个阶段。尽管在实际情况中这些阶段往往是交叉的，但每一阶段都有自己明确的目标，而且每一阶段又是构筑在前一阶段的基础之上，因而预防、准备、响应和恢复的相互关联，构成了重大事故应急管理的循环过程。

1. 预防

在应急管理中预防有两层含义，一是事故的预防工作，即通过安全管理和安全技术等手段，来尽可能地防止事故的发生，实现本质安全；二是在假定事故必然发生的前提下，通过预先采取的预防措施，来达到降低或减缓事故的影响或后果严重程度，如加大建筑物的安全距离、减少危险物品的存量、设置防护墙、开展公众教育等。从长远观点来看，低成本高效率的预防措施是减少事故损失的关键。

2. 准备

应急准备是应急管理过程中一个极关键的过程，它是针对可能发生的事故，为迅速有效地开展应急行动而预先所做的各种准备，包括应急机构的设立和职责的落实、预案的编制、应急队伍的建设、应急设备(施)、物资的准备和维护、预案的演习、与外部应急力量的衔接等，其目标是保持重大事故应急救援所需的应急能力。

3. 响应

应急响应是在事故发生后立即采取的应急与救援行动。包括事故的报警与通报、人员的紧急疏散、急救与医疗、消防和工程抢险措施、信息收集与应急决策、外部求援等，其目标是尽可能地抢救受害人员、保护可能受威胁的人群，并尽可能控制并消除事故。

4. 恢复

恢复工作应事故发生后立即进行，它首先使事故影响区域恢复到相对安全的基本状态，然后逐步恢复到正常状态。要求立即进行的恢复工作包括事故损失评估、原因调查、清理废墟等，在短期恢复中应注意避免出现新的紧急情况；长期恢复包括受影响区域的重新施工规划和清理、重新制定工期等。在长期恢复工作中，应汲取事故和应急救援的经验教训，开展进一步的预防工作和减灾行动。

2.3.3 事故应急救援体系的响应程序

事故应急救援系统的应急响应程序按过程可分为接警、响应级别确定、应急启动、救援行动、应急恢复和应急结束等几个过程(见图 2.2)。

2.3.4 现场指挥系统的组织结构

重大事故的现场情况往往十分复杂，且汇集了各方面的应急力量与大量的资源，应急救援行动的组织、指挥和管理成为重大事故应急工作所面临的一个严峻挑战。应急过程中存在的主要问题如下：①太多人员向事故指挥官汇报；②应急响应

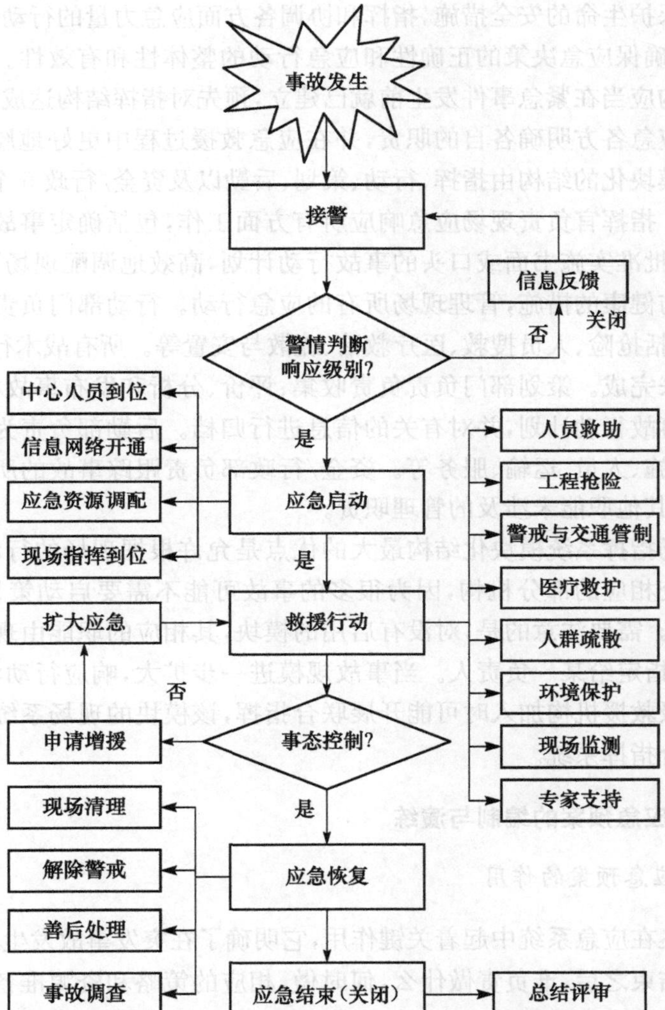

图 2.2　事故应急救援系统的应急响应程序

的组织结构各异，部门间缺乏协调机制；③缺乏可靠的事故相关信息和决策机制，应急救援的整体目标不清或不明；④通信不畅；⑤授权不清或机构对自身现场的任务、目标不清。

对事故态势的管理方式决定了整个应急行动的效率。为保证现场应急救援工作的有效实施，必须对事故现场的所有应急救援工作实施统一的指挥和管理，即建立事故指挥系统(incident command system，ICS)，形成清晰的指挥链，以便及时地获取事故信息、分析和评估事态，确定救援的优先目标，决定如何实施快速、有效的救援行动和保护生命的安全措施，指挥和协调各方面应急力量的行动，高效地利用可获取资源，确保应急决策的正确性和应急行动的整体性和有效性。现场应急指挥系统的结构应当在紧急事件发生前就已建立，预先对指挥结构达成一致意见，将有助于保证应急各方明确各自的职责，并在应急救援过程中更好地履行职责。现场指挥系统模块化的结构由指挥、行动、策划、后勤以及资金/行政 5 个核心应急响应职能组成。指挥官负责现场应急响应所有方面工作，包括确定事故目标及实现目标的策略，批准实施书面或口头的事故行动计划，高效地调配现场资源，落实保障人员安全与健康的措施，管理现场所有的应急行动。行动部门负责所有主要的应急行动，包括抢险、人员搜救、医疗救治、疏散与安置等。所有战术行动都依据事故行动计划来完成。策划部门负责负责收集、评价、分析和发布事故相关的信息，准备和起草事故行动计划，并对有关的信息进行归档。后勤部负责为事故的响应提供设备、设施、人员、运输、服务等。资金/行政部负责跟踪事故的所有费用并进行评估，承担其他职能未涉及的管理职责。

事故现场指挥系统模块化结构最大的优点是允许根据现场的行动规模，灵活启动指挥系统相应的部分机构，因为很多的事故可能不需要启动策划、后勤或资金/行政模块。需要注意的是，对没有启用的模块，其相应的职能由现场指挥官承担，除非明确指定给某一负责人。当事故规模进一步扩大，响应行动涉及跨区间、跨单位或上级救援机构加入时可能开展联合指挥，该模块的现场系统可以很方便地扩展为联合指挥系统。

2.3.5 事故应急预案的编制与演练

1. 事故应急预案的作用

应急预案在应急系统中起着关键作用，它明确了在突发事故发生之前、发生过程中以及刚结束之后，谁负责做什么，何时做，相应的策略和资源准备等。它是针对可能发生的重大事故及其影响和后果严重程度，为应急准备和应急响应的各个方面所预先做出的详细安排，是开展及时、有序和有效事故应急救援工作的行动指南。

(1) 应急预案明确了应急救援的范围和体系，使应急准备和应急管理不再是无据可依、无章可循，尤其是培训和演习工作的开展。

(2) 制定应急预案有利于做出及时的应急响应，降低事故后果。

(3) 成为各类突发重大事故的应急基础。通过编制基本应急预案，可保证应急预案足够的灵活性，对那些事先无法预料到的突发事件或事故，也可以起到基本的应急指导作用，成为开展应急救援的底线。在此基础上，可以针对特定危害编制专项应急预案，有针对性制定应急措施、进行专项应急准备和演习。

(4) 当发生超过应急能力的重大事故时，便于与上级应急部门的协调。

(5) 有利提高风险防范意识。

2. 应急预案分类和主要内容

结合危险源状况、危险性分析和可能发生的事故特点，制定相应的应急预案。分为综合应急预案、专项应急预案和现场处置方案。3 种应急预案应相互衔接，并与所涉及其他单位的应急预案相互衔接。应急预案应当包括应急组织机构和人员的联系方式、应急物资储备清单等附件信息。

(1) 综合应急预案：风险种类多、可能发生多种事故类型的，应当组织编制综合应急预案。施工单位应编制标段及同类工程综合应急预案。综合应急预案应当包括本单位的应急组织机构及其职责、预案体系及响应程序、事故预防及应急保障、应急培训及预案演练等主要内容。

(2) 专项应急预案：对于某一种类的风险，根据存在的重大危险源和可能发生的事故类型，制定相应的专项应急预案。施工单位应编制风险工点或风险部位专项应急预案。专项应急预案应当包括危险性分析、可能发生的事故特征、应急组织机构与职责、预防措施、应急处置程序和应急保障等内容。

(3) 现场处置方案：对于危险性较大的重点岗位，应当制定重点工作岗位的现场处置方案。施工单位应编制深基坑开挖、高陡坡开挖、滑坡治理、起重、钢结构安装，拆除、爆破、桥梁、隧道、铺架、营业线施工、大型支架、模板、脚手架、作业平台、便桥、跨越或者穿越及其他新技术、新工艺、新方法施工的工程等现场处置方案。现场处置方案应当包括危险性分析、可能发生的事故特征、应急处置程序、应急处置要点和注意事项等内容。

3. 应急预案编制基本要求及核心内容

1) 基本要求

(1) 符合有关法律、法规、规章和标准的规定。

(2) 结合项目特点、行业管理要求和本单位的安全生产实际情况；紧密结合项目危险性分析情况。

(3) 应急组织和人员的职责分工明确，并有具体的落实措施。

(4) 有明确、具体的事故预防措施和应急程序，并与应急能力相适应。

(5) 有明确的应急保障措施，并能满足本项目应急工作要求。

(6) 预案基本要素齐全、完整，预案附件提供的信息准确；预案内容与相关应急预案相互衔接。

2) 核心内容

(1) 工程(项目)概况。

(2) 对紧急情况或事故及其后果的预测、辩识、评价。

(3) 组织机构及职责。

(4) 预警及预防。

(5) 信息报告程序。

(6) 分级响应程序。

(7) 救援方案及措施。

(8) 应急救援中可用的人员、设备、设施、物资、经费保障和其他资源包括社会和外部援助资源等。

2.3.6 应急预案的编制程序

施工安全管理应急预案的完整编制过程应包括下面 6 个过程：

(1) 成立工作组。结合部门职能分工，成立由单位主要负责人为领导的预案编制小组，明确编制任务、职责分工、制定工作计划。

(2) 资料收集。收集应预案编制所需的各种资料，包括相关法律法规、应急预案、技术标准、国内外同行业事故案例分析、本单位技术资料等。

(3) 危险源与风险分析。在危险因素分析及事故隐患排查、治理的基础上，确定本单位的危险源、可能发生事故的类型和后果，进行事故风险分析并指出可能产生的次生、衍生事故，形成分析报告，分析结果作为应急预案的编制依据。

(4) 应急能力的评估。对本单位应急装备、应急队伍等应急能力进行评估，并结合本单位实际，加强应急能力建设。

(5) 应急预案编制。针对可能发生的事故，按照有关规定和要求编制应急预案。编制过程中，应注重全体人员的参与和培训，使所有与事故有关人员均掌握危险源的危险性、应急处置方案和技能。应急预案应充分利用现有资源，与上级主管单位以及相关部门的预案相衔接。

(6) 预案的批准、实施和维护。提出预案的落实、更新、培训和演练计划。

应急预案是整个应急管理体系的反映，它的内容不仅限于事故发生过程中的应急响应和救援措施，还包括事故发生前的各种应急准备、事故发生后的紧急恢复、预案的管理与更新等。因此，一个完善的应急预案按相应的过程可分为 6 个一级关键要素，包括：方针与原则、应急策划、应急准备、应急响应、现场恢复、预案管理与评审改进。这 6 个一级要素相互之间既相对独立，又紧密联系，从应急的方针、策划、准备、响应、恢复到预案的管理与评审改进，形成了一个有机联系并持续改进的体系结构。根据一级要素中所包括的任务和功能，应急策划、应急准备和应急响应三个一级关键要素可进一步划分成若干个二级小要素。所有这些要素构成了建设工程重大事故应急预案的核心要素。这些要素是重大事故应急预案编制所应当涉及的基本方面，在实际编制时，可根据职能部门的设置和职责分配等的具体情况，将要素进行合并或增加，便于预案的内容组织和编写。

2.3.7 应急预案的演练与评审

应急演练是检验、评价和保持应急能力的一个重要手段。其重要作用突出地体现在：可在事故真正发生前暴露预案和程序的缺陷；发现应急资源的不足（包括人力和设备等）；改善各应急部门、机构、人员之间的协调；增强公众应对突发重大事故救援的信心和应急意识；提高应急人员的熟练程度和技术水平；进一步明确各自的岗位与职责；提高各级预案之间的协调性；提高整体应急反应能力。

1. 演练的类型

对应急预案的完整性和周密性进行评估，可采用不同规模的应急演练方法，如桌面演练、功能演练和全面演练等。

1）桌面演练

桌面演练是指由应急组织的代表或关键岗位人员参加的，按照应急预案及其标准工作程序讨论紧急情况时应采取行动的演练活动。桌面演练的主要特点是对演练情景进行口头演练，一般在会议室内举行。主要目的是锻炼参演人员解决问题的能力以及解决应急组织相互协作和职责划分的问题。

桌面演练一般仅限于有限的应急响应和内部协调活动，应急人员主要来自本地应急组织，事后一般采取口头评论形式收集参演人员的建议，并提交一份简短的书面报告，总结演练活动，提出有关改进应急响应工作的建议。桌面演练方法成本较低，主要用于为功能演练和全面演练做准备。

2）功能演练

功能演练是指针对某项应急响应功能或其中某些应急响应行动举行的演练活动。功能演练一般在应急指挥中心举行，并可同时开展现场演练，调用有限的应急设备，主要目的是针对应急响应功能，检验应急人员以及应急体系的策划和响应能力。例如，指挥和控制功能的演练，其目的是检测、评价多个政府部门在紧急状态下实现集权式的运行和响应能力，演练地点主要集中在若干个应急指挥中心或现场指挥部举行，并开展有限的现场活动，调用有限的外部资源。

功能演练比桌面演练规模要大，需动员更多的应急人员和机构，相应地，协调工作难度也随着更多应急响应急组织的参与而加大。演练完成后，除采取口头评论形式外，还应向地方提交有关演练活动的书面汇报，提出改进建议。

3）全面演练

全面演练指针对应急预案中全部或大部分应急响应功能，检验、评价应急组织应急运行能力的演练活动。全面演练一般要求持续几个小时，采取交互式方式进行，演练过程要求尽量真实，调用更多的应急人员和资源，并开展人员、设备及其他资源的实战性演练，以检验相互协调的应急响应能力。与功能演练类似，演练完成后，除采取口头评论、书面汇报外，还应提交正式的书面报告。

应急演练的组织者或策划者在确定采取哪种类型的演练方法时，应考虑以下因素：①应急预案和响应程序制定工作的进展情况；②本辖区面临风险的性质和大小；③本辖区现有应急响应能力；④应急演练成本及资金筹措状况；⑤有关政府部门对应急演练工作的态度；⑥应急组织投入的资源状况；⑦国家及地方政府部门颁布的有关应急演练的规定。

无论选择何种演练方法，应急演练方案必须与辖区重大事故应急管理的需求和资源条件相适应。

制定演练计划，根据本单位的事故预防重点，每年至少组织一次综合应急预案演练或者专项应急预案演练，每半年至少组织一次现场处置方案演练。同时对应急预案演练效果进行评估，撰写应急预案演练评估报告，分析存在的问题，并对应急预案提出修订意见。

2. 应急预案的审评

应急预案编制完成后，需要组织专家评审。施工单位预案的评审人员应当包括建设、监理单位的人员和有关方面的专家。应急预案编写时要注重实用性、基本要素完整性、预防措施针对性、组织体系科学性、响应程序操作性、保障措施可行性、应急预案衔接性等内容。应急预案经评审由单位主要负责人签署公布。

3. 备案及修订

施工单位项目应急预案报建设单位和企业上级主管部门备案。受理备案登记的单位对应急预案进行形式审查，经审查符合要求的，予以备案；不符合要求的，不予备案并说明理由。受理备案登记的单位应当指导、督促检查生产经营单位做好应急预案的备案登记工作，建立应急预案备案登记建档制度。

下列情况应急预案应当及时修订：①工艺和技术发生变化；②周围环境发生变化形成新的重大危险源；③应急组织指挥体系或者职责已经调整；④依据的法律法规、规章和标准发生变化；⑤应急预案演练评估报告要求修订；⑥应急预案管理部门要求修订。施工单位应急预案的修订情况应及时向建设单位和企业上级主管部门报告，并按照有关应急预案报备程序重新备案。

第3章 施工现场安全管理

施工现场的安全管理，是整个施工过程安全管理中的重点，主要包括施工现场布置、危险性较大的分项、分部工程施工安全措施，危险性较大作业的安全管理。

3.1 专项工程施工安全

3.1.1 专项工程施工方案

《中华人民共和国建筑法》第三十八条规定，对专业性较强的工程项目，应当编制专项安全施工组织设计。《建设工程安全生产管理条例》第二十六条规定，对专业性较强的，达到一定规模的危险性较大的分部分项工程，应编制专项施工方案，制定施工程序、方法及防护措施，并附具安全验算结果，经施工单位技术负责人、总监理工程师签字后实施，由专职安全生产管理人员进行现场监督。涉及深基坑、地下暗挖、高大模板及复杂危险地段的专项施工方案，施工单位还应当组织专家进行论证、审查。施工安全技术措施内容必须符合现行安全生产法律、法规、强制性标准、安全技术规范及标准。

1. 编制专项工程施工方案遵循的原则

专项工程施工方案是施工组织设计中的重要组成部分，它是具体安排和指导工程安全施工的管理与技术文件；它针对每项工程在施工过程中可能发生的事故隐患或可能发生安全问题的环节进行预测，在技术上和管理上采取措施，消除或控制施工过程中的不安全因素，防范发生事故。

(1) 编制施工组织设计和工程开工前，应制定安全生产的技术措施，经批准后贯彻执行。每项工序开工前，应按安全规程有关规定制定安全操作细则，并向施工作业人员交底。

(2) 铁路营业线上施工(包括紧邻营业线)必须执行原铁道部有关营业线施工确保行车安全的规定，并制定相关安全生产的技术措施与管理措施。新线施工有可能影响行车安全时，应在施工组织设计中制定相应的安全技术措施。

(3) 同一工地有几个单位同时施工或不同专业交叉作业时，应共同拟订现场的安全技术管理办法，做好协调共同执行。

(4) 施工中采用新技术、新工艺、新设备、新材料时，必须制定相应的安全技术措施。

(5) 国家规定的特种作业人员，以及在劳动过程中容易发生伤亡事故的有关作业人员，必须经专业培训和考核合格取得特种作业操作证后，方准上岗。

(6) 施工作业人员身体应健康，并定期进行身体检查。凡患有不宜从事某项施工作业的疾病人员，不得从事该项工作。

(7) 施工作业场所应根据作业的条件与危险程度，选用符合国家、专业标准并具有产品合格证和使用说明书的防护用品。

(8) 施工现场应设置安全防护设施。进入施工现场的人员，应按规定使用劳动保护用品。劳动安全卫生措施，应在施工组织设计中确定。

(9) 施工所用各种机具设备应定期进行检验，不合格者严禁使用。

(10) 施工中应与气象、水文站联系，掌握气温、风沙、雨情、水文等预报，做好防范工作。

2. 专项工程施工方案的主要内容

(1) 施工现场的安全管理规定，包括组织机构、专职人员、安全制度等，尤其应包括安全生产责任制，安全教育、培训、交底制度。施工现场建立的安全生产责任制，应体现管生产必须管安全的原则。安全管理规定应符合法律法规及安全规程的有关规定。

(2) 施工现场作业人员、机械设备的安全防护；作业安全要求、安全技术措施。

(3) 危险性较大分项分部工程的专项施工方案；对施工中采用的新工艺、新材料、新技术和新结构，制定的有针对性的、行之有效的专门安全技术措施。

(4) 预防自然灾害(防台风、防雷击、防洪水、防地震、防暑降温、防冻、防寒、防滑等)的措施。

(5) 施工现场危险物品存放及使用安全措施、防火防爆措施。

(6) 施工自身及环境风险源清单，风险管理、应急预案。

3.1.2 深基坑(槽)开挖及降水工程

1. 施工应具备的资料

施工区域内工程地质勘察报告。地基与基础工程施工图。场地内和邻近地区地下管线图和有关资料。邻近的原有建筑、构筑物的结构、基础情况。

2. 专项施工方案及安全措施

(1) 针对土质的类别、基坑的深度、地下水位、施工季节、周围环境、拟采用的机具来确定开挖方案；根据基坑的深度、土质的特性和周围环境确定对基坑的支护方案、回填方案。开挖的基坑(槽)设计深度如比邻近建筑物、构筑物的基础深时，应采取边坡支撑加固措施，并在施工中进行沉降和位移动态观测；根据选定的基坑支护方案进行设计和验算；编制操作程序和作业流程；绘制施工开挖图。

(2) 根据基坑的开挖深度、地下水位的标高、土质的特性及周围环境，确定降水方案；验算降水方案的可靠性；编制降水的程序、操作规定、管理制度；绘制降水施工实施图。

(3) 施工全过程中，对降水、板桩墙、地下连续墙等位移，较重要和较危险的原有建筑物、构筑物和管线要定期观察测试，并做好记录。由于降水、土方开挖等因素，影响邻近建筑物、构筑物和管线的使用安全时，应事先采取有效措施。如加固、改迁等，特别是各种压力管道要有防裂措施，以确保安全。

(4) 基坑开挖，须布置地面和坑内排水系统，防止雨水对土坡、坑壁冲刷而造成的坍方。施工时，切实做好降水和暴雨期的排水工作，在停止降水，或估计暴雨时坑内会出现积水时，必须采取有效措施，以满足基坑施工要求。地面要做好硬化处理，排水畅通。特别是在土钉墙施工区域，要做好地面排水工作，以确保雨水不被渗漏到护壁外侧。

(5) 基坑边不宜堆放重物，如坑边确须堆放重物，边坡坡度和板桩墙的设计须考虑其影响；基坑开挖后，坑边的施工荷载严禁超过设计规定的荷载值。

(6) 开挖或支护过程中，发现基坑周壁有裂缝或滑移现象时，人员应及时进行躲避并上报，立即停止施工。经常检查基坑支护结构的稳定性监测资料；实时监测监控基坑的变形情况。基坑的支护结构在整个施工期间应有足够的强度和刚度。根据监控量测信息，发现异常情况，立即采取补救措施，确保坑壁稳定。不能控制时，立即撤出所有施工人员。

(7) 当基坑开挖到相应支撑处，必须按设计要求及时安设支撑系统，使基坑的变形满足设计要求。要经常检查钢支撑、钢围檩支护结构的稳定性，若发现松动及轴力损失应及时补充，防止松动脱落。基坑开挖到位后及时浇注垫层及结构底板混凝土。

3.1.3　施工临时用电(施工用电)

1. *方案设计*

(1) 施工用电应进行方案设计并经批准，经现场验收合格后方可使用。施工现场用电应采用三相五线制供电系统，采用三级配电二级保护方式；TN-S 接零保护系统。工作接地电阻值不得大于 4Ω；供电线路始端、末端必须作重复接地；当线路较长时，线路中间应增设重复接地，其电阻值不应大于 10Ω。

(2) 用电设备应实行一机一闸一漏(漏电保护器)一箱(配电箱);漏电保护装置应与设备相匹配。漏电保护器必须符合现行国家标准《剩余电流动作保护器的一般要求》GB 6829—1995,并应定期检查。不得用 1 个开关直接控制 2 台及以上的用电设备。

(3) 施工用电设计前应现场勘测,根据现场实际及施工平面布置安全要求,确定变电所、配电室、总配电箱、分配电箱、开关箱及电线线路走向;根据施工要求,初选各类用电设备种类、数量、额定功率等,进行负荷计算、确定施工用电总负荷及负荷分配;进一步核算后确定电气设备及电线(缆)规格。电缆类型应根据负荷大小、允许电压损失、机械强度等计算确定。

(4) 变电所、配电室设计;配电装置设计;配电线路设计、接地、防雷设计。

(5) 外电防护措施确定;安全用电及防火措施;编制施工布置图、线路图。

2. 配电室及其设备

(1) 配电室应设在靠近电源、无尘、无蒸汽、无腐蚀介质、无振动的地方,并应采取防止雨雪和动物侵入的措施。

(2) 配电室内应配置沙箱和绝缘灭火器。

(3) 室内的配电屏(盘)和控制台两端应与重复接地及保护接零做电气连接。

(4) 配电屏(盘)应装设短路及过负荷保护装置、漏电保护器。

(5) 配电屏(盘)上的各配电线路应编号,并标明用途。

(6) 配电室应设专人值班,停送电应专人负责。

3. 自备电源应满足下列要求

(1) 工地自备发电机组应采用三相四线制中性点直接接地系统,接地电阻值不得大于 4Ω。发电机组应与外电线路电源连锁,严禁并列运行。

(2) 发电机组应设置短路保护和过负荷保护装置。

(3) 多台发电机并列运行时,必须在机组同期后向负荷供电。

4. 电缆线路架设要求

(1) 电缆线应根据环境条件,采取埋地或架空敷设,严禁沿地面敷设。

(2) 电缆线路与热力管道的平行间距不得小于 2m,交叉间距不得小于 1m。

(3) 架空线应采用绝缘导线,并架设在专用电杆上,不得挂在树木、脚手架上。

(4) 架空线路之间及与各种设施之间最小安全距离应满足下列要求:

① 外电架空线与施工现场机动车道交叉时,其最低点与路面的垂直距离应符合安全距离规定。

② 通信线路与低压线路之间的距离不得小于 1.5m,低压线路之间的距离不

得小于 0.6m,低压线路与 10kV 以上高压线路之间的距离不得小于 1.2m,10kV 高压线路相互之间的距离不得小于 0.8m。

③ 外电架空线路与铁路交叉时,其最低点与轨面的垂直距离不应小于 7.5m。

④ 在建工程(含脚手架具)的外侧与外电架空线路边线之间应保持规定的最小安全操作距离。当不能满足时,应采取增设屏障、遮栏或保护网,并悬挂警告标志牌等防护措施。

5. 配电箱及开关箱应满足下列要求

(1) 固定式配电箱及开关箱的底面与地面垂直距离不得小于 1.3m,移动式配电箱及开关箱的底面与地面垂直距离应大于 0.6m。

(2) 配电箱及开关箱应安装在干燥、通风及常温场所,严禁设在有瓦斯、烟气、蒸汽及其他介质中。

(3) 配电箱及开关箱内应分设工作接零和保护接零端子汇流排。

(4) 配电箱应采取防晒、防尘措施,并配锁。

6. 电器装置安装

(1) 当总路设置总漏电保护器时,还应装设总隔离开关、分路隔离开关以及总断路器、分路断路器或总熔断器、分路熔断器。当所设总漏电保护器同时具备短路、过载、漏电保护功能的漏电断路器时,可不设总断路器或总熔断器。当分路设置分路漏电保护器时,还应装设总隔离开关、分路隔离开关以及总断路器、分路断路器或总熔断器、分路熔断器。当分路所设漏电保护器是同时具备短路、过载、漏电保护功能的漏电断路器时,可不设分路断路器或分路熔断器。

(2) 分配电箱应装设总隔离开关、分路隔离开关以及总断路器、分路断路器或总熔断器、分路熔断器。其设置和选择应符合 JGJ46—2005 规范第 8.2.2 条要求。

(3) 开关箱必须装设隔离开关、断路器或熔断器、漏电保护器。当漏电保护器是同时具有短路、过载、漏电保护功能的漏电断路器时,可不装设断路器或熔断器。隔离开关应采用分断时具有可见分断点,能同时断开电源所有极的隔离电器,并应设置于电源进线端。当断路器是具有可见分断点时,可不另设隔离开关。开关箱中漏电保护器的额定漏电动作电流不应大于 30mA,额定漏电动作时间不应大于 0.1s。

(4) 使用于潮湿或有腐蚀介质场所的漏电保护器应采用防溅型产品,其额定漏电动作电流不应大于 15mA,额定漏电动作时间不应大于 0.1s。

(5) 总配电箱中漏电保护器的额定漏电动作电流应大于 30mA,额定漏电动作时间应大于 0.1s,但其额定漏电动作电流与额定漏电动作时间的乘积不应大于 30mA·s。总配电箱和开关箱中漏电保护器的极数和线数必须与其负荷侧负荷的相数和线数一致。

(6) 配电箱、开关箱的电源进线端严禁采用插头和插座做活动连接。

7. 生活及照明用电

(1) 施工照明,在金属容器内作业或特别潮湿的环境中应使用12V安全电压。在隧道开挖工作面,桥梁基础的井下作业和夜间滑爬模提升,组合钢模板作业,给水排水的大口径井下作业,房屋的狭小空间和沟、槽、池内施工以及各种机床和其他易发生电击危险场所应使用36V安全电压。

(2) 生活照明用电,不得擅自拉线、装插座。不得私自使用电炉及其他功率较大的电器。

(3) 夜间和井内、地下及影响施工安全作业场所照明标准应符合有关规定。

(4) 木工房、库房等易燃、易爆场所不得使用碘钨灯等高热型灯具。道路、路口、出入口等处夜间应设红灯警示,且应选用安全电压。夜间施工用的照明装置宜采用固定灯具。潮湿和易触及带电体场所的照明,电源电压不得大于24V;特别潮湿场所、导电良好的地面、锅炉或金属容器内的照明,电源电压不得大于12V。

3.1.4 模板及支架

1. 模板及支撑结构设计

(1) 模板系统要保证结构及构件各部分形状尺寸的相互位置的正确性;具有足够的稳定性、刚度和强度;应便于安装和拆卸;制作简单,便于安装、拆卸和多次使用。

(2) 重要结构的模板设计应根据现浇混凝土梁、板、柱等确定采用的模板种类及支撑材料设计计算模板面和支撑体系的强度和变形;绘制平面、立面、剖面的构造详图;编制安装、拆除方案;制定安装、检查、验收、使用等的安全措施。

2. 模板安装与拆卸的安全措施

(1) 地面以上安装模板,应根据灌注混凝土量,分段分层自下而上安装,在下层模板支撑稳固后再安装上层模板。模板的内外支撑要坚固稳定,落地端要加设垫木,并采取打木楔等措施防止支点滑动。当借助起重设备安装模板时,模板底部用撬棍等工具拨移,不得徒手操作。每节模板就位后,要上好连接器和上下两道箍筋,必要时打好内撑,以保持稳定。

(2) 地面以下的模板安装与拆除,应先检查土壁的稳定情况、支撑的牢固情况,必要时采取措施进行加固。模板等材料应距基坑或井口边缘1m以上,防止由于压力过大而造成边坡坍塌。深长基础一般应分层支模,并应防止影响已安装模板的支撑。

(3) 3m 以上墙体和桥墩台模板安装可以在脚手架上进行，但必须安设防护栏杆和上下扶梯，禁止利用拉杆支撑攀登上下。作业人员在作业前应检查所使用的工具是否牢固，扳手等工具须系挂在身上，以免掉落伤人。

(4) 五级以上大风，应停止模板的吊运作业，六级以上的大风，应停止室外的高空作业。雪、霜、雨后，应清扫施工现场，到不滑的程度才可以进行工作。

(5) 高空、复杂结构模板的安装与拆除，应制定安全措施；模板及支撑系统在安装过程中必须设置临时支撑，防止倾倒。

(6) 传送模板、工具应用运输工具或用绳索系牢后升降，不得乱扔，起吊设备不得设在脚手架上。利用起重设备安装和拆除过程中，必须在模板设立临时支撑后方可摘钩。组合模板安装、拆除时上下要有人接应；钢模板及配件应随装拆随运送，严禁从高空抛下。不得在脚手架上堆放大批模板材料。高空拆模时，应有专人指挥，并在下面标出工作区，暂停人员过往。

(7) 安装模板过程中，如需中途间歇，应将支撑等钉牢；拆模间歇时，应将已活动的模板、拉杆、支撑等固定牢固，防止突然掉落、倒塌伤人。已拆除的模板、拉杆、支撑等应及时运走或妥善堆放，防止因扶空、踏空而坠落。

(8) 拆除模板应经施工技术人员同意。操作时应按顺序分段进行，拆除模板一般应用长撬杠，严禁猛撬、硬砸或大面积撬落和拉倒，严禁操作人员站在正在拆除的模板上。用机具拆模时，先拴牢吊具挂钩再拆除模板，用人工拉绳拆模时，拉绳要有足够长度，施工人员与拆下的模板之间要保持一定的距离。完工前不得留下松动和悬挂的模板。拆下的模板应及时运送到指定的地点集中堆放，并进行处理，包括打弯或拔除钉子、修理、清除灰浆、校正变形等。

(9) 模板上有预留洞口的，应在安装后将洞口盖好；混凝土板上的预留洞，应在模板拆除后，随即将洞口盖好。

(10) 在水上安装和拆除模板应配置工作船、救生船和救生设备。

3.1.5　脚手架工程

1. 脚手架施工设计

特殊脚手架和高度在 20m(含)以上的高大脚手架，应有设计方案。高度 10～20m 的脚手架搭设前应有措施和交底。设计方案应确定脚手架的种类、使用材料、搭设方式和形状、使用功能、设计计算及安全验算、绘制的施工详图、搭设和拆除方案、安全措施、验收、使用、维护、保养的制度。

2. 脚手架搭设、拆除的安全措施

(1) 脚手架基础应平整夯实，并有排水措施，地基具有足够的承载能力，避免脚手架整体或局部沉降失稳。底部必须垫不小于 5cm×15cm×200cm 的通板，内外立杆加绑扫地杆。

(2) 结构脚手架立杆间距不得大于 1.5m，大横杆间距不得大于 1.2m，小横杆间距不得大于 1m。脚手架必须按层与结构拉结牢固，拉结点垂直距离不得超过 4m，水平距离不得超过 6m。拉结所用的材料强度不得低于双股 8 井铅丝的强度。在拉结点处设可靠支顶。高大架子不得使用柔性材料进行拉结。

(3) 脚手架的操作面应铺满脚手板，离墙面距离不得大于 20cm，不得有空隙、探头板和飞跳板。脚手板下层设水平网。脚手板对接应设双排小横杆，两小横杆间距不大于 30cm。

(4) 脚手架操作面外侧应设两道护身栏杆和一道挡脚板或设一道护身栏，立挂安全网，下口封严，防护高度为 1.5m。严禁用竹笆作脚手架。

(5) 凡高度在 20m(含)以上的外脚手架纵向应设置剪刀撑，剪刀撑应随架子同步支搭，以保证架子的稳定性。剪刀撑应从脚手架纵横两端和山墙处搭起，搭设宽度为 6 根立杆，每隔 6 根立杆设一组。剪刀撑与水平面的夹角为 45°～60°。剪刀撑的底部要插到垫板处，与立杆相交点加扣件。剪刀撑搭接长度不少于 60cm，且在搭接处加至少两个扣件。

(6) 结构用的里外承重脚手架，使用时荷载不得超过 2646N/m^2；装修用的里外脚手架使用荷载不得超过 1960N/m^2。

(7) 脚手架具的外侧边缘与外电架空线路边线之间的最小安全操作距离见表 3.1。因特殊情况无法保持安全操作距离时，必须采取有效可靠的防护措施。

表 3.1　安全操作距离

外电线路电压/kV	<1	1～10	35～110	154～220	330～500
最小安全操作距离/m	4	6	8	10	15

(8) 脚手架拆除时应划分作业区，周围设绳绑围栏或竖立警戒标志；地面设专人指挥，禁止非作业人员人内。作业人员必须戴安全帽、系安全带、穿软底鞋才允许上架作业。

(9) 拆除应遵守由上而下，先搭后拆、后搭先拆的原则，严禁上下同时进行拆除作业。拆除时严禁撞碰附近电源线，以防事故发生。拆除时要统一指挥、上下呼应、动作协调，当解开与另一人有关的结扣时，应先通知对方，以防坠落。在拆架过程中，不能中途换人，如必须换人时，应将拆除情况交代清楚后方可离开。

3.1.6　起重吊装工程

1. 作业前的准备

(1) 起重吊装前施工单位应根据构件或设备的形状、位置、重量、环境制定吊装方案；选择吊装机具；绘制吊装机位、路线等实施图；编制操作、防护及安全管理措施。

（2）起重指挥应由技术培训合格的专职人员担任，作业前，应对起重机械设备、现场环境、行驶道路、架空电线及其他建筑物和吊重物情况进行了解。

（3）塔式起重机应按国务院《特种设备监察条例》的规定，根据塔式起重机的产品性能及安全使用规程，编制安装及拆卸方案；制定检查、验收、使用、维修、保养的安全措施。

（4）起重吊装用的钢丝绳，其安全系数必须符合规定。

2. 作业过程安全

（1）起重机械的变幅指示器、力矩限制以及各种行程限位开关等安全保护装置，应齐全完整，灵敏可靠，不得用限位装置代替操纵机构进行停机。

（2）不得使用起重机进行斜拉、斜吊；起吊重物时，不得在重物上堆放或悬挂零星对象。起重吊装对象时，不得忽快忽慢和突然制动。非重力下降式起重机，不得带荷自由下落。

3.1.7　爆破与建筑物拆除工程

1. 安全要求

（1）爆破施工必须按现行国家标准《爆破安全规程》(GB6722)的要求，根据施工地区环境的具体情况，编制爆破设计方案，制定相应的安全技术措施，采取可靠的防护设施，经相关部门批准后方可实施。

（2）建筑物机械拆除应根据具体情况，编制作业方案，制定相应的安全技术措施，经相关部门批准后方可实施。建筑物爆破拆除施工应根据周围环境、作业条件、拆除对象、建(构)筑物类别、爆破规模，按照现行国家标准《爆破安全规程》(GB 6722)确定的等级，编制设计方案，采取相应的安全技术措施。

（3）从事爆破拆除工程的施工单位应具有爆破施工企业资质证书，并取得工程所在地法定部门核发的《爆炸物品使用许可证》，承担相应等级的爆破拆除工程。爆破拆除设计人员应具有承担爆破拆除作业范围和相应级别的爆破工程技术人员作业证。从事爆破拆除施工的作业人员应持证上岗。

（4）爆破拆除施工前应做出安全评估及编制安全专项施工方案，经有关部门审核批准后，方可实施。爆炸物品的购买、运输、使用、储存、销毁必须符合国家关于爆炸物品的相关规定，确保爆炸物品的使用安全及周边环境安全。

（5）在营业线附近进行爆破作业时，应先申请办理爆破作业单位许可证。对危及行车安全的爆破作业，应申请封锁施工方案。在方案未审批前，严禁进行爆破拆除作业。

(6) 爆破施工与建筑物拆除作业时,必须设立安全警戒区域、安排警戒人员;严格控制作业中出现的飞石、扬尘、震动、噪声等。

2. 作业安全检查

(1) 爆破结束应进行全面检查,对公路、铁路交通有无影响,周围建筑物情况;确认安全后,方可发出解除警戒信号,撤回全部警戒人员。发现瞎炮应由原装炮人员当时组织处理,严禁交由其他人员处理。

(2) 雷雨天严禁进行爆破作业。强电场区爆破作业不得使用电雷管。

3.1.8 特殊季节施工

1. 雨季及洪水期施工

(1) 雨季及洪水期施工应根据当地气象预报及施工所在地的具体情况,做好施工期间的防洪排涝工作。处于洪水可能淹没地带的机械设备、材料等应做好防范措施,施工人员要提前做好安全撤离的准备工作。

(2) 施工时,现场应及时排除积水,人行道的上下坡应挖步梯或铺砂。料道板、跳板上应采取防滑措施,加强对支架和土方工程的检查,防止倾倒和坍塌。长时间在雨季中作业的工程,应根据条件搭设防雨棚。施工中遇有暴风雨应暂停施工。

2. 冬期与寒冷地区施工

(1) 进入冬期前,施工现场应提前做好防寒保暖工作,人行道路、跳板和作业场所等应采取防滑措施;采用煤炉和暖棚施工时,应有防火、防煤气中毒的措施,配水设备及土建工程均应按照有关冬期施工的规定办理。

(2) 严寒和寒冷地区操作机械时,应有防冻措施,驾驶车辆不得在有积雪和冰层的道路上快速行驶;上下坡和急转弯时,应避免紧急制动。

(3) 在江河冰面上通行时,事先应调查冰层的厚度及承载能力;冰面承载力不够地段严禁通行。江河解冻前应制定防流冰方案。

3. 高温与夜间施工

(1) 高温季节施工,应按劳动保护规定做好防暑降温措施。适当调整作息时间,尽量避开高温时间。有条件的可搭设凉棚,供应冷饮,准备防暑药品。

(2) 夜间施工时,现场必须有符合操作要求的照明设备;工地驻地要设置路灯。施工中的小型桥涵两侧及穿越路基的管线等临时工程,应设置围栏,并悬挂红灯警示标志。大型桥梁攀登扶梯处应设有照明灯具。

(3) 夜间作业船只或在通航江河上长期停置的锚船、码头船等应按港航监督部门规定、配置齐全的夜航、停泊标志灯；船只停靠码头应设照明灯。

3.1.9　营业线施工

1. 营业线施工的含义

营业线施工指增建复线、新线引入、技术改造、跨越营业线上部的施工及影响营业线行车安全的各类工程项目的施工作业。施工中必须执行铁路主管部门(或相关铁路局)关于营业线施工的规程、规定、实施细则，确保行车安全。

2. 基本安全要求

施工前施工单位应对沿途环境进行调查，编制施工方案；经有关部门批准后实施。在妨碍列车运行、危及人身或既有设备安全的地段、处所施工时，应制定相应的安全技术措施。

3.2　施工现场安全管理

3.2.1　现场布置与临时设施

1. 施工现场布置

(1) 施工前应对当地地形、地物、地貌、工程地质、水文地质、气象、水电供应、交通运输、施工环境及地下隐蔽物等做好调查。根据调查情况应对运输道路、材料堆放、生产生活设施及环境保护作全面安排，并绘制场地平面布置图。

(2) 临时工程及附属生产设施应避开不良地质处所，并应符合防洪、防火、防雷、防风以及安全卫生和环境保护的要求。

(3) 施工现场应有安全标志。在悬崖、陡坎、沟、槽、坑、井等危险部位必须设有防护设施和安全标志。

(4) 在临街、交通干道附近和居民密集地段施工时，必须设安全围挡和警示牌，实行封闭管理。严禁非施工人员进入施工现场。

(5) 大型桥梁施工现场、隧道和预制梁场地，应有自备电源，以免因电网停电造成工程损失和出现事故。自备电源和电网之间，要有连锁保护。

2. 临时设施

(1) 临时房屋应修建在常年洪水位以上，房基应稳固，填方应夯实，高堑坡应有防塌措施;屋面施工等高处作业,应有防坠落措施;非承重结构上不得站人和堆放材料。

(2) 临时房屋及其他建筑物应安装避雷设施,并定期检查测试,不合格者应修理或更换。避雷设施的安装应符合下列规定:

① 屋面建筑材料为油毡、草等易燃物时,在屋脊上的避雷带应支起高 60cm,斜脊及屋檐上的避雷带应支起高 40cm,防雷装置不得直接穿过易燃物。

② 由架空线引入室内的接入线,应在进入房屋处装设接地等防雷装置。

③ 临时爆破器材库、油库等易爆、易燃物品仓库,应安装独立的避雷针。

(3) 爆破器材库必须符合防爆、防雷、防潮、防火、防鼠等要求,并应有良好的通风和防爆照明设备。库房距厂矿、村镇、人口稠密处所、交通要道及其他建筑物的安全距离,必须符合现行国家标准《爆破安全规程》(GB6722)的有关规定。

(4) 临时油库设置应符合国家有关消防规定。库区应设围栏,使用中应配足消防设备并设专人看守,严禁在库区内存放易燃物品。

(5) 各种易燃、易爆、有毒等危险品应分库存放。需临时存放在施工现场时,相互间距不得小于 30m,距其他建筑不得小于 25m。永久、半永久性库房应符合国家现行有关的安全规定。

3. 临时道路与渡口

(1) 现场道路应保持畅通。主要干道不应低于四级公路的标准。险峻地段应设安全标志,必要时设置栏杆及路缘石墩。便桥应按设计允许荷载挂牌提示,严禁超载。

(2) 临时道路养护维修,应在施工地段两端设立警示标志,必要时设专人防护。

(3) 临时渡口应设在河面开阔、河床稳定、水流较缓的安全地段。人员、车辆过渡必须符合渡口有关安全规定。

3.2.2　材料堆码、装卸和搬运

1. 材料堆码

(1) 各类物资应按品种、规格堆码整齐、稳妥,不得乱堆乱放和超高堆放。金属、木材及构配件等的底部应按规定加设垫块,并应符合下列规定:

① 易于滑滚的材料堆放必须捆绑牢固,高度不得超过 2m。

② 片石堆放高度不得超过 1m,条石、块石堆放高度不得超过 1.5m,砖块堆放高度不得超过 2m,并应平置堆放,互相压叠。

③ 用人工堆放袋装材料时,其高度不得超过 1.5m。

④ 堆放钢板及钢杆件时，其高度不得超过1m，每层应用垫木隔开。

⑤ 存放压缩气瓶时，应立放于无油、干燥、通风良好、无日光直射的室内。

(2) 装卸搬运危险品必须符合国家现行有关易燃、易爆、有害物品的管理规定，并应轻搬轻放，每人负荷不宜过重。装卸搬运有毒和腐蚀性物品，不得采用直接接触身体的装卸方法。

2. 装卸、搬运作业

(1) 装卸、搬运作业场地应平坦宽敞，跳板应坚固牢靠，并有防滑措施，跳板的坡度不应大于1∶3。使用轻型小车装运材料时，前后两车宜保持2m以上间距，上下坡道时宜保持10m以上间距。

(2) 作业前施工单位应有专人负责说明物料种类、性质、质量、装运地点等有关注意事项和不安全因素。大型设备的装卸运输应制定安全技术措施，并应有专人指挥。

(3) 使用滑车拉链装卸重物时，不得超载。采用漏斗棚架装料，棚架下严禁站人或通行。

(4) 装卸管材、钢筋、型钢及细长构件时，作业人员应动作一致；超出车身部分应加托架，捆绑牢固。

(5) 运输大型对象和重型机械设备时，必须符合交通部门运输大型对象的有关规定。

3.2.3　施工机械管理

1. 机械使用

(1) 机械设备使用前应经过调试、检测，确认技术性能和安全装置状态良好后方准使用。

(2) 压力容器、压力管道和防爆设备管理，必须按照国家现行有关规定执行。

(3) 施工机械应指定司机负责保管，轮班作业应执行交接班制度。

2. 机械操作人员

(1) 操作人员应熟悉机械的性能和操作方法，按机械设备的规定使用；不得超出规定的使用范围或超负荷运转；具有对机械发生事故时采取紧急措施的能力。

(2) 驾驶室或操作室内不得超乘、存放或运送易燃、易爆物品；操作人员不得擅自离开工作岗位，严禁疲劳作业，严禁机械带故障作业。

(3) 机械设备在施工现场停放时，应选择安全地点，并将带负荷的部件放松，并设有制动、防滑、防冻措施。

3. 检修保养

(1) 机械设备不得在运转中进行维修、保养、调整。

(2) 液压系统发生故障,停止作业检修时,应释放压力。

(3) 不得在坡道上停放或检修机械,当需在坡道上检修时应做好防护。

4. 在特殊环境中作业

(1) 危险地段作业时,应设立安全警示标志,并设专人指挥。

(2) 高压电线附近作业或通过时,机械与输电线之间的安全距离不得小于相关规定。

(3) 在电杆附近挖土时,其周围应加固。对于不能取消的拉线、地垄及杆身,应留出土台。土台半径:电杆为1~1.5m,拉线为1.5~2.5m。视土质情况决定坡度,土台周围应插标杆警示。

(4) 在埋有电缆、管道的地点作业时,施工前应在地面设立安全警示标志,并制定相应的施工安全措施。未探明地下设施位置走向前,应由专人现场监护作业。严禁使用挖掘机、装载机、推土机等大型机械盲目作业。

(5) 内燃机械在洞内作业时,应安装废气净化装置。

5. 钢丝绳的使用

(1) 机械用钢丝绳应符合现行国家标准《钢丝绳》(GB/T 8918—1996)的规定。

(2) 用于走行的钢丝绳不得有接头、扭结、变形。

(3) 起重用钢丝绳的接头,必须采用插接,其插接长度不得小于钢丝绳直径的20倍,总长不得短于300mm;非起重用钢丝绳接头,可用索卡连接,但必须经常检查紧固情况;与绳径匹配的卡子数量和间距应按规定执行。

(4) 钢丝绳有磨损或锈蚀时,应按规定进行折减,并按折减结果决定降低使用等级或更换。当钢丝直径与公称直径相比减小7%或更多时,即使未断丝,该钢丝绳亦应报废。

(5) 钢丝绳断丝达到相关规定时,应予更换。

3.2.4 电动工具使用管理

1. 手持式电动工具

(1) 每一台电动建筑机械或手持式电动工具的开关箱内,除应装设过载、短路、漏电保护电器外,还应装设隔离开关或具有可见分断点的断路器,装设控制装置。正、反向运转控制装置中的控制电器应采用接触器、继电器等自动控制电器,不得采用手动双向转换开关作为控制电器。

(2) 潮湿场所或金属构架上操作时，必须选用Ⅱ类或由安全隔离变压器供电的Ⅲ类手持式电动工具。金属外壳Ⅱ类手持式电动工具使用时，必须符合 JGJ 46—2005 规范第 9.6.1 条要求；其开关箱和控制箱应设置在作业场所外面。在潮湿场所或金属构架上严禁使用Ⅰ类手持式电动工具。

(3) 狭窄场所必须选用由安全隔离变压器供电的Ⅲ类手持式电动工具，其开关箱和安全隔离变压器均应设置在狭窄场所外面，并连接 PE 线。漏电保护器的选择应符合 JGJ 46—2005 规范第 8.2.10 条。

2. 其他电动建筑机械

(1) 对混凝土搅拌机、钢筋加工机械、木工机械等设备进行清理、检查、维修时，必须首先将其开关箱分闸断电，呈现可见电源分断点，并关门上锁。

(2) 振捣器电缆线，应无破损、无漏电，使用时应设移动式配电箱，检修或作业间断时应切断电源，移动时严禁使用电缆线拖拉振捣器，振捣器电源线不得大于 30m。作业人员必须穿戴绝缘靴和绝缘手套，一人理线，一人操作，电源线不得托地，不得敷设在水中。

3.2.5 防火、防爆、防毒、防风

1. 基本安全要求

(1) 施工防火必须符合现行《铁路工程设计防火规范》和国家现行有关消防安全规定。易燃和可燃材料的存放场所与作业场地，应保持足够防火间距并留出消防信道，配设消防器材。

(2) 现场动火的作业点，应采取相应的防火措施。当需立体交叉动火作业时，应用非燃烧材料进行隔离。

(3) 现场的生产、生活区应配置消防设施。消防器材应有专人管理，定期检验。房屋、库棚、料场等的消防安全距离，应符合国家现行有关的消防规定。室内设置火炉取暖时，应有预防煤气中毒的措施。

(4) 各种气瓶的运输、存放和使用，必须符合现行国家标准《气瓶安全监察规程》(质技监局锅发[2000]250 号)的有关规定。氧气瓶与乙炔瓶、氯气瓶及易燃物品严禁同室储存；放置地点不得靠近热源和电器设备，距明火的距离不得小于 10m。

(5) 凡有毒、有粉尘侵害的作业，必须符合国家或地方环保部门的有关规定，并制定相应的防护措施。

(6) 现场施工应掌握风力预报，风力达到四级时，不宜进行防水层作业。风力

达到五级时，不应进行吊运安装玻璃、桥梁防水层等作业。风力达到六级时，应停止露天起吊、装卸、高处作业、水塔的水柜安装、浮运梁、泵送混凝土等作业。

2. 熬制沥青、硫黄胶泥和砂浆

(1) 室外熬制沥青、硫黄胶泥和砂浆的地点，应设在施工现场的下风方向并远离住所，并用耐火材料搭设雨篷。不宜在室内、电线下方熬制。

(2) 严禁在烈火空锅时投料及中途投放大块沥青、硫黄，溶液不得超过锅容量的 3/4，严禁用锡焊制品盛装热沥青、硫黄胶泥和砂浆，装溶液量不得超过容器容量的 2/3。人员离开时，必须灭火。

(3) 吊运热沥青、硫黄胶泥和砂浆时，吊运范围内严禁站人。

3.2.6　营业线施工防护

1. 施工防护

(1) 凡影响行车安全的施工地点应设置防护标志。区间施工时，单线应在两端车站、双线应在来车方向的车站设驻站联络员，施工现场设工地防护员。施工占用线路作业时，应根据线路速度等级，使用停车手信号进行防护。

(2) 在区间线路上进行作业不妨碍行车安全时，可不设置防护信号；但应在施工地点两端各 500～1000m 处列车运行方向（双向在列车运行的正方向）的左侧路肩上，设置作业标防护。

2. 作业人员撤离

施工人员听到防护员发出的预报信号后，应做撤离准备。当施工负责人发出停工命令时，应立即撤除妨碍行车的一切障碍物。

3.3　特殊（种）作业安全

3.3.1　高处作业

1. 安全要求

(1) 施工单位应根据具体情况使用符合要求的脚手架、脚手板、吊架、梯子、跳板、安全带等。临空（边）应设置防护围栏、栏杆或安全网等安全设施。作业前应检查确定“四口”、临边、登高、悬空及交叉作业的防护方案；检算所选择防护设施的可靠性。检查作业现场的安全标志和各种用于高处作业的设施。

(2) 从事高处作业人员，必须定期进行体格检查，凡有高血压、心脏病或其他不适宜高处作业的人员，不得参与作业。

(3) 作业人员必须系安全带、戴安全帽、穿防滑鞋。高处作业中所用的物料，应堆放平稳，不得妨碍通道。高处拆下的对象、余料和废料，不得向下抛掷。脚手架应牢固稳定，并经常清除杂物。冬季应随时清扫冰雪。在过道上应有防护设施。

(4) 作业人员严禁以绳索或起重机作为梯子上下；不应在未固定的脚手架上工作，不应在不稳定的结构上通过。安全带应挂在牢固的物件上，严禁1个物件上拴挂多根安全带或1根安全绳上拴多人。悬空作业应有可靠的安全防护设施。

(5) 安全带应有试验合格标记，一般每隔6个月应进行一次负荷试验。静载试验可用2.25kN停5min进行观察，或用1.2kN在距离地面2m高处作冲击试验。安全网在使用前应按规定进行试验，合格后方可使用。

2. 作业安全

(1) 当梯子在高度2m以上竖放时，应采用安全梯；斜放时应采用踏步梯并加设扶手。悬挂的梯子应挂在牢固处，挂钩应与承载结构物捆绑牢靠。设置在建筑结构上的直爬梯及其他登高攀件，必须牢固、可靠。供人上下的踏板承载力不应小于1.1kN。

(2) 移动式梯子梯脚底应坚实，梯子上端应有固定措施，人字梯铰链必须牢固。在同一架梯子上不得两人同时作业。

(3) 高处作业人员应佩带工具袋，小型材料应放入袋内，较大的工具应用绳拴好，不得随便乱放，防止落下伤人。

(4) 高处作业遇有架空输电线路时，应按相关规程有关规定执行。当保持安全距离有困难时，应停电或采取可靠的安全防护措施，并经有关部门批准后方可作业。

(5) 作业区域的风力为六级(包括六级)以上时应停止工作。

(6) 高处作业不宜上下重叠。确需在高处上下重叠作业时，应在上下两层中间用密铺棚板隔离或采用其他隔离设施。双层作业或靠近交通要道作业时，应设置隔离措施。

(7) 夜间进行高处作业时，必须有照明设备，楼梯空洞等处应设有明显的标志。

3.3.2 电气焊及气割作业

1. 电焊作业

(1) 电焊机控制电箱内必须安装防触电装置，电焊机的控制箱必须是独立的，容量符合焊接要求，控制装置应能可靠地切断设备最大额定电流。电焊机一次侧电源线选用橡套电缆长度小于5m。控制电箱保护零线端子板、焊机金属外壳与保护零线可靠连接。一次二次线不可接错，输入电压必须符合电焊机的铭牌规定。电焊机及金属防护笼(罩)必须有良好的接零保护。一、二次导线绝缘必须很好，接线正确，焊把线与焊机连接牢固可靠。接线处防护罩齐全，焊钳手柄绝缘良好，二次导线长度不大于30m，并且双线到位。

(2) 雨雪天气、六级以上大风天气不得露天作业，雨雪过后应消除积水、积雪后方可作业。高处作业时必须使用标准的防火安全带并系在可靠的构件上。作业时必须在作业点下方5m处设护栏专人监护，清除易燃易爆物品并设置接火盘。焊工必须站在稳定的操作台上作业，焊机必须放置平稳、牢固，设有良好的接零保护。

(3) 在狭小空间或金属容器内作业时，必须穿绝缘鞋，脚下垫绝缘垫，作业时间不能过长，应俩人轮流作业，一人作业一人监护，监护人随时注意操作人员的安全操作是否正确等情况，一旦发现危险情况应立即切断电源，进行抢救。身体出汗，衣服潮湿时，严禁将身体靠在金属及工件上，以防触电。

2. 气焊与气割作业

(1) 氧气瓶与其他易燃气瓶、油脂、易燃易爆必须分别存放，氧气瓶库应与高温、明火保持10m以上距离。气瓶应设有防震圈和安全帽，搬运和使用时严禁撞击，氧气、乙炔瓶严禁同车运输。氧气阀不得粘有油脂、灰土，不得用带油脂的工具、手套或工作服接触氧气瓶。氧气瓶禁止在强烈日光下暴晒，夏天露天作业应搭设防晒罩、棚。氧气瓶与焊炬、割炬及其他明火的距离应大于10m，与乙炔瓶的距离不小于5m。

(2) 现场乙炔瓶存量不得超过5瓶，5瓶以上应放在储存间单独存放，储存间与明火的距离不小于15m，并应通风良好，设有降温设施，消防设施和通道，避免阳光直射。储存乙炔瓶时，乙炔瓶应直立，并必须采取防止倾斜的措施。严禁与氯气、氧气瓶及其他易燃易爆物同间储存。乙炔瓶使用时必须直立放置，与热源的距离不得小于10m，乙炔表面不得超过40℃等。

(3) 高处作业时，氧气瓶、乙炔瓶不得放在作业区域下方，应与作业点正下方保持10m以上的距离。发现减压阀软管、流量计冻结时，禁止用火烤，更不允许用氧气去吹乙炔管道。

3.3.3 钢筋加工作业

1. 钢筋制作、绑扎和安装

(1) 搬运钢筋时，应注意周围行人、电线及一切障碍物，以防止触碰。多人运送钢材时，动作应一致；人工上下传递时，传递人员不得在同一垂直线上；建筑物内的钢筋要分散堆放，防止局部超载。

(2) 展开成盘钢丝或钢绞线时，两端要卡牢，防止回弹伤人。拉直钢筋时，工具必须牢固，卡头要卡紧，在 2m 区域内严禁站人。人工切断钢筋时工具必须牢固，打锤区域内不得站人，在切断短钢筋时要用套管或钳子夹持，严禁手扶。

(3) 弯曲钢筋作业场地应保持平整无障碍，工作台要平稳，地面上钢筋头及杂物要及时清理。各种机械的动力线应用钢管从地坪下引入，机壳应保护接零。人工弯曲钢筋成型时，先检查扳子卡口的方正和卡盘是否牢固，操作时扳子要放平，用力不得太猛。多人弯曲粗钢筋要动作协调，靠近扳口的人要压住扳子，防止滑脱。

(4) 在高处、深基坑绑扎钢筋和安装骨架时，必须搭设脚手架和马道；严禁沿骨架攀登上下；高度在 3m 以上时应搭设工作台，必要时挂安全网；已绑好或安装的钢筋应采取临时支撑措施，防止倾倒。

(5) 起吊钢筋骨架，下方严禁站人，待骨架降落至距离安装位置 1m 以内时才准许靠近，并等就位支撑好后方摘钩。

2. 钢筋冷拉

(1) 冷拉钢筋场地要布置在人员来往稀少的地方，并设置标志，场地内禁止非操作人员进入或穿行，冷拉卷扬机前方应设安全挡板或挡护墙，没有挡板时，应将卷扬机与冷拉方向成 90°，并且使用割闭式导向滑轮；在进行冷拉前要检查冷拉机具、地锚、夹具、平衡设备等是否安全可靠。

(2) 冷拉钢筋要先上好夹具，人员离开后再发出开车信号。发现问题时，要先停车，放松钢筋后再重新进行操作。

3. 钢筋机械的操作

(1) 除锈机：除锈作业人员要将袖口扎紧、戴好口罩、手套，以防止锈粉侵入呼吸道和皮肤，使用机械除锈要在钢筋调直后进行，带钩的钢筋不能上机除锈。

电动除锈机要有接地或接零措施，并应安装漏电保护器，圆盘钢丝刷及传动部分要设置防护罩，操作时人员站在钢丝刷一侧。

(2) 钢筋调直机：机械上不准堆放物体；手与滚筒应保持一定的距离，机器运转过程中不得检修和调整，严禁戴手套操作。钢筋调直到末端时，人员必须躲开，防止甩动伤人。长度小于 2m 以及直径大于 9mm 的钢筋应低速调直。

(3) 钢筋切断机：机械切断钢筋应在试运转正常后进行，要在活动刀片后退时进料，手与刀口的距离要大于 150mm。切断短钢筋要使用套管或夹具；切断长钢筋应有人扶住；严禁在运转或机械未停稳的情况下修理或调节刀片，不得用手直接清理刀口附近的杂物或短头。

(4) 钢筋弯曲机:钢筋要紧贴挡板,注意放入插头的位置和回转的方向,不得错开;弯曲长钢筋应有人扶住。

3.3.4 预应力张拉

1. 先张法张拉

(1) 台座两端应有防护设施。张拉时沿台座长度方向每隔 4～5m 放一个防护架,两端严禁站人,也不准人员进入台座。张拉后要进行防护,禁止压重或在上面行走。浇灌混凝土时,要防止振动器冲击预应力钢筋。

(2) 千斤顶支座必须与构件对准,放置要平稳,测量拉伸长度、加楔和拧紧螺栓应先停止拉伸,并站在两侧操作,防止钢筋断裂、回弹伤人。

(3) 预应力钢筋拉到控制张拉力后,应稍停 2～3min 再打紧夹具(拧紧螺母),操作人员应站在侧面。拧紧螺母时,应注意压力表的读数始终保持在控制张力上。

(4) 应先张拉靠近台座截面重心的钢筋,避免台座承受过大的偏心压力。用横梁整批张拉时,千斤顶应成对布置,防止横梁倾斜。当多根钢筋同时张拉时,必须调整初始应力。

2. 后张法张拉

(1) 张拉区应有明显标志,非工作人员禁止入内。张拉时构件两端禁止站人,并设置防护屏障。操作千斤顶和测量伸长值的人员,应站在千斤顶侧面操作。张拉完毕,应稍等几分钟再拆卸张拉设备。

(2) 选择高压油泵时要考虑张拉过程中构件突然破坏时,操作人员可以立即躲避。油泵操作人员要戴防护眼镜,防止油管破裂及油表连接处喷油伤人。在油泵的开动过程中操作人员不得离开,如必须离开应把压力回零并切断电源。

(3) 孔道压浆时,操作人员要戴防护眼镜、穿胶鞋、戴手套。

3.3.5 起重吊装作业

1. 作业前的安全要求

(1) 司机与指挥人员要经过专业培训,合格后才能上岗作业。指挥人员在作业前要熟悉设备的性能并了解所起吊的物品重量及现场周围环境;作业时应与操作人员密切配合,执行规定的指挥信号。操作人员应按照指挥人员的信号进行作业,当信号不清或错误时,操作人员可拒绝执行。

(2) 作业前,应对起重机械的制动器、吊钩、钢丝绳和安全装置进行检查,发现性能不正常时,应在操作前排除。龙门吊轨道基础应平直无沉陷,鱼尾板连接螺栓及道钉无松动，并应清除轨道上的障碍物，松开夹轨器并向上固定好。重物和吊具的总重量不得超过起重机相应幅度下规定的起重量。

2. 作业安全要求

(1) 起重设备送电前，各控制器手柄应在零位。当接通电源时，应采用试电笔检查金属结构部分，确认无漏电后，方可上机。作业中，操作人员临时离开操纵室时，必须切断电源，锁紧夹轨器。

(2) 应根据起吊重物和现场情况，选择适当的工作速度，操纵各控制器时应从停止(零)点开始，依次逐级增加速度，严禁越挡操作。在变换运转方向时，应将控制器手柄扳到零位，待电动机停转后再转向另一方向，不得直接变换运转方向、突然变速或制动。

(3) 在吊钩提升、起重小车或行走大车运行到限位装置前，均应减速缓行到停止位置，并应与限位装置保持一定距离(吊钩不得小于1m，行走轮不得小于2m)。严禁采用限位装置作为停止运行的控制开关。

(4) 动臂式起重机的起升、回转、行走可同时进行，变幅应单独进行。每次变幅后应对变幅部位进行检查。允许带载变幅的，当荷载达到额定起重量的90%及以上时，严禁变幅。

(5) 起重机的变幅指示器、力矩限制器、起重量限制器以及各种行程限位开关等安全装置，应完好齐全、灵敏可靠，不得随意调整或拆除。严禁利用限制器和限位装置代替操纵机构。

(6) 严禁起吊重物长时间悬停在空中，作业中遇突发故障，应采取措施将重物降落到安全地方，并关闭发动机或切断电源后进行检修。在突然停电时，应立即把所有控制器拨到零位，断开电源总开关，并采取措施使重物降到地面。

(7) 严禁使用起重机进行斜拉、斜吊和起吊地下埋设或凝固在地面上的重物以及其他不明重量的物体。现场浇注的混凝土构件或模板，必须全部松动后方可起吊。

(8) 作业完毕后，起重机应停放在轨道中间位置，起重臂应转到顺风方向，并松开回转制动器，小车及平衡重应置于非工作状态，吊钩直升到离起重臂顶端2～3m处。停机时，应将每个控制器拨回零位，依次断开各开关，关闭操纵室门窗，下机后，应锁紧夹轨器，使起重机与轨道固定，断开电源总开关，打开高空指示灯。

(9) 在电气化铁路上使用架桥机、起重机等设备作业时，当距接触网带电部分小于2m时，接触网必须停电。

(10) 执行十不吊的原则：

被吊物重量超过机械性能允许范围不准吊；信号不清不准吊；吊物下方有人站

立不准吊;吊物上站人不准吊;埋在地下物不准吊;斜拉斜牵物不准吊;散物捆扎不牢不准吊;零散物品(特别是小钢横板)不装容器不准吊;吊物重量不明,吊、索具不符合规定,立式构件、大模板不用卡环不准吊;六级以上强风、大雾天影响视力和大雨时不准吊。

3.3.6 架子工作业

1. 人员与设施

(1) 架子工系特殊作业人员,必须经有关部门进行安全技术考试合格后持证上岗。凡患有心脏病、高血压、癫痫病和其他不适合于高处作业的人不准从事架子工工作。

(2) 作业前必须对脚手架、跳板、斜道、靠梯等防护设施进行检查。发现不符合要求的应及时修理。对安全带(绳)和所使用工具,要进行详细的检查,确认良好方可使用。

2. 作业安全要求

(1) 高处作业必须系安全带。行走时要将安全带绑在身上,不准拖着走。禁止在施工建筑物上休息。操作区下方要敷设安全网和安全栏杆。遇有高压线必须保证安全距离,以免发生触电危险。作业使用的工具,应放在工具袋内,工具袋绑在身上,使用中要严防掉落伤人。

(2) 高处搭架作业时作业人员的衣袖口和裤脚要扎好,要穿软底鞋,不准穿拖鞋、凉鞋、硬底和塑料底鞋,以防滑倒。遇六级以上大风和暴雨、雷电等天气,不得进行露天作业。

(3) 搭设上料架,必须垫好下部,防止井架负重时下沉和倾倒,上料架周围要设安全网。如安设把杆,把杆的倾斜角应为45°～75°,把杆顶不能超出井架,以免运转时与井架缆风绳碰撞。把杆下方严禁有人。

(4) 上料架和金属脚手架搭好后,必须及时设避雷针和接地装置,防止雷击或带电。上料架、缆风绳要架设牢固,对角拉的缆风绳要对直,不能偏斜。高度在20m以上的上料架要拉上、下两道缆风绳。

(5) 拆除脚手架时,周围应设围栏或警示标志,并设专人看管。拆除时按顺序由上而下,一步一清,不准上下同时作业。拆除脚手架大横杆,剪刀撑,应先拆中间扣,再拆两头扣,由中间操作人员往下顺杆子。

(6) 拆下的脚手架,脚手板、钢管、扣件,钢丝等材料应向下传递或用绳吊下,禁止往下投扔,并应按用途、规格、分别堆码整齐;不能乱堆、混放,防止堆放不稳砸伤人。

(7) 在车站内和电气化铁路附近搭架作业，运送木杆、钢管等长大对象时，不得竖立，防止接触电气化接触网带电设备，发生触电伤亡事故；搭设脚手架时必须考虑在脚手架上施工的人员离接触网带电设备能保持2m以上的安全距离。

(8) 运送材料需越过铁道时应从地道口或平交道口通过。通过平交道口时应严格执行"一站，二看，三通过"的原则。若必须横越铁道时，除执行上述原则外，还应设专人防护瞭望。

3.4　特殊天气条件下作业安全管理

3.4.1　有风天气施工

1. 施工危险源与危害因素分析

(1) 高处作业平台上的施工物资或工具坠落砸伤作业人员及作业人员坠落。

(2) 高墩钢筋或施工脚手架因未设置缆风绳而发生倾覆。

(3) 设备、设施未按规定转移或加固，造成倾覆。

(4) 夯实回填石灰土和砾石土作业时，未采取控制及防护灰尘和飞石措施。

(5) 风力大于三级、波浪高大于0.5m条件下进行抛石作业。

(6) 遇六级以上大风仍未停止缆索吊装及大型构件起重吊装等作业。

(7) 六级及以上大风天气进行运输、登高架设、露天吊装、杆塔组立和放紧线等作业。

(8) 施工期间气温突变、大风等自然灾害发生，现场无有效的应急措施。

(9) 施工现场临建设施无防风措施后，可能发生倾覆或损坏。

2. 有风天气施工安全要点

(1) 风力达到三级，施焊作业应采取有效挡风措施。

(2) 风力达到四级，应采取下列安全措施：

① 土方工程应停止土方开挖、回填等容易产生扬尘的施工；停止筛制砂料、石灰作业。

② 现场内易扬尘的物料要进行覆盖、建防尘罩，以控制扬尘污染。

③ 塔式起重机停止升降、安装、拆卸作业，并将塔身固定。

④ 在市区施工中，施工现场土方集中存放的，应当采取覆盖或者固化措施。沙子、石灰、散装水泥要封闭或苫盖集中存放，不得露天存放。房屋拆除施工采取有效防止扬尘的措施，不能有效防止扬尘的应暂停施工。

(3) 风力达到五级，应采取下列安全措施：

① 城市房屋拆除施工应暂停施工作业。

② 停止塔式起重机内爬升作业。停止自立式起重架作业，将吊笼降到地面。

③ 液压滑动模板施工禁止进行滑模装置的拆除工作。

④ 禁止伐树作业。

(4) 风力达到六级，应采取下列安全措施：

① 停止一切桩工及水工机械作业；停止墩台施工。

② 停止脚手架搭设、拆除作业；停止液压滑动模板施工。

③ 电气工程应加强对电气设备的巡视和检查；风后对输电线路等露天电气设备进行巡视检查，以便及时采取吧必要的补救措施。

④ 禁止露天悬空与攀登高处作业。

⑤ 禁止升降机运行作业，并将梯笼降到底层，切断电源。对轻型俯仰变幅起重机，将起重臂落下并塔身结构锁紧在一起。严禁安装拆卸塔式起重机锚固装置。

⑥ 混凝土施工禁止使用布料杆输送混凝土。

⑦ 停止起重吊装作业，轨道起重机应锁紧夹轨器，将回转机构的制动器完全松开，起重臂应能随风转动。

(5) 风力达到七级及以上，应采取下列安全措施：

① 将打桩机顺风向停置，并应增加缆风绳，或将桩立柱放倒地面上。

② 打桩机立柱长度在 27m 及以上时，应提前放倒。

③ 严禁一起露天施工作业。

(6) 台风天气应采取下列安全措施：

① 台风来临前，施工管理使用的机具、材料、设备等应转移至安全场所。水上作业的船舶、浮吊等应回港避风、锚定。

② 台风到来期间，应停止一切户外施工和室内大型集体活动，切断室外电源。

③ 台风过境地区，施工人员必须转移到安全地带，并避开易引发洪水、山体滑坡、泥石流等灾害处所和台风经过的危险区域。

④ 台风前后，应对驻地房屋、工地、料库(场)在建的高大建筑物、危险设备、搅拌站、脚手架、临时设施、电杆塔架、排水设施等进行检查、加固疏通或迁移。

⑤ 台风期间，严禁在河、湖、海的路堤或桥上行走。不得在强风影响区域开车运行。

3.4.2 雨天及雨期施工

1. 雨天及雨期施工危险源与危害因素分析

1) 作业人员方面

(1) 正常施工中遇风雨，操作人员未采取防风雨措施就离开工作台。

(2) 雨天道路湿滑时人工滚动电缆,但地面未铺有草垫等防滑设施。

(3) 雷雨时,有人在桩架附近停留。雷雨时,人员未停止野外露天作业。

(4) 出现大雨天气时,砌体砌筑上下马道无防滑条。

(5) 钢筋加工场所地面有积水,作业过程中人员触电。

(6) 在雷雨、暴雨天气进行运输、登高架设、露天吊装、杆塔组立和放紧线等作业,可能出现操作人员失稳,导致翻车、高处坠落、物体打击等。

2) 施工设备方面

(1) 大雨、雷雨天,未停止使用吊篮。雨后,操作人员未配合检修人员对吊篮进行全面检查。吊篮使用完毕,未关闭总电源及控制箱,未将提升机和安全锁用塑料纸包扎以防止雨水渗入。

(2) 下雨后电焊机二次线泡在水中,未先断电后将二次线移至干燥处。

(3) 动力设备、控制设备、防坠装置等无防雨、防砸、防尘等措施。

(4) 雨天未停止露天焊接作业,电设备未先切断电源。

(5) 下雨后钻孔设备倾斜,开钻前未及时加固合格。

(6) 在雨天,起重机的制动带淋雨打滑时,仍进行作业。

(7) 露天装设的灯具,未采用防水灯具或灯具上方未设防雨棚等防雨措施;灯具距离地面未低于3m。

(8) 现场拌和站、塔吊等高大设备是否安装避雷装置并有效。

3) 现场施工组织管理

(1) 落地脚手架拉结点被随意拆除,未及时恢复确任合格,防雷击设施未及时修复合格。脚手架搭设不牢固、脚手架跳板铺设不满、脚手架在施工中拆除没有及时恢复,雨天或冰冻后打滑。雷雨天气未暂停脚手架搭拆或升降作业。雷雨天气仍进行高空作业。

(2) 现场使用的配电箱无防雨措施。电缆沟排水不通畅,有积水,电缆施工场地泥泞打滑。

(3) 熬制热沥青未做好防雨措施。沥青、非焦油聚氨配脂A、B组分等防水材料没有采用专用器具或容器储存并定点堆放,无防雨措施。

(4) 雨天或雨过天晴时,需要机械开挖临时排水沟时,机械在一定坡度的泥泞湿滑的地面上或湿滑的草皮上行走作业,未采取防滑措施。机械、车辆运行时突然下雨,临时道路下沉坍塌仍作业。机械、车辆在施工便道上行驶时突然下雨,便道湿滑但未采取防滑措施,未停止行驶。

(5) 施工场地未全面进行规划、平整各部分的标高,不能保证施工场地排水通畅,场地周围未设置必要的截水沟、排水沟。为预防洪水、暴雨准备的设备、器材和人员未全部到位。

(6) 深基坑施工,未先挖好阶梯或设置楼梯,或开斜坡道,未采取防滑措施。

雨后未仔细检查基坑(槽)设置的支撑是否有松动变形等不安全迹象。基坑侧壁有漏水,坑底有渗水。深基坑施工采用坑外降水,未采取防止邻近建筑危险沉降措施。

(7) 基坑土方开挖过程中,出现渗水或漏水时未采取应急措施。场地周围和邻近地区地表水汇流、排泄、地下水管渗漏等。雨后作业前未检查土体和支护的情况。雨期开挖土方,工作面过大,没有逐段分期完成;汛期无防洪措施。

(8) 下大雨后钢筋加工区域道路被淹,未及时消除积水。大雨后大模板的存放场地下沉,未将存放的模板移至安全区域。下大雨后,模板工程作业前未将模板作业面上积水处理干。

(9) 桩基钻孔场地不平整,雨后积水影响钻机安全作业。挖孔桩下雨后桩孔集水,作业前未安排抽水和对空气内有毒有害气体进行检测。

(10) 构件堆放场地有积水,运输构件的车辆行驶凹凸不平、泥泞打滑,汽车吊装构件的线路夯实强度不够,地表下沉。水泥堆放场地周边无防护、露天堆放未覆盖防雨材料。

(11) 雨期进行桥涵顶进施工。雷雨天气仍进行桥涵施工作业;下雨天拆除围堰。在汛期采用拖运法或浮运法铺设倒虹管。

(12) 现场勘查的土质松软未及时调整加固或采取支护措施;地下水位高未增加排水设备或延长作业时间。现有河岸(崖壁)塌方、山体滑坡、泥石流等险情发生痕迹或征兆未按规定暂停作业。

(13) 爆破时,后炮孔中有水,未将孔内积水用高压风吹干净并采用乳化防水炸药。雷雨、暴雨来临时,能见度不超过100m的天气条件下引爆。

(14) 施工期间,气温突变、大雨等自然灾害发生时,现场无有效的防范、应急措施。未制定雨期施工安全防范措施,未制定临海地域的台风、潮汐防范措施。

(15) 雨期施工前,未进行槽边雨水径流疏导路线的设计,无槽内排水及防止漂管事故的应急措施。雨期提前来临且洪峰超过历史最高水平,基坑排水、围堰险情监视人员报告后,未引起领导重视,未提前采取防范措施。

(16) 雨期施工,施工时雨量较以往有明显增加。与历史同期水位相比,汛期和枯水期河道水位变化异常,无应对措施。

(17) 雷雨闪电多的天气仍然施工。临时房屋工程在雨天进行屋面施工。

(18) 雨期的自然条件:地表及地下水渗流作用,造成的流沙、涌泥、滑坡、泥石流、涌水等;台风、汛期暴雨、寒冷等气候异常。

2. 雨天及雨期施工安全要点

1) 小雨天气施工作业安全要点

(1) 吊装作业扩大地面禁行范围。停止塔式起重机拆装作业。

(2) 禁止脚手架搭设、拆除作业,雨后上架作业有防滑措施。

(3) 停止露天电焊、气压焊施工;必须施焊时,应采取有效遮蔽措施。

(4) 停止露天砌筑作业。在小雨中必须砌筑时,应适当减少砂浆稠度,减少日砌筑高度。

(5) 禁止伐树作业。

(6) 混凝土施工振捣器作业时加以遮盖,避免雨水侵入电机导电伤人。

(7) 电气工程施工禁止进行接地电阻测试、电气绝缘测试和系统调试。

(8) 禁止室外使用电动工具。操作带电设备应穿绝缘鞋,戴绝缘手套。

2) 中雨天气施工作业安全要点

(1) 吊装作业应增派人手进行地面范围警戒。禁止塔式起重机拆装作业。

(2) 土方工程应停止开挖基槽和管沟,加强边坡防护。

(3) 停止砌体工程施工,砌筑表面应采取防雨措施。

(4) 停止露天施焊作业。

3) 大雨天气施工作业安全要点

(1) 停止拆除施工。

(2) 停止大面积土方施工作业。

(3) 停止浇筑混凝土作业,已浇部位应加以覆盖。

(4) 停止起重吊装作业。

(5) 升降机停止运行,并将梯笼降到最底层,切断电源。

4) 暴雨及以上量级天气施工作业安全要点

(1) 禁止一切露天施工作业。

(2) 施工现场临时用电除照明,排水和抢险用电外,其他电源应全部切断。

(3) 雨后对输电线路等露天电气设备进行巡视检查,以便及时采取必要的补救措施。

5) 雨期施工作业安全要点

(1) 雨期施工前,对有可能被洪水淹没的临时房屋、设备、物资应采取搬迁措施。雨期施工时,作业场所的脚手架、跳板、桥梁、墩台等作业面应采取防滑措施。场内机动车辆行驶时应减速防滑,靠近基坑边缘卸料时应设置止挡。

(2) 大雨前后,施工单位应对临时房屋等工程设施进行检查,发现滑坡、坍方、倾斜、变形、漏雨等危险情况时,必须及时组织抢修、防护和加固。

(3) 暴雨前后,施工单位必须对钢塔架、大型设备、高大脚手架、支(拱)架等的避雷装置与机电设备进行检查、测试和整修,应使其不受潮、不漏电。

(4) 雷雨天气,严禁从事露天钢结构、钢脚手架、钢支(拱)架、钢模板等安装、拆除及焊接作业。作业人员不应在大树、施工机械下停留,不应靠近电线杆、铁塔、架空线路以及避雷装置接地导线。

3.4.3 高温天气施工

1. 高温环境的特点

1997年，由原国家劳动部提出的新的高温作业分级采用了WBGT指数方法，代替了1984年提出的温差评价热环境的方法，对高温作业定义及其分级进行重新定义。高温作业就是在生产劳动过程中，其工作地点WBGT≥25℃。高温作业分级综合考虑了工作地点WBGT指数和员工接触高温作业时间的长短，将高温作业分为4个等级，级别越高表示热强度越大，如表3.2所示。

表3.2　高温作业分级

接触高温作业时间/min	WBGT指数/℃									
	25～26	27～28	29～30	31～32	33～34	35～36	37～38	39～40	41～42	≥43
≤120	Ⅰ	Ⅰ	Ⅰ	Ⅰ	Ⅱ	Ⅱ	Ⅱ	Ⅲ	Ⅲ	Ⅲ
121～240	Ⅰ	Ⅰ	Ⅱ	Ⅱ	Ⅲ	Ⅲ	Ⅳ	Ⅳ	-	-
241～360	Ⅱ	Ⅱ	Ⅲ	Ⅲ	Ⅳ	Ⅳ	-	-	-	-
≥360	Ⅲ	Ⅲ	Ⅳ	Ⅳ	-	-	-	-	-	-

在铁路工程施工中，混凝土轨枕、预制轨道板、混凝土预制梁等需要蒸汽养护的场所，属于高温环境。有的潮湿隧道内气温可达到30℃以上，相对湿度达到95%以上，也属于高温环境。在这些环境中如果通风不良就会形成高温、高湿和低气流的不良气象条件，即湿热环境。夏季露天作业主要是受到较强的热辐射，尤其是在夏季进行桥墩混凝土灌注、混凝土梁现场浇筑等作业，工艺要求连续灌注，使得持续作业时间更长，这对施工人员身体素质提出了更高的要求。

2. 高温环境对人体的影响

在高温环境中，为维持体温恒定，人体会进行一系列自我调节，减轻热负荷，但如果热负荷超过正常范围，人体就会出现一些生理病变化，例如疲劳，甚至中暑。

由于热环境下体表血管扩张，血液循环量增加，大脑中枢相对缺血，使人出现注意分散、反应速度降低、记忆力减退、思维迟钝等认知问题。

有资料表明，体温升高对人做出判断能力造成极大的影响，从37.4℃开始，升高1℃的体温会造成平均12%的错误率，进一步升高0.6～0.9℃，错误率升高至45%。

在高温天气条件下作业，施工人员还因个体差异如过度疲劳、睡眠不足、体弱、肥胖、尚未产生热适应等不同，所产生的后果不同。如果防护措施不当，部分人员可能会发生中暑现象，严重者甚至有生命危险。

3. 高温天气施工作业危险源与危害因素

1) 危及人员的危险源与危害因素

(1) 暑天作业人员脱水未及时发现,未组织人员将其转移到安全区域。

(2) 夏季炎热气候下,作业人员因蚊虫叮咬患传染病。

(3) 进入暑季施工时,砌筑作业中作业人员无防晒、解暑措施而中暑。

(4) 夏季施工中暑的作业人员或高处作业坠落的员工,未迅速将受伤者移到阴凉通风地方,未及时采取急救或送到离工地最近的医院进行救治。

(5) 夏季高温时段进行沥青摊铺作业或混凝土浇筑作业时,现场未准备防暑药品。

2) 设备材料的危险源与危害因素

(1) 卷材储存在阴凉通风的室内,不同类型、规格的产品未分别堆放。对沥青防水卷材储存环境温度没有测温档案、记录,储存温度高于45℃,立放储存高度超过两层,接近火源。

(2) 油毡瓦运输和储存时未平方,高度超过15捆,保管环境温度高于45℃,未避免雨淋、日晒、受潮、没注意通风和避免接近火源。

(3) 硬质聚氨酯泡沫塑料进入现场的各种材料包装不完好、加盖密封运输及保管;储存地不阴凉、干燥、通风、远离火源;未分类存放、防止混杂,没有标明材料名称、性能等参数的明显标记;在保管及操作场地划定区域内,未注意防火、防毒、防爆、防高温等事项。

(4) 密封材料的储存、保管未避开火源、热源;未避免日晒、雨淋,防止碰撞;未保持包装完好;密封材料未分类储放在阴凉、通风的室内,环境温度高于5U℃。

(5) 现场的消防设备未经过统一规划,消防设备未按规划要求设置,消防设备不符合国家标准要求。

(6) 气瓶和乙炔瓶未平放,瓶体温度超过1℃,夏季瓶体露天暴晒。

3) 施工场地危险与危害因素

(1) 木模板加工制作未设置专门加工房,木工房内没有良好的通风设施,未安装洒水设备或除尘设备等降尘。木模板加工过程中,未及时清扫地面.上洒落的木屑及刨花。

(2) 现场材料仓库未与员工宿舍分开设置,仓库内的易燃易爆品未分类堆放,未保持良好通风。

(3) 施工现场及作业面的周围存放易燃易爆物品。

4) 施工操作的危险源与危害因素

(1) 现场作业时,环境温度超过40℃,但未调整作业时间;持续高温或温度达37℃以上未调整作业时间。

(2) 气压试验时，未注意气温和裸露在太阳光下的设备升温。

(3) 温度超过 60℃的灯具安装在可燃物附近。

5) 应急措施不到位引发的危险源与危害因素

(1) 在作业中出现酷暑天气时，未采取针对防范措施。

(2) 气温高达 40℃的伏天，未安排早晚作业。

6) 施工环境的危险源与危害因素

(1) 在防水工程作业周期时间内有持续高温时段。

(2) 在高温天气进行运输、爆破作业。

(3) 隧道内的温度超过 28℃。

4. 高温天气环境下的作业安全要点

1) 合理施工环境布局

室内作业时，应加强隔热措施和通风降温措施，如开窗、使用风扇等能产生空气流通的设施。露天作业时，可设遮阳篷等防太阳照射的措施。休息场所应就近设在工作岗位附近，以适应工人能方便地实现短暂而频繁的工休转换。

2) 合理安排施工时间

① 35℃≤日最高气温<37℃，尽量避免午后高温时期露天作业，施工现场必须配备防暑设施、防护用品和防暑药品。定期供应凉茶等清凉饮料。

② 37℃≤日最高气温<40℃，停止午后高温时段工作。因生产工艺要求必须在高温时段露天工作的，应合理调整作息时间。

③ 日最高气温≥40℃。禁止 12 时至 18 时高温时段工作。因生产工艺要求必须在高温时段露天工作的，应当合理调整作息时间。

3) 合理安排从业人员

在高温天气条件下，过度肥胖、体弱、过度疲劳、睡眠不足、饥饿人员，应禁止长时间露天作业。在管理中，有必要对施工人员进行严格的体格检查与登记管理。为了使施工不至于中断，施工单位应配备体质能适应高温天气下露天作业的后备人员。

4) 穿戴合理的服装

适当的服装可以抑制人体和周围环境间的热交换。但如果服装妨碍了汗液的蒸发，其隔热效果就会减弱，因此，在热环境中采用服装降温主要是用于干热的环境，例如沙漠地区的高温天气作业。另外，是否使用绝缘衣、手套或红外线防护服，应视环境特点而言。

5) 降温解暑

为工人提供力所能及的降温解暑措施，如提供西瓜、冷饮，让工人有良好的身体状态和心理状态，从而为安全施工提供必要的条件。

水分补充必须能够等量地补充通过汗液蒸发的水分。人们经常是在自已感觉到口渴时才补水,但这样做往往不能使所需水分得到充分补充。高温天气下露天的施工人员应当每 15～20min 就喝水 140～200mL,另外,水的温度应适于即时饮用。

人在出汗时、在失去水分的同时也失去盐分,因此．施工作业中和作业后,要及时补充失去的盐分,以维持体液的电解平衡。最好的解渴办法是喝用食盐配置的 0.9%的生理盐水。

3.4.4 冬期施工安全

1. 低温天气施工安全

1) 低温环境的特点

根据国家技术监督局颁布的低温作业环境标准,低温作业是指在生产劳动过程中．工作地点平均气温≤5℃的作业。按照该标准对低温作业的分级,级别越高,环境中的冷强度越大,如表 3.3 所示。

表 3.3 低温作业等级

低温作业时间率/%	温度范围/℃					
	≤5～0	0～-5	-5～-10	-10～-15	-15～-20	<-20
≤25	Ⅰ	Ⅰ	Ⅰ	Ⅱ	Ⅱ	Ⅲ
25～50	Ⅰ	Ⅰ	Ⅱ	Ⅱ	Ⅲ	Ⅲ
50～75	Ⅰ	Ⅱ	Ⅱ	Ⅲ	Ⅲ	Ⅳ
>75	Ⅱ	Ⅱ	Ⅲ	Ⅲ	Ⅳ	Ⅳ

注:凡低温作业地点空气相对湿度平均≥80%的工种应在本标准基础上提高一级

室外低温作业环境主要是由自然环境本身的特点决定的。我国东北、华北及西北部分地区属于寒区,一年中寒期长、积雪深、气温低。在这些地区的冬期从事露天作业,就是处在低温作业环境中。

室内低温作业环境是由作业任务要求造成的环境特点或在寒冷季节没有提供采暖条件的室内环境。在铁路工程施工中,室内低温作业的情况极其少见。

2) 低温环境对人体的影响

低温是一种不良气象条件。在低温环境中,机体散热加快,引起身体各系统一系列生理变化,可以造成局部性或全身性损伤,如冻伤或冻僵,甚至引起死亡。

环境温度过低,暴露时间过长,就会导致机体的病理变化,出现低体温、冻伤、非冻结性冷损伤,甚至死亡。手指、脚趾、耳朵、鼻子等部位由于没有肌肉保护,不产生热量,因此最不耐冻。特别是手和脚由于比其他部位更有可能与冷环境直接接触,会更快地产生冷的感觉。低体温是最严重的冷损伤,由于在极冷的环境中,人体自身产生的热量不能补偿外界环境对人体热量的吸收。人体热量散失最大，人体核心温度迅速降低，暴露在外的身体部位产生疼痛感是体温降低的初步体现。随着体温的继续下降或暴露在低温环境中的时间的延续，冷的感觉和疼痛的感觉开始逐渐消失。如果受伤者感觉不到疼痛，严重的冷损伤会在受伤者没有觉察的情况下发生。体温降至33℃以下后，出现肌肉无力和嗜睡现象，即低体温现象。低体温的症状还包括间歇性的颤抖，意识丧失，瞳孔扩散。当人体体温达到28℃时，会出现昏迷，心脏活动大概在20℃时停止，大脑活动在17℃时停止。

3）低温环境对作业行为的影响

在低温环境中工作会导致工作效率下降和事故率的上升。寒冷环境中，手指的敏感性和灵活性降低，在连续的低温环境中，处于肌体较深部位的肌肉也会出现乏力、僵硬等现象，大脑的觉醒水平降低，使体力劳动和脑力劳动的绩效都受到影响。

4）低温天气作业安全要点

（1）气温低于5℃，登高作业人员必须佩戴防滑鞋、防护手套等防滑、防冻措施，以免工具坠落伤人。起重机司机室，应设安全可靠的采暖设备。

（2）日平均气温连续5天稳定在5℃以下或最低气温连续5天稳定在－3℃以下时，桩基工程、土方工程、水工混凝土工程和砌体工程按低温季节施工标准施工。

（3）低温季节进行电气工程施工，应遵守以下规定：

① 电力变压器安装的环境温度不低于0℃，器身温度不应低于环境温度，否则宜加热器身，使其温度高于周围环境温度10℃。

② 在冬季埋管施工时，施工温度小于0℃时，停止施工。

③ 室外电缆施工，尽量在工作温度－5℃以上施工，否则，应采用电缆通电加热法施工，但在加热前，一定对电缆的绝缘进行全面检测合格。

2. 雪天施工安全

1）雪天施工危险源与危害因素

（1）人员危险源与危害因素。

① 降雪寒冷天气，未防止作业人员冻手，导致工具坠落伤人。

② 雪过后，操作人员未配合检修人员对吊篮进行全面检查。

（2）施工场地危险源与危害因素。

① 深基坑上下未先挖好阶梯或设置楼梯。或开斜坡道，未采取防滑措施。

② 下雪后，钢筋工程施工作业区积雪未扫除干净。下大雪后，作业区域内脚手架、卸料平台上积雪未清理干净；模板工程施工作业面上积雪未清理干净就高空作业。

（3）施工操作危险源与危害因素。

① 暴雪来临时未及时停止作业。大雪天,未停止使用吊篮。

② 降雪天气进行脚手架搭拆作业;仍进行垂直运输机械安拆作业。

③ 雪来临时,能见度不超过100的天气进行爆破作业。

(4) 应急措施危险源与危害因素。

施工期间气温突变,大雪等自然灾害发生,现场无有效的应急措施。

(5) 施工环境危险源与危害因素。

北方冬季-24℃及以下作业未采取安全取暖措施。

2) 雪天施工安全要点

(1) 小雪天气施工作业安全要点。

① 施工单位要加强对电气设备的巡视和检查;巡视和检查时,人员必须穿绝缘靴且不得靠近避雷器和避雷针。

② 平板拖车装卸车时,应采取防滑措施。进行高处作业必须采取可靠的防滑、防寒和防冻措施,凡水、冰、霜、雪均应及时清除。

③ 停止塔式起重机的拆装作业。停止脚手架搭设与拆除作业。

④ 禁止液压滑动模板装置的拆除工作。严禁露天从事电焊作业。

⑤ 雪后上架作业采取防滑措施,并及时扫除积雪。

(2) 中雪天气施工作业安全要点。

① 停止起重吊装作业。停止高处露天作业。

② 雪后要进行检查。发现倾斜下沉、松扣、崩扣要及时修复,合格后方可使用。

(3) 大雪及以上天气施工作业安全要点:

① 加固容易被雪压的临时搭建物。防范在建工程、临时工棚倒塌。

② 检查塔吊、物料提升机等垂直运输设备的基础稳固及拉结装置。雪后对输电线路等露天电气设备进行巡视检查,及时采取必要的补救措施。

③ 禁止露天施工。

3. 冬期施工安全防护

进入冬期,气温低、风、雪、冰冻等天气较多,危险因素增加,不利于工程施工,各类事故进入高发期。冬期施工安全防护应做好以下几个方面的工作:

(1) 重视和加强冬期建筑施工安全工作的领导,完善各项规章制度,强化工程安全责任制的落实。严格按照有关规定,针对冬期特点和各项目的具体实际,认真编制冬期施工方案及事故应急救援预案,落实各项冬期施工措施。

(2) 密切关注气候变化,凡停建、缓建工程要施工到安全部位。抓好冬期施工所需保温材料、安全防护用具及机械设备的采购、发放管理。加强进场材料、设施的进场验收和使用管理,认真做好记录,严格落实建设工程冬季安全管理的防护措施。

(3) 加强施工全过程的质量安全管理。防止气温骤降引发质量安全事故。做好混凝土外加剂的选配、试验和混凝土的浇筑养护工作,加强对大体积混凝土的温度控制,做好同条件养护试件和标准养护试件管理,加强深基坑工程、隧道工程、桥梁工程的冬期施工质量安全管理,落实各项工序管理监控措施。

(4) 认真做好施工现场的防火、防冻和防滑等安全防护管理。严禁宿舍内私搭乱接电线、使用大功率的用电设备、明火取暖或炉火取暖,防止火灾及一氧化碳中毒事件的发生。要加大施工现场电源设施、起重设备、大型机械使用的监管力度。遇有降雪大风天气严禁室外高处作业,降雪后要及时组织人员进行扫雪除冰工作。

(5) 利用农民工业余学校组织开展冬期施工安全知识的宣传、教育和培训,学习冬期施工质量安全措施,做好各项技术交底,切实提高作业人员的质量意识和安全防范水平。

(6) 开展冬期施工措施落实情况的自查,发现问题,及时整改。

3.4.5 雷电天气施工安全

雷暴天气来临时,所有露天高空作业人员下至地面,人体不得接触防雷装置、各种金属管线和金属物体。施工现场内禁止以下作业:

(1) 电力线路架设及防雷系统安装作业。室内外的各种带电作业。

(2) 所有桩工及水工机械作业。墩顶的各种作业。临时房屋的屋顶作业。

(3) 液压滑动模板施工及滑模装置的安装、拆卸作业。脚手架搭设、拆除作业。吊装作业。

3.4.6 雾天施工

1. 雾天施工危险源与危害因素

(1) 浓雾天气时,提升机、安全锁、电气箱未用塑料布遮好。

(2) 大雾天气能见度不足 10m 时,仍采用塔吊垂直运输钢筋。

(3) 大雾天气见度不超过 100m 时,进行爆破作业。

(4) 在浓雾天气进行运输、登高架设、露天吊装、杆塔组立和放紧线等作业。浓雾天气时在山区进行材料运输作业。

(5) 大雾天气仍安排围堰作业;进行临时房屋的屋面施工。

(6) 在其他作业中出现大雾天气时,未采取针对防范措施。

2. 雾天作业安全要点

(1) 轻雾天气作业应注意以下事项:

① 加强对电气设备的巡视和检查。禁止进行液压滑动模板装置的拆除作业。

② 停止脚手架搭设与拆除作业。

（2）大雾天气应注意以下事项：

① 停止起重吊装作业。停止升降机作业，并将梯笼降到底层，切断电源。

② 停止一切桩工作业、水工机械作业及临时房屋拆除施工。停止室外带电作业。

③ 禁止伐树作业。

④ 雾后对输电线路等露天电气设备进行巡视检查，以便及时采取必要的补救措施。

（3）浓雾天气应注意以下事项：

① 禁止一切露天攀登、悬空高处作业。强浓雾天气严禁一切露天施工作业。

② 禁止塔式起重机的拆装作业。

3.4.7　沙尘天气施工

1. 沙尘天气的分类及危害

沙尘天气分为浮尘、扬沙、沙尘暴、强沙尘暴共四类。浮尘是指尘土、细沙均匀地浮游在空中，水平能见度小于10km的天气现象；扬沙是指风将地面尘沙吹起，空气相当混浊，水平能见度在1～10km的天气现象。沙尘暴则是强风将地面大量尘沙吹起，空气很混浊，水平能见度小于1km，的天气现象；强沙尘暴是大风将地面尘沙吹起。空气模糊不清，浑浊不堪，水平能见度小于500m的天气现象。严格一点进行定义，沙尘暴又可细分为以下几类。

（1）弱沙尘暴：四级≤风速≤六级，500m≤能见度≤1000m。

（2）中等强度沙尘暴：六级≤风速≤八级≤200m≤能见度≤500m，称为中等强度沙尘暴。

（3）强沙尘暴：风速≥九级，50m≤能见度≤200m。

（4）特强沙尘暴：瞬时最大风速≥25m/s，能见度≤50m，甚至降低到0m。也称为黑风暴，俗称黑风。

沙尘暴天气是我国西北地区和华北北部地区出现的强灾害性天气，可造成房屋倒塌、交通供电受阻或中断、火灾、人畜伤亡等，污染自然环境，破坏作物生长。沙尘暴给国民经济建设和人民生命财产安全造成严重的损失和极大的危害。

当人暴露于沙尘天气中时，含有各种有毒化学物质、病菌等的尘土可透过层层防护进入到口、鼻、眼、耳中。这些含有大量有害物质的尘土若得不到及时清理将对这些器官造成损害或病菌，以这些器官为侵入点，引发各种疾病。

沙尘暴天气使汽车玻璃破损。使能见度降低，容易引发交通安全事故。

2. 沙尘天气作业安全要点

(1) 扬沙天气作业安全要点：

① 停止室外油漆施工：已刷好的油漆构件或设施要用彩条布遮挡严密，并固定牢固。

② 严禁在不满足通风的室内进行油漆施工。

(2) 沙尘暴天气作业安全要点：

① 电气工程中室外的电气作业移至室内，在结构配合阶段，禁止电气配管作业。

② 塔式起重机应停止顶升、安装、拆卸作业，并紧固上、下塔身各连接螺栓。

③ 禁止升降机运行，将梯笼降到底层，切断电源。

④ 施焊作业在焊接面周边用防火石棉板或角竹板封挡，防止焊碴或火星飞溅烧坏泡沫，引起火灾。

⑤ 沙尘暴后对输电线路、电动机等露天电气设备进行巡视检查，及时采取必要的补救措施。

(3) 强沙尘暴及特强沙尘暴天气作业安全要点：

① 严禁一切露天施工作业。

② 加固容易被风吹动的搭建物，妥善安置易受沙尘暴影响的室外物品。

③ 墩台模板等易受风影响的长大构件应加强支撑或锚固。

3.4.8 冰雹天气施工安全

冰雹天气应禁止露天施工，妥善保护易受冰雹袭击的室外物品和设备。冰雹发生时，施工人员立即到安全的地方暂避。

雹后对输电线路等露天电气设备进行巡视检查，及时采取必要的补救措施。

3.5 特殊环境作业安全管理

3.5.1 高温环境作业

对于高温天气条件下的露天作业安全，前面已经作了论述。这里主要介绍室内高温环境作业安全注意事项。

1. 加强个人防护

高温作业工人应穿导热系数小，透气性好的工作服。根据不同作业的要求，还应适当佩戴防热面罩、工作帽、防护眼镜、手套、鞋盖、护腿等个人防护用品。

2. 合理选择饮食

为了维持高温作业工人水盐代谢平衡。对于因大量出汗所丢失的水分和盐分应及时予以补充。最好的办法是饮用含盐饮料。如盐汽水和盐茶水等，茶除了含有多种生物碱和维生素外，还具有强心、利尿、清热等作用。可以用1%绿茶和0.2%盐开水等量混合。盐汽水含二氧化碳，能促进胃液分泌。在补充足量食盐的前提下，还可以采用西红柿汤、绿豆汤、豆浆、酸梅汤等。一般每人每天需补充3～5L水，20g左右盐，饮水方式以少量多次为宜，饮料温度以8～12℃为佳。

高温作业时能量消耗增加，需要从食物中补充足够的热量和蛋白质，尤其是动物蛋白。同时还应增加维生素的摄入，特别是B族维生素和维生素C，可以提高机体对高温环境的耐受能力。

合理补充水、盐及含盐饮料，但一次不宜太多，应少量多次。菜中可适当增加一些含盐较多的食品，如腊肉、咸鱼、咸蛋及咸菜等，进餐同时喝点菜汤或豆汤，绿豆汤也可以。

补充蛋白质、微量元素和维生素。瘦肉、猪肝和蛋类、鱼类及豆制品等不仅富含蛋白质，而且含有多种微量元素和维生素，其中鱼类因易消化吸收而值得特别推荐。

促进食欲和消化功能。醋、姜、葱等各种辛辣调味品，可适当食用。

注意饮食习惯和进餐环境。由于高温作业者在劳动过程中逐渐产生对热的适应，由此而形成了特有的饮食习惯和生理特点。可将两个主要餐次放在上班前和下班后的1～2h，餐前先用冷水擦身，同时安排一个凉爽的就餐环境，可以凉快舒适地进餐，有助于提高食欲。

3. 加强医疗预防工作

高温作业工人应进行就业前和入暑前健康体检。凡有心血管疾病、高血压、溃疡病、活动性肺结核、肺气肿、肝肾疾病，明显的内分泌疾病、中枢神经系统疾病、重病恢复期的人员以及年老体弱者，不宜从事高温作业。

3.5.2 低温环境作业

前面已经探讨了低温天气下的施工安全问题，在此仅仅讨论室内低温环境下的防护。低温环境下的防护可从以下几个方面予以考虑。

1. 恰当的设备

在低于冰点的温度下工作，设备材料的选择很重要。如金属的把手和扶手必须用导热性能低的材料加以覆盖。以减少热的传导，器械最好不需要裸露手部来进行操作。另外，低温作业条件下需要有一定的防寒遮蔽条件，如帐篷、船舱、休息室等，提供体温恢复的条件。

2. 服装防寒

衣着是人类维持热平衡的重要手段。寒冷环境中，合适的衣着不仅能御寒保暖，还可以使人产生舒适感，提高工效。防寒衣服的选择要适应工作环境中的温度、风速等条件，活动的水平和持续时间以及工作设计等因素。工作环境及工作本身的特点会影响到人体热量的产生和丧失，防寒衣物设计不当会使出汗增加，贴身的衣物变湿，衣物的保暖性急剧降低，增加了受冷的危险。对防寒服的要求如下：衣服应该是多层的，各层之间的空间不仅对冷空气有很好地预防，还可以方便劳动者根据情况增减服装厚度；里层应有助于对冷空气的绝缘，保持干燥；聚丙烯材质的网状内衣能比普通衣物更好地排汗等。除衣服外，根据工作需要，防寒衣物还应包括靴子、袜子、脸部和眼部防寒物。

3. 环境监测

美国政府工业卫生协会对低温作业环境温度监测的要求是，低于16℃的工作场所都必须有恰当的温度监测仪器，密切监测温度的变化。低于冰点的工作场所，必须每4h记录一次环境温度；室内环境中，只要空气流动速度超过2m/s，就需要每4h监测一次；低于冰点的室外环境，空气温度和风速都要监测。在我国，目前还做不到这一点，但是也应引起人们的注意。

4. 人员配置

通过人员配置，可以将对低温敏感程度高的人筛选出来，而选择那些相对耐寒的个体从事低温环境中的作业。一般来讲，在低温环境中，女性比男性更有可能受到伤害。这是因为女性的中心温度变化比男性较慢。她们很难通过活动或颤抖产生热量来维持体温；另外，女性肢体末端变冷的速度比男性要快。健康状况也是人力配置必须考虑的因素。例如，有心血管等血液循环疾病的人、有特殊药物使用需求的人、有过冻伤经历的人不适宜进人低温作业环境。

5. 员工教育

通过安全培训和教育，使低温环境中的作业人员坚持正确的着装习惯和安全操作习惯，了解冷损伤的一些基本症状和急救知识，是避免低温环境对人体产生伤害的一种措施。另外，在低温环境中要避免单独作业，工友之间要相互提醒并警惕对方出现低体温的初期症状。

6. 预防温度突变的不良影响

高温和低温环境的突然转变，也会使人产生不适。例如，炎热的夏天，人们常依赖空调设备降温，有空调的场所和没有空调的场所热环境的变化易造成人体内平衡调节系统功能紊乱，使汗腺功能受阻。在进入热环境后由于皮肤表面毛孔闭合，影响排汗散热，出现夏季感冒。

3.5.3　高原地区施工

1. 施工安全要求

(1) 高原地区施工期间，参建各方均应设立医疗机构，执行国家卫生防疫、劳动卫生和医疗保障的有关规定，制定切实可行的医疗卫生保障制度，确保高原地区工作人员的劳动能力和身体健康。

(2) 施工单位应编制高原地区专项施工方案，并制定相应的应急预案。

(3) 施工单位应及时掌握气象情况，科学合理安排施工。

2. 高原临时工程

(1) 生活区、料库(场)、设备存放场等的搭设，应选择在地质条件较好的低含冰量冻土分布地段及基岩出露、避风的平缓阳坡处所，且应避开热融可能滑坍的冰锥、冻胀丘、高含冰量的冻土和湖塘等不良地段。

(2) 平整场地应坚持宁填勿挖的原则，不应随意铲除植被、碾压便道以外的冻土和草地，严禁施工机械驶入非便道的富冰、饱冰冻土地段。

(3) 修建临时工程时不得切断、阻拦地表水和地下水径流的排放；临时工程附近不应形成新的积水洼地。

(4) 临时工程不应修建在草场、牧场、野生动物栖息地，以及迁徙通道附近、自然保护区核心地区和植被覆盖良好的处所。

(5) 临时房屋应架设在架空通风基础或碎石垫层加通风管基础上；并应俱有防风、保暖、防雷击的功能。

3. 高原缺氧防治

(1) 对参加高原地区施工的所有人员应进行体检，严禁安排不适应高原环境的人员进场。

(2) 进入高原前施工人员应将身体调整到最佳状态，避免感冒发烧。

(3) 患有明显的心、肺、脑、肝、肾等疾病者和严重贫血、高血压和视网膜疾病者以及孕妇等，不宜进入高海拔地区。

(4) 初入高原，应遵循海拔由低到高逐步适应的原则，进行一周以上时间的适应性锻炼、观察、调理、治疗，并应多饮水、静养、缓动、慢行，避免吸烟饮酒、严禁暴饮暴食、剧烈运动。

(5) 施工单位应完善作业层、项目经理部、地方合作医院等三级医疗卫生机构，配备必要的医疗器械和药品，对工作人员进行工作前、工作中与工作后身体健康检查，及早发现病情，及早治疗。医疗机构应建立健全工作人员的健康档案，定期检查，保障工作人员的健康，做好高原病防治工作。

(6) 高原地区施工应合理安排作业时间，在海拔 4000m 以上时，野外作业不宜超过 6h/d，隧道内作业不宜超过奉 4h/d，劳动强度宜在中等以下。

(7) 高原地区施工必须建立运用供氧系统，施工现场应建立氧疗室，宿舍应设置富氧舱，作业人员应随身携带供氧器，定时吸氧。

3.5.4 潮湿环境用电

1. 潮湿环境下预防触电的基本安全措施

(1) 对于裸导线、母线或开关刀闸的裸露部分等必须采取封闭、高挂或设置护罩(盖)等绝缘、屏护遮拦和保证安全距离的措施，有效预防触电事故发生。

(2) 电气设备(包括手持电动工具)外壳应采取保护接零地及安装漏电保护器等措施，以防绝缘损坏漏电伤人(潮湿环境更危险)。

(3) 隧道开挖时因为环境潮湿，照明必须采取限制电压等级的措施，即通过照明变压器将 220V 电压变为 36V 或 24V 甚至 12V 的安全电压，施工时根据不同作业环境予以选用，保证特殊环境下照明电压在安全电压的范围以内，避免对人体造成伤害。

(4) 潮湿环境下电气线路或电气设备检查、修理或试验时，为预防操作人员麻痹大意或偶尔丧失判断能力导致触电，应采用规范的标志或信号帮助他们作出正确的判断。

(5) 电气操作严禁带电作业，但确有特殊情况需要带电检修时，为避免发生触电事故，必须使用恰当的电工防护用具，例如绝缘台、绝缘胶垫、绝缘靴、绝缘手套、绝缘棒钳、验电器便携式临时接地装置等，且必须设专业监护人。

(6) 安装、巡检、维修或拆除临时用电设备时，必须由电工完成，并应有人监护。电工等级应同工程的难易程度和技术复杂性相适应。

2. 潮湿环境下防止触电的基本技术要求

(1) 电气设备和线路必须绝缘良好，凡洞内潮湿环境下使用的各类用电设备及电动工具，必须严格按规定进行定期绝缘电阻测试，由专人负责并作好相关记录。

(2) 严格执行 TN-S 三相五线制供电。做好接地接零保护。各种用电设备及电闸箱外壳必须按规定作好保护接零，所有一级箱，二级箱及临时线路中端和末端必须按规范要求作好重复接地，重复接地电阻值＜10Ω

(3) PE 保护零线上严禁装设开关或熔断器，严禁通过工作电流，且严禁断线。

(4) 低压配电系统一律按三级配电、两级漏电保护设置。三级配电是指在总配电箱下设分配电箱，分配电箱下设开关馆，开关箱以下才是用电设备，要求开关箱距离用电设备小于 3m，以便发生故障时能及时切断电源。

(5) 开关箱内漏电保护器额定动作电流应≤30mA，额定漏电动作时间＜0.1s。使用于潮湿和有腐蚀介质场所的漏电保护器应采用防溅型产品，其额定漏电动作电流≤15mA，额定漏电动作时间＜0.1min。漏电保护器必须定期专人负责测试和记录，确保完好可靠。

(6) 每台设备都应有各自专用的开关箱及漏电保护器，严格实行"一机一闸一漏一箱"严禁用一个开关控制两台及两台以上设备(含插座)。

(7) 配电箱的电器安装板上必须分设 N 线端子板和 PE 线端子板。N 线端子板必须与金属电器安装板绝缘；PE 线端子板必须与金属电器安装板做电气连接；进出线中的 N 线必须通过 N 线端子板连接；PE 线必须通过 PE 线端子板连接。

(8) 潮湿环境下进行电气维修或检测时必须停电，并佩戴电工安全防护用品，遵循有关操作规程，严禁任何人用手直接摸试有无电流或漏电。

(9) 所有照明动力线路铺设必须按规范进行，应考虑足够的安全距离。洞内固定照明灯具距地应不小于 2.5m，洞内照明电压应采用 36V，在潮湿和易触及带电体场所的照明电压应不大于 24V；在特别潮湿的场所、导电良好的地面以及密闭金属容器内工作时照明电压应不大于 12V。

(10) 凡移动式照明必须采用 36V 以下安全电压。照明变压器必须是双绕组型，应设置专用闸箱以防雨防砸。移动式行灯手柄应坚固、绝缘良好并耐热耐潮湿，灯泡外部应有金属保护网。36V 移动式碘钨灯应采用封闭型，固定架设高度不低于 3m，灯具架设离开易燃物 30cm 以上。

(11) 配电箱、开关箱的电源进线端严禁采用插头和插座做活动连接。施工现场固定式配电箱、开关箱应设防护栏并上锁，防止非工作人员人内违规操作，露天放置时应设雨棚防雨。

(12) 对配电箱、开关箱进行定期维修、检查时，必须将其前一级相应的电源隔离开关分闸断电，并悬挂"禁止合闸、有人工作"的停电标志牌，严禁带电作业。

(13) 现场电线、电缆不得与金属物等导体绑在一起，严禁电源线路随地拖拉、浸水，使用过程中随时检查及定期检测，确保绝缘良好。

(14) 洞内使用电焊机应有专用闸箱控制，应有防雨、防砸等措施。电焊机外壳应保护接零,电源进出线处应有防护罩。电焊把线应双线到位。为防止触电,潮湿环境下使用电焊机必须加装防触电二次保护。

(15) 各类用电人员应掌握安全用电基本知识和所用设备的性能,并应符合以下规定:

① 使用电气设备前必须按规定穿戴和配备好相应的劳动防护用品,并应检查电气装置保护设施,严禁设备带缺陷运转。

② 保管和维护所用电气设备,发现问题及时报告解决。

③ 暂时停用设备的开关箱必须分断电源隔离开关,并应关门上锁。

④ 移动电气设备时,必须经电工切断电源并做妥善处理后进行。

3. 触电事故救援

(1) 现场意外发生触电事故,应立即开展现场急救,及时上报项目部值班室及单位领导,并视情况需要急送医院救治或拨打120急救电话求救。

(2) 现场急救首先是尽快使触电者脱离电源,并应防止触电者二次触电或抢救者触电。对于低压触电事故脱离电源方法主要有:①拉闸断电;②用有绝缘手柄的工具切断电源;③用干燥木棍等绝缘物拉开触电者或挑开电源线。切不可用手直接去拉触电者以防再次触电。

如果在高处作业发生触电事故时,在断开电源的同时,还要防止触电者摔下来,避免造成二次伤害。脱离电源后,迅速判断触电者的伤害程度,根据伤害程度进行不同方法的抢救。

①如果触电者神志清醒,但有些心慌、四肢麻木、全身无力、则应安静休息,不要走动,严密观察。②如果触电者伤势较重,已失去知觉,但心脏和呼吸还存在,应将触电者抬至空气畅通处,以利呼吸。③如果触电者伤势严重,呼吸停止或心脏停搏或二者都已停止,应立即进行口对口的人工呼吸或胸外心脏人工挤压或两种方法同时进行抢救。

(3) 发生触电事故后,根据触电伤害情况,应立即请医生诊治或送往医院,中途不能停止抢救。

(4) 没有经过医生允许,任何人都不能对触电者使用药物,因为任何药物都不能代替人工呼吸和胸外心脏按压。

3.5.5 夜间施工

1. 安全管理措施

(1) 夜间施工时,施工单位要做到晚交班早点名制度,应根据作业内容,制定周密的安全措施,进行针对性的安全技术交底,责任落实到人。

(2) 所有参加夜间施工的作业人员必须认真贯彻夜间作业安全措施,安检人员进行监督、检查落实;尽量避免同一作业范围内安排交叉施工的工序同时在夜间进行,如确需交叉施工时,必须细化作业范围,采取防止交叉施工安全问题的针对性措施。

(3) 施工前由专人负责检查确认照明设施配备齐全完好,作业车辆状态良好,运转正常。当晚作业使用的工具、材料提前在白天进行全面认真的检查,发现有质量问题的及时更换。

(4) 夜间施工必须加强防护,必要时应增加信号传递员,保证施工地点与防护人员联络畅通。施工用电设备必须有专人看护,确保用电设备及人身安全。

(5) 夜间施工作业必须由作业负责人统一指挥,分工明确,并随时与防护人员保持联系;各道工序夜间施工时除当班的安全员、质检员必须到位外,还要建立安保人员巡查制度,发现问题必须立即解决。

(6) 夜间施工作业结束后施工负责人必须对作业现场认真检查,确保线路畅通;作业前和收工时要清点人员,人不到齐不准离开原地,作业中也要随时保持联系。

2. 安全技术措施

(1) 夜间施工时,工器具、设备(施工车辆、发电机等)悬挂具有反光的黄色标志牌。

(2) 进入作业现场所有人员必须穿反光防护服装。

(3) 雷雨、大风天气禁止夜间作业,禁止夜间上桥等高处作业。禁止夜间涉水作业。

(4) 夜间作业人员必须配备有效的照明设备、通信设备和应急药品;现场作业点集中固定时采用日光色灯作为主要照明灯具,必须在场地适当位置装足够的照明设备,保证整个施工场地均有较好的照明,保证夜间施工有良好的照明条件。采用碘钨灯作为临时可移动照明灯具,用于重要施工部位,作为对固定式照明的补充。大型设备作业时其照明部件必须启动运转。作业人员随身携带 LED 帽灯,监护、巡视等人员用手提式防爆探照灯或手电筒。

(5) 夜间行动必须至少有两名人员一起,禁止一人单独行动。

(6) 施工中的深基坑、开挖沟槽等临时工程,应设置围栏,交通要道必须设置反光警示、悬挂红灯示警标志。

(7) 做好夜间施工防护,在危险地段(临近深坑、水塘、河边、大桥)作业地点附近设置警示标志,以提醒行人和司机注意,必要时并安排专人值守。

(8) 夜间施工现场周围有噪声敏感区域,要取得沿线居民的谅解。

(9) 夜间施工使用机械时尽量选择低噪声的设备,确须使用大噪声的设备时,必须采用降噪措施。

第 4 章　路基与土石方工程施工安全

铁路路基工程包括填方路堤及挖方路堑，施工中涉及大型土石方机械作业，安全管理的重点是石质路堑爆破以及不良地质或特殊地质条件下的施工作业。

4.1　路基施工作业

4.1.1　地基处理

1. 施工安全管理的主要内容

(1) 地基处理工程应结合现场环境、施工方法、机械设备等情况进行危险源辨识和风险评估，制定应急预案并采取相应的安全措施。地基处理应考虑的危险源、危险因素包括机械现场组装和操作、机械作业用电及防雷；机械作业时倾覆；施工影响毗邻的既有建筑物和设备、管线；大风等恶劣气候条件下人员和机械安全；施工噪声、排放泥浆等环境因素。针对上述风险因素，相应的对策和安全措施如表 4.1 所示。

表 4.1　安全对策和安全措施

序　号	项　目	主要对策和安全措施
1	人员防护	1. 对接触有害材料的人员配发和使用防护用品 2. 维修机械等高处作业时系安全带 3. 采取围挡、警示标志防止非作业人员进入现场
2	既有建筑物和设备防护	1. 施工前进行详细的调查 2. 采取标识及防护措施 3. 在设备管理单位的配合下拆迁或作业 4. 采取监测措施
3	机械行驶及操作	1. 制定安全操作规程 2. 探明机械行驶路线情况 3. 对承载力、半径、限高、距离输电线的距离等不满足要求的采取相应措施，大型机械跟机防护 4. 配备专业操作人员，作业时设专人防护 5. 制定临时用电和防雷措施 6. 对作业及行走范围地面处理，防倾覆
4	其他	防止环境污染、特殊环境施工安全等

(2) 施工现场应按照规定设置防护设施和安全警示标志,并由专人管理。

(3) 机械设备的管理与防护应符合有关规定,同时应符合下列要求:

① 机械进场前,施工单位应调查行驶道路和作业现场情况,了解影响范围内既有建筑物和设备的分布,探明地下和空中的管线并制定相应的安全措施;作业场地及行走范围应保持平整并满足相应的承载力等要求。

② 机械系统的能力应与施工要求相匹配,现场装备应由专业人员负责。作业时应严格按照操作规程操作;大型机械作业或多机配合作业时,应设专人统一协调指挥。

③ 机械作业人员登高检查或维修时应系安全带并防止坠物伤人。

④ 大雾、暴雨、大风等气候条件下施工单位应提前对现场机械采取防护措施;情况特别恶劣时应停止作业。

(4) 施工用电和高耸设备防雷应符合下列规定:

① 施工现场应由专业技术人员建立用电安全技术档案,定期对电力系统进行检查、量测;施工电源及高低压配电装置应设专职人员负责运行与维护,电工必须持证上岗。

② 保护零线接地电阻值不应大于 10Ω;低压电气设备和器材的绝缘电阻严禁小于 0.5MΩ。架空线路、电缆线路必须有短路保护和过载保护。

③ 施工单位自备发电机组电源与外电线路电源应联锁,严禁并列运行供电;发电机组应设置短路保护和过载保护。

④ 电气设备或线路发生火情时,应首先切断电源,在未切断电源之前,严禁使身体接触导线或电气设备,严禁用水进行灭火。

⑤ 发生人身触电时,应立即切断电源,方可对触电者进行急救;严禁在未切断电源前与触电者直接接触。

⑥ 雷雨季节前,施工单位应对避雷装置进行一次预防性试验,并应量测接地电阻。雷电后,应对阀型避雷器的瓷瓶、连接线和地线进行检查,确保完好无损。

⑦ 电气装置遇跳闸时,应查明原因排除故障后,方可再行合闸,严禁强行合闸。

(5) 施工前,施工单位应做好现场临时防、排水系统。

(6) 使用有腐蚀性、有害的材料或掺合剂时,作业人员应按规定佩戴防护用品。

(7) 施工时产生的噪声应符合有关规定要求,对有可能造成其他环境污染的施工应进行相应的处理。

(8) 地基处理时,施工单位应对影响范围内的建筑物和设备进行监测,发现异常及时采取措施;特别是地基处理成桩或强夯时,对周边既有建筑物影响较大,除进行必要的防护外,还应在作业时对其观测,以防破坏。若发现裂缝、下沉、凸起等问题时,应立即停工,待查明原因和采取措施后方可复工。

2. 原地面处理和换填

(1) 严禁火烧杂草、树木等。砍伐树木时施工单位应设防护和警示标志,严禁在山坡上重叠伐树作业。

(2) 清除淤泥或处理空穴时,应查明地质情况,采取保证人员和机械安全的防护措施。

(3) 换填施工时,应符合下列规定:

① 清淤作业应防止人员陷入,软土地段机械作业应考虑地基承载力能否满足机械作业要求,不能满足应采取必要的安全措施。

② 开挖、运输装卸、填筑碾压应符合有关规定。

③ 重锤夯实时,应符合有关规定。

④ 接触灰土的作业人员,应佩戴口罩和手套等防护用品并在上风口作业。

3. 强夯和强夯置换

(1) 强夯机械的性能应满足施工的要求,并根据计算结果设置必要的辅助门架或采取其他稳固措施。

(2) 施工防护应符合下列规定:

① 施工现场应封闭管理并按规定设置安全警示标志,由专人负责统一指挥。

② 当强夯施工产生的振动对临近建筑物和设备产生影响时,应设置相应的监测点,必要时应挖设防振沟。

③ 应在吊锤机械驾驶室前不影响司机视线的情况下设防护网,司机应佩戴防护镜,防止弹石。

(3) 强夯施工时应符合下列规定:

① 夯机的作业场地应平整,门架底座与夯机触地部位应保持水平,当下沉超过 100mm 时,应重新垫高并保持稳定。

② 施工前应检查机械各部位的状态、钢丝绳的完好情况并先试夯。

③ 起吊夯锤速度应均匀,夯锤或挂钩不得碰吊臂,并在适当位置挂轮胎等进行防护。严禁锤上站人随锤提升。

④ 夯锤下落后,应在吊钩降至夯锤吊环附近时,操作人员方可下坑挂钩。

⑤ 在夯锤起吊及下落过程中,填筑及清土人员,应撤离至安全地点。

⑥ 作业完成后,夯锤应放实在地面。

(4) 变换夯位后,应重新检查门架支腿,然后再将锤提升 100～300mm,检查整机的稳定性,确认可靠后方可作业。

4. 钢筋混凝土打入桩

(1) 桩身强度达到设计强度时方可运输。桩的堆放场地应平整、坚实并有防止桩滚动的措施。吊运作业应符合有关规定。

(2) 机械作业时,安全防护人员必须距桩锤中心5m以外监视,发现异常及时预警并采取相应的措施。

(3) 打入桩作业应符合下列规定:

① 作业前应检查所有紧固螺栓,不得在松动及缺件情况下启动。

② 严禁吊桩、吊锤、回转与行走等动作同时进行。

③ 插桩时,应及时校正桩的垂直度。桩进土较深(3m以上)时,严禁用打桩机行走或回转动作来纠正桩的倾斜度。

④ 桩锤、桩帽和桩应在同一轴线上,不得偏心打桩。

⑤ 作业后,应将桩锤放至最低处并垫实。

(4) 振动沉桩作业应符合下列规定:

① 悬挂振动桩锤的起重机,其吊钩上必须有防松脱的保护装置。

② 作业前,应检查振动桩锤减震器与链接螺栓的紧固性,禁止在螺栓松动或缺失状态下启动。

③ 振动沉桩收紧钢丝绳加压时,应随桩沉入深度随时调整离合器,防止桩架抬起而发生事故。

④ 作业中,如发现液压管破损、液压操作箱失灵时,应立即采取措施,防止桩从夹持器中脱落。

⑤ 作业后,应将振动桩锤放至最低处并垫实。

(5) 静力压桩作业应符合下列规定:

① 作业前,应对紧固螺栓进行检查,在其未拧紧前不得启动。

② 起重机的起重臂下,严禁站人。

③ 压桩过程中,应保持桩的垂直度,如遇地下障碍物使桩产生倾斜时,应先将桩拔起,待地下障碍物清除后,重新插桩。

④ 当桩在压入过程中,夹持机构与桩侧出现打滑时,不得任意提高液压缸压力强行操作,应查明原因,排除故障后方可继续进行。

⑤ 当压桩引起周围土体隆起影响桩机行走时,应将隆土平实,不得强行通过。

(6) 沉桩过程中,有下列情况应暂停作业,经处理后再行施工:

① 贯入度突变。

② 桩身发生倾斜、位移或有异常回弹。

③ 桩顶或桩身出现裂缝或破碎。

5. 混凝土灌注桩

(1) 作业场地应平整、坚实。钻机安装时，机架应垫平，并设置必要的揽风绳及地锚等以保护钻机稳固。

(2) 钻机成孔作业时应符合下列规定：

① 作业前，应检查各部位情况，确认一切正常后方可启动。

② 钻进中，应随时观察钻机的运转情况，当发生异响、钻机摇晃异常等情况时，应立即停机检查，排除故障后方可继续施钻。

③ 提钻、下钻时，应轻提轻放，严禁钻杆在旋转时提升。

④ 高压胶管下禁止站人。

⑤ 改变钻杆回转方向时，应先停钻后改变钻向。

(3) 钢筋笼吊装及混凝土灌注应符合有关规定要求。

(4) 泥浆池应设防护栏和警示标志，废浆、废碴处理应符合有关环保要求。

(5) 成孔后应及时灌注。未及时灌注的孔应加盖保护并设警示标志。

6. 砂桩、碎石桩

(1) 应根据所选用机械的操作规程和场地等情况采取相应的安全措施。

(2) 砂桩、碎石桩施工前，应评估队临近的既有建筑物的影响，并选用相应的施工工艺。以挤密作用为主的桩施工时，应从逐渐远离既有建筑物及设备方向顺序进行施工。

(3) 锤击法沉管作业时，加料与锤击压实应采取相应的安全措施并符合有关规定。

(4) 采取振动法施工时，重复压拔管与加料、挤压作业应协调一致，加料时应暂停振动并符合有关规定。

7. 挤密桩

(1) 施工前应评估挤密作业队影响范围内的建筑物和设备的影响，并根据评估结果采取挖防振沟或选用适宜的施工方法。

(2) 采取振动法或锤击法沉管作业时，应符合有关规定。

(3) 挤密作业应以逐渐远离既有建筑物及设备方向顺序施工。

(4) 成孔后应及时填料，成排施工时应间隔进行。

8. 水泥粉煤灰碎石桩(CFG 桩)

(1) 机械进场前，应对作业场地进行平实，其承载力应满足机械作业要求。

(2) 钻孔作业应符合下列规定：

① 钻机就位后应调整钻杆垂直并对准桩位中心。

② 启动前应检查各部位连接情况;启动后应作空运转试验,检查仪表、温度、制动等各项正常后,方可作业。

③ 钻进中如遇机架出现异常的摇晃、移动、偏移或发生异常响声时,应立即停钻,经处理后方可继续施钻。改变钻杆回旋方向时应待钻杆完全停转后再进行。

④ 严禁作业人员直接用手清理旋转片中的泥土。

⑤ 发现紧固螺栓松动时应立即停机,紧固后方可继续作业。

(3) 采取振动法作业时应符合有关规定。

(4) 灌注作业应符合下列规定:

① 应由专人负责输送泵和钻机的配合,并随时检查连接软管及接头情况。

② 应在钻杆芯管充满混合料后,方可开始提管,严禁先提管后泵料。

③ 应控制提管速度与泵料速度相协调,并连续灌注成桩。

(5) 机械移位时应根据行走装置的操作规程,由专人指挥,协调行动,防止机械倾覆。移位后应再次对机械各部位进行检查。

(6) 成桩区严禁大型机械进入,开挖及清土作业应采用小型机械,不得扰动桩间土。

(7) 截桩机处理桩头时应防止锯片伤人。

9. 柱锤冲扩桩

(1) 施工机械应有自动脱钩装置,作业前应检查钢丝绳及卡扣等情况。

(2) 柱锤装配时应连接牢固。施工时柱锤应对准桩位并保持垂直。

(3) 柱锤在升降过程中禁止作业人员向孔内填料。

10. 高压旋喷桩

(1) 应根据所选用机械的操作规程和场地情况采取相应的安全措施。

(2) 高压喷射注浆时,应符合下列规定:

① 注浆前,作业人员应检查高压设备和管路系统,密封圈必须完好,各管道和喷嘴内不得有杂物。

② 作业时应控制空压机、高压水泵、送浆泵的压力和提管喷浆速度。

③ 喷射过程中出现压力突变时,应停工查明原因并采取相应措施。

④ 近地面喷射时,应控制压力和流量,防止伤人。

⑤ 清洗机具时,喷头严禁对人。

11. 粉(浆)体喷射搅拌桩

(1) 粉(浆)体喷射搅拌桩施工应符合环境保护方面的规定。

(2) 粉体喷射搅拌作业时应符合下列规定：

① 作业人员应按规定佩戴口罩和防护镜等防护用品。

② 应在孔口设喷料防护装置，当喷嘴提升近地面时，应减压喷粉，当距离地面50cm 时应停止喷粉。

③ 清洗机具时，喷头严禁对人。

(3) 浆体喷射搅拌作业时应符合下列规定：

① 喷嘴提升近地面时，应控制压力和流量。

② 作业时的废浆、废碴应及时处理。

③ 清洗机具时，喷头严禁对人。

12. 袋装砂井

(1) 袋装砂井施工采用锤击打入法、振动贯入法和静力压入法沉管时，应符合有关规定。

(2) 套管起吊后应对准井位。锤击作业应先轻后重。

(3) 砂袋投入套管时，严禁发生扭结、断裂等问题。

(4) 振动拔管时，应先启动激振器后提升套管并连续缓慢提升，中途不得放松吊绳。

13. 塑料排水板

(1) 塑料排水板施工机械应与作业场地的承载力相适应，导架高度、打设能力应满足打设深度要求。

(2) 打设塑料板应采用套管式打设，并提前做好周边排水设施。

(3) 打设塑料排水板时严禁出现断裂、扭结和撕裂滤膜等问题。

14. 堆载预压和真空预压

(1) 施工前应做好周边排水设施。

(2) 堆载体的装、运、卸应符合有关规定，并不得破坏竖向排水体以及埋设的其他装置。

(3) 堆载预压施工应分期、分级堆载并满足沉降速率。预压期间应随时检查，发现异常应采取相应的措施。如果加载速率过快，会引起地基中剪应力超过其抗剪强度，造成较大的侧向挤出，水平位移明显加大，继而发生整体剪切破坏。

(4) 真空预压作业应符合下列规定：

① 管路中应设止回阀和截门。

② 薄膜热粘时严禁有热穿及热粘不紧等问题。

③ 过滤管周围必须填实，严禁架空漏填。

④ 密封沟回填应避免回填料直接撞击密封膜，防止被击破漏气。

⑤ 真空预压前应检查真空泵各部位、连接管以及仪表的完好情况。

⑥ 预压期间应随时检查预压情况，发现异常应采取相应措施。

4.1.2　路堤

1. 施工安全管理要求

（1）路堤施工应考虑的主要危险源、危害因素包括复杂环境条件下的软弱路基、陡坡路基和危及既有建筑物及交通的路堤填筑工程；影响施工的水；人机混合作业；深取土场（坑）。针对上述危险因素，采取的相应对策和安全措施如表 4.2 所示。

表 4.2　路堤施工主要安全对策和安全措施

序　号	项　目	主要对策和安全措施
1	复杂环境条件下的软弱路基、陡坡路基和危及既有建筑物及交通的路堤填筑工程	1. 编制、审查并报批专项施工方案 2. 施工前进行安全施工技术交底 3. 每天作业前开展班前安全讲话
2	施工影响范围内的既有建筑物等	1. 施工前进行详细调查 2. 迁改或采取围挡、警示等进行防护 3. 必要时设专人监护
3	毗邻或施工范围内的交通运输	1. 申请交通管制或迁移道路 2. 设置围挡措施和警示标志 3. 设专人指挥、警戒
4	施工范围内的雨、水	1. 施工前做好防排水设施 2. 施工中采取临时排水措施 3. 施工过程中检查防排水措施 4. 及时疏导积水
5	人机混合作业	1. 操作人员持证上岗 2. 安全操作规程交底 3. 机械回转半径以外作业 4. 专人指挥 5. 危险区域设警示标志或专人防护
6	地面横坡陡于 1∶2.5 和池塘、软土等复杂路堤填筑作业	1. 控制填筑速率 2. 路堤沉降和位移观测
7	深取土坑	1. 坑边设安全防护措施和警示标志 2. 边坡坡率按设计要求执行 3. 采取临时排水措施 4. 取土后进行土地整治

（2）工程开工前，施工单位应详细核对设计文件，根据施工地段的地形、地质、水文、气象等资料，在编制施工组织设计的同时，制定相应的安全技术措施。施工中加强与气象、水文等部门的联系，及时掌握气温、雨雪、风暴和汛情等预报，做好防范工作。施工中采用新技术、新工艺、新设备、新材料时，必须制定相应的安全技术措施。

（3）施工前应复查地下构造物（电缆、管道等）的埋置位置及走向，并采取防护措施；施工中如发现有未标示的构造物、管线以及危险品或其他可疑物品时，施工单位应立即停止下挖，报请有关部门处理。

（4）施工所用的各种机具设备和保护用品，应定期进行检查和必要的检验，保证其经常处于完好状态；不合格的机具设备和劳动保护用品严禁使用。

（5）复杂环境条件下的软弱路基、陡坡路基和危及既有建筑物及交通的路堤填筑等工程应编制专项施工方案。“复杂环境条件下”是指在城市、厂矿区、居民聚居区、交通干道、风景名胜区、重要工程设施、高压线、地下洞库、通信管线、水油气管道、化工管道等附近。

（6）混凝土、改良土、级配碎石、沥青等路基用料生产时应符合下列规定：

① 拌合站设置应符合有关规定。

② 搅拌筒启动前应盖好仓盖。机械运转中，严禁将手伸入料斗或搅拌筒内探摸。严禁从提升斗下通过。

③ 沥青拌合时，严禁在溢流管周围逗留或从溢流管下通过。

④ 设备维修时，必须关掉电源开关，挂维修警示牌。

⑤ 接触石灰以及有腐蚀性添加剂的人员应按规定穿戴防护用品。

（7）路堤施工应先做好临时防排水系统；基底、坡脚及影响路基稳定的范围内不得积水浸泡。傍山修筑路堤时，应防止地表、地下水渗入路堤结构各部位。

（8）填筑地面横坡陡于 1：2.5 和池塘、软土等路堤时，由于水渗入填方基底面，降低其摩擦力，增大填土下滑的可能性，因此陡坡地段填方容易坍塌。必须进行沉降和位移观测，控制填筑速率，发现异常，应立即停工处理。软土路基上填筑路堤时，应在边坡坡脚外设置边桩，在路堤中心线地面上设置沉降观测设备，进行水平位移和沉降观测，控制填土速率，测定地基沉降值。观测方法可采用沉降板、水位杯和边桩等。

（9）在不稳定的地面斜坡及易于倾塌滑动的斜坡上施工时，人行道离填方坡脚线不得小于 5m，并应设警示标志。

（10）机械设备的管理与防护应符合有关规定，多机在同一作业面作业时，应设专人指挥，明确指挥信号，相互间保持安全距离。

（11）配合机械作业的清底、摊铺、平整、修坡等人员，应在机械回转半径以外工作。

2. 路堤填筑作业

(1) 运输车辆装、运、卸作业应符合有关规定。

(2) 采用机械填筑时，在填筑作业区边缘应设置明显的安全标志，主要是警示驾驶员，防止驾驶的机械车辆倾覆。安全标志一般是指有带醒目颜色的标杆等。

(3) 车辆严禁在走行中卸土，卸土下方不得有作业人员。

(4) 推土机作业应符合下列规定：

① 作业人员不得用推土机进行碾碎石块作业。

② 推土机行驶时，履带或刀片的支架上严禁站人；上下坡道的坡度不得超过机械自身允许坡度。

③ 多机相邻作业时，前后距离应大于 8m，左右距离应大于 2m；在高边坡、陡坡、高坎上作业时，施工单位必须设专人指挥、防护。

④ 作业完毕后，作业人员应将推土机开到平坦安全的地方，落下铲刀，有松土器的应将松土器落下。

(5) 平地机作业应符合下列规定：

① 在不平度较大的地面作业时，施工单位应先用推土机推平，再用平地机整平；平地机作业区应无树根、石块等障碍物。作业时应与路堤边缘保持一定的安全距离。

② 刮刀的回转与铲土角的调整以及向机外倾斜，都必须在停机时进行；作业时，应将刮刀下降到接近地面，起步后再下降铲刀铲土。

③ 行驶时应将刮刀和松土器升到最高位置，并将刮刀斜放，刮刀两端不得超出后轮外侧。刮土、平整等各类铲刮作业应低速行驶，行驶速度不得大于 20km/h。

④ 作业后应停放在平坦、安全的地方，将刮刀落地，拉上制动器。

(6) 碾压作业应符合下列规定：

① 压路机碾压的工作面应平整，工作地段的横、纵坡不应超过压路机的设计能力。

② 不得用牵引法强制启动，也不得用压路机拖拉任何机械或物件。

③ 压路机必须在前后、左右无障碍物和人员时方可启动。两台以上压路机同场作业时，前后间距不得小于 3m。

④ 在新建路基上进行碾压时，应从中间向两侧碾压。碾压作业时，距路基边缘不得少于 0.5m。碾压傍山路基时，应由里侧向外侧碾压，距路基边缘不得少于 1m。

⑤ 作业后应将压路机停放在平坦坚实的场地并制动，不得停放在斜坡上。

(7) 振动冲击夯作业时应控制夯机前进速度，防止倾覆伤人。

(8) 雨季填筑时应严格按设计控制路基填层面和表面路拱横坡坡度，避免路基积水引起下陷。严禁在雨天进行非渗水土的填筑施工。

3. 取土场(坑)

(1) 取土场(坑)的边坡、深度等应符合设计要求，不得危及周边建筑物等既有设施的安全。

(2) 取土场底应平顺并设有临时向外的排水设施，防止积水浸泡坡脚，造成边坡坍塌。

(3) 深度超过 2m 的取土场(坑)边周围应设置必要的警示标志和安全防护设施。取土应自上而下进行并保证边坡的稳定，严禁掏底取土。

(4) 取土后的裸露面应及时整治，取土场边坡不得超出设计坡率，并应采取防护措施，避免产生泥石流等次生灾害。

4.1.3 路堑

1. 施工安全管理要求

(1) 安全风险分析及安全对策。路堑施工应考虑的主要危险源、危害因素包括高边坡、不良地质、周边环境复杂路堑工程；施工影响范围内的既有建筑物、设备、管线等；毗邻和施工范围内的既有交通设施；影响施工的水；危岩和坡面坡顶危石；爆破器材的运输、储存、使用、销毁等爆破施工；弃土作业。针对上述危险因素，相应的安全对策和安全措施如表 4.3 所示。

表 4.3 路堑施工的安全对策和安全措施

序 号	项 目	主要对策和安全措施
1	高边坡、不良地质、周边环境复杂等路堑工程	1. 制定、审查并报批专项施工方案 2. 施工前进行安全技术交底 3. 每天作业前开展班前安全讲话
2	施工影响范围内的既有建筑物、设备、管线等	1. 施工前进行详细的调查、探测 2. 迁改或采取围挡、警示等进行防护 3. 必要时设专人监护
3	毗邻和施工范围内的既有交通运输	1. 申请交通管制或迁改道路 2. 设置围挡设施和警示标志 3. 设专人指挥、警戒
4	影响施工的雨、水	1. 施工前做好引、截防、排水设施 2. 施工中采取临时排水措施 3. 施工过程中检查防排水设施 4. 及时疏导积水

续表

序号	项目		主要对策和安全措施
5	危岩和坡面坡顶危石		1. 检查、监测及判定 2. 施工作业前清理，并采取警戒、监护、使用个人防护用品等高处安全防护措施 3. 制定应急处置措施
6	高陡边坡、深路堑开挖作业		1. 机械操作人员持证上岗 2. 开挖方法、工序及操作规程交底 3. 专人指挥、防护 4. 过程检查纠正
7	爆破作业	非专业作业人员 爆破器材及其运输、储存、使用、销毁 钻眼作业 装药作业 填塞作业 起爆和爆后检查 盲炮	1. 编制、审核、报批爆破设计(说明)书和专项施工方案 2. 作业人员持证上岗 3. 安全技术交底、班前安全讲话 4. 爆破器材运输、储存、使用、销毁执行国家有关规定 5. 爆破器材使用前检验 6. 炮孔钻凿、装药、填塞、网络敷设完验收 7. 起爆前采取警戒、防护措施 8. 正确起爆 9. 由原装药人采取措施处理盲炮 10. 等待时间过后进行爆后安全检查
8	弃土作业		1. 操作人员持证上岗 2. 安全操作规程交底 3. 危险区域设警示标志或专人防护 4. 弃土堆按设计设置及堆弃 5. 保持弃土堆自身稳定 6. 弃土堆采取防排水措施 7. 弃土堆坡脚挡护

(2) 路堑开挖、基床处理、排水系统和弃土等，应根据地形、地质、气象、水文实际情况合理安排施工；施工前要认真核对地质资料。开挖方式应根据地形情况、岩层产状、断面形状、路堑长度、施工季节和环境保护要求，并结合土石方调配选用。

(3) 高边坡、不良地质段、周边环境复杂、爆破施工等路堑工程应编制专项施工方案。

(4) 机械设备的管理与防护应符合有关规定。

(5) 路堑工程施工期间，应由专人对施工影响范围内的情况进行监测、巡查，发现异常应立即停工，撤离机具和人员，并及时采取安全措施。监测人员的位置应在落石、滑坡体危险区域之外。发现异常是指出现山体滑动、崩塌迹象危及施工安全时，一是通过观测数据，经综合评估确认；二是通过直接观察。及时采取措施包括启动应急预案。

(6) 路堑开挖前，应先做好引、截、排水和防渗设施。施工中如遇地下水涌出，应先排水，后开挖；每级边坡开挖后应及时施作坡面防护和排水设施。

(7) 开挖高陡坡、崩塌、落石和岩堆地段路堑，应先清理危石，修建拦截设施，并设警示标志和专人防护。

(8) 高处作业应符合有关规定。清理危石、刷坡应自上而下进行，严禁上下重叠作业。

2. 开挖作业

(1) 开挖应自上而下进行，严禁掏底开挖。

(2) 路堑施工应分段分层开挖、支护。作业面应相互错开，严禁上下重叠作业。

(3) 在岩石走向、倾向不利于边坡及施工安全的地段，应顺层开挖，不挖断岩层；采取减弱施工振动的措施；在设有挡墙的上述地段，应采取短开挖或马口开挖并设临时支护等措施。岩石走向、倾向不利于边坡稳定及施工安全的地段是指软石和强风化岩，可通过实地勘察、查对设计资料及有关经验数据，作出定性判断。

(4) 膨胀土路堑不宜在雨季施工。设有支挡和防护结构的边坡应随挖随砌，当不能紧跟开挖砌筑时，边坡应暂留厚度不小于0.5m的保护层。基床换填要紧随开挖完成，当有困难时，应暂留厚度不小于0.5m的保护层。路堑基床表层应按设计设置封闭层。

(5) 在高于3m的坡面上作业，人员必须系安全绳；在路堑内作业，必须戴安全帽；在高陡斜坡、冰冻及泥泞的地方作业，应注意防滑，禁止穿高跟鞋、凉鞋及拖鞋；严禁在同一安全桩上系几根安全绳和在一根安全绳上系几个人。安全桩必须牢固可靠。

(6) 滑坡开挖应符合下列规定：

① 施工时间宜在旱季进行，雨季和冰雪融化期不宜开挖推积体。不得组织夜间施工，如确需夜间施工，应有良好的照明和安全措施。施工流程宜按坡面排水工程-抗滑桩-分段开挖路基-挡土墙的顺序施工。

② 开挖过程中，如发现山体有滑坡、崩塌迹象，且危及施工安全时，应暂停开挖，人员和机具撤至安全地点；做好临时排水工作，防止地面水流入滑坡体内加剧滑坡发展；设置必要的观测点，观测便形体的动态变化，并做好记录；报告上级处理。

③ 滑坡体开挖应从滑坡体两侧向中部自上而下地进行，严禁全面拉槽开挖。弃土不得堆在主滑区内。开挖挡墙基槽也应从滑坡体两侧向中部分段跳槽进行，并加强支撑，及时砌筑和回填墙背土。

④ 截水沟铺砌时迎水面沟壁应设泄水孔，以排泄土壤中水，或采用干砌片石铺砌。施工时应尽量少开挖以保持该地段抗滑功能。

⑤ 滑坡体内排水应充分利用滑坡范围内的自然沟谷作为排除地表水的渠道，及时把水引入排水沟中。为此目的要对自然沟谷进行必要的整修、加固及铺砌工作，达到不溢流、不渗漏的目的。在地下水较为发育地段，事先安装抽水设备，加强桩基础支护，保证施工安全。

⑥ 抗滑桩施工前应先做好坡面排水，抗滑桩应由两侧向中间靠，跳桩开挖施工。桩后回填应待桩身混凝土强度达到设计强度 70%以上时方可进行回填，回填土宜采用砂性土。

⑦ 挡墙与抗滑桩之间回填土应分层夯实，坡面采用草皮护坡，应注意做好排水工作，防止雨水下漏造成挡墙破坏。滑坡体应设置观测点，建立严格的监测制度，观测其动态变化，认真做好交接班记录，发现异常情况，及时反映处理。

⑧ 滑坡体范围内不得搭盖工棚、堆放机具。人行道必须设在离开边坡线或主要裂缝 5m 以外处，并设警告标志。上下行人应间隔行走，并做到通过前巡视，通过后检测。

(7) 崩塌、落石和岩堆地段开挖应符合下列规定：

① 开挖崩塌、落石和岩堆地段路堑，应先清理危石和修建拦截建筑物；岩堆开挖前，必须将坡面的松动危石清除；开挖过程中发现山体有滑动或崩塌迹象时，应即停止开挖，采取相应措施。

② 少用爆破或采用控制爆破，以减少爆破振动对崩塌体的破坏作用。

③ 挖掘松散石方，其开挖面坡度不宜过陡；必须将坡面上的松动危石及时清除干净，以防止岩体松动脱落而威胁施工安全。

④ 岩堆的开挖应先做好靠山侧地表水的排除和地下水的处理。

(8) 陡坡开挖应符合下列规定：

① 机械开挖，应由有经验的驾驶员担任，并由值班员配合施工。

② 在半填半挖地段，应先做好靠山侧地表水的排除和地下水的处理。推土机的推挡不得深入未经压实的松土。

③ 严禁上下重叠作业，必要时设临时拦挡或设防护人员，防止落石伤人。

(9) 挖掘机作业应符合下列规定：

① 起动后，铲头内、管杆、履带和机棚上严禁站人。

② 上下坡道的坡度不得超过机械自身允许坡度。

③ 挖掘时停留地面必须平坦稳固，并应制动履带，轮胎式挖掘机应顶好支腿；车身方向应与挖掘工作面延伸方向一致。履带式挖掘机距工作面边缘距离应大于 1m。

④ 作业时，最大开挖高度和深度不得超过机械本身性能的规定。作业时应待机身停稳后挖土，当铲斗未离开工作面时不得回转、行走。

⑤ 在高陡工作面上挖掘夹有石块的土方时，应将较大的石块和杂物清除。严

禁作业人员用铲斗碰砸悬空土石。

⑥ 挖掘岩石时施工单位应先进行爆破，挖掘悬崖时应采取防护措施，作业面不得留有伞沿及松动的大块石。

⑦ 当发现挖掘力突然变化时应停机检查，严禁在未查明原因前擅自调整分配阀压力。

⑧ 作业后，挖掘机不应停放在高边坡附近，应将铲斗收回放平在地面上，所有操纵杆置于中位，关闭操纵室。

(10) 严禁在松动危石下方作业。多人相邻挖土时，相互距离不得小于 3m，严禁面对面开挖作业。

(11) 严禁在松动危石下方、滑坡体范围内停留和停放机具。

3. 爆破施工

(1) 爆破作业施工单位应具有爆破施工企业资质证书，并取得爆破物品的购买、存储、运输和爆破作业许可证，未经许可不得从事爆破作业。

(2) 施工现场应建立爆破器材安全管理制度、岗位安全责任制度，制定安全防范措施和事故应急预案。

(3) 爆破作业人员必须参加培训，经考核并取得有关部门颁发的相应类别和作业范围、级别的安全作业证，持证上岗。

(4) 爆破作业运输应符合下列规定：

① 施工单位不得用翻斗车、自卸汽车、拖车、自行车、摩托车和畜力车运输爆破器材。

② 采用专用汽车运输爆破器材时，严禁在人口密集区、重要设施附近停留。

③ 人工搬运爆破器材时，不得一人同时携带雷管和炸药；雷管和炸药应分别放在专用背包或木箱内。

④ 手推车运输爆破器材时，载重量不得超过 300kg，运输过程中应采取防滑、防摩擦和防止产生火花等安全措施。

(5) 爆破器材装卸应符合下列规定：

① 施工单位有专人在场监督；设置警卫，无关人员不得在场。

② 爆破器材和其他货物不应混装。雷管等起爆器材，不得与炸药在同时同地进行装卸。

③ 遇暴风雨或雷雨时，不得装卸爆破器材。

④ 装卸爆破器材的地点，应远离人口稠密区。

⑤ 装卸搬运应轻拿、轻放，码平、卡牢、捆紧，不得摩擦、撞击、抛掷、翻滚、侧置及倒置爆破器材。

⑥ 雷管或硝化甘油类炸药分层装载时不得超过二层。

(6) 爆破器材应储存在专用的爆破器材库,库房管理应符合下列规定:

① 爆破器材应码放整齐、稳固,不得倾斜。

② 进入库区不得带焰火及其他引火物;不应穿带钉鞋和易产生静电衣服,不得使用能产生火花的工具开启炸药、雷管箱。

③ 库区的消防、通信设备、警报和防雷装置应定期检查。

④ 库区应昼夜警卫。

(7) 小型爆破器材库的最大储存量不应超过一个月的用量。

(8) 爆破器材的使用应符合下列规定:

① 爆破工领取爆破器材,应根据当班作业量提出申请,经批准后由两人以上共同领取。性能相抵触的爆炸物品不得同时领取。

② 爆破前应对爆区周围的自然条件和环境状况进行调查,了解危及安全的因素,采取必要的安全防范措施。

③ 爆破作业场所有下列情形之一时,不应进行爆破作业:岩体有冒顶或边坡滑落危险;作业通道不安全或堵塞;支护规格不符合支护说明书的规定或工作面支护损坏;距工作面20m以内的风流中瓦斯含量达到或超过1%或有瓦斯突出征兆;危险区边界未设警戒。

④ 爆破器材在使用过程中,必须严格落实使用追踪制度,每一环节责任人必须签认。

⑤ 爆破作业必须由专人统一指挥,划定安全区,布设警戒岗哨,设置警戒标识,爆破作业结束时,必须确认安全后,方可解除警戒。

⑥ 从炸药进入现场开始,应划定装运警戒区,警戒区内严禁烟火。

⑦ 填塞作业应避免夹扁、挤压和拉扯导爆管、导爆索,并应保护雷管引出线。

⑧ 检查人员发现哑炮及其他险情,应及时上报或处理;处理前应在现场设立警告标志,并采取相应的安全措施,无关人员不得接近。

⑨ 施工现场每天剩余爆炸物品必须当日清点、登记退库。

(9) 爆破开挖应严格控制药量。爆破后应达到边坡和堑顶山体稳定,基床和边坡平顺、不破碎、不松动;底板平整、无根坎;凹凸不平处应用混凝土或浆砌片石补齐。严禁使用峒室药包爆破,应采用光面爆破、预裂爆破与深孔爆破相结合的施工方法,使爆破后形成平整的坡面。

(10) 爆破施工应编制专项施工方案。岩石边坡坡率为1∶0.1～1∶0.75的路堑,必须采用光面或预裂爆破,城市、风景名胜区及重要工程设施附近的路堑爆破应采用控制爆破技术。

(11) 爆破作业应成立爆破指挥机构,设专人指挥,建立畅通的通讯网络。

(12) 作业人员禁止穿戴易引起静电的衣服及携带手机等物品。应由专人对杂散电流进行测试,不符合规定时应采取相应的措施。

(13) 钻眼作业应符合下列规定:

① 钻眼机械支架应稳定。钻眼时,应避免凿穿残留炮孔,严禁在残眼上钻孔。

② 钻眼与装药在同一分区不得平行作业。

(14) 起爆前防护应符合下列规定:

① 应在经设计计算的安全距离以外设置警示标志和必要围挡,安排警戒人员,约定预警、起爆、解除警戒信号,防止无关人员进入。安全警戒范围应按设计计算出的每种有害效应安全距离中的最大值来确定,爆破有害效应包括爆破地震、冲击波、个别飞石、毒气和爆破噪声等。警戒标志包括警示牌、路障等。警戒人员包括流动人员和岗哨,并应持有警戒旗、哨笛或便携式扩音器,佩戴袖标。

② 对影响范围内的既有建筑物和设施,以及不能撤离的施工机具等,施工单位应有可靠的防护措施。

③ 对爆体应采取必要的减振、覆盖防护措施。

(15) 爆破后应对影响范围内的边坡、既有设施等进行检查,清理危石,确认其安全性。

4. 装运和弃土

(1) 挖掘机向运输车辆卸土石时,应符合下列规定:

① 应降低铲斗,减小卸落高度,防止偏载或砸坏车厢。

② 铲车回转范围内,严禁人员停留或通过。

(2) 装载机向运输车辆卸土石时,应符合下列规定:

① 铲斗动作应缓慢,前翻及回位不得碰撞车厢。

② 在边坡、壕沟、凹坑装卸时,轮胎离边缘距离应大于1.5m。

③ 在大于3°的坡面上,不得前倾卸料。

(3) 运输车辆不得超载,严禁人料混装。

(4) 运输车辆卸料时,应符合下列规定:

① 在陡坡、高坡、坑边卸料时,应设专人指挥。

② 停卸地面必须平整坚实,与边缘保持一定的安全距离。

③ 自卸车卸料时,应防止刮断电线和伤及人员。

(5) 弃土场及弃土作业应符合下列规定:

① 施工单位应对弃土场的情况进行核查,并严格按设计位置弃土,不得超量弃土。

② 应在弃土堆坡脚拦碴坝或支挡结构施工完成后方可弃土。

③不得在路堑上方弃土,严禁在不良地质体上、不稳定斜坡上和膨胀土、黄土等特殊岩土堑顶上方弃土。

④ 弃土场应及时做好防排水设施,严禁在岩溶漏斗、暗河口等位置和铁路上

游的沟槽内弃土，避免堵塞水流通道。

⑤ 应采取措施保证弃土堆自身的稳定，不得影响铁路工程和运营的安全，并防止产生泥石流等次生灾害。

(6) 弃土堆若置于山坡上侧时，应连续堆积，并应保证弃土堆本身及路堑边坡的稳定；若置于山坡下侧，则应间断堆积，另隔适当距离留有缺口，以保证弃土堆内侧地面水能顺利排出；当沿河弃土时，不得弃入河道，阻塞河流，挤压桥孔或涵管口，以免改变水流方向和加剧对河岸的冲刷，或造成泥石流危害下游。

(7) 在地面横坡陡于 1∶5 的路堤边坡上和浸水的路堤边坡上，不得堆置弃土；必须堆置时，应采取加强路堤边坡稳定的措施。当路堑土质松软或在岩层倾向线路且倾角对边坡不利的地段，不得在堑顶设置弃土堆。严禁贴近桥墩台弃土造成偏压。

4.1.4 特殊路基

1. 施工安全管理的一般要求

(1) 特殊路基施工应考虑的主要危险源、危害因素及安全对策。特殊路基主要指特殊地质条件或特殊环境下的路基施工，特殊路基施工应考虑的主要危险源、危害因素包括施工影响范围内的既有建筑物、设备、管线等；毗邻和施工范围内的既有交通设施；影响施工的水；岩溶及坑洞；风沙地区、高原及冻土地区施工；滑坡、崩塌、岩堆地段、泥沼地段、泥石流地区施工；弃土；特殊场所作业、季节性施工。

针对上述风险因素，相应的安全对策和安全措施如表 4.4 所示。

表 4.4 特殊路基施工主要安全对策和安全措施

序号	项目	主要对策和安全措施
1	施工影响范围内的既有建筑物、设备、管线等	1. 施工前进行详细的调查、探测 2. 迁改或采取围挡、警示等进行防护 3. 必要时设专人监护
2	毗邻和施工范围内的既有交通运输道路	1. 申请交通管制或迁改道路 2. 设置围挡设施和警示标志 3. 设专人指挥、警戒
3	影响施工的雨、水	1. 施工前做好引、截防、排水设施 2. 施工中采取临时排水措施 3. 施工过程中检查防排水设施 4. 及时疏导积水
4	岩溶及坑洞	1. 核查位置及分布 2. 设置明显警示标志 3. 排除洞内有害气体、物质 4. 制定应急处置措施

续表

序 号	项　目	主要对策和安全措施
5	风沙地区	1. 制定、审查并报批专项施工方案 2. 施工便道设明显、固定标志 3. 外出不少于两人；十级大风禁止人员外出 4. 禁止在挖方坡脚休息
6	高原及冻土地区	1. 制定、审查并报批专项施工方案 2. 人员上场前体检，适应性训练 3. 后勤医疗保障 4. 人员、设施防冻
7	滑坡、崩塌岩堆地段	1. 制定、审查并报批专项施工方案 2. 滑坡体范围设置警示 3. 监测滑坡体 4. 夜间禁止施工
8	泥沼地段	探明具体情况，警示措施
9	泥石流地区	巡查、预警措施
10	弃土堆	1. 按设计设置及堆弃 2. 保持弃土堆自身稳定 3. 采取防排水措施 4. 坡脚防护

(2) 滑坡、崩塌、岩堆地段，风沙、高原地区路基施工应编制专项施工方案。

(3) 特殊路基施工应重视环境保护、水土保护工作，减少天然植被和山体的破坏，防止诱发次生灾害。特殊地段路基工程应加强截排水、隔水措施，排水设施应完整、系统通畅，并与桥涵、站场排水和其他水利系统相衔接。

(4) 特殊场所作业应符合下列规定：

① 施工单位在建设项目施工前，必须检查确认施工作业过程与环境中存在的对作业人员健康的职业危害因素及其危害程度，制定职业危害防止实施方案和应急预案，健全管理制度和操作规程，对作业人员进行安全技术交底。

② 职业危害因素强度或浓度等级应符合国家职业卫生标准；应具有与职业危害程度相适应的防护设施；设备、工具、用具等设施应符合保护工作人员生理、心理健康的要求。

③ 施工单位必须为作业人员提供符合标准的防护用品。

④ 作业人员肌体处于疲劳、贫血、饥饿和营养不良状态时，应暂时停止接触存在职业危害的作业。

⑤ 对可能发生急性职业损伤的有毒、有害作业场所，施工单位应设置报警装置，配置现场急救用品、冲洗设备、应急撤离通道和必要的排除险情区域。

⑥ 施工单位对职业危害防护设备、应急救援设施和职业危害防护用品，应进

行经常性的维护、检测、修理,确保其使用状态安全可靠,不得擅自停用或拆除。

⑦ 施工单位不得将产生职业危害的作业给不具备职业危害防护条件的单位和个人,后者也不应接受产生职业危害的作业。

⑧ 施工单位应定期组织职业健康检查,并不应安排有职业禁忌症的人员从事其禁忌的作业。

(5) 季节性施工应符合下列规定:

① 施工单位应根据施工所在地,季节性变化规律,水文地质情况,结合建设项目施工特点,编制季节性施工方案和突发事件应急预案。

② 施工单位在汛期、台风季节应成立防洪抢险组织机构,建立值班制度,及时掌握气象情况,采取施工防范措施。

③ 施工单位应按照季节性施工方案的要求,配备充足的物资、设备、器材及劳动防护用品等。

④ 施工单位对所有从事季节性施工人员应进行季节性施工安全教育与培训。

2. 过渡段

(1) 过渡段施工前,应根据现场情况采取相应的防排水措施。过渡段坡脚两侧、路堤底部的纵横向防排水措施应符合设计要求。

(2) 应优先安排软土地基地段过渡段路堤的填筑。

(3) 过渡段施工应按设计要求进行沉降观测。

(4) 路堤与桥台过渡段施工应符合下列规定:

① 路堤应与桥台锥体和相邻路堤同步填筑。

② 台后2m范围外,大型机械能碾压到的部位,其填筑应符合有关路堤填筑规定。

③ 台后2m范围内以及大型机械能碾压不到的部位,应用小型压实机械碾压。

④ 过渡段桥台背后回填料表面应按设计要求采取措施防止地表水渗入。

(5) 路堤与横向结构物过渡段施工应符合下列规定:

① 横向结构物两端的过渡段应对称填筑,并与相邻路堤同时施工。

② 涵洞顶部两端大型机械能碾压到的部位,其填筑施工应符合一般路堤填筑要求。靠近横向结构物的部位,应平行横向构筑物进行横向碾压。大型机械碾压时,不得影响结构物的稳定。

③ 横向构筑物的顶部填土厚度小于1m时,不得采用大型振动压路机进行碾压,以免影响结构物稳定和结构安全。

(6) 路堤与路堑过渡段施工应符合下列规定:

① 施工前,应平整地基表面,碾压密实,并应挖除堤堑交界坡面的表层松土,

按设计要求做成台阶状。

② 过渡段的填筑施工应与相邻路堤同步进行。

③ 大型机械能碾压到的部位,其施工应符合一般路堤施工要求。靠近堤堑结合处,应沿堑坡边缘进行横向碾压。

④ 大型机械碾压不道的部位,应采用小型压实机械分层碾压。

(7) 过渡段路堤两侧的防护砌体施工应在地基和路堤变形稳定后进行。

3. 特殊土地区路基

(1) 软土地段路基施工应符合下列规定:

① 软土路基施工应根据现场条件、施工方法制定相应的安全技术措施。

② 在软土地段填筑路堤,应先作好排水,并按设计要求作好地基处理。

③ 软土地区的路基应提前安排施工,施工中严格控制填筑速率并按设计要求设置观测点。填筑中,施工单位应进行沉降和位移观测,防止路堤坍塌危及人身安全。

④ 施工机械及配套设施的基础应牢靠、平整,设备组装时应防止不均匀下沉。

⑤ 运土道路的填筑、路面结构应能符合使用要求。

(2) 膨胀土地段路基施工应符合下列规定:

① 应集中力量,连续快速施工,分段完成,雨天禁止施工。

② 必须及时做好天沟、侧沟和排水沟的砌筑,并应随挖随砌,严防渗漏。

③ 路堤施工要符合一般规定外,低路堤、低洼地段基地,应防止和排除地表积水;路堤坡脚应采取排水措施,防止受水浸泡。

④ 路堑施工要符合一般规定外,路堑开挖必须自上而下进行,开挖面随时保持不小于4%的排水坡,严禁积水。

⑤ 设有支护结构的边坡应紧跟开挖砌筑。

⑥ 边坡防护应紧跟开挖工序进行,减少暴露时间。坡面有地下水出露时应作引排处理。

⑦ 当岩质较硬需爆破时,应控制药量,采取措施减少振动。

⑧ 路堑高侧山坡不应设置弃土堆。弃土堆距边坡顶的距离不应小于10m。

(3) 黄土路基施工应符合下列规定:

① 应避开雨天集中力量快速施工,施工前应先做好地面排水设施。边坡坡脚不得受水浸泡、冲刷。

② 黄土陷穴、坑洞处理时,应检查坑洞内情况,并对存在的有害气体通风排除。对流向陷穴附近的地面水应采取拦、截、引、排等措施。

③ 黄土路基施工应采用重型压路机及时碾压,并符合路堤施工一般规定。

④ 路堑施工不许自上而下进行,应按边坡平台的高度分级开挖、分给排水、防

护，并保持坡面平顺，不得放缓设计坡度。

⑤ 弃土堆应远离边坡边缘，避免影响边坡稳定，路堑边坡上方不得弃土。

(4) 冻土地区施工应符合下列规定：

① 多年冻土地区施工，应对可能因受冻而损坏的机具设备、炸药、管道等采取保温防冻措施。

② 及时做好排水设施。施工便道距路堤坡脚或堑顶不得少于20m。

③ 各种车辆和机械不得沿路堤坡脚与排水沟之间行驶。

④ 富冰、饱冰冻土或含土冰层地段路堤施工，必须保持路基与周围冻土处于冻结状态。

⑤ 冻土路堑开挖时，应防止阳面冻土因受热融化而坍塌。

⑥ 雨期和冰雪融化期不宜开挖堆积体，不得夜间施工。

⑦ 人行道必须设在距边坡线或主要裂缝5m以外，并设警告标志。

(5) 盐渍土路基施工应符合下列规定：

① 盐渍土路堤严禁雨季取土填筑。

② 路基的坡面防护应配合开挖和填筑及时进行，防止表层土松涨、溶失、风蚀。

(6) 冰渍地区施工应符合下列规定：

① 施工在旱季进行。施工中及时做好截水盲沟和草皮护坡工作。坡面上坍体以及裂缝、凹凸不平之处，全部平整夯填并铺种草皮，防止地表水下渗。

② 施工过程中因基础开挖，随时可能诱发新的坍塌，应以快开挖，快支护，快砌筑为指导思想，加强施工管理，合理计划工序。应分散跳槽开挖，挖成一段砌筑一段；并采取适当的临时防挡措施，尽量减少基础开挖范围，避免因施工开挖引起新的坍塌。

③ 新建挡墙，应结合修筑支撑渗沟及截水盲沟，及时将地下水排出以保证支挡效果。

④ 挡墙主体工程修成以后，应在墙顶面再铺一层30cm厚的混凝土保护层封顶，以便防止地表水下渗及气候作用和影响，使填土强度不致降低。

⑤ 挡墙的墙背应设置30cm的砂垫层，一方面引导墙后渗水沿着预定的路线排出墙体，另一方面砂垫层也可以起到缓冲的作用，削弱墙后土体的作用。

4. 风沙地区路基

(1) 风沙地区施工工地生产、生活房屋宜集中设置在有防风条件的地方。

(2) 风沙地区路基施工应详细调查现场情况，了解相关信息，并应和气象等部门保持畅通的联系。

(3) 风沙地区的临时生产、生活设施应进行必要的加固，并应制定生活用水、临时用电的安全措施。

(4) 作业人员应按照规定配备风镜、口罩等防护用品。人员外出时不应少于两人同行，大风天气禁止外出。

(5) 风沙地区的临时道路应设固定道路标志，人行道坡度不得陡于1∶3。

(6) 在路基两侧同时作业时，迎风侧和背风侧的施工应相互错开。

(7) 开挖沙层应自上而下进行，严禁直立开挖或掏空挖沙。

(8) 严禁在挖方坡脚下休息和存放机具。

(9) 取土坑、弃土堆应设在路基背风一侧。

(10) 大风来临时，应保持机械设备的最小迎风面正对风向。高耸机械应采取拆卸或其他防风措施。

5. 滑坡地段路基

(1) 设计单位应提供详细的地质资料，并提出有针对性的安全施工监测方案。

(2) 施工单位应检查滑坡影响范围并设置安全警示标志，根据现场情况设置围挡等防护措施。施工期间应由专人负责滑坡体的监测。

(3) 严禁在滑坡影响范围设置临时生产、生活设施，停放机械，堆放机具等。

(4) 施工前应先做好截、排水设施，并随挖随砌筑。对施工用水严格管理，防止渗入滑坡体内。

(5) 在滑坡体上开挖路堑和修筑抗滑支挡结构时，应符合下列规定：

① 应分段跳槽开挖，严禁大段拉槽开挖，并随挖、随砌、随填筑并夯实。

② 开挖与砌筑时应加强支撑和临时锚固，并随时监测其受力状态。

③ 抗滑桩、锚杆(索)施工应从两端逐步向滑坡主轴方向进行。

④ 采取抗滑桩挡土墙共同支挡时，应先做抗滑桩后做挡土墙。

(6) 采取减重、加载措施时，开挖和填筑应按设计进行。施工应符合下列规定：

① 减重应自上而下开挖，开挖面应立即整平压实。

② 弃土应堆置在滑坡区以外或设计指定的阻滑区域。

③ 加载的填土和减重的弃土，不得阻塞滑坡体下部的排水口。

(7) 应避免在冰雪融化期开挖滑坡体，雨后不得立即施工，禁止夜间施工。

6. 危岩、落石、岩堆与崩塌地段路基

(1) 危岩、落石、岩堆与崩塌地段路基施工前，应对影响范围进行评估，并对既有的建筑物和交通设施等采取相应的安全防护或迁移措施。

(2) 施工期间应设观测点，由专人监测和巡查，发现异常应立即停工，人机撤离，评估危险程度后采取相应的措施。

(3) 危岩、落石、岩堆与崩塌影响范围内严禁搭盖临时房屋、堆放机具等。

(4) 刷坡时应明确清刷范围,并设置围挡和警示标志。

(5) 施工前应先清理危岩、危石或对其采取加固措施,并根据现场情况修建拦截建筑物等防护设施。各项防治工程应及时配套完成。

(6) 爆破开挖时应采取控制爆破技术,并加强现场防护及爆破后检查。

7. 岩溶及其他坑洞地段路基

(1) 岩溶及其他坑洞地段施工前应检查洞穴的位置和分布情况,设置明显的警示标志和防护措施,防止人员、机械设备误入。

(2) 施工前应探明洞内情况,洞内有害气体和物质未排除前禁止作业人员进入。对不稳定的洞穴应采取临时支撑等安全措施。

(3) 对路基稳定有影响的岩溶水、地面水应进行疏导引排。

(4) 注浆处理时,应随时观测注浆压力和周边情况,发现异常及时采取相应措施。

8. 泥石流地区路基

(1) 泥石流地区施工应结合设计认真评估泥石流的危害程度,核实泥石流形成区、流动区和堆积区,并制定安全防护措施。

(2) 应与气象、国土资源等部门保持畅通联系。人员驻地、生产设施等临时工程必须避开泥石流影响区。

(3) 施工期间应设专人巡查,发现异常及时预警并采取相应措施。

(4) 取土和弃土应避开泥石流影响区,防止诱发人工泥石流。

9. 雪害地区路基

(1) 雪害地区设置的防护栅栏、沟、堤、导风板等防雪设施,应构筑稳固并在雪害季节前完成。

(2) 在可能发生雪崩地段施工时,应编制应急预案并由专人对雪体进行严密监视。

4.2　支挡防护及防排水工程

4.2.1　施工安全管理一般要求

(1)主要危险源、危害因素分析及制定相应的安全对策和安全措施。

路基支挡防护及防排水工程施工应考虑的主要危险源、危害因素包括锚杆

(索)、桩板墙、抗滑桩工程;施工影响范围内的既有建筑物、设备、管线等;毗邻和施工范围内的既有交通设施;影响施工的水;危岩危石;较深基础开挖。

针对上述风险源及风险因素,相应的安全对策和安全措施如表 4.5 所示。

表 4.5 支挡防护及防排水工程施工主要安全对策和安全措施

序号	项目	主要对策和安全措施
1	锚杆(索)、桩板墙、抗滑桩	1. 编制、审查并报批专项施工方案 2. 施工前进行安全技术交底 3. 每天作业前开展班前安全讲话
2	施工影响范围内的既有建筑物、设备设施、管线等	1. 施工前进行详细的调查、探测 2. 迁改或采取围挡、警示等进行防护 3. 必要时设专人监护
3	毗邻和施工范围内的既有交通运输道路	1. 申请交通管制或迁改道路 2. 设置围挡设施和警示标志 3. 设专人指挥、警戒
4	影响施工的雨、水	1. 施工前做好引、截、防、排水设施 2. 施工中采取临时排水措施 3. 施工过程中检查防排水设施 4. 及时疏导积水
5	危岩及坡面坡顶危石、松散石块	1. 核查、检测及判定 2. 施工作业前清理 3. 制定应急处置措施
6	较深基础开挖	随挖随砌筑,及时灌注混凝土
7	钻孔	1. 搭设牢固的作业平台 2. 严禁重叠作业 3. 吹孔时人员不得正对孔口
8	挖孔桩	1. 设置围栏 2. 监测滑坡体 3. 设置软爬梯 4. 使用安全电压 5. 及时送风 6. 防止钢筋笼倒伏伤人 7. 清理孔口杂物 8. 孔口加盖
9	弃土堆	1. 按设计设置及堆弃 2. 保持弃土堆自身稳定 3. 采取防排水措施 4. 坡脚防护

(2) 锚杆(索)、抗滑桩、桩板墙及不良地质段支挡防护工程施工应编制专项施工方案。

(3) 施工现场应按规定设围挡和警示标志等防护设施。施工机械设备的管理与防护应符合要求。

(4) 施工前对影响施工安全的危岩、危石应予清除或采取必要的防护措施。

(5) 脚手架应经施工设计后搭设,其平台应用锚杆固定在岩壁上并应符合下列规定:

① 脚手架施工前应根据构筑物的特点和施工工艺进行设计,编制安全技术措施。危险性较大的脚手架工程应编制专项施工方案。施工前应向作业人员进行交底。

② 脚手架的地基必须满足承载力和沉降要求,并应采取防排水和防冻融措施。位于河道中的脚手架还应有防洪水和漂流物冲击的措施。

③ 脚手架应具有足够的强度、刚度和稳定性,能承受施工期间可能产生的各项荷载。

④ 搭设脚手架的杆件应符合下列规定:

a) 木脚手架立杆、纵向水平杆、斜撑、剪刀撑、联墙件应选用剥皮衫、落叶松木杆,横向水平杆应选用杉木、落叶松、柞木、水曲柳。不得使用折裂、扭裂、虫蛀、纵向严重裂缝以及腐朽的木杆。立杆有效部分的小头直径不得小于 70mm,纵向水平杆有效部分的小头直径不得小于 80mm。

b) 钢管材质应符合 Q235-A 级标准,不得使用有明显变形、裂纹、严重锈蚀的材料。

c) 同一脚手架中,不同材质、规格的材料不得混用。

⑤ 搭设脚手架的绑扎材料及配件应符合下列规定:

a) 镀锌钢丝或回火钢丝严禁有锈蚀和损伤,且严禁重复使用。

b) 扣件应与钢管管径相配合,并符合国家标准的规定。

⑥ 搭设脚手架的脚手板应符合下列规定:

a) 木脚手板材质不得低于国家Ⅱ等材标准的杉木和松木,厚度不得小于 50mm,两端应用镀锌钢丝扎紧,且不得使用腐朽、劈裂的木板。

b) 金属脚手板,单板重量不应大于 30kg,性能应符合使用要求,表面应有防滑构造。

⑦ 脚手架构造要求应符合下列规定:

a) 单、双脚手架的立杆纵距及水平杆步距不应大于 2.1m,立杆横距不应大于 1.6m。

b) 沿脚手架外侧应设剪刀撑,并随脚手架同步搭设和拆除。

c) 双排扣件式钢管脚手架高度超过 24m 时,应设置横向斜撑。

d）门式钢管脚手架的顶层门架上部、连墙件设置层、防护棚设置处必须设置水平架。

e）碗扣式脚手架安装时应将碗扣螺栓旋面与限位销顶紧、连牢，形成框架结构。同层碗扣接头应位于同一水平面内。

f）脚手板必须按脚手架宽度铺满、铺稳，脚手板与脚手架之间必须绑扎牢固，不得虚搭。脚手板与模板或构筑物的间隙不应大于20cm，作业层脚手板的下方必须设置防护层。

g）作业层外侧，应按规定设置防护栏杆和挡脚板。

⑧ 脚手架搭设必须经过验收合格后方可使用。

（6）支挡防护施工时应由专人进行监测，发现异常，立即停工，撤离人员，采取安全措施后方可复工。边坡施工监测可采用的方法如表4.6所示。

表4.6　边坡施工监测采用的方法

名　称	方　法	仪　器
施工期巡视检查	定期进行边坡的巡视检查工作检查内容包括边坡是否出现裂缝，以及裂缝的变化情况（裂缝的深度及宽度）、是否出现掉碴或掉块现象，坡表面有无隆起或下陷，排、截水沟是否通畅，渗水量及水质是否正常等，并做好巡视记录	-
边坡外部变形监测	在边坡重点部位，布置变形观测墩，施工期的变形观测应结合永久观测进行。通过大地测量法监测边坡变形情况，包括平面变形测量和高程变形测量	有条件的宜采用较为先进的全球定位变形测量系统
表面裂缝监测	主要测量断层、裂隙和层面的变化情况，通过在边坡裂缝表面安装埋设监测仪器，来反映边坡裂缝的开合情况	-
深层变形监测	通过在边坡内部深层安装埋设监测仪器，来反映边坡内部变形情况	主要采用测斜仪、多点位移计、滑动测微计等
支护效应监测	主要是对锚杆、锚索应力监测，通过在典型部位锚杆、锚索上安装监测仪器，对锚杆、锚索的应力进行监测，反映锚杆、锚索的支护情况及支护效果	主要采用锚杆应力计及锚索测力计进行监测
爆破振动及声波测试	在边坡开挖过程中，由于爆破震动影响，有可能造成边坡失稳，通过爆破振动监测及声波测试以控制爆破规模	爆破振动测试记录仪、声波仪等
边坡渗流监测	通过对地下水位和渗流量的变化情况来判断边坡的稳定状态	渗压计及测压管等

（7）支挡结构施工前，应做好截、排水及防渗设施。

① 支撑渗沟开挖深度超过1.5m时，应加设支撑。

② 在路基填方边坡开挖支撑渗沟，当列车通过时应停止工作。渗沟开挖深入到坡脚时，线路应设吊轨梁施工。

③ 支撑渗沟施工，应在准备好填筑材料后再行开挖，挖完后应立即回填，防止

雨水浸泡基坑引起塌方，危及人身和行车安全。

(8) 砌筑挡土墙时，严禁上下重叠作业。

(9) 施工用电、吊装作业、材料堆放、混凝土与砌体（模板）作业应符合有关规定。

(10) 高处作业应符合下列规定：

① 高处作业必须编制安全技术措施，工艺复杂、危险性较大的工程应编制安全专项施工方案。

② 高处作业人员必须定期进行体检和进行专业技术培训，特殊工种人员必须持证上岗。施工前，应逐级进行安全技术教育及交底，落石所有安全技术措施。

③ 高处作业所需的安全防护用品及防护设施、标志、工具、仪表、电器设备，必须在施工前进行检查或试验合格，方可投入使用；作业人员必须正确佩戴和使用防护用品。

④ 高处作业人员必须系安全带，安全带应挂在牢固的物件上，严禁在一个物件上栓挂多根安全带或一根安全带上栓多个人。

⑤ 作业人员必须从专用通道或爬梯上下，严禁攀爬脚手架。攀登的用具、结构构造必须牢固可靠。

⑥ 高处作业所用的物料、机具、工具等，必须堆平放稳，不得妨碍通行和装卸。对有可能坠落的物件必须先行撤除或加以固定。临时拆除或变动安全防护设施时，必须经施工安全负责人批准，并采取相应可靠的安全措施，作业后应立即组织恢复。防护设施搭设与拆除时，应设警戒区，并派专人监护。拆除时应自上而下，严禁上下同时拆除。

⑦ 进行高处作业应按规定设置避雷设施。遇有六级及以上强风、暴雨、浓雾等恶劣天气，严禁进行室外高处攀爬作业。暴风雪及台风暴雨前后，应对高处作业安全设施逐一进行检查，发现异常立即采取加固措施。

⑧ 雨雪天气进行高处作业时，必须采取可靠地防滑、防寒、防冻措施，及时清除水、雪、冰、霜。

⑨ 立体交叉作业时，不得在同一竖直方向上下同时操作。下层作业的位置，必须处于上层高度确定的可能坠落半径范围之外。不符合以上条件必须作业时，应设置安全防护层。

(11) 施工前做好现场调查：

① 施工前必须详细调查地形地貌，查清裂缝、滑动面、地表和地下水源等情况。在营业线附近施工时，还应调查行车密度、线路坡度、原填方土质等情况，并制定出安全措施后方准施工。施工时应了解滑动面、裂缝、气象变化情况，及时采取防范措施。

② 路基防护工程应在稳定的路基和坡体上施工，软土、松软土地基的防护工

程应在沉降稳定后进行。膨胀土、湿陷性黄土、粉土等特殊路基边坡不得采用浆砌片石全封闭坡面护坡。

(12) 挡护工程施工一般要求：

① 砌筑时脚手架搭、拆，挡护伸缩缝制作，锚杆挡墙、锚定板挡墙的灌注立模、吊装、架设钢丝绳柔性防护网及改河围堰等符合安全规定。

② 砌筑用的片石，最大重量不宜超过50kg；严禁上面砌筑下面勾缝。片石改小工作，不得在脚手架上进行。护墙砌筑时，坡脚下严禁站人。严禁在砌好的坡面上行走，上下必须用爬梯。

③ 支顶危石悬岩，或采用嵌补综合防护等地段施工应制定相应的安全措施。

④ 坡面锚杆挂网必须设脚手架，严禁人员攀登锚杆头上下。操作人员应按规定穿戴防护面具等防护用品。喷射混凝土时，喷嘴前方严禁站人，作业人员应站在已喷射过的支护面一侧。处理堵管时，作业人员应紧握喷嘴，防止管道甩动伤人；当管道中有压力时，不得拆卸管接头。

⑤ 喷射混凝土防护岩面时，作业人员必须穿戴劳动保护用品，不得单人作业，并严格按操作顺序施工。工作区域其他人员不得入内。发生故障时，必须先停机后处理。用机械手操作时，悬臂下严禁站人。

⑥ 护坡挡墙的提升作业中应符合下列要求：

a) 护墙面坡度等于及陡于1∶0.5时，可采用普通脚手架施工。使用井字架、吊篮提升法时，按相关规定执行；护墙面坡度缓于1∶0.5时，应采用台阶式脚手架施工。

b) 当选用爬坡车作提升设备时，其地垄、钢丝绳吊钩等设施应符合相关规定。爬坡车轨道铺设必须平顺、牢固、操纵室位置不得与轨道在同一轴线上，并应有良好的瞭望条件。

c) 使用吊斗提升时，装载物不得超过吊斗帮。

d) 使用平板提升时，平板应设有防护栏杆及停留装置。

4.2.2 重力式挡土墙

1. 重力式挡墙施工一般安全措施

(1) 在岩体破碎或土质松软、有水地段，修建挡墙应尽量选择在雨水较少的秋、冬季施工比较有利，此时地下水位一般较低，土体的含水量较少，土体抗滑能力较大，较稳定。

(2) 根据地质情况，采取适当的开挖方法。若挡墙位置位于地质条件不良的地段，基础开挖应按结构要求分段错开开挖，集中施工，不能一次开挖太长。

(3) 施工前必须备足材料，做好施工准备工作方可动工。开工后应做好工序衔接，以减少基坑的支撑工作和坍塌现象。明挖基础的基坑开挖到位后，为防止雨水下渗影响墙身稳定，应及时回填夯实，顶面做成不小于 4％的排水横坡，同时要作好墙后的排水设施。河边基坑应回填石块，以防冲刷。

（4）随着墙身的砌筑，待圬工强度达到 70％以上时，应及时进行墙后回填，挡墙背后的填料规格和回填方法必须符合规范规定。填土时，应夯实紧密；同时应分层填筑，层面要铺平，并用小石块将空隙塞实，然后再填第二层。

（5）挡墙端部伸入路堤或嵌入地层部分应与墙体结合一起砌筑。路堑挡土墙顶面应抹平与边坡相接；其间空隙应予填实并封严。挡墙与桥台、隧道洞门连接时，应协调配合施工，必要时应加临时支撑，保证相接填方或地基土层的稳定。

2. 挡土墙明挖基础施工安全措施

（1）当基础开挖较深或边坡稳定性较差时，应分段、跳槽开挖，并采取临时支护措施。

（2）临时弃土或堆放材料距坑边的距离不应小于 2m，机械行驶不得影响施工安全。

（3）基坑应随基础施工分层回填夯实，顶面做成向外不小于 4％的排水坡。

3. 墙身砌筑施工安全措施

（1）墙面应平顺整齐，墙面排水及防渗设施应及时施作。

（2）泄水孔应在砌筑墙身时留置，必须保持排水畅通。

（3）墙背拆模时，应在墙背侧设置必要的临时支撑。

挡墙基础采用挖孔桩或钻孔桩时，施工安全措施见第 5 章中挖孔桩或钻孔桩基础施工的有关内容。

4.2.3　预应力锚杆(索)

（1）锚杆挡墙施工安全管理及安全措施。

① 锚杆挡墙施工过程中，施工单位应经常观测锚固区山体变化情况及滑动面的深度，以保证锚杆有足够的锚固深度。施工单位要设置专职安全检查人员，随时检查安全隐患，发现问题及时解决。

② 锚杆挡墙施工前，施工单位应进行现场抗拉拔力试验。每种地层至少应进行三种以上的拉拔试验，以校核设计数据的可靠性。施工中使用的水泥、砂子应按设计规定的配合比作砂浆强度试验。

③ 锚杆(索)挡土墙边坡应跳槽开挖；分层、分级自上而下进行，严禁重叠作业。

④ 锚杆(索)造孔采用潜孔锤风动钻进时，施工单位要采取必要的除尘措

施。开孔时，作业人员要对孔口松动岩块进行清理，以避免冲击钻进时岩体掉块伤人。

⑤ 钢绞线要通过特制的放料支架下料，防其弹力将人员弹伤，往孔内安装锚索时，作业人员应由专人统一协调指挥。

⑥ 锚杆（索）施工时，高压风管、高压油管的接头应连接牢固；造孔、张拉机械的传动与转动部分均需设置完备的防护罩。

（2）钻孔施工时应符合下列安全规定。

① 施工机具应布置在安全地带。

② 钻孔时严禁重叠作业；当采用水钻可能影响边坡或山体稳定时，应采取干钻。

③ 吹孔时作业人员应站在孔的侧面，以防吹出的泥水、砂土、小石子伤人。

（3）对不稳定的坡面施工单位应随挖随安设锚杆（索），并及时灌注。

（4）灌浆时，禁止罐体放空，防止砂浆喷出伤人；作业人员处理管路堵塞前应消除罐内压力，注浆管嘴严禁对人。

（5）张拉时，应符合下列安全要求：

① 预应力张拉悬空作业时，施工单位应搭设张拉设备和操作人员作业的脚手架或操作平台；雨天张拉时，作业区应搭设防雨棚。

② 混凝土达到规定的强度和弹性模量值后，方可施加预应力。孔内砂浆强度未达到规定强度时，不得进行张拉。

③ 预应力筋、锚具、夹具和连接器应具有可靠的锚固性能、足够的承载能力，需敲击才能松开的夹具，必须保证不影响预应力筋的锚固、不危及操作人员的安全。张拉设备必须配套，张拉前应对设备及锚索进行全面检查，并固定牢靠。

④ 锚杆（索）张拉时，张拉区要设置明显的警示标志；施工单位应在千斤顶伸长端设置警戒线，严禁非操作人员进入，以防张拉时出现异常伤人。张拉区两端必须设置防护挡板，且应该超出最上一组张拉钢筋 0.5m，挡板应宽出张拉端两侧各不小于 1m。

⑤ 张拉人员必须在张拉端侧面作业。张拉时，千斤顶后面严禁站人，不得踩踏高压油管。油泵工作时，严禁操作人员离岗。张拉千斤顶张拉吨位不得小于设计张拉力的 1.2 倍。

⑥ 施加预应力时，预应力筋、锚具和千斤顶应位于同一轴线上。

⑦ 预应力张拉控制应力和张拉程序应符合设计要求。预应力张拉控制应力均不得超过设计规定的最大张拉控制应力。

⑧ 张拉过程中如发现油泵、千斤顶、锚具、夹具等有异常时，作业人员应立即停止作业，并查明原因进行检修，需要时在复工前应对油泵和千斤顶重新标定。张

拉后，严禁撞击锚具、钢束。

⑨ 注浆时应调整好安全阀；关闭阀门时，作业人员应站在侧面，并应穿防护服、戴护目镜。

(6) 不得在锚杆(索)端部悬挂重物。

4.2.4　抗滑桩

(1) 施工前施工单位应核查地质资料，制定防止流沙、管涌、有害气体等危及施工安全的预防措施。

(2) 抗滑桩作业前施工单位应做好下列工作：

① 编制井下作业和撤离人员应急预案，并进行演练。

② 设置对滑坡变形、移动的观测标桩，安排专人监测，观察滑动情况并进行记录，若有变动及时通知作业人员撤离现场。

③ 整平孔口地面并设置地表截排水、防渗设施和防止坠物的护栏，加筑不低于 0.3m 高的锁口并加盖。

④ 雨季施工时，孔口应搭设雨棚，做好锁口。

(3) 安全防护应符合下列要求：

① 孔口上设置专人负责安全监护；对影响范围设置必要的围挡和警示标志。

② 孔内应设置爬梯、软梯以供作业人员上下，不得使用麻绳或尼龙绳吊挂，禁止人员脚踏井壁凸缘、攀扶钢筋上下。软梯的一侧应设置安全绳。人员上下不得带任何工具材料。孔内放炮时，作业人员应先收梯子，防止损坏。

③ 孔内用电应符合有关用电规定，孔内照明必须采用安全电压；电缆必须有防磨损、防潮等安全措施。

④ 作业人员下孔前必须检测井下有害气体，随时测量孔内 O_2、CO、CO_2、NO、NO_2 及瓦斯含量，浓度超标或开挖深度超过 10m 时，应增设通风设施，向井下送风。孔内工作人员不宜超过两人，必须戴安全帽。孔内必须设掩避所，当重物起吊时，须有起吊联系信号，统一指挥；人员必须躲避。

⑤ 挖出的土石应及时运离孔口。基坑土由卷扬机吊起，每次不得超过 0.2m^3。装载弃土用活底桶作吊斗；装载弃土时，应有双套防开保险装置。吊斗吊出孔口后，孔口应用木板盖严。吊出的弃土，应立即运走。机动车的通行不得对井壁的安全造成影响。

(4) 开挖及支护作业应符合下列要求：

① 应分节开挖，按设计要求紧贴围岩浇筑混凝土护壁，浇筑前应清除孔壁上的松动土石。不得在土层变化处和滑动面处分节。开挖应在上一节护壁混凝土拆模后进行。

② 应根据地质条件，经过计算确定护壁支撑；分节高度可为 0.6～2.0m，挖一

节支一节,不应在土石层变化和滑动面处分节。滑动面处的护壁应予加强,承受较大推力的护壁和锁口的混凝土中应增加钢筋。

③ 在围岩松软、破碎和有滑动面的节段,应在护壁内顺滑动面方向设置临时横撑加强支护,并经常观察其受力情况,及时进行加固。当发现横撑变形、破损而失效时,孔下作业人员必须立即撤离。

④ 开挖群桩应从两端向滑坡主轴方向隔桩开挖,桩体混凝土浇筑 1d 后方可开挖邻桩。

⑤ 孔内爆破必须经过设计计算,爆破应采取减振措施,每次放炮送入孔内的爆破器材不得超量。并符合有关爆破安全规定。

(5) 钢筋笼绑扎、吊装应符合安全要求,同时应符合下列规定:

① 钢筋进孔必须吊装入内,严禁抛掷。起吊钢筋笼入孔前,作业人员应清理孔口附近的杂物、工具等,起吊过程中钢筋笼不得碰、挂电缆和其他机具;钢筋笼倒伏范围内禁止站人。使用废旧钢轨代替钢筋时,作业人员应检查钢轨夹板螺栓的紧固程度,按起重安全规则进行操作。

② 孔内搭接钢筋时,接头不得设置在土石分界和滑动面处;钢筋应自下而上顺序绑扎,绑扎时应架设脚手板并系好安全带,作业人员不得攀扶钢箍上下。

(6) 灌注混凝土必须连续进行。混凝土灌注必须用漏斗和导管,严禁向下抛掷。孔口除漏斗位置外,其余必须用木板盖住,防止杂物下落伤人。

4.2.5 其他支挡结构及锚喷与防护工程

1. 悬臂式和扶壁式挡土墙

(1) 凸榫必须按照设计尺寸及位置开挖,并与墙底混凝土一同浇筑。

(2) 每段墙的底板、面板和肋的钢筋应一次绑扎。

(3) 墙体必须达到设计强度的70%以上时方可进行墙背填土,并分层填筑、碾压密实。墙背反滤层应随填土同步施工。

2. 土钉墙

(1) 作业面开挖应自上而下分层进行,每层开挖的最大高度应与土体的自稳能力相适应,以保持边坡稳定。在未完成上层作业的土钉与喷射混凝土前,不得进行下一层的开挖。

(2) 土钉施工应选用对坡面扰动较小的施工机具和施工方法,在开挖中应防止上部和上下层连接处局部失稳。钻孔机具的选择必须满足土层锚杆钻孔的要求。坚硬黏性土和不易塌孔的土层宜选用地质钻机、螺旋钻机或土锚专用钻机;饱和黏性土与易塌孔的土层宜选用带护壁套管的土锚专用钻机。在土层中钻孔时,严禁向孔内灌水,防止塌孔、缩孔。

3. 桩板式挡土墙

(1) 桩身混凝土达到设计强度后方可进行桩间土体开挖、挡土板安装及墙背填土作业。滑坡地段桩间土体应间隔开挖。

(2) 当桩间为土钉墙或喷锚支护时,桩间土体应分层开挖、分层加固;当锚固桩上部设有多排锚杆(索)时,应待上一排锚杆(索)施工完成后,方可开挖下一层的桩前土体。

4. 坡面锚喷

(1) 坡面挂网、喷护作业时,应设置脚手架,不得攀扶锚杆头上下。操作人员应按规定穿戴防护面具等防护用品。

(2) 喷射混凝土作业,机械设备应布置在安全地带;喷射前方严禁站人,作业人员应站在已喷射过的支护面一侧;处理堵管时,作业人员应紧握喷嘴,防止管道甩动伤人;当管道中有压力时,不得拆卸接头;供风、供水、供料软管不得随地拖拉和折弯。

5. 路基防护工程应符合的要求

(1) 应在稳定的路基和边坡上施工,所用的砂浆、混凝土应采用机械拌和。

(2) 路堑开挖后应及时防护。软土、松软土地基的防护工程应在沉降稳定后进行。

(3) 在设有支挡结构物及排水设施地段,应先行施作后再进行防护工程施工。

(4) 膨胀土、湿陷性黄土、粉土等特殊路基边坡,不得采用浆砌片石全封闭坡面防护。

(5) 防护设施应与坡面密贴结合。

4.2.6　防排水工程

(1) 路基防排水工程是铁路工程的重要组成部分,对铁路的运营安全有重大影响,建设各方必须高度重视。

(2) 施工前施工单位应对施工图进行审核,编制防排水工程专项作业指导书,明确施工技术标准和施工操作程序。

(3) 防排水工程的基础应稳定,沟渠边坡必须平整,所用的砂浆、混凝土应采用机械拌和。

(4) 排水沟采用混凝土预制构件时,砌筑砂浆应饱满,沟身不漏水,沟身两侧应回填密实。

(5) 渗沟的开挖应自下游向上游进行，应随挖随支撑并迅速回填，防止造成坍塌；支撑渗沟应间隔开挖。

(6) 边坡平台截水沟必须引入相邻排水设施，天沟不应向路堑侧沟排水。湿陷性黄土、砂性土以及填土等可能发生不均匀沉降地段的天沟、排水沟应采取防渗和保证基底稳定的措施。

(7) 防排水设施应沟底平整、排水畅通，无冲刷和阻水现象。

(8) 施工期间应做好防排水工程的成品保护。雨季应加大防排水工程的检查频次，发现隐患及时整改。

4.3 土石方机械作业

4.3.1 机械使用一般规定

(1) 机械进入现场前，施工单位应查明行驶路线上的桥梁、涵洞的上部净空和下部承载能力，确保机械安全通过。

(2) 机械通过桥梁时，应采用低速挡慢行，在桥面上不得转向或制动。

(3) 作业前，必须查明施工场内明、暗铺设的各类管线等设施，并应采用明显记号标识。严禁在离地下管线、承压管道 1m 距离以内进行大型机械作业。

(4) 作业中，应随时监视机械各部位的运转及仪表指示值，如发现异常，应立即停机检修。

(5) 机械运转中，不得接触转动部位。在修理工作装置时，应将工作装置降到最低位置，并应将悬空工作装置垫上垫木。

(6) 在电杆附近取土时，对不能取消的拉线、地垄和杆身，应留出土台，土台大小应根据电杆结构、掩埋深度和土质情况由技术人员确定。

(7) 在施工中遇到下列情况之一应立即停工。

① 填挖区土体不稳定，土体有可能坍塌。

② 地面涌水冒浆，机械陷车，或因雨水机械在坡道打滑。

③ 遇大雨、雷电、浓雾等恶劣天气。

④ 施工标志及防护措施被破坏。

⑤ 工作面安全净空不足。

(8) 机械回转作业时，配合人员必须在机械回转半径以外工作。当需在回转半径以内工作时，必须将机械停止回转并制动。

(9) 雨季施工时，机械应停放在地势较高的坚实位置。

(10) 机械作业不得破坏现场支护系统。

(11) 行驶或作业中的机械，除驾驶室外的任何地方不得有乘员。

4.3.2　挖掘机与装载机

1. 单斗挖掘机

(1) 单斗挖掘机作业和行走场地应平整坚实,单斗挖掘机走行在地面松软的作业场地,应垫以枕木和垫板。沼泽地区必须先作路基处理或更换专用的履带板。严禁挖掘未经爆破的五级以上岩石或冻土。单斗挖掘机作业和走行时,严禁靠近架空输电线路,机械与输电线路的安全距离应符合有关规定。

(2) 轮胎式挖掘机使用前应支好支腿,并应保持水平位置,支腿应置于作业面的方向,转向驱动桥应置于作业面的后方。履带式挖掘机的驱动轮应置于作业面的后方。采用液压悬挂装置的挖掘机,应锁住两个悬挂液压缸。

(3) 作业前作业人员应重点检查下列项目,并应符合相应要求:照明、信号及报警装置等应齐全有效;燃油、润滑油、液压油应符合规定;各铰接部分应连接可靠;液压系统不得有泄漏现象;轮胎气压应符合规定。

(4) 单斗挖掘机启动前,应将主离合器分离,各操纵杆放在空挡位置,并应发出信号,确认安全后启动设备;启动后,作业人员应先使液压系统从低速到高速空载循环 10～20min,不得有吸空等不正常噪声,并应检查各仪表指示值,运转正常后再接合主离合器,再进行空载运转,顺序操纵各工作机构并测试各制动器,确认正常后开始作业。

(5) 作业时,挖掘机应保持水平位置,行走机构应制动,履带或轮胎应楔紧;平整场地时,不得用铲头进行横扫或用铲斗对地面进行夯实;挖掘岩石时,应先进行爆破。挖掘冻土时,应采用破冰锤或爆破法使冻土层破碎。不得用铲头破碎石块、冻土,或用单边头齿硬啃。

(6) 单斗挖掘机正铲作业时,除松散土壤外,作业面应不超过本机性能规定的最大开挖高度和深度;在拉铲和反铲作业时,履带式挖掘机的履带与工作面边缘距离应大于 1.0m,轮胎式挖掘机的轮胎与工作面边缘距离应大于 1.5m。挖掘机应停稳后再反铲作业,斗柄伸出长度应符合规定要求,提斗应平稳。

(7) 在坑边进行挖掘作业,当发现有塌方危险时,应立即处理险情,或将挖掘机撤至安全地带。坑边不得留有伞状边沿及松动的大块石。

(8) 挖掘机应停稳后再进行挖土作业。当铲斗未离开工作面时,不得做回转、行走等动作。应使用回转制动器进行回转制动,不得用转向离合器反转制动。

(9) 挖掘机作业时,各操纵过程应平稳,不宜紧急制动。铲斗升降不得过猛,下降时,不得撞碰车架或履带;斗臂在抬高及回转时,不得碰到坑、沟侧壁或其他物体。挖掘机向运土车辆装车时,应降低卸落高度,不得偏装或砸坏车厢;回转时,铲斗不得从运输车辆驾驶室顶上越过。

(10) 作业中，当液压缸将伸缩到极限位置时，动作应平稳，不得冲撞极限块；当需制动时，应将变速阀置于低速挡位置。当挖掘力突然变化，司机应停机检查，不得在未查明原因前调整分配阀的压力。作业中，不得打开压力表开关，不得将工况选择阀的操纵手柄放在高速挡位置。

(11) 作业中，履带式挖掘机短距离行走时，主动轮应在后面，斗臂应在正前方与履带平行，并应制动回转机构。坡道坡度不得超过机械允许的最大坡度。下坡时应慢速行驶。不得在坡道上变速和空挡滑行。轮胎式挖掘机行驶前，应收回支腿并固定可靠，监控仪表报警信号应处于正常显示状态。轮胎气压应符合规定，工作装置应处于行驶方向，铲斗宜离地面 1m。长距离行驶时，应将回转制动板踩下，并应采用固定销锁定回转平台。挖掘机在坡道上行走时熄火，应立即制动，并应楔住履带或轮胎，重新发动后，再继续行走。

(12) 作业后，挖掘机不得停放在高边坡附近或填方区，应停放在坚实、平坦、安全的位置，并应将铲斗收回平放在地面，所有操纵杆置于中位，关闭操纵室和机棚。履带式挖掘机转移工地应采用平板拖车装运。短距离自行转移时，应低速行走。

(13) 保养或保修挖掘机时，应将内燃机熄火，并将液压系统卸荷，铲斗落地。利用铲斗将底盘顶起进行检修时，应使用垫木将抬起的履带或轮胎垫稳，用木楔将落地履带或轮胎楔牢，然后再将液压系统卸荷，否则不得进入底盘下工作。

2. 轮胎式装载机

(1) 装载机与汽车配合装载作业时，自卸汽车的车厢容积应与装载机铲斗容量相匹配。装载机作业场地坡度应符合设计使用说明书的规定，作业区内不得有障碍物及无关人员。轮胎式装载机作业场地和行驶道路应平坦坚实。在石块场地作业时，应在轮胎上加装保护链条。

(2) 作业前作业人员应重点检查下列项目，并应符合相应要求：照明、信号及报警装置等应齐全有效；燃油、润滑油、液压油应符合规定；各铰接部分应连接可靠；液压系统不得有泄漏现象；轮胎气压应符合规定。

(3) 装载机行驶前，应先鸣笛示意，铲斗宜提升离地 0.5m。装载机行驶过程中应测试制动器的可靠性。装载机搭乘人员应符合规定，装载机铲斗不得载人。装载机高速行驶时应采用前轮驱动；低速铲装时，应采用四轮驱动。铲斗装载后升起行驶时，不得急转弯或紧急制动。装载机下坡时不得空挡滑行。

(4) 装载机的装载量应符合使用说明书的规定。装载机铲斗应从正面铲料，铲斗不得单边受力。装载机应低速缓慢举臂翻转铲斗卸料。作业时，装载机变矩器油温不得超过 110℃，超过时，应停机降温。

(5) 装载机操纵手柄换向应平稳。装载机满载时，铲臂应缓慢下降。在松散不平的场地作业时，应把铲臂放在浮动位置，使铲斗平稳推进；当推进阻力增大时，可稍微提升铲臂。当铲臂运行到上下最大限度时，应立即将操纵杆回到空挡位置。

（6）装载机运载物料时，铲臂下铰点宜保持离地面0.5m，并保持平稳行驶。铲斗提升到最高位置时，不得运输物料。铲装或挖掘时，铲斗不应偏载。铲斗装满后，应先举臂，在行走、转向、卸料。铲斗行走过程中不得收斗或举臂。当铲装阻力较大，出现轮胎打滑时，应立即停止铲装，排除过载后再铲装。

（7）在向汽车装料时，铲斗不得在汽车驾驶室上方越过。如汽车驾驶室顶无防护，驾驶室内不得有人。向汽车装料，宜降低铲斗高度，减小卸料冲击。汽车装料不得偏载、超载。

（8）装载机在坡、沟边卸料时，轮胎离边缘应保持安全距离，安全距离应大于1.5m；铲斗不宜伸出坡、沟边缘。在大于3°的坡面上，装载机不得朝下坡方向俯身卸料。

（9）作业后，装载机应停放在安全场地，铲斗应平放在地面上，操纵杆应置于中位，制动应锁定。停车时，应使内燃机转速逐步降低，不得突然熄火，应防止液压油因惯性冲击而溢出油箱。

（10）装载机转向架未锁闭时，严禁站在前后车架之间进行检修保养。

（11）装载机铲臂升起后，在进行润滑或检修等作业时，应先装好安全锁，或先采用其他措施支住铲臂。

3. 挖掘装载机

（1）挖掘装载机的挖掘及装载作业应符合单斗挖掘机和轮胎式装载机作业要求。

（2）挖掘机作业前应先将装载斗翻转，使斗口朝地，并使前轮稍离开地面，踏下并锁住制动踏板，然后伸出支腿，使后轮离地并保持水平位置。

（3）挖掘装载机在边坡卸料时，应有专人指挥，挖掘装载机轮胎距离边坡边缘的距离应大于1.5m。

（4）动臂后端的缓冲块应保持完好；损坏时，应修复后使用。

（5）作业时，应平稳操纵手柄；支臂下降时不宜中途制动。挖掘时不得使用高速挡。应平稳回转挖掘装载机，并不得用装载斗砸实沟槽的侧面。挖掘装载机移位时，应将挖掘装置处于中间运输状态，收起支腿，提起提升臂。

（6）装载作业前，应将挖掘装置的回转机构至于中间位置，并应采用拉板固定。在装载过程中，应使用低速挡。

（7）铲斗提升臂在举升时，不应使用阀的浮动位置。

（8）前四阀用于支腿伸缩和装载的作业与后四阀用于回转和挖掘的作业不得同时进行。

(9) 行驶时,不应高速和急转弯。下坡时不得空挡滑行。行驶时,支腿应完全收回,挖掘装置应固定牢靠,装在装置应放低,铲斗和斗柄液压活塞杆应保持完全伸张位置。

(10) 挖掘装载机停放时间超过 1h,应支起支腿,使后轮离地;停放时间超过 1d 时,应使后轮离地,并应在后悬架下面用垫块支撑。

4.3.3 推土机与平地机

1. 推土机

(1) 推土机在坚硬土壤或多石土壤地带作业时,应先进行爆破或用松土器翻松。在沼泽地带作业时,应更换专用湿地履带板。不得用推土机推石灰、烟灰等粉尘物料,不得进行碾碎石块的作业。牵引其他机械设备时,必须有专人负责指挥。钢丝绳的连接必须牢固可靠。在坡道和长距离牵引时,应采用牵引杆连接。

(2) 作业前司机应重点检查下列项目,并应符合相应要求:各部件不得松动,应连接良好;燃油、润滑油、液压油等应符合规定;各系统管路不得有裂纹或泄漏;各操纵杆和制动踏板的行程、履带的松紧度或轮胎气压应符合要求。

(3) 启动前,应将主离合器分离,各操纵杆放在空挡位置,并应按照要求启动内燃机,不得用拖、顶方式启动;启动后应检查各仪表指示值、液压系统,并确认运转正常,当水温达到 55℃、机油温度达到 45℃,全荷载作业。推土机机械四周不得有障碍物,并确认安全后开动,工作时不得有人站在履带或刀片的支架上。

(4) 采用主离合器传动的推土机接合应平稳,起步不得过猛,不得使离合器处于半接合状态下运转;液压传动的推土机,应先解除变速杆的锁紧状态,踏下减速器踏板,变速杆应在低挡位,然后缓慢释放减速踏板。

(5) 在块石路面行驶时,应将履带张紧。当需要原地旋转或急转弯时,应采用低速挡。当行走机构夹入块石时,应采用正、反向往复行驶使块石排除。在浅水地带行驶或作业时,应查明水深,冷却风扇叶不得接触水面。下水前和出水后,应对行走装置加注润滑脂。

(6) 推土机上、下坡或超过障碍物时应采用低速挡。推土机上坡坡度不得超过 25°,下坡坡度不得大于 35°,横向坡度不得大于 10°。在 25°以上的陡坡上不得横向行驶,并不得急转弯。上坡时不得换挡,下坡不得空挡滑行。当需要在陡坡上推土时,应先进行填挖,使机身保持平衡。在上坡途中,当内燃机突然熄灭,应立即放下铲刀,并锁住制动踏板。在推土机停稳后,将主离合器脱开,把变速杆放到空挡位置,并应用木块将履带或轮胎楔死后,重新启动内燃机。下坡时,当推土机行驶速度大于内燃机转动速度时,转向操纵的方向应与平地行走时操纵的方向相反,并不得使用制动器。

(7) 填沟作业驶近边坡时铲刀不得越过边缘。后退时，应先换挡，后提升铲刀进行倒车。在深沟、基坑或陡坡地区时，应由专人指挥，垂直边坡高度不应小于 2m。当大于 2m 时，应放出安全边坡，同时禁止用推土刀侧面推土。

(8) 推土或松土作业时，不得超载，各项操作应缓慢平稳，不得损坏铲刀、推土架、松土器等装置；无液力变矩器装置的推土机，在作业中有超载趋势时，应稍微提升刀片或变换低速挡。不得顶推与地基基础连接的钢筋混凝土桩等建筑物。顶推树木等物体不得倒向推土机及高空架设物。

(9) 两台以上推土机在同一地区作业时，前后距离应大于 8.0m；左右距离应大于 1.5m。在狭窄道路上行驶时，未得到前机同意，后机不得超越。

(10) 作业完毕后，宜将推土机开到平坦安全的地方，并应将铲刀、松土器落到地面。在坡道上停机时，应将变速杆挂低速挡，接合主离合器，锁住制动踏板，并将履带或轮胎楔住。停机时，应先降低内燃机转速，变速杆放在空挡，锁紧液力传动的变速杆，分开主离合器，踏下制动踏板并锁紧，在水温降到 75℃以下、油温降到 90℃以下后熄火。

(11) 推土机长途转移工地时，应采用平板拖车装运。短途行走转移距离不宜超过 10km，铲刀距地面宜为 400mm，不得用高速挡行驶和进行急转弯，不得长距离倒退行驶。

(12) 在推土机下面检修时，内燃机应熄火，铲刀应落到地面或垫稳。

2. 平地机

(1) 起伏较大的地面宜先用推土机推平，再用平地机平整；作业区内不得有树根、大石块等障碍物。作业前应按照有关规定对设备进行安全检查；不得用平地机拖拉其他机械。

(2) 启动内燃机后，应检查各仪表指示值并应符合要求。开动平地机时，应鸣笛示意，并确认机械周围不得有障碍物及行人，用低速挡起步后，应测试并确认制动器灵敏有效。

(3) 作业时，应先将刮刀下降到接近地面，起步后再下降刮刀铲土。铲土时，应根据铲土阻力大小，随时调整刮刀的切土深度。平地机作业中变矩器的油温不得超过 120℃。

(4) 刮刀的回转、铲土角的调整及向机外侧斜，应在停机时进行；刮刀左右端的升降动作，可在机械行驶中调整。刮刀角铲土和齿耙松地时应采用一挡速度行驶；刮土和平整作业时应用二、三挡速度行驶。

(5) 土质坚实的地面应先用齿耙翻松，翻松时应缓慢下齿。使用平地机清除积雪时，应在轮胎上安装防滑链，并应探明工作面的深坑、沟槽位置。

(6) 平地机在转弯或调头时，应使用低速挡；在正常行驶时，应使用前轮转向；

当场地特别狭小时，可使用前后轮同时转向。

(7) 平地机行驶时，应将刮刀和齿耙升到最高位置，并将刮刀斜放，刮刀两端不得超出后轮外侧。行驶速度不得超过使用说明书规定。下坡时，不得空挡滑行。

(8) 作业后，平地机应停放在平坦、安全的场地，刮刀应落在地面上，手制动器应拉紧。

4.3.4　铲运机

1. 拖式铲运机

(1) 拖式铲运机作业时，应先采用松土器翻松。铲运作业区内不得有树根、大块石和大量杂草等。铲运机行驶道路应平整坚实，路面宽度应比铲运机宽度达 2m。

(2) 启动前，应检查钢丝绳、轮胎气压、铲土斗及卸土板回缩弹簧、拖把万向接头、撑架以及各部滑轮等，并确认处于正常工作状态；液压式铲运机铲斗和拖拉机连接叉座与牵引连接块应锁定，各液压管路应连接可靠。开动前，应使铲斗离开地面，机械周围不得有障碍物。

(3) 作业中，严禁人员上下机械，传递物件，以及在铲斗内、拖把或机架上坐立。

(4) 多台铲运机联合作业时，各机之间前后距离应大于 10m(铲土时应大于 5m)，左右距离应大于 2m，并应遵守下坡让上坡、空载让重载、支线让干线的原则。在狭窄地段运行时，未经前机同意，后机不得超越。两机交回或超车时应减速，两机左右间距应大于 0.5m。

(5) 铲运机上、下坡道时，应低速行驶，不得中途换挡，下坡时不得空挡滑行，行驶的横向坡度不得超过 6°，坡宽应大于铲运机宽度 2m。在坡道上不得进行检修作业。在陡坡上不得转弯、倒车或停车。在坡上熄火时，应将铲斗落地、制动牢靠后再启动。下陡坡时，应将铲斗触地行驶，辅助制动。

(6) 在新填筑的土堤上作业时，离堤坡边缘应大于 1m。当需在斜坡横向作业时，应先将斜坡挖填平整，使机身保持平衡。

(7) 铲土时，铲土与机身应保持直线行驶。助铲时应有助铲装置，并应正确开启斗门，不得切土过深。两机动作应协调配合，平稳接触，等速助铲。在下陡坡铲土时，铲斗装满后，在铲斗后轮未达到缓坡地段前，不得将铲斗提离地面，应防铲斗快速下滑冲击主机。

(8) 在不平地段行驶时，应放低铲斗，不得将铲斗提升到高位。拖拉陷车时，应有专人指挥，前后操作人员应配合协调确认安全后起步。

(9) 作业后，应将铲运机停放在平坦地面，并应将铲斗落在地面上。液压操纵的铲运机应将液压缸缩回，将操纵杆放在中间位置，进行清洁、润滑后，锁好门窗。

(10) 非作业行驶时,铲斗应用锁紧链条挂牢在运输行驶位置上;拖式铲运机不得载人或装载易燃、易爆物品。

(11) 修理斗门或在铲斗下检修作业时,应将铲斗提起后用销子或锁紧链条固定,再采用垫木将斗身顶住,并应采用木楔楔住轮胎。

2. 自行式铲运机

(1) 自行式铲运机的行驶道路应平整坚实,单行道宽度不宜小于 5.5m。多台铲运机联合作业时,前后距离不得小于 20m,左右距离不得小于 2m。作业前,应检查铲运机的转向和制动系统,并确认灵敏可靠。

(2) 铲土或在利用推土机助铲时,应随时微调转向盘,铲运机应始终保持直线前进。不得在转弯情况下铲土。沿沟边或填方边坡作业时,轮胎离路肩不得小于 0.7m,并应放低铲斗,降速缓行。

(3) 下坡时,不得空挡滑行,应踩下制动踏板辅助以内燃机制动,必要时可放下铲斗,以降低下滑速度。转弯时,应采用较大回转半径低速转向,操纵转向盘不得过猛;当重载行驶或在弯道上、下坡时,应缓慢转向。不得在大于 15°的横坡上行驶,也不得在横坡上铲土。

(4) 在坡道上不得进行检修作业。遇在坡道上熄火时,应立即制动,下降铲斗,把变速杆放在空挡位置,然后启动内燃机。

(5) 穿越泥泞或松软地面时,铲运机应直线行驶,当一侧轮胎打滑时,可踏下差速器锁止踏板。当离开不良地面时,应停止使用差速器锁止踏板。不得在差速器锁止时转弯。

(6) 夜间作业时,前后照明应齐全完好,前大灯应能照至 30m。

4.3.5　碾压机械

1. 静作用压路机

(1) 压路机碾压的工作面,应经过适当平整,对新填的松软土,先应用羊足碾或打夯机逐层碾压或夯实后,再用压路机碾压。工作地段的纵坡不应超过压路机最大爬坡能力,横坡不应大于 20°。轮胎压路机不宜在大块石基层上作业。

(2) 应根据碾压要求选择机种,不得用压路机拖拉任何机械或物件。当光轮压路机需要增加机重时,可在滚轮内加砂或水。当气温降至 0℃及以下时,不得用水增重。

(3) 作业前,应检查并确认滚轮的刮泥板应平整良好,各紧固件不得松动;轮胎压路机应检查轮胎气压,确认正常后启动。启动后,应检查制动性能及转向功能并确认灵敏可靠。开动前,压路机周围不得有障碍物或人员。

(4) 碾压时应低速行驶。速度宜控制在 3～4km/h 范围内，在一个碾压行程中不得变速。碾压过程中应保持正确的行驶方向，碾压第二行时应与第一行重叠半个滚轮压痕。变换压路机前进、后退方向应在滚轮停止运动后进行。不得将换向离合器当作制动器使用。

(5) 在新建场地上进行碾压时，应从中间向两侧碾压。碾压时，距场地边缘不应少于 0.5m；在坑边碾压施工时，应由里侧向外侧碾压，距坑边不应少于 1m。两台以上压路机同时作业时，前后间距不得小于 3m，在坡道上不得纵队行驶。

(6) 上下坡时，应事先选好挡位，不得在坡上换挡，下坡时不得空挡滑行。压路机在行驶中，不得进行修理或加油；需要在机械底部进行修理时，应将内燃机熄火，刹车制动，并楔住滚轮。

(7) 对有差速器锁定装置的三轮压路机，当只有一只轮子打滑时，可使用差速器锁定装置，但不得转弯。

(8) 作业后，应将压路机停放在平坦坚实的场地，不得停放在软土路边缘及斜坡上，并不得妨碍交通，并应锁定制动。严寒季节停机时，宜采用木板将滚轮垫离地面，应防止滚轮与地面冻结。

(9) 压路机转移距离较远时，应采用汽车或平板拖车装运。

2. 振动压路机

(1) 作业时，压路机应先起步后起振，内燃机应先置于中速，然后在调至高速。压路机换向时应先停机；压路机变速时应降低内燃机转速。

(2) 压路机不得在坚实的地面上进行振动。碾压松软路基时，应先碾压 1～2 遍后再振动碾压。

(3) 压路机碾压时，压路机振动频率应保持一致。

(4) 换向离合器、起振离合器和制动器的调整，应在主离合器脱开后进行。

(5) 上下坡时或急转弯时不得使用快速挡。铰接式振动压路机在转弯半径较小绕圈碾压时不得使用快速挡。压路机在高速行驶时不得接合振动。

(6) 停机时应先停振，然后将换向机构置于中间挡位，变速器置于空挡，最后拉起手制动操纵杆。

4.3.6 夯实机械

1. 蛙式夯实机

(1) 蛙式夯实机宜适用于夯实灰土和素土。蛙式夯实机不得冒雨作业。

(2) 作业前应重点检查下列项目，并应符合相关要求：漏电保护器应灵敏有效，接零或接地及电缆线接头应绝缘良好；传动皮带应松紧合适，皮带轮与偏心块应安装牢固；转动部分应安装防护装置，并应进行试运转，确认正常；负荷线应采用耐气候型的四芯橡皮护套软电缆。电缆线长不应大于 50m。

(3) 夯实机启动后，应检查电动机旋转方向，错误时应倒换相线。作业时，夯实机扶手上的按钮开关和电动机的接线应绝缘良好。当发现有漏电现象时，应立即切断电源，进行检修。

(4) 夯实机作业时，应一人扶夯，一人传递电缆线，并应戴绝缘手套，穿绝缘鞋。递线人员应跟随夯机后或两侧调顺电缆线。电缆线不得扭结或缠绕，并应保持 3～4m 的余量。

(5) 作业时，不得夯击电缆线；应保持夯实机平衡，不得用力压扶手，转弯时应用力平稳，不得急转弯。多机作业时，其平均间距不得小于 5m，前后间距不得小于 10m。夯实机作业时，夯实机四周 2m 范围内，不得有非夯实操作人员。

(6) 夯实填高松软土方时，应先在边缘以内 100～150mm 夯实 2～3 遍后，再夯实边缘。

(7) 不得在斜坡上夯行，以防夯头后折。

(8) 夯实房心土时，夯板应避开钢筋混凝土基础及地下管道等地下物。在建筑物内部作业时，夯板或偏心块不得撞击墙壁。

(9) 夯实机电动机温升超过规定时，应停机降温。作业时，当夯实机有异常响声时，应立即停机检查。作业后，应切断电源，卷好电源线，清理夯实机。夯实机保管应防水防潮。

2. 振动冲击夯

(1) 振动冲击夯适用于压实黏性土、砂及砾石等散状物料，不得在水泥路面和其他坚硬地面作业。

(2) 内燃机冲击夯作业前，应检查并确认有足够的润滑油，油门控制器应转动灵活；启动后，应逐渐加大油门，夯机跳动稳定后开始作业。内燃冲击夯不宜在高速下连续作业。根据作业要求，内燃冲击夯应通过调整油门的大小，在一定范围内改变夯机振动频率。

(3) 振动冲击夯作业时，应正确掌握夯机，不得倾斜，手把不宜握得过紧，能控制夯机前进速度即可。正常作业时，不得使劲往下压手把，以免影响夯机跳起高度。夯实松软土或上坡时，可将手把稍向下压，并应能增加夯机前进速度。

(4) 当短距离转移时，应先将冲击夯手把稍向上抬起，将运转轮装入冲击夯的挂钩内，再压下手把，使重心后倾，再推动手把转移冲击夯。

3. 强夯机械

(1) 担任强夯作业的主机，应按照强夯等级的要求经过计算选用。当选用履带式起重机作为主机时，应符合起重机有关规定要求。

(2) 强夯机械的门架、横梁、脱钩器等主要结构和部件的材料及制作质量，应经过严格检查，对不符合设计要求的，不得使用。

(3) 夯机驾驶室挡风玻璃前应增设防护网。

(4) 夯机的作业场地应平整，门架底座与夯机着地部位的场地不平度不得超过 100mm。

(5) 夯机在工作状态时，起重臂仰角应符合使用说明书的要求。

(6) 梯形门架支腿不得前后错位，门架支腿在未支稳垫实前，不得提锤。变换夯位后，应重新检查门架支腿，确认稳固可靠，然后再将锤提升 100～300mm，检查整机的稳定性，确认可靠后作业。

(7) 夯锤起吊后，地面操作人员应迅速撤至安全距离以外，非强夯施工人员不得进入夯点 30m 范围内。夯锤下落后，在吊钩尚未降至夯锤吊环附近前，操作人员严禁提前下坑挂钩。从坑中提锤时，严禁挂钩人员站在锤上随锤提升。

(8) 夯锤升起如超过脱钩高度扔不能自动脱钩时，起重指挥应立即发出停车信号，将夯锤落下，应查明原因并正确处理后继续施工。当夯锤留有的通气孔在作业中出现堵塞现象时，应及时清理，并不得在锤下作业。当夯坑内有积水或因黏土产生的锤底吸附力增大时，应采取措施排除，不得强行提锤。

(9) 转移夯点时，夯锤应由辅机协助转移，门架随夯机移动前，支腿离地面高度不得超过 500mm。

(10) 作业后，应将夯锤下降，放在坚实稳固的地面上。在非作业时，不得将锤悬挂在空中。

4.3.7　固定式碎石机

(1) 固定式碎石机底座和混凝土基座间应垫以硬木；移动式碎石机的机座，必须用支腿顶好、用方木垫实，保持机身平稳。

(2) 作业前，检查飞轮转动方向必须与箭头指示方向一致，颚板无石块卡住，防护罩应齐全牢固，出料口上方应有档板；接地保护良好，方可起动。

(3) 作业中，送料必须均匀，不得送入大于规定的石料，严防金属块等混入；勿使石块嵌入碎石机的张力弹簧中。如发现送入的石料不能轧碎时，应立即停机取出，不得用手、脚或撬棍等强行推入；若石料卡住进口，应用铁钩翻动，严禁用手搬动，严禁将手伸进轧石斗内。如发现送料不正常或轴承温度超过 60℃时，应停机检查；排除故障后，方可继续作业。

(4) 碎石机应设防尘装置或用喷水防尘；作业时，操作人员须带防尘面罩或防尘口罩；不得从上方向碎石机口内窥视。

4.3.8　稳定土拌和机

(1) 拌和作业时,应先将转子提起离地面空转,然后再慢慢下降至拌和深度;拌和过程中,不能急转弯或原地转向,严禁使用倒档进行拌和作业。遇到底层有障碍物时,应及时提起转子,进行检查处理。

(2) 拌和机在行走和作业过程中,必须采用低速,保持匀速。液压油的温度不得超过规定,停车时应拉上制动,将转子置于地面。

(3) 场拌稳定土机械作业时,皮带运输机应尽量降低供料高度,以减轻物料冲击。停机前必须将料卸尽;拌和结束后给料斗、贮料仓中不得有存料。搅拌壁及叶桨的紧固状况经常检查,如有松动应立即拧紧。拌和机仓壁振动器在作业中铁心和衔铁不得碰撞,如发生碰撞应立即调整振动体的振幅和工作间隙,仓内不出料时,严禁使用振动器。

4.4　营业线路基施工

4.4.1　施工安全管理基本要求

(1) 营业线路基施工必须严格执行《铁路安全管理系例》、《铁路技术管理规程》、《铁路营业线施工安全管理办法》、《铁路工务安全规则》、《铁路路基大维修规则》、《改建既有线和增建第二线铁路工程施工技术暂行规定》等的有关规定。

(2) 营业线路基施工应考虑的主要危险源、危险因素及相应的对策和安全措施。

营业线路基施工应考虑的危险源、危险因素主要包括:地下、地上管线及行车设备;材料堆码;临时工程及道口;机械作业,爆破作业;慢行施工,封锁施工。

针对上述的风险因素,相应的安全对策及安全措施如表4.7所示。

表4.7　营业线路基施工主要安全对策和安全措施

序号	项目	主要对策和安全措施
1	施工技术	1. 设计方案充分考虑行车及行车设备安全 2. 编制专项施工方案 3. 加强影响范围的监测 4. 严格按规定的工法、工序作业
2	建设各方协调、配合	1. 提前申报施工计划 2. 签订安全协议 3. 提前向相关单位交底 4. 交叉作业时,共同制定措施,建设和主体单位协调 5. 认真履行各方职责

续表

序号	项目		主要对策和安全措施
3	现场人员管理	防护人员不足	1. 安排足够的安全管理(防护)人员 2. 根据《铁路营业线施工安全管理办法》有关要求进行人员培训和考核 3. 安排正式职工担任联络员、防护员、爆破员、带班人员等 4. 禁止劳务工单独上道和单独使用作业车辆和设备 5. 加强现场管理、设置围挡 6. 来车前停工、迅速清理现场
		素质不高	
		(作业和闲杂人员)违规上道	
		违规作业	
4	现场防护	未配防护用品	1. 配备需要的防护用品 2. 培训作业人员正确使用 3. 配备通讯设备、信号旗等,约定信号方式 4. 合理站位(间距、视线等) 5. 经常检查防护设施并验收,按规定监测
		防护员站位不符合规定	
		联络不畅通	
		标志设置、维护不当	
		未对影响范围监测	
5	地下管线及行车设备防护		1. 核对位置,必要时探测 2. 签订安全协议 3. 迁改或设置防护,设警示标志 4. 设备管理单位监护施工 5. 先人工探挖一定深度,后机械开挖
6	材料堆码	位置侵限	1. 加强管理,按规定堆码并验收 2. 派人看守
		超高、失稳	
		无人看守	
7	临时道路		1. 按设计或施工方案施工并验收 2. 在危险部位设防护或派人看守
8	临时道口	未经审批、验收	1. 按照铁路《设置或拓宽铁路道口人行过道审批办法》执行 2. 加强检查
		未配相关设备	
		管理不善	
9	机械作业	倾覆、冲入限界	1. 提前调查行车路线,评估其承载力、转弯半径、限高等要求,采取必要加固、加宽等措施 2. 临近营业线临时道路设刚性防护桩 3. 跟机防护、禁止违规掉头和乱停放 4. 机械过轨前报告并设防护 5. 列车来临前停止作业、熄灭灯光
		违规掉头	
		擅自过轨	
		挂断空中电缆	
		灯光影响行车	
		违规作业和停放	
10	爆破作业	擅自爆破	1. 制定爆破(设计)方案,按规定审批 2. 根据要求设置防护、警示标志、围挡并验收 3. 提前通知相关单位和人员 4. 爆破后对影响范围详细检查 5. 爆破后立即清理,抢通线路
		缺防护	
		相关人员未到位	
		留有隐患	
		未及时清理	

续表

<table>
<tr><th>序号</th><th colspan="3">项目</th><th>主要对策和安全措施</th></tr>
<tr><td rowspan="9">11</td><td rowspan="9">封锁施工</td><td colspan="2">擅自或提前进场</td><td rowspan="9">1. 提前申请施工计划
2. 在不影响行车情况下做好想换准备
3. 提前通知相关人员到位
4. 安排车站联络员和现场安全防护人员，配备通讯设备、约定联络信号、合理站位
5. 按照《铁路技术规程》设置移动停车信号
6. 对防护设备验收
7. 不足 6.5m 的邻线来车前停工
8. 开通前及时清理现场、各方验收</td></tr>
<tr><td colspan="2">准备不足</td></tr>
<tr><td colspan="2">相关人员未到位</td></tr>
<tr><td rowspan="3">防护人员</td><td>数量不足</td></tr>
<tr><td>联系不畅</td></tr>
<tr><td>站位不符合规定</td></tr>
<tr><td>移动停车信号</td><td>显示和位置不符合规定</td></tr>
<tr><td colspan="2">危及邻线行车</td></tr>
<tr><td colspan="2">开通前未验收</td></tr>
<tr><td rowspan="2">12</td><td rowspan="2">慢行施工</td><td colspan="2">移动减速信号显示和位置不符合规定</td><td rowspan="2">1. 按照《铁路技术规程》设置移动减速信号
2. 安排车站联络员和现场防护员
3. 设置围挡、警示标志并验收
4. 禁止干扰行车的信号
5. 来车前停止作业（含不足 6.5m 的临线）
6. 收工前检查</td></tr>
<tr><td colspan="2">施工影响行车</td></tr>
<tr><td>13</td><td colspan="3">特殊季节、环境施工</td><td>1. 大雨雪、汛期前提前检查，做好相关准备
2. 夜间设围挡、足够照明，不得与行车信号混淆
3. 施工期间加强监测</td></tr>
<tr><td rowspan="3">14</td><td rowspan="3">应急处理</td><td colspan="2">报告、反应不及时</td><td rowspan="3">1. 制定或完善应急预案
2. 强化建设各方应急预案的衔接
3. 提前配备相应的应急资源
4. 通过现场联合演练完善应急响应</td></tr>
<tr><td colspan="2">协调不力</td></tr>
<tr><td colspan="2">处理不当</td></tr>
</table>

(3) 营业线路基施工必须根据铁路机车车辆限界和建筑接近限界，制定施工临时行车限界。营业线路基施工应按照规定设置施工安全防护，经验收后方可施工；施工防护标志、警示灯等不得影响铁路行车信号。

(4) 营业线路基施工应编制专项施工方案，并经建设、监理、设备单位共同审批后方可施工。施工单位应与设备管理单位和行车组织单位分别签订施工安全协议，明确双方的安全责任和义务。安全协议书应由施工单位上报铁路主管业务处和安全监察室审查。经审查同意后，施工单位应报建设单位、监理单位备案。未经签订施工安全协议、未经审查的严禁施工。

(5) 施工前，施工单位应与设备管理单位共同探明施工影响范围内的道路、既有建筑物和设备、地下和空中管线等情况，并采取防护措施。设备迁改或施工影响设备安全时，必须在设备管理单位的监护下作业。施工期间，施工单位及设备管理单位应在营业线影响范围内设观测点，对路基变形、防护加固设备及线路几何尺寸进行监测直至稳定。发现问题，双方共同及时采取措施。

(6) 临时工程和过渡工程施工、施工用电要符合《铁路工程基本作业安全施工技术规程》的相关规定。高处作业应符合《铁路工程基本作业安全施工技术规程》的相关规定，并满足营业线安全防护。

(7) 临时道口设置应符合下列规定：

① 必须按照铁路《设置或拓宽铁路道口人行过道审批办法》办理相关审批及验收手续，严禁擅自设置。

② 电气化区段应设限高架。

③ 施工单位在临时道口设置期间，必须由经培训和考试合格的正式职工负责看守。

④ 使用完毕后，必须按规定的日期拆除，并及时清理。

⑤ 施工单位在施工中必须保证临时道口设备符合标准，并按照铁路道口管理有关规定进行管理。对因双线工程造成道口不符合要求的，要修改道口设计，达到道口标准后方可启用，严防道口事故。

(8) 施工中的临时设施、材料、机具等严禁侵入行车限界。材料应堆码整齐，稳固牢靠，并派人看守。营业线 20m 范围内严禁存放油料及其他易燃易爆品。

(9) 封锁线路及慢行施工时，施工单位应按照规定申报施工计划，未经审批严禁施工。

(10) 施工单位必须根据工程数量、施工环境、爆破规模制定爆破方案和安全防护措施、封锁时间等，报运输部门审批。影响营业线行车的路基爆破作业必须在线路封锁时间内进行，应采取控制爆破技术，并设防护网、排架或棚架等防护。

(11) 爆破前应做好线路及行车设备防护，当接到封锁命令后，双方进行签认，必须按调度命令进行施爆，严禁不请点施爆、严禁在列车通过前先将炸药装好等待起爆、追尾施爆。爆破后必须立即清理限界内的土、石，抢修线路。经施工、设备管理及监理单位三方联合确认达到列车放行条件后方可开通。

(12) 在营业线旁开挖，挡护墙的基础有碍路基稳定时，应采取挖马口的方式，分段开挖随挖随砌，不得长距离开挖边墙或长期不砌。当有坍塌可能时，应及时支撑。

(13) 轨下路基开挖作业应符合下列规定：

① 根据开挖的长度确定扣轨或吊轨的数量和列车速度，报请运输部门批准。

② 当连续 3 根枕木被挖空，必须用扣轨加固线路。

③ 支护应紧跟开挖，每次列车通过、爆破及下雨后均应检查，发生开裂、变形时应及时加强支护。

④ 开挖地段应设专人检查、看守，当发现有坍塌或线路状态有变动时，应立即

采取补救措施；对行车有影响时，必须在线路恢复到正常状态后，方可放行列车。

(14) 加强路基下沉变形、原有路堑边坡稳定性、山体滑动面的观测，做好观测记录，及时整治营业线路基病害，确保行车安全。营业线路基施工中破坏原有排水系统时应先建后断，所有的排水系统必须保持排水畅通，防止渗漏。

(15) 机械设备管理的使用及防护除符合《铁路工程基本作业安全施工技术规程》的相关规定外，还应符合下列规定：

① 大型机械实行一人一机防护。

② 营业线限界两侧 15m 范围内，应在铁路限界外设置刚性防护隔离设施。

③ 在营业线限界 10m 范围内施工时，严禁机械原地掉头。邻线来车时，施工机械必须停止作业。

④ 必须做好接触网支柱、信号机等行车设备的防护。

⑤ 机械停止作业后应及时撤离现场，严禁在营业线附近停放。

(16) 夜间施工应有足够的照明及防护设施，照明灯光不应影响行车瞭望。机械车辆在夜间作业时，应防止灯光干扰行车信号。雨、雪、大风天气施工时，应采取防止大型机械滑溜、侧翻至行车限界内的安全措施。

(17) 对影响营业线路基稳定的工程，应避开雨期施工。确需要在雨期施工的控制工程，施工单位必须提出施工方案，制定安全措施，报经有关部门审查同意后方可施工。

(18) 对临近营业线的山坡、堑坡的开挖应在汛期前完成主体及防护工程。确实不能完成的工程，必须采取临时加固措施。

(19) 营业线路基施工完毕，必须及时验收交接，未经验收合格的工程，严禁开通使用。

4.4.2　路堤帮宽

(1) 路堤帮宽前施工单位应调查列车运行情况、既有排水、加固防护设施、路基病害及既有路基填料种类等情况。

(2) 拆除既有路堤防护设施时除符合《铁路工程基本作业安全施工技术规程》的相关规定外，还应符合下列规定：

① 拆除既有路堤植被防护坡面时，应随挖台阶高度挖除植被，不得全坡面一次挖除。当班开挖应当班回填，保持边坡稳定。

② 拆除片石护坡、拱架防护坡面时，应随填筑进度自下而上拆除。拆除原路基边坡防护应与填筑同步进行。

(3) 路堤帮宽除符合路堤施工基本要求外，还应符合下列规定：

① 应随时监测营业线路基稳定情况，防止既有路基失稳。

② 挖除路肩影响道床稳定时，应设置挡砟墙、挡板等防护设施，防止道床边坡

溜塌。

③ 弃土不得阻塞河道和营业线路基排水设施，并应符合国家环保规定。

(4) 帮宽完成后，应立即恢复线路标志及相关设施。

4.4.3 路堑拓宽

(1) 路堑拓宽时，应在营业线一侧设置防护设施，严禁材料、机具侵限。

(2) 拆除既有挡护、防护设施应保证既有路堑边坡稳定，必要时设置临时支撑进行加固或防护，并随开挖进度应自上而下分层、分段拆除，严禁一拆到底。

(3) 路堑拓宽应按照横断面自上而下进行，防止因开挖不当，引起边坡不稳或坍塌。

(4) 路堑拓宽时应随时观测坡面稳定情况，有裂缝、危石和塌方迹象时应及时采取措施。

(5) 弃土不得阻塞既有排水设施，不得影响既有路基安全稳定及运营安全。

4.4.4 路基加固

(1) 路基加固应在线路封锁或慢行条件下进行，并按规定做好安全防护。

(2) 采用注浆、挤密桩等方法加固路基时，应随时监测影响范围内路基及行车设备、周边建(构)筑物的变化，发现异常，及时采取措施。

(3) 营业线路基翻浆冒泥、冻害整治挖除换填时，应封锁线路。

(4) 开挖影响既有路基稳定时，应采取支撑措施，并随开挖、随填筑。

4.4.5 相关工程施工

(1) 相关工程施工应制定安全技术措施并报相关单位核备，需配合时应向所涉及单位进行安全技术交底或提前通报。

(2) 新建铁路修筑于路基上的电缆槽、接触网支柱基础、声屏障基础、预埋管线、综合接地等工程应与路基同步施工，并不得损坏、危及路基本体及边坡防护、防排水设施的稳固与安全。

(3) 防护栅栏、挡风墙等设施的吊装、埋设作业应根据现场情况和所用机械，制定安全措施，支柱埋设须稳固。检查台阶、检查梯、栏杆等附属设施施工不得影响路基稳定和后期运营安全。

(4) 建设各方应按照有关规程及相关专业规定要求，制定检查计划，并进行安全检查。

第 5 章　桥涵工程施工

桥涵工程在铁路工程中占有重要的位置，特别在高速铁路建设工程中更是如此。近年来，铁路桥梁工程发展很快，新型桥式不断出现，这均为施工组织及施工安全管理提出了更高的要求。桥梁施工过程涉及水上作业，跨越各类道路(铁路)施工。施工安全管理即包括作业者自身及设备的安全，也包括施工影响区域内的人员、船舶、车辆的安全。桥梁施工中，除执行相关标准、规范外，必须执行《铁路工程基本作业施工安全技术规程》(TB 10301—2009)、《铁路桥涵工程施工安全技术规程》(TB 10303—2009)的施工安全要求。

5.1　水上施工与跨越道路施工

5.1.1　施工现场调查

施工组织的根本任务，就是在确保安全的前提下合理组织资源以实现工程目标。施工单位组织与安排施工展开必须针对工程特点、施工地域的水文地质条件综合考虑，因此，施工现场调查是搞好施工组织的重要前提。从施工安全管理的角度出发，桥梁工程施工安全管理的重点是高处作业、水上作业、架梁施工。水上施工，或跨越各类道路施工，更要做好现场调查，了解河流的通航情况、船舶航行密度；道路行人、车辆的情况，针对极易出现安全问题的工程环节高度重视并提出相应的安全措施。

(1) 高桥、大跨、深水、结构复杂的大型桥梁工程，施工开始前应对施工安全做专项调查研究，并制定相应的安全技术措施。专项调查研究主要包括桥梁结构特点、主要施工工艺、采用的施工机械、桥址区域的气象水文地质条件。开工前，施工单位应组织有关人员对施工现场、施工机具设备及安全防护设施等进行全面检查，确认符合安全要求后方可施工。

(2) 桥梁工程中，高处作业极易出现安全事故，是施工组织与管理的重点。施工中，上下采用多层作业或桥下通车、通行、通航等立体施工时，必须布设安全网，防止高空坠物危及桥下人员、车辆及船只的安全，同时防止作业人员高空坠落。

(3) 桥梁工程涉及水上作业，一般工期较长。涉及渡洪工程时，施工单位应提前编制专项方案，采取防洪措施，确保汛期堤防、人员、设备、材料和工程的安全；在严寒、滨海等特殊条件下施工，要根据不同特点，制定相应的施工安全技术措施和操作细则。

(4) 桥梁施工应注意天气预报。气象部门预报的风力往往小于桥上的实际风力，特别是平旷风口处。故高处露天作业及缆索吊装、大型构件等起重吊装时，施工单位应根据作业高度和现场风力大小对作业的影响程度，制定适于施工的风力标准。有条件的单位可在施工现场建立风向标，测量桥址区的实际风力、风速。

5.1.2 临时工程与设施

(1) 施工工地给水水源、水池、水塔应采取加盖等措施，防止水质污染；冬季应对水源采取防冻措施。工地设立的临时性高层水塔，应在四周拉缆风绳，防止倾倒。

(2) 工地排水应根据历年雨量，统筹设置排水沟，并保持畅通；排水沟通过铁路、公路等设施时，宜修筑临时性涵渠或小桥；如工地雨水不易排除时，应选择工地内的最低地点设汇水池和排涝泵站，防止积水浸泡出现安全问题。

(3) 在通航河流上设置栈桥时，施工单位事先必须与航运部门协商，预留一定宽度的活动孔，并设置航道标志，确保通航安全。如需封航，封航前施工单位必须通知航运部门。

(4) 栈桥基础应有足够的承载力和抗洪、抗流冰能力，经检查验收后，方可使用。在汛期和溜冰期，施工单位应派专人观测，及时清除栈桥周围的冰块和漂流物，防止壅水危及栈桥安全。当栈桥一侧的墩台沉井或桩基采用吸泥射水震动打桩，影响栈桥稳定时，栈桥中心线与桥中心线应有适当的安全距离。

(5) 栈桥上铺设的风、水管路，电缆、电线路，以及各种弯头和分支管路均不得侵占人行道。电线、电缆要有良好的绝缘。严禁电线或各种管路从栈桥轨面上通过。施工单位要在栈桥上配备一定数量的消防设施。

(6) 工地交通码头与起重码头应分开设立。码头的驳船应锚固牢靠。停靠较大拖轮、铁驳的交通码头，施工单位要设置通讯信号标志和安全设备，并应公布停航风级。

(7) 缆索吊机安装应按工艺进行，并经检查和试吊，符合设计要求后，方可使用。

(8) 桥梁水上施工，施工单位应在工地河岸附近设置船舶的避风锚地。锚地重要的地垄要进行拉力试验，确认合格后方可使用，确保避风船舶的安全。

5.1.3 水上施工

(1) 在通航的江河上施工前，施工单位应与当地航政部门联系，商定有关航运和施工的安全事项，并通报有关单位。水上施工影响通航安全时，施工单位应向所在地的海事管理机构提出施工作业通航安全审核申请，取得水上水下施工作业许可证，并办理准予发布航行警告、航行通告的相关手续。

(2) 施工使用的各种船舶必须经具有资质的检验机构依法检验，取得合格的船舶检验证书，经海事管理机构依法登记并持有船舶登记证书，并应按航政部门规定设置航行标志，备有救生、消防及靠帮等设备；船上在夜间应有照明设备，没有发电设备的船只，应备有防风灯及电池灯具。

(3) 水上施工应设专用救生船并备有救生设备。施工中救生船应随着架梁的移动而相应移动，不能挪作别用，并派人值班。

(4) 施工使用的船舶应配备符合国务院交通主管部门规定的掌握水上交通安全技能的船员，并经海事管理机构考试合格，取得相应的适任证书或其他适任证书。

(5) 水上施工应按海事管理机构的要求，设置必要的安全作业区或警戒区，设置有关的标志或配备警戒船。作业船舶或警戒船上应配备有效的通信设备，专人警戒应在指定的频道上收听。栈桥、施工平台等施工区域应布置禁航信号标志，临时航道应设助航标志等。

(6) 施工单位应制定防汛安全专项预案并进行演练，指定专人24小时值班。

(7) 施工单位应定时与当地气象、水文站联系。六级(含)以上大风时，应停止工作，并检查水面上的船只加固和锚缆等设施；确有需要继续作业时，应采取有效的安全措施。

(8) 导向船组的拖轮在浮运启航前，应符合以下要求：

① 导向船组的拖轮应备有一艘备用拖轮；

② 船长和水手长应检查各个部位的机械与设备性能是否良好，安全设施、工具是否齐全，拖重吨位是否超标；确认无误后，方得启锚开航；

③ 船长和水手长在启航前，应与有关人员商定联络信号及安全操作等事宜；

④ 在抛锚船及导向船上松放钢丝绳的作业人员，必须穿好救生衣，并站在适当位置，以防被链绳带下落水。

(9) 交通船和运料船。

① 交通船或运料船不能停靠在铁驳船的前方，以免被急流将船压翻。

② 交通船或运料船在导向船、墩位附近作业时，应防止锚缆挂住叶轮和船舵被打坏。

③ 交通船不得超员、人员不得强行上船。船到位后、应靠稳拴牢，人员方可上下。遇有大风、暴雨时，船上人员不得来回走动，应服从船员的指挥。船头、船尾、船帮上人员不得站立和骑坐。非驾驶人员，不得私自操作。交通船应按规定备有救生设施。

④ 运料船应按规定吨位装载，并不得偏载。装载的料具应符合安全规定，并捆牢绑好。船到位后，应靠稳拴好，搭好跳板后，方可卸料。运料船之间的空隙，应铺脚手板，或挂安全网，防止人员落水。

(10) 船只的避让。

① 遇有雾天或雷暴雨造成视线不清时，施工船只应显示强烈灯光信号，并鸣锣、敲钟、喊话，引起过往船只的警惕。

② 定位船锚定后，施工单位必须昼夜派人值班瞭望。

③ 当河流上游的竹木排筏、失去控制的船只或巨大漂浮物威胁施工船只安全时，施工单位应立即派出机动船协助避让。

④ 施工船只航行中应认真嘹望。当来往船只动态不明或信号与实际航向不一致时，施工船只应立即减速停车；必要时应开倒车。

⑤ 避让船只在避让过程中，被让路的船只应注意让路船只的行动并协助避让。

5.1.4 水上大型构件运输

(1) 运输船舶不得超载，不得偏载并应均匀布载。大型构件要放落到船舱，如构件重量不够，则应采用重物压仓，以提高船只的稳定性。

(2) 驳船装卸、运输时，施工单位应考虑河道限宽、限高的要求，符合航运管理部门的规定；船长必须事先熟悉运输航道和所运构件的特点。

(3) 构件吊装入船后，要绑扎牢固、支垫平稳。驳船使用拖轮牵引转弯时应减速，防止离心力作用将人或重物甩入江河或导致船舶发生倾覆，或与其他建筑物碰撞而发生沉船事故。拖轮拖运构件时，应安排人员随时检查牵引索和大型构件的可靠性和稳定性，发现有异常现象时，立即采取处理措施。

(4) 拖轮牵引构件时有关人员应事先了解航线经过处的水深、流速、障碍物等情况，并制定拖轮牵引方案。如使用多只拖轮牵引构件时，施工单位应配备对讲机或移动电话等通讯器材，并指定统一的指挥机构。

(5) 大型预制构件在水运中，施工单位应计算构件的稳定性及露出水面的高度，计算结果不应小于浪高加 0.5m。

5.1.5 潜水作业

潜水作业的安全风险高，随着技术的进步与施工设备的发展，目前，潜水作业在桥梁施工作业中所占比例已不高，施工单位一般不再专门配备潜水员，有需要时向社会聘请。因此，潜水作业的安全管理必须予以高度重视。

(1) 潜水作业前，施工单位必须向潜水员进行技术交底，潜水员应掌握下潜的任务、下潜环境、工作部位、工作内容、水深、流速、流向等，执行相关安全规定。潜水作业前及加压前施工单位应对潜水设备进行检查,确认良好后潜水员方可作业。供给潜水员呼吸用的气源纯度,必须符合国家的有关规定。

(2) 潜水作业点的水面上不得进行起吊作业或有船只通过;在2000m半径内不得进行爆破作业,在200m半径内不得有抛锚、振动打桩、锤击打桩、空气幕沉井下沉、电击鱼类等作业。水面有超过四级浪时,不得进行潜水作业。夜间潜水作业时,除潜水工作船、潜水平台应有照明外,施工单位还应安装照明度较大的灯具,照在潜水点的水面上。

(3) 在沉井、围堰内潜水作业时,井内壁不得有钢筋、扒钉头、铁钉头等外露;严禁潜水员穿越邻孔。井内吸泥清基,吸泥机和高压射水枪的闸阀应派人看守,由潜水电话员指挥。潜水员用手扶持吸泥机作业时,要有安全防护措施,严禁用手和脚去探摸吸泥机头部或骑在吸泥机弯头上。

(4) 水下焊接或切割作业时,潜水员要掌握相应的技术和作业要领,电焊钳、割刀把、电缆等必须绝缘,头盔外面和领盘应涂一层绝缘漆或包裹一层薄橡皮。电路在水面部分应安装自动接触器或闸刀开关,由电话员看管。

(5) 水下爆破作业时,潜水员要熟悉爆破器材的性能、操作技术和安全规定。在同一起爆中,不得使用不同型号的雷管。引爆导线与电源之间,应安装闸刀开关,由专人看管。炸药包防水密封后,潜水员应将炸药包随身带入水下,不得用绳传递。发生瞎炮时要切断电源,15min后再下潜取出。

5.1.6 跨越道路施工

(1) 施工前,施工单位要协助建设单位与道路主管部门、公安交通管理部门进行协商,办理施工或封锁道路的相关手续。

(2) 施工单位要根据当地公安交通管理部门有关规定及道路交通的实际需要,设置施工标志、路栏、锥形交通路标等安全设施,夜间应有反光或施工警告灯光信号,必要时应使用信号或派旗手管制交通。行车道前方应设置限位门架,禁止超高、超宽车辆通行,支架支墩应设置防撞墩加以保护。

(3) 对于未中断交通的施工作业道路,施工单位应协助当地公安交通管理部门做好交通安全监督检查,维护道路交通秩序,管理好本单位的各类车辆。施工过程中,施工单位要按多层作业的安全要求,采取防护棚等防坠落设施,防止落物伤及行人及车辆。

(4) 跨越公路架设桥梁时,梁体落位前,要封锁该行车道交通,落位稳定后恢复交通。

(5) 施工作业完毕,施工单位应当迅速清除道路上的障碍物,消除安全隐患,经道路主管部门和公安交通管理部门验收合格,符合通行要求后,方可恢复通行。

5.2 基础及墩(台)身施工

5.2.1 桥梁基础施工安全管理

1. 桥梁深水基础的概念

桥梁基础工程中，当水深在5～6m以上，不能采用土石围堰、木桩或普通的钢板桩围堰等防水技术施工的桥梁基础，称之为桥梁深水基础。桥梁深水基础类型主要有桩基础、管柱基础、沉井基础、组合基础（包括沉井加管柱基础、沉井加钻孔桩基础、双壁钢围堰钻孔桩基础、钢吊箱围堰加钻孔桩高桩承台基础等）和特殊基础（包括双承台管柱基础、锁口管桩基础、多柱基础、连续墙基础、沉箱基础和设置基础）。桩基础中承台的作用是把每一个桩（最少2根）连接在一起形成群桩基础，按承台位置分为水上高承台桩基础、水下高承台桩基础、水下低承台桩基础以及高低双承台桩基础。一般来说，桩基础是桥梁深水基础中最为经济的基础形式。在水深很深、且有非常厚的覆盖层或地质条件很复杂的情况下，施工能力有限，无法将单一型式基础下沉达到预期的深度时，可以采用两种不同型式的基础，以接力的方法来修筑桥梁深水基础，这种形式的基础通常称为组合基础。

随着桥梁跨度不断增大、基础入水深度不断加深，针对一些特殊复杂的自然条件，采用了一些特殊基础，如双承台钢管柱基础、锁口钢管桩基础、多柱式基础、连续墙基础和无人沉箱以及把防水围堰、施工模板和部分主体结构巧妙合而为一的设置基础等。

深水基础属于水下隐蔽工程，施工中安全风险较高，施工作业时必须将水流速度、水深等因素及由水深所引起的其他约束条件联系起来综合分析，并采取相应的技术安全措施。

2. 基础施工安全管理

(1) 双壁钢围堰、吊箱围堰、深基坑、挖孔桩及沉井施工前，施工单位要依据规定编制专项施工方案，制定相应的安全措施。

(2) 基础工程开工前，施工单位必须组织有关人员调查探明作业区内地下管线、地下构筑物及地面以上通讯、电力线路等，有碍施工时，应先进行加固防护或改移。

(3) 基坑、挖井、沉井、泥浆池、挖孔桩、浇筑后的钻孔桩四周必须设置护栏及明显的警示标志，夜间应悬挂示警红灯，非工作人员不得入内。钻、挖孔桩停止施工时，孔口应加盖防护，防止人员或物体坠入。

(4) 在不稳定的土或砂土中采用吸泥、吹砂等方法下沉围堰或沉井时，施工现场应备有向围堰(沉井)内补水的设备,保持围堰(沉井)内外水压平衡,防止翻砂。吸泥器应均匀移动作业,防止吸泥过深,造成结构下沉偏移。

5.2.2 围堰施工安全

(1) 基础施工中主要涉及土、石围堰、钢板桩围堰、双壁钢围堰、吊箱围堰。各类围堰均应经设计检算,围堰结构应能承受水、土和外来的压力,并防水严密。围堰施工过程中施工单位要加强对其变形、渗水和冲刷情况的监测,发现异常及时处理。

(2) 土、石围堰填筑宽度要满足承受水压力和流水冲刷的要求,围堰外侧迎水面应采取防冲刷措施。围堰填筑内侧坡脚与基坑开挖边缘距离应根据河床土质和基坑深度而定,且不得小于1.0m。当河床横坡较大时,应在围堰外侧打设防滑桩,在桩内侧放入竹笆后堆码土袋围堰。采用吸泥船吹砂筑岛,作业区内严禁其他船舶和无关人员进入。不得在承载吸泥管道浮筒上行走。

(3) 双壁钢围堰设计中除考虑尺寸、强度、刚度及结构稳定性外,还必须包括锚定方法等施工要求。在壁板或隔板内焊接钢围堰时要采用机械通风,仓内的空气温度不得超过25℃,二氧化碳等有害气体的浓度含量不得超过1.0%。在浮船或浮箱上组装钢围堰时,四周要设置缆风绳,并下锚固定,锚定线路上要设浮标。施放船锚时要采取措施,防止下锚时锚链或锚绳缠绕或刮伤人。使用两台以上的吊车或吊船起吊钢围堰,其吊点、吊具及围堰加固均应进行设计并应先试吊。起吊时要设专人统一指挥。

(4) 双壁钢围堰浮运前,施工单位应与气象、水文站联系,掌握天气及水文情况,并向海事部门办好封锁航道手续;浮运前要对定位船、导向船上的马口、系缆桩、复式滑轮组、绞车、固定座、钢丝绳、连接设备、起吊塔架、水上供电、通信以及导向船压仓等进行全面检查,确认合格后方可使用。浮运过程中,应有救生船并配备救生、消防及通讯设施设备。

(5) 双壁钢围堰接高下沉加载时,要对称均匀加载,采取缆风绳加固等措施,防止围堰倾斜。围堰内取土下沉时,抓泥斗不得碰撞钢围堰侧壁。双壁钢围堰落床尚未稳定前,应防止往来船舶、漂流物等碰撞导向船、浮标和锚索。

(6) 吊箱围堰设计时,除强度、刚度、吊装方法,还应做好抗浮力和漏水设计。围堰的支撑体系应满足整体吊装及浇筑封底混凝土整体受力的需要。围堰的底板结构应满足浇筑水下封底混凝土和抽水浇筑承台混凝土时的受力需要。

(7) 在平台上组装吊箱围堰时,底板、侧板要连接牢固,并有可靠的防漏水措施。采用多吊点同步吊放、整体下落时,应使各吊杆受力均匀。吊点的受力焊缝要进行探伤检查。封底混凝土应采取多导管对称浇筑,厚度均匀。抽水过程要加强观测,发现异常及时处理。采用水密板封底时结构接缝要满足水密要求,并采取措施防止吊箱上浮。在单壁钢吊箱内抽水时，要及时设置内支撑，保证围堰结构的稳定。

(8) 钢板桩围堰的钢板桩起吊运输前，作业人员要检查吊具及运输平车等相关设施是否良好。运输途中遇有交通道口时，施工单位应派人担任道口警戒。钢板桩运输平车到达起吊位置后，平车前后应止动。装、卸车作业时，捆吊具处应垫木头，两头应拴好溜绳。起吊前钢板桩夹子用绳索拴吊牢固；桩上吊点焊接，并安排专人检查；严禁将吊具拴在钢板桩夹子上或捆在钢板桩上起吊：吊机上的吊钩应封钩；钢板桩上拴好溜绳，挂好软梯。起吊时，作业人员要听从信号指挥，操作人员应采取措施，防止吊起后急剧摆动。

(9) 在钢板桩桩顶作业应挂吊篮，并拴好安全带。钢板桩未就位前，桩顶作业人员不得靠近插桩位置。钢板桩在插进锁口后，如由于锁口阻力不能插放到位，需用汽锤压插时，应注意板桩突然下滑。采用吊机吊桩锤打钢板桩时，应适当掌握钢丝绳的松弛度。钢板桩插打顺序应先插打上游，然后再对称、依次向下游插打两侧，最后在下游合拢。对受潮水影响的河流应根据具体情况，制定插打方案及防护措施。

(10) 钢板桩围堰抽水过程中，施工单位要指派专人检查支撑结构受力情况，发现异常及时处理。抽水机台座必须搭设牢靠，并有良好通道。围堰顶层平台脚手板除满铺外，还应在工作孔四周加设栏杆。围堰内部所有电线线路必须保持良好，工作灯必须采用安全电压。在围堰内电焊时，必须安排上下层交叉作业，严禁双层作业。

(11) 拔除钢板桩必须在下列工作完毕后才能进行：

① 水面以下的主体结构和辅助结构已经全部完成，围堰内其他物体已清除；

② 导环立柱和墩身间临时支撑杆件已安装；

③ 悬挂在钢板桩上的电缆、钢丝绳等已拆除。

(12) 拔除钢板桩使用的吊具使用前必须认真检查，确认良好后，方可使用。拔桩时，作业人员应先将钢板桩拔松、顶松或打松。如拔不动时，应停拔检查，采取相应措施，严禁硬拔。钢板桩和顶层导环的电焊不得预先全部切除，应切除一组拔一组。拔桩应由下游向上游顺序对称进行。拔钢板桩时，施工单位应指派专人检查吊船吃水深度以及吊机受力情况，并应有限量设备，以防超载。

5.2.3 明挖基础施工

(1) 深基坑施工要编制专项施工方案，具体要求可参见 3.1 节的有关内容。

(2) 深基坑施工中，施工单位要对支护结构的位移和应力、邻近建筑物的沉降与位移、地下水位变化、基底隆起等项目开展系统的监测，及时进行分析并采取可靠的措施，预防基坑安全事故的发生。

(3) 放坡开挖时要按规定的坡度分层开挖至设计深度,施工单位要根据实际的地质和水文条件,确定每层开挖深度,确保基坑边坡稳定,防止基坑垮塌。施工中严禁采用局部开挖深坑,从底部向四周陶土的方法施工。开挖时,施工单位要观测坡面稳定情况;当发现坑沿顶面出现裂缝、坑壁松塌或遇涌水、涌砂时,要立即停止施工,加固处理后方可继续施工。

(4) 在土石松动地层或在粉、细砂层中放坡开挖基坑时,施工单位要先做好安全防护措施;软基开挖必须进行支护。采用天然冻结法开挖时,一定要制定施工安全技术措施。开挖时要分层冻结,逐层开挖,严禁破坏周边冻结层,并应在冻融前完成基础工程施工。

(5) 基坑放坡开挖采用垂直运输出土时,作业人员要在每班开始作业前检查吊斗绳索、挂钩、机具等是否完好牢固。装土或卸土后必须将斗门关好,斗门扣件要有防脱措施。吊斗升降时,基坑内作业人员要躲离至吊斗升降移动范围以外。吊斗不使用时,要及时摘下,不得悬挂。

(6) 当基坑边坡不能自稳并受地下水影响,或因条件限制不能放坡时,施工单位必须要对坑壁进行支护加固后方能开挖。坑壁支护加固的方法主要有挡板护壁、排桩支护、锚喷支护等支护加固方法。

(7) 支护加固开挖施工时,挡板护壁施工要做到分层开挖分层支护,边挖边支;开挖过程中作业人员要随时检查支撑结构,发现变形要及时加固或更换。拆除支撑结构应自下而上,待下层支撑拆除并回填土后,再拆除上层支撑。

(8) 采用排桩支护结构,施工单位要进行设计检算;施工中要遵循先支撑后开挖的原则。钢支撑的连接必须牢固、顺直;钢支撑端头与冠梁或腰梁的连接要能满足支撑端头局部稳定和传递支撑力的要求,支撑断面与支撑轴线不垂直时,要采取构造措施承受支撑与冠梁或腰梁之间的剪力;拉锚要作抗拔试验,确保锚固稳定可靠。当地下水位高于基坑底面时,施工单位要先行降水或在排桩外围施工隔水帷幕后再开挖基坑。

(9) 锚喷支护施工时,要根据土质与渗水情况,每次下挖后及时喷护,对无水或少水坑壁,喷射顺序应由下而上,但对渗水的坑壁应由上而下。喷射混凝土终凝2h后,要进行湿润养护。喷射混凝土时,作业过程专人指挥,专人操作喷射设备;喷嘴不得面对有人方向;喷射机发生故障时,要先停风、水后再处理。严禁喷射过程中碾压、踩踏管路。

(10) 基坑降、排水施工时,施工单位要加强周边建筑物的观测,防止出现意外;降、排水过程中,当出现大量涌砂、涌水、坑壁坍塌等情况时,作业人员要停止抽水并采取加固措施。在地下水位较高,基坑降、排水措施效果不明显时,施工单位应考虑在基坑围护结构外围设置隔水帷幕。拆除降水设施时,多层井点应自底层开始逐层自上进行,在下层井点拆除中,上部各层井点应继续抽水。

5.2.4 桩基础施工

1. 预制桩打桩机沉桩(锤击沉桩)

(1) 打桩机的移动轨道要铺设平顺、轨距正确、轨道钉牢,钢轨端部应设止轮器。桩架安装前,作业人员应平整好施工场地,铺设打桩机走行轨道和滑道。打桩机装拆工作前,作业人员应对钢丝绳、吊具、滑车、地垄和缆风绳等工具、设备详加检查,并作好安全设施。

(2) 打桩机桩架拼好后,对结构、机电及安全设施(如脚手平台、栏杆、扶梯、轨道止轮器等),需经施工负责人检查合格后,方可使用。桩架上的工作平台应安设栏杆,其高度不得小于1.2m。上、下桩架应设安全梯。移动打桩架时,作业人员应在技术人员指导下进行;通汽阀应关闭、桩架应稳定,桩锤必须放在最下层。打桩机移位的轨道,需铺设平稳,轨距正确,钢轨必须钉牢固。钢轨两端应设止轮器,四周应挖排水沟。

(3) 打桩时,升降桩锤用的钢丝绳,必须保持松弛状态。起吊桩或桩锤时,严禁工作人员直接在吊钩下或在桩架龙门口处停留或工作。打桩过程中,场地应经常清理,并排除积水。泥土道路应铺设砂、炉碴等防滑材料。下雪或冰冻后,作业人员应及时清扫。扶梯、跳板及道路应采取防滑措施。

(4) 采用滚筒滑移打桩架时,作业必须有专人指挥。滚筒上如用托板,须经过计算;不得在桩架内进行滑移工作。附有千斤顶的打桩机移位后,作业人员应采用千斤顶在四角将打桩机支顶稳妥。千斤顶应用枕木垫牢,必要时,在桩架顶应拉好缆风绳。

(5) 打桩机及起重工具均须经常检查维修。作业人员检查维修桩锤时,必须将桩锤放落在地面上,用销子或卡子固定于桩架上,严禁桩锤在悬挂状态下进行;打桩时,严禁进行任何检查维修工作。在工作间歇时间内,应将桩锤固定在桩架龙门挺的方木上,作业人员不得在下面走动或停留。

(6) 六级和六级以上风力天气应停止打桩、加固桩架,走行轮制动。雷雨时,严禁工作人员在桩架上或其附近。

(7) 桩在存放、装车与吊运过程中,均应设置止滚支垫,并符合规定的支距。桩端法兰盘必须安装密贴,上满拧紧螺栓。桩起吊时,必须在设计吊点处拴吊具;桩的下端应拴溜绳,不得使桩与桩锤或桩机碰撞。吊桩时应有统一的信号指挥,在司机鸣铃示意后,方可操作;吊桩时应将桩架转到桩的正前方,方可起吊。在起吊桩或桩锤时,作业人员不得在吊钩下或桩架龙门口停留。

(8) 接钢筋混凝土管桩时,作业人员应在桩外侧扶正桩头,严禁把手指伸入两桩头中间和法兰盘螺栓孔中;操作人员应与信号员密切联系。钢筋混凝土管桩打好后，应随即用木板将桩口盖好；露出地面的桩头钢筋，应做好防护。

(9) 水上沉桩采用浮式平台或打桩船时，应有足够的锚定设施；有潮汐的水域，应采用固定平台或专用打桩船。水上打桩平台应与打桩机底座连接牢固。当采用专用打桩船沉桩时，桩架与船体的连接、和船体的锚碇要牢固。当其他船舶通过施工区，其波浪可能影响浮式平台或打桩船的稳定性时，作业人员宜暂停沉桩。

(10) 锤击沉桩要考虑对邻近建(构)筑物和周边土体的影响；施工单位应加强建(构)筑物沉降和位移观测；发现异常时应停止沉桩并处理。在沉桩过程中遇地基沉陷、桩机倾斜、吊具损坏，必须立即停止施工并采取措施。

2. 预制桩振动(射水辅助)沉桩

(1) 高压水泵、空压机，水阀、风闸、水包及储风筒等，均应符合设计要求，配齐压力表、安全阀；经检验合格后，方可使用。使用中作业人员应听从专人指挥。

(2) 振动打桩机与桩帽及桩的连接螺丝，应上满拧紧，每振动一次必须进行检查，若有松动，应予处理。用起重机具悬吊振动锤沉桩时，其吊钩上方应有防松脱的保护装置，并应控制吊钩下降速度与沉桩速度一致，保持桩身稳定。

(3) 开振、停振作业必须听从信号指挥。信号员的位置必须能与振动打桩机司机通视，并能观察到基桩下沉情况。若发现桩回跳、桩倾斜、打桩机有异声；打桩机电流急剧升高、电压明显下降、基桩周围地形突变，以及其他异常情况时，应立即停振，待调查处理后再振。

(4) 振动打桩机的导向架及四周脚手架等，应经常进行检查。振动下沉过程中，严禁进行机械保养维修工作。振动打桩机停止工作后，应立即切断电源。

(5) 采用高压射水辅助沉桩时，施工作业人员要防止沉桩急剧下沉，造成桩身和机架倾斜。射水沉桩时，应待桩身入土达到稳定时再射水。高压射水辅助沉桩采用的水压，要根据实际的地质条件考虑来确定。

(6) 靠近既有桥梁部位的基桩，不得采用射水辅助沉桩。在地势低洼处采用射水辅助沉桩时，应有排水设施，保持排水正常。作业中严禁射水管口对人、设备和设施。

3. 钻孔桩施工

水上钻孔施工、尤其深水钻孔灌注桩施工，一定要搭设施工平台，施工平台形式主要有移动式平台、导管架平台、单栈桥平台、双栈桥平台、整体安装平台、就地建设平台、围堰或筑岛式平台、浮运安装式平台、独立桩平台等。钻机类型一般有螺旋钻机、正/反循环迴转钻孔、套管钻机、冲抓钻机、冲击钻机等。钻孔桩成孔工艺一般采用正循环或反循环施工工艺。清孔作业一般采用吸碴或换浆清孔，采用气举配合泥浆分离器进行清孔可以达到良好的效果。

(1) 钻机工作平台概述。

① 移动式平台。水上移动式平台的特点是定位准确，浮运就位后，利用支腿使平台提升出水(海)面，平台荷载通过支腿直接传递到河(海)床支撑面，平台顶标高不受潮汐的影响，可作业时间长、效率高。利用水上移动平台可实现对钢护筒的精确定位、插打以及钻孔作业等，操作简便，临时设施投入较少，该平台抗风浪能力较强，待钻孔桩施工完毕后平台可快捷迅速移位、准确定位。该平台的主要施工步骤包括平台的精确定位；钢护筒的制造、插打和固定；钻机就位，进行钻孔桩施工。

② 导管架平台。导管架平台具有工厂化加工、制造精度高、整体下放速度快、安装快捷等特点；特别适用于无覆盖层裸岩海床或无稳定独立桩能力的浅覆盖层海床的地质条件。该平台的主要施工步骤包括导管架结构的加工制造；选择较好的时机浮运到位，借助吊船进行导管架的下放，定位钢管桩的插打；平台上部结构的安装，必要时进行锚桩的施工；钢护筒的制造、精确定位钢护筒，钢护筒插打和固定；钻机就位，钻孔桩的施工。该平台的主要缺点是钢结构用料较多，周转率较低，在施工过程中需要大型浮吊、船机配合作业。

③ 单栈桥平台。单栈桥平台是在平台一侧布设临时栈桥通道，用以满足人员的上下、材料的运输等。栈桥施工过程中受水流、海浪、海流、涌潮、潮差等不利因素的影响较小，可增加有效作业时间。特别适用于涨潮有水，落潮无水的岸边区域(船舶不能到达的施工区域)。在覆盖层具有稳桩能力的区域，栈桥施工速度较快。

④ 双栈桥平台。在平台两侧布设临时栈桥通道，用以满足人员的上下、材料的运输等。在钢护筒未插打之前，栈桥作为施工平台的主要受力支撑体系，待钢护筒插打到位后增设平台与护筒之间的支撑体系，把平台上部结构及钻机的重量传递到护筒上。该平台主要施工步骤包括双侧栈桥钢管桩基础、桥面及上部结构施工；栈桥上龙门吊机的拼装；利用龙门吊机进行平台的拼装和架设；钢护筒的精确定位、插打、固定；平台支撑体系转换；钻孔桩的施工；该类栈桥通过在栈桥上布置的吊机可逐步延伸施工栈桥，缩短平台建设周期，提高作业平台的重复利用率。

⑤ 整体安装平台。整体安装平台适用于水深流急，海床岩面倾斜裸露海域的基础施工。该平台制造成本较大。制造前先安排测深船对施工区域海床面标高进行精确测量，然后确定平台各套管及护筒的长度，进行放样制作；制造完成后，利用大型起重船起吊浮运至施工墩位处；采用 GPS 定位系统指导浮吊的定位、抛锚。为克服由于水流力作用下整体平台的倾斜或失稳，平台四角处定位桩应与整体平台临时固定，随平台一起下放，平台下放后，解开四个定位角桩，立即进行插打、调平、纠偏；必要时，在下放过程中平台的四个角点处各抛设混凝土锚，通过锚绳调整平台位置及保持平台的稳定。整体平台下放到位后，在已插打定位桩内填充混凝土，以增加平台的稳定性，然后进行封底混凝土的灌注，使平台与基岩黏结成整体，增强平台的抗风浪能力并利于钻孔及灌注混凝土作业。整体平台安装完成后，搭

设施工平台，进行钻孔桩施工。

⑥ 就地建设平台。该平台适用于海床覆盖层较厚，钢桩或混凝土桩插打后可自身稳定的施工区域，该方案水上作业工序较多，受海浪、涌潮等影响，吊船作业效率低，平台施工周期较长。主要施工步骤包括定位桩插打、桩间连接系拼焊、安装分配梁、分配梁上安装桁架梁等形成施工平台；或采用吊船分块分片安装预先组拼好的平台；钻机就位，钻孔桩的施工。定位桩、分配梁、桁架梁必须连接牢靠，以保证平台的整体性。

⑦ 钢围堰或筑岛式平台。钢围堰平台适用于深水基础孤墩施工，一般用于大跨度的桥梁基础，钢围堰制造成本较大。

根据基础的大小和海床地质情况，确定钢围堰的尺寸、高度和刃脚是否制造成高低腿形式。钢围堰首先在工厂分节分块制造，在施工现场附近的码头组拼成整体后，进行浮运、抛锚定位，通过调整锚绳进行钢围堰精确定位，在钢围堰双壁之间的隔仓内填充混凝土或注水使围堰下沉，待钢围堰精确下放就位后将定位锚绳收紧，通过吸泥继续下沉钢围堰，到位后灌注水下封底混凝土，安装施工平台，进行钻孔桩施工。

筑岛围堰施工方案适用于水深在3.0m以内，水流流速较小的基础施工，围堰外坡面应有措施防止水流冲刷。在有覆盖层区域，也可用钢板桩、钢管桩筑岛围堰平台。

⑧ 浮运安装式平台。该平台利用导向船浮运，导向船在墩位处抛锚定位，在平台内插打定位桩，将平台支撑于定位桩，退出导向船，完善施工平台，进行钻孔桩施工。在将平台支点从导向船转换到定位桩的体系转换过程中，不能有较大的水位、水流向变化，防止导向船的移位造成定位桩的损坏。

⑨ 独立桩平台。适用于海床覆盖层较厚，水流流速较小，钢护筒插打后可自身稳定的施工区域。施工中先用打桩船将钢护筒施打到位，用浮吊安装施工平台；施工平台安装完后，进行钻孔桩施工。

(2) 钻机安装。

钻机安装时，机架要垫平并保持稳定，不得产生位移或沉陷，钻架顶端要采用缆风绳对称张拉，地锚要牢固。钻机、钻具和吊钻头的钢丝绳，均应符合要求；使用时应有专人检查维修。工作平台及钻机平台上应满铺脚手板并设置栏杆、走道，并应随时清除杂物。未施工的孔口，均应加防护盖以防止人员坠落。钻孔时，钻速不得过快或骤然变速，孔内弃土不得堆积在钻孔周围；停钻后，钻头要提出孔外安全位置。在高压线或铁路营业线附近施工，钻孔作业中要有防触电和防设备倾覆措施。

(3) 冲击钻钻孔。

采用冲击钻钻孔时，施工单位要对钨金套作拉力试验，钢丝绳与钻头连接的夹子数,应按等强度安装。作业过程中,吊钻头用的钢丝绳应无死弯、无断丝,安全系数不应小于1.2;作业人员应经常检查钢丝绳的损伤情况,如断丝超过5%时,应及时更换。卷绕钢丝绳时,严禁工作人员在其上跨越;卷扬机卷筒上的钢丝绳不得放完,应至少保留三圈,严禁人拉钢丝绳卷绕。电动卷扬机在工作中,如遇停电或停机检查保养时,作业人员应将电源关闭;工作停止后,亦应将电源关闭,锁好开关箱。

钻机钻进时,卷扬机变速器的换挡应事先停车,挂上挡后,方可开车。当拆钻杆为双层作业时,上下应紧密联系,防止落物伤人;严禁作业人员用机械动力拆接钻杆。

(4) 旋转钻机钻孔。

钻机钻孔时,高压胶管下不得站人;水龙头与胶管连接处要用双夹卡住。钻机旋转时,不得提升钻杆;加接钻杆时,连接螺栓严禁用普通螺栓代替。当滑移钻机平车时,应防止挤压电缆及风水管路。

(5) 深水钻机平台。

深水钻孔使用的钻机平台要根据桥址区的水文、地质、气象条件和施工荷载进行专项设计,平台要设置防撞设施。平台钢管桩之间及顶部纵横梁之间的连接系应焊接牢固,形成整体。平台顶部要满铺防滑钢板,并要有防火、救生等安全设施,平台四周要设置防护栏杆和防护网。平台高度要高出施工期间可能出现的最高水位(包括浪高)1.5m以上。

4. 挖孔桩施工

(1) 挖孔时,防止孔壁坍塌是安全管理的重点;挖孔时必须采取孔壁支护,一般可采用便于拆装的钢木支撑。采用混凝土护壁时,要随挖随护,每一循环进尺不得超过1m,开挖后及时施作钢筋混凝土护壁。护壁验收合格且在混凝土强度达到2.5MPa后方可继续下挖。

(2) 孔口周围要高出地面0.3m以上,并设防护栏。夜间作业时要悬挂警示灯。孔内作业时,孔口必须有专人看守,随时与孔内人员保持联系,并随时注意护壁变化及孔底施工情况,发现异常时,要立即协助孔内人员撤出。

(3) 作业人员孔内作业时,要戴好安全帽,挂好安全绳,穿好绝缘鞋,人员上下不得携带任何工具和材料。孔内必须设置应急软梯。绞车、绞绳、吊斗、卷扬机等机具要经常检查维修。孔内要设置护盖等防止物体坠落的设施。孔内照明要采用低压灯。起吊设备要有限位器和防脱钩装置。

(4) 施工单位应经常检查孔内二氧化碳及其他有害气体浓度;当超过规范规定值或孔深超过10m时,施工单位均应增设通风设备,及时排除有害气体,确保作业人员安全。

（5）施工开挖桩内的胶结土层，或凿平桩底坚硬岩层需要爆破时，宜采用小直径浅孔微差爆破，严格控制药量，以防止孔壁坍塌，并在爆破后及时进行通风，防止有害气体积聚。孔口要加防护盖，防止石碴飞出伤人。一孔进行爆破，邻近孔的作业人员要撤至安全地带。

5.2.5　沉井基础施工

1. 筑岛沉井

（1）筑岛围堰要坚固，防止冲刷造成塌陷；地基承载力要满足设计要求。

（2）制造底节沉井时，立模和绑扎钢筋前，必须先搭好脚手架及平台栏杆，安装梯子及扶手。脚手架平台要搭设牢固，模板支撑要牢固。焊接作业时，作业人员必须采取防火、防灼伤和防电弧光伤眼的措施。

（3）拆除沉井的垫木，必须在沉井混凝土达到设计强度后进行。撤垫前，施工单位应对施工人员进行技术交底。为防止拆除垫木时沉井发生偏斜，拆除垫木时应分区、依次、对称、同步地进行。抽垫时，施工人员应随时用砂土回填，夯打密实。定位支垫处垫木要最后同时抽出。拆除沉井模板及垫木时，施工单位要安排专人在沉井外观察和指挥。

（4）沉井下沉时，施工人员不得先挖沉井外圈土，应在刃脚处均匀掘进，保持沉井均衡下沉；在沉井刃脚或井内横隔墙附近开挖时，不得有人停留。人工挖土下沉沉井时，作业人员不宜站在刃脚及隔墙下挖土。在地下水位以下，不宜采用人工挖土下沉沉井。

（5）采用吊机或抓泥支架抓泥下沉沉井时，支架应有足够的强度和稳定性。使用吊机时，吊机应放在稳固的基础上，并与沉井保持一定距离。用吊斗出土时，斗梁与吊钩要封绑牢固，作业人员要经常检查斗梁、斗门等磨损情况，损伤部位要更换或加固。吊斗升降时，井顶指挥人员要通知井下人员暂时避开。

（6）采用吸泥机吸泥下沉沉井时，出泥管口应拉缆绳，控制出泥方向。采用空气幕下沉沉井时，空压机储气罐等要由专人操作；储气罐放置地点要通风，严禁日光暴晒和高温烘烤。

（7）沉井下沉中，施工人员应均匀出土并限制超挖、超吸，加强沉井底的潜水检查，防止产生沉井突然下沉和大量翻砂，导致沉井歪斜，造成机械和人员损伤。施工人员在确认沉井已稳定而不致自动下沉时，潜水工方可在沉井内清基；严禁在沉井上进行其他作业。潜水工清基的具体作业应参照有关规定办理。沉井下沉中，刃脚尚未达到淤泥质松软土的原河床面以前，需沉井接高时，施工人员应在井内回填砂土，防止沉井加重时产生不均匀下沉。

（8）施工单位应在沉井顶面的四周应设置安全防护栏杆；多孔沉井上暂停工

作的井孔，应加盖。井顶上的机具要设防护挡板。井上搭设的抽水机台座(架)必须安装牢固。电路要使用防水胶线，防止漏电。

(9) 井下作业人员必须配齐安全防护用品。井内要有充足的安全照明设施，沉井各室均应悬挂钢梯及安全绳。涌水、涌砂量大时，井内施工人员应及时撤离。

2. 浮式沉井底部钢结构安装

(1) 作业人员要按设计图进行拼装船的布置加固；拼装船四周应设置栏杆，上下作业通道应设走道跳板，梯子应装上扶手；搭好的脚手架应牢固可靠；船组之间的间隙应挂安全网；拼装地点施工单位必须备有防火和救生设备。

(2) 使用吊机组装时，组装螺栓的联结或临时联结焊接牢固后，吊机方可松钩；施工单位应对底部钢刃脚进行水密试验，其余各节钢井壁焊缝应经渗透检查，合格后方可入水；浮式沉井的气筒，应按压力容器的有关规定进行压力检验，合格后方可使用。

(3) 钢刃脚烧割与电焊时，施工单位应有防护周围钢丝绳不被烧坏的措施。

(4) 钢气筒安装前，井孔应拉好安全网，安装时逐一撤除。安装完毕后，气筒顶应装设临时工作平台和栏杆。

3. 浮式沉井导向船组安装及锚锭抛设

(1) 水中浮运沉井，或钢板桩围堰的围囹结构定位下沉时，宜设有导向船组、定位船和锚锭设施组成的锚锭系统。锚锭抛设及船组就位前，施工单位应和港务部门联系，设置航标。

(2) 锚锭系统应考虑渡洪和抗台风的需要，配有适当数量的备用设备。导向船组应设救生船，并配备救生设备、消防器材及通讯设备。导向船、定位船连接时不得发生剧烈碰撞，汛期要经常检查锚锭系统。

4. 浮式沉井底部钢结构浮运定位

(1) 沉井浮运前，施工单位要制定下水方案，全面检查船上的安全设施和锚锭设施是否符合有关规定；与当地气象台、站及水文站联系，掌握 3 天内气象及水情预报，制定相应措施；和航政部门联系有关航道临时封锁及设标事宜，并向有关单位发出通知。

(2) 参加浮运的船只事先进行分工，明确航行路线、联络信号和协作办法；与水上公安及港监部门联系，派出监督船只及人员；过往船只不得进入浮运水域。导向船组同定位船连接时，通过导向船组及沉井拉缆的工作人员应一律穿救生衣。

(3) 沉井浮运开始时，操作人员应服从统一指挥；各项操作应迅速准确，作业人员穿好救生衣。浮运过程中，施工单位除须备有应急拖轮外，尚须备有救生木船及救护设备。

(4) 船上（或支架平台上）制造完成的浮式沉井，下水应在水面波浪较小时进行，当有船只驶过时，要暂缓下水。

(5) 沉井浮运就位后，应在导向船与工作船的空隙之间挂好安全网、铺好人行道板、装上栏杆、扶手及梯子；此外，还应配备救生设备及消防设备。

(6) 缆绳作业地点及缆绳盘置地点除有关人员外，其余人员严禁停留。锚锭设施每天应有专人检查及记录，应根据锚绳的出水长度及时调整锚绳的受力状态。

(7) 采用起吊下水时，施工单位要对起重设备合理配置，使其受力均匀；当河岸有适合坡度，采用滑移、牵引等措施下水时，下滑速度要缓慢，沉井后侧要始终用溜绳控制，严防倾覆及损伤。沉井底部钢结构起吊下水前，作业人员应重点检查起吊系统的准备工作是否符合设计和施工要求。起吊后，作业人员确认钢结构与拼装船之间无障碍物时，拼装船才可溜放退出，钢刃脚逐渐下落入水；自浮稳定后，应系好拉缆。

(8) 作业人员在沉井井壁刃脚内填充混凝土，应均匀、对称进行。混凝土灌筑平台应满铺脚手板，并设栏杆；悬挂的减速漏斗（串筒）应牢固，并进行封钩；不用灌筑平台而采用吊斗或混凝土输送泵灌筑时，作业中应加强信号指挥及上下联系。

(9) 浮式沉井在悬浮状态下，施工单位要随时观测沉井的稳定性及出水高度。沉井接高前，应安装施工脚手平台、栏杆及扶梯；钢气筒和钢壳的安装、沉井刃脚填充混凝土及井壁的接高，必须均匀、对称加载；沉井顶面应高出水面1.5m。带气筒的浮式沉井，在气筒顶应加防护盖，并设有一定厚度的防护砂袋；沉井双壁顶面应满铺防护板。

5. 浮式沉井定位落河床

浮式沉井定位落河床前，施工单位应对所有锚锭设备进行检查和调整，及时与水文站联系，掌握水情预报，以便采取措施。沉井放气落河床后，作业人员应密切注意河床冲刷的情况，随时观测沉井的倾斜、移位情况，使沉井达到稳定深度。

5.2.6 墩台施工

1. 专项施工方案

高大模板、爬模、翻模施工前，施工单位均应编制专项施工方案。墩台施工的主要危险源、危险因素包括：塔吊基础不牢固或塔吊未与墩身进行可靠连接，造成施工过程中塔吊失稳或倾覆；高墩施工中施工电梯超载运行；墩（台）身钢筋安装时无可靠的固定措施；模板支撑不牢固；脚手架、作业平台搭设不牢固；上下作业未设置防护棚等安全防护设施；模板及脚手架拆除顺序及措施不当；起重吊装违规作业；高墩模板爬升体系未设置保险装置；作业人员未按规定佩戴劳动防护用品。

2. 模板与脚手架

(1) 墩（台）身混凝土施工要加强对模板支撑系统和变形的检查。墩身钢筋安装要搭设支架临时加固，防止钢筋骨架倾覆。脚手架、工作平台搭设牢固，不得与模板及支撑体系连接。平台、步梯要设围栏，周边要张挂密目安全网。当墩台位于陡坡处时，要及时施工边坡支护及排水工程。施工弃碴严禁倾倒在墩台一侧，以免造成偏压。

(2) 脚手架搭设前要进行受力检算，地基要坚实，满足承载力的要求，四周排水要通畅。当脚手架搭设较高或风力较大时，应增设缆风绳并锚固牢靠，必要时与桥墩拉接。脚手架使用期间，严禁松动或拆除任何受力杆件。作业平台上不得超载，四周设安全网，脚手板搁置必须牢固平整，不得有空头板。拆除脚手架时，施工区域要设警戒标志。严禁将模板支架、缆风绳、混凝土输送泵管等固定在脚手架上或悬挂在塔吊设备上。

(3) 墩身钢筋模板安装前，必须搭脚手架平台、栏杆及上下扶梯。模板就位后，应立即用撑木等固定其位置，以防倾倒伤人。当借助吊机吊模板合缝时，模板底端应用撬棍等工具拨移，不得徒手操作。每节模板立好后，应上好连接器和上、下两道箍筋，打好内撑，方可暂停作业，以保持稳定。竖立模板过程中，上模板工作人员的安全带必须拴于牢固地点，穿拉杆时应内外呼应。整体模板吊装前，应使模板连接牢固，内撑、拉杆、箍筋上紧，吊点正确牢固。起吊时，应拴好溜绳，并听从信号指挥，不得超载。采用分段连接整体吊装模板时，应连接牢固。起吊安装过程中要栓溜绳，不得碰撞模板和脚手架。

(4) 墩帽立模板前，应搭脚手架、铺脚手板，装栏杆、扶梯。在脚手架与墩身的空隙间应挂有安全网。墩帽两侧应设吊篮，墩帽顶上下游应设为张拉安全网用的预埋构件。

(5) 拆除模板之前，必须设立禁区。模板拆除要遵循自上而下、分节分块、先挂后拆的原则进行。水上拆除模板，应配有工作船、救生船和救生设施。拆除模板时，应按规定的程序进行，先拴牢吊具挂钩，再拆除模板。模板、材料、工具不得往下扔。用人工拉绳拆除模板时，拉绳应有足够长度。施工人员与拆下的模板之间应有一定安全距离。

(6) 桥墩较高时,宜在墩身下游端安装固定式铁梯,与墩身预埋件牢固连结。混凝土在未达到设计强度前,不得使用。

3. 施工电梯与塔吊

(1) 施工电梯的安装、拆除和检验要按相关标准执行。施工电梯应与墩身或基础连接牢固。每安装一个标准节,必须按照要求安装限位器。电梯运行时,人员及物品不得露出安全栏外;施工电梯严禁超载。

(2) 塔吊的安装、拆除和检验要按相关标准执行。塔吊的基础应满足塔吊抗倾覆稳定性的要求,四周排水要通畅。塔吊与桥墩之间的固定连接要牢固可靠。当同一施工地点有两台以上塔吊时,要保持两机间任何接近部位(包括吊重物)距离不小于 2m。风力在四级及以上时,不得进行塔身升降作业;作业中风力突然增大达到四级时,必须立即停止作业,并紧固上、下塔身各连接螺栓。提升重物时严禁自由下降。作业中,当停电或电压下降时,应立即将控制器扳到零位,并切断电源。操作人员临时离开操纵室时,必须切断电源。停机时,应断开电源总开关并打开高空指示灯。

4. 水中墩台围堰

(1) 水中墩台在围堰内抽水后,应在围堰内安装踏步梯子,并设置栏杆。围堰顶层平台除上下工作孔外,应满铺脚手板,并严禁堆放料具。导向船拆除后,应设置靠帮船。

(2) 对围堰漏水、水泵运转以及围堰外水位与河床变化情况,应定时观测记录。必要时,应加固围堰支撑。当吊机吊重物而司机看不到基坑底部时,应设双层信号。吊具应捆绑牢靠,重物下不得站人,严禁碰撞板桩围堰及模板。

5. 钢筋与混凝土

(1) 人工搬运和绑扎钢筋时,应互相配合,同步操作。钢筋不得直接往下甩。钢筋起吊时,应捆绑牢靠;钢筋绑扎时,应用力一致,协同操作。在带电导线附近进行钢筋作业时,应采用防护措施。电焊钢筋时,应防电弧光击眼和灼伤。在已安装的钢筋上不得行走,必须架没交通跳板,或另搭脚手架。

(2) 混凝土灌筑平台上的减速漏斗,应以吊具固定在平台方木或钢构件上,不得用扒钉或铁线拴挂。减速漏斗外边的缝隙,应用木板封闭。漏斗、串筒的挂钩、吊环,均应牢固可靠。悬挂的串筒,应有保险钢丝绳。在脚手平台上运送混凝土时,其走道应满铺脚手板,并安装栏杆。使用吊斗灌筑混凝土时,应先通知基坑作业人员避让,并不得依靠栏杆推动吊斗。严禁吊斗碰撞模板和脚手架。

(3) 使用混凝土振捣器时,必须检查振捣器的外壳、接地装置及胶皮线情况、电线的端部与振捣器的连接情况;振捣器的搬移地点以及在间断工作时电源开关关闭等情况。

(4) 凿除水下混凝土浮浆及管柱头时,操作人员必须戴防护眼镜。风镐及供风设备应经常检查,确认良好,方准使用;风枪严禁对人。如用人工凿除浮浆及管柱头时,应经常检查锤头是否牢固。采用吊机的吊斗出碴时,应挂好钩,关好斗门。吊机扒杆活动范围内不得站人。

6. 墩身爬模施工

(1) 模板应经验算,并应有一定的安全系数。模板组装前,对其部件要进行检查,按顺序编号,并搭设组装平台。爬模自身脚手架平台、接料平台、吊挂脚手架及安全网要安装牢固。爬升体系要设置保险装置。架体提升时,工作人员不能站在爬升的模板或爬架上。

(2) 模板升至 2m 以后,应安装好内外吊架脚手架,铺好脚手板,挂好安全网。滑模内应按安全规定设置升降设备或安全梯。提升设备在提升前要全面检查。用液压千斤顶作为提升设备时,除了纠偏需要外,千斤顶应同步进行作业。

(3) 模板组装完毕后经检验合格方可浇筑混凝土。浇筑混凝土时,应避免振捣器接触模板、对拉螺栓、钢筋或空心支撑。混凝土灌筑应分层、均匀进行,不得用吊斗直接灌入,以免冲击模板造成偏压。振捣器捣固时,不得振动顶杆、钢筋和模板,在提升模板时禁止振动。混凝土浇筑后,强度达到 2.5MPa 以上时方可拆模。使用缆索吊机或一般吊机运送混凝土时,吊斗起落范围内不得站人。

(4) 爬模的接料平台、脚手平台、拆模吊篮的荷载应均匀对称,不得超载。操作平台周围,应安装防护栏杆、消防设施和通讯避雷装置。

(5) 提升设备中液压千斤顶油管接头、阀门的油压在 12MPa 以上时,应密封无渗漏,电动千斤顶的线路绝缘应良好。卡头牢固,放松灵活,在荷载作用下,上下卡头应交替安装;卡珠的滑移量不应大于 5mm,卡块不应大于 3mm。同一批千斤顶在相同荷载作用下,其行程误差不应大于 2mm。用手动或电动千斤顶做提升工具时,千斤顶丝扣的旋转方向应以左右方向对称安装、使其力矩相互抵消,防止平台扭转。工具式顶杆如用直径为 25mm 圆钢时,其承载重力不应大于 15kN。顶杆应在结构滑到顶,拆除模板支撑架后拔出,并以砂浆封孔。

(6) 提升设备在每次提升前作业人员都应进行检查,排除障碍,观察偏斜数值。顶杆和平台应稳固,如顶杆有失稳或有被顶出混凝土的可能时,作业人员应及时加固。提升结构应设置限位安全装置。夜间作业应有照明设备,并使用 36V 以下的安全电压。

(7) 墩顶养生作业人员必须栓好安全带,贮水设备应绑牢。

(8) 拆除爬模设备要做好安全措施,可视其装吊设备分组拆除,或在地面上解体，以减少高处作业和杆件变形。

7. 高墩翻模施工

工作平台应和模板连为一体，提升时，吊机应分节分块提升并安装牢固。翻模分节分块的重量应小于吊机的额定起重量。模板吊装时应缓慢提升和移动，严禁作业人员攀附在模板上或者模板侧的工作平台上。

5.3　预应力混凝土梁预制与架设施工

5.3.1　预应力混凝土梁施工概述

1. 铁路桥梁上部结构概述

铁路桥梁上部结构的主要部分是不同结构形式及不同材料的梁，大体分为混凝土梁及钢梁。混凝土梁包括 T 梁及箱梁，分为连续或简支；按跨度分为标准跨及特殊跨。特殊跨的梁采用桥位现场制造，标准跨的梁一般采用在沿线建立若干个制梁场预制制造、架桥机架设的施工方法。桥位现场制造中，有条件的地方采用移动模架现浇，或采用满布支架现浇施工；高山深谷或桥隧相连区段的施工场地和运输条件相对较差时，采用节段拼装或制、架单线简支箱梁；大跨度预应力混凝土梁采用悬臂灌注施工。钢混结合梁等特殊结构桥梁则因地制宜，认真比选，择优确定梁部施工方法。

2. 预应力混凝土箱形梁施工工艺

箱形截面由于具有良好的结构性能，因而在现代各种桥梁中得到广泛的应用。一般来讲，常见的箱形截面有单箱单室、单箱多室、多箱单室、多箱多室等。

在已建成的大跨度预应力混凝土梁桥中，当跨度超过 40m 后，其横截面大多为箱形截面。在客运专线铁路桥梁中，由于预应力混凝土箱型梁刚度大，使结构的各种变形很小，而且噪音低，由温度变化引起的结构位移对线路结构的影响小，能为列车高速运行提供具有高平顺性和稳定的桥上线路，而被广泛应用。

从预应力的张拉时间来分，预应力混凝土箱梁的施工方法有先张法和后张法；从施工安装来分有现场浇注和预制安装两种。现场浇注一般采用支架法、悬臂浇注法、移动模架法、顶推施工法；预制梁架设一般采用吊装架设法、架桥机架设法、浮运架设法、悬臂拼装法、造桥机拼装法等进行施工；预应力混凝土梁的施工方法与设计的各工况计算紧密关联。

5.3.2 施工方案及大型设备安全

1. 专项施工方案

T梁运、架施工前，箱梁搬(提)运架设设备安装和箱梁运、架作业前，施工单位要编制专项施工方案；方案要针对具体工程特点、现场作业环境，分析施工安全主要的危险因素，制定相应的技术、安全措施。

2. T梁运、架施工中的危险因素辨识

T梁运、架施工中的安全隐患及可能引发安全问题的危险源、危险因素主要包括：施工单位不按规定安装使用运、架设备；梁体存放时支垫不牢固；起落梁时梁体两侧无支护措施；使用千斤顶起落梁时作业人员违章操作；采用两台吊机起吊梁时指挥不统一，起落不同步；架梁作业区未设置防护设施；架梁时，墩台未安装吊篮、步板、梯子等安全防护设施；架梁前施工单位未对架梁线路进行检查维护；线路未压道，桥头未加固；架桥机主机对位后作业人员未采取可靠的制动措施；下坡道架梁时运梁车没有可靠的防滑措施；架桥机过孔前，梁片未按规定进行横向连接；横向连接、湿接缝施工无可靠的工作平台或吊篮；高处作业人员作业不符合规定；跨越公路、河流施工缺少防护、救生措施；架梁作业缺少防风措施，雨季施工无防雷击措施，冬季施工无防滑措施。

3. 简支箱梁预制及运架作业的主要危险因素

预应力混凝土简支箱梁预制及运架作业主要的危险因素包括：制、存梁台座地基承载力不足，周边排水系统不畅；采用两台吊机起吊重物时指挥不统一，起落和横移不同步；制梁模板安装支撑、连接不牢；采用蒸养时，蒸汽锅炉使用中施工单位未按规定对压力表、安全阀进行定期校验；预应力张拉作业未设防护屏障，张拉后撞击锚具、钢绞线束；钢绞线开盘及下料操作防护不当，弹出伤人；施工单位未按规定对箱梁搬(提)、运、架设备进行定期检查、违章作业；运梁时运梁车超速运行；架梁作业中架桥机限位装置失灵；运架设备通过的便道、桥涵、路基承载力不足且无加固措施；起落梁时千斤顶的位置不符合设计要求，起落不同步；架梁作业时无防风措施、雨季施工无防雷击措施；冬季施工无防滑措施；架梁作业跨越公路、河道施工时无防护措施；施工现场违章用电；特种设备操作人员无证上岗、高处作业人员不按规定佩戴劳动防护用品、作业人员酒后或疲劳作业。

4. 箱梁搬(提)运架设备管理

箱梁搬(提)运架设备的设计、制造、改造、安装、调试和使用应遵守《特种设备安全监察条例》(国务院令第 373 号)、《起重机设计规范》(GB/T 3811)等的规定。工地安装完成后应按现行国家标准《起重机试验规范和程序》(GB 5905)进行荷载试验,并经当地主管部门验收合格后方可投入使用。使用期间施工单位要定期对箱梁搬(提)运架设备进行检查,重要部件(如轮、吊杆、吊钩等)应进行探伤检查,设备发生故障要由专业人员维修处理。施工单位要对箱梁搬(提)运架等大型设备建立相应的设备技术档案,包括:设计文件、制造单位产品质量合格证书、使用维护说明等文件及安装技术资料;设备定期检验和定期自行检查的记录;设备的日常使用情况记录;设备及其安全附件、安全保护装置、测量调控装置及有关附属仪器仪表的日常保养记录;设备运行故障和事故记录。

箱梁搬(提)运架设备目前涉及的类型、型号较多,施工中使用的搬(提)运架设备必须有自锁、互锁、连锁保护装置,防止误操作。架梁前,施工单位要根据采用的架桥机的特点,制定架桥机安全操作规程及维护保养制度。架梁作业要符合《铁路架桥机架梁暂行规程》(铁建设[2006]181 号)的有关规定。

5.3.3 预应力混凝土简支梁预制

1. T 梁预制

(1) 制、存梁台座、梁体钢筋骨架安装、模板安装、预应力张拉等的安全要求参见"预应力混凝土简支箱梁预制"的相关内容。

(2) 顶落梁前梁体两侧均应支护,千斤顶安放位置要保证梁体顶起后不会歪斜。顶梁部位应在规定的容许悬臂长度范围内,持力点置于梁端重心线上,基础应牢固可靠。梁体与千斤顶之间应垫以石棉板,顶梁过程中,不允许超过千斤顶有效行程的 80%。

(3) 千斤顶顶落梁时,应边顶边垫、边落边撤保险支点,使梁的脱空距离保持在 20mm 以内;两端交替进行,严禁两端同起同落。

(4) 横移梁的滑道应设在距梁端容许悬臂长度范围内,滑道应与梁纵轴线垂直;滑梁时,梁体混凝土面与滑道之间必须安装移梁装置,严禁将梁直接在滑道上滑行。移动梁体时两端应同步,并派专人检查,支撑松动时应停止牵引,及时加固。

(5) 采用一台吊车吊梁时,应保证吊点位置上部配备起吊扁担。采用两台吊车吊梁时,两端应统一指挥,同时起吊落位。梁体上下翼缘应设护铁。

(6) 梁体存放时应支垫牢固、不得偏斜,防止梁体倾覆;双层存放时,上下层梁的支垫位置应在同一垂直面上。

2. 先张法预应力混凝土箱梁制造

1) 先张法施工工艺特点

先张法是指在浇筑混凝土前先把钢筋在台座上按设计要求进行张拉,待混凝土达到一定强度后逐渐放松钢筋。由于混凝土与钢筋的黏结作用，阻止了预应力钢筋的弹性回缩，混凝土得到相应的预压应力。

先张法的优点是张拉钢筋时，只需夹具，它的锚固是将预应力钢筋与混凝土的黏结力自锚于混凝土中，具有施工周期短、工序简单、节省材料、维修养护工作量小、耐久性好等优点。它的缺点是需要专门的张拉台座，基建投资大，构件中的钢筋只能采用直线配筋，仅限于预制梁的制造。

2）张拉台座及制、存梁台座

张拉台座由台面、承力架、横梁和定位钢板等组成。张拉台座要能满足直线和折线配筋的工艺要求，抗倾覆安全系数不小于1.5，抗滑移系数不小于1.3。

制、存梁台座的地基应有足够的承载力，不能满足时制梁单位要进行地基处理。台座要有足够的强度、刚度和稳定性；台座四周要设立良好的排水系统，防止积水浸泡台座发生不均匀沉降或冻胀。

3）张拉作业

张拉前，作业人员应对台座、横梁及张拉设备进行详细检查；张拉中使用的工具和锚具，使用前要作外观检验和探伤检测，有裂伤者严禁使用。折线配筋的先张梁要对转辙器作外观和探伤检查，符合要求后方可进行操作。同时张拉多根预应力筋时，应预先调整其初应力，使相互之间的应力一致，张拉过程中，应使活动横梁与固定横梁始终保持平行，并应抽查力筋的预应力值，其偏差的绝对值不得超过按一个构件全部力筋预应力总值的5%。张拉时要采取防护网、防护墙等安全防护措施，操作人员应站在千斤顶的两侧。浇筑混凝土时振捣器不得撞击钢绞线。

4）预应力筋的放松

当混凝土达到了设计规定的放松强度以后（强度、弹性模量、龄期），就要从台座上将预应力筋的张拉力放松。预应力筋的放松顺序应符合设计要求，设计未规定时，应分阶段、对称、相互交错地放张。在预应力筋放松之前，应将限制位移的侧模、翼缘模板及内模拆除。采用楔块放松预应力筋时，应控制楔块同步缓慢滑出；采用超顶法放松预应力筋时，各台千斤顶必须配接单独油路；同步顶开千斤顶，顶开的最大间隙不得大于2mm，以能松动自锁螺母或插垫为度。先顶开的千斤顶应保压持荷，直至全部千斤顶顶开。同步放松自锁螺母或插垫后，再同步放松各千斤顶，直到预应力筋全部放松为止。

3. 后张法预应力混凝土箱梁制造

1）工艺特点

后张法制梁的步骤是先预留预应力筋孔道，待其混凝土达到规定强度后，再在孔道内穿入预应力筋进行张拉并锚固，最后进行孔道压浆并浇灌梁端封头混凝土。

后张法的优点是预应力筋可直接在构件中张拉，不需要专门台座预应力筋可按设计要求配合弯矩和剪刀变化布置。缺点是每一束或每一根预应力筋两头都要加设锚具而且在施工中还增加留孔、穿筋、灌浆和封锚等工序，施工工艺复杂。

2）制梁与存梁台座

制、存梁台座的地基应有足够的承载力，不能满足时要进行地基处理。台座要有足够的强度、刚度和稳定性。台座四周要设立良好的排水系统，防止积水浸泡台座发生不均匀沉降或冻胀。

3）钢筋骨架和模板安装

钢筋骨架和箱梁内模采用龙门吊整体吊装时应配备专用的吊具，多吊点均衡起吊。在起吊钢筋骨架前，吊点周围用架立钢筋加强，梁端部底腹板钢筋、顶板钢筋接触网支柱预埋件等部位及钢筋交叉处均应采用点焊加强，起吊前施工单位应派专人检查吊点铁链、钢丝绳。采用两台吊机同时起吊钢筋骨架时，现场应统一指挥，同步起落和横移，两台吊机各自分担的起重量不应超过其容许的负荷能力。

模板安装时侧模、底模、端模应支撑、连接牢固。模板的横移、顶升、下降应同步。钢模板翼模外侧应适当加宽，用于布置人行道和栏杆；两端应设供施工人员上下的扶梯；端模应设栏杆。混凝土浇筑过程中作业人员要经常检查模板，发现螺栓和支撑松动时，要及时紧固。禁止振捣棒触碰波纹管或胶管。

4）模板拆除

拆除内模时应缓慢进行，内模内不准站人。采用卷扬机牵引安装和拆除时，要遵守卷扬机操作规程。端模和侧模拆除过程中应将已拆下的模板支撑固定好，防止倒塌伤人。

5）混凝土箱梁制孔

混凝土箱梁制孔的方式可分为预埋式制孔和抽拔式制孔两大类。抽拔式制孔采用胶管时，抽拔胶管前应清除卷扬机工作区域内的障碍物。梁端附近严禁站人，防止胶管回弹伤人。制孔使用的胶管要经常检查，禁止使用受损伤的胶管。

6）蒸汽养护

采用蒸汽养护时，锅炉房的设计、安装应符合《锅炉房设计规范》(GB 50041)的有关规定；锅炉应安装在单独建造的锅炉房内，与生产生活用房的距离应符合《建筑设计防火规范》(GB 50016—2006)的有关规定；新安装或检修后的锅炉，经施工单位自检合格后，要报当地主管部门检查批准后，方可点火运行。锅炉房的司炉工、水处理工要持证上岗；锅炉在使用过程中要定期对压力表等计量器具和安全阀进行检查，对其他设备部件进行监视和检查，锅炉用水应符合规定，使用的燃煤符合锅炉的要求。

7）钢绞线加工

钢绞线在开盘后应检查外观，及时纠正钢绞线乱盘和扭结。钢绞线下料时应使用砂轮机切割，并配置专门的防护架，防止下料过程中钢绞线紊乱弹出伤人。张拉后，锚外的钢绞线也应采用砂轮片切割，切割时不得伤害锚具。

8）预应力筋张拉

预应力筋张拉应设置专用工作平台，平台应有防护屏障；张拉前施工单位应对高压油管作耐压试验，不合格的不得使用；油压泵上的安全阀应调至最大工作油压下能自动打开的状态；油压表安装应紧密满扣，油泵与千斤顶之间采用的高压油管连同油路的各部接头均应完整紧密、油路畅通，在额定工作油压下不得漏油。张拉区域要设置明显的警示标志，禁止非工作人员进入，张拉时千斤顶后面和油管接头部位附近不得站人，也不得踩踏高压油管；张拉时发现张拉设备运转异常，作业人员应立即停机检查维修。

9）管道压浆及封端

预应力筋在张拉控制应力稳定后方可锚固。预应力筋锚固后的外露长度不宜小于 30mm，锚具应用封端混凝土保护，当需长期外露时，应采取防止锈蚀的措施。一般情况下，锚固完毕并经检验合格后即可切断端头多余的预应力筋，严禁用电弧焊切割。

管道压浆前应调整好安全阀；关闭阀门时作业人员应站在侧面，并戴防护眼镜。压浆时，对曲线孔道和竖向孔道应从最低点的压浆孔压入，由最高点的排气孔排气和泌水。压浆顺序应先压注下层孔道。水泥浆自拌制压入孔道的延续时间，视气温情况而定，一般在 30～45min 范围内。对于较集中和临近的孔道，宜尽量先连续压浆完成，不能连续压浆时，后压浆的孔道应在压浆前用压力水冲洗通畅。压浆过程中及压浆后 48h 内，结构混凝土的温度不得低于 5℃，否则应采取保温措施。当气温高于 35℃时，压浆宜在夜间进行。

封端一般有压浆前进行封端和压浆后进行封端的工艺，压浆后实施封端的工艺具有更好的完整性。孔道灌浆后对需封锚的锚具应立即将其周围冲洗干净并对梁端混凝土凿毛，然后设置钢筋网浇筑封锚混凝土。在绑扎端部钢筋网和安装封端模板时，要妥善处理，以免在浇筑混凝土时因模板走动而影响梁长。封锚混凝土的强度应符合设计规定，一般不宜低于构件混凝土强度等级值的 80%。浇完封端混凝土并静置 1～2h 后，应按一般规定进行浇水养护。

长期外露的锚具，应采取防锈措施。对后张预制构件，在管道压浆前不得安装就位，在压浆强度达到设计要求后方可移运和吊装。

5.3.4　场内移梁及运架设备安装和转场

1. T 梁场内移梁

从工地预制场至桥头的运输，称为场内运输。对于 T 梁，场内运输通常需铺设钢轨便道，由预制场的龙门吊车或木扒杆将梁装上平车后用绞车牵引运至桥头。运输中，梁应竖直放置，为了防止构件发生倾倒、滑动或跳动等现象，需要在构件两侧采用斜撑和木楔等临时固定。当采用水上浮吊架梁需要使预制梁上船时，运梁便道应延伸至河边能使驳船靠拢的地方，为此需要修筑一段装船用的临时栈桥或码头。当预制工厂距桥工地甚远时，通常可用大型平板拖车、火车或驳船将梁运至工地存放，或直接运至桥头或桥孔下进行架设。梁片装车时须平衡放正，以使车辆承重对称均匀。梁片支点下及相邻两梁片间，须垫麻袋或草帘，以防止梁片相互碰撞。梁片下的支点须设活动转盘以免搓伤混凝土。预制简支梁运输时应竖立放置，并用斜撑支承(应支在梁腹上，不得支在梁板上，以防梁板根部发生负弯矩而开裂)，以防梁倾倒。

2. *移梁设备的走行道路*

移梁设备的走行道路(轨道)应根据负荷接地比压进行专门设计、检算，对不能满足承载力要求的地基进行加固处理。走行道路(轨道)的宽度、平整度、坡度、曲线半径等应符合移梁设备性能要求。走行道路(轨道)应经常检查维修。采用就地横移梁体铺设的专用轨道应平顺，轨距正确，轨道接头不得有错台、错牙、道床无沉陷。采用滑道横移梁体时，滑道位置应与卸梁轴线垂直，两股滑道之间的距离必须一致。滑道应有足够的强度和稳定性。梁体滑移时梁底面与滑道之间，必须加设滑板，两侧应有能随梁体移动的保护支撑。

3. 搬(提)梁机移梁

采用搬(提)梁机移梁时，移梁前应对搬(提)梁机进行检查调试，确保设备运转正常，清除起重工作范围内和走行限界内的障碍物；梁体起吊前应检查吊具连接是否可靠，调整各个吊杆，使其受力均匀后方可起吊。起吊时，应在顶板下缘吊孔处垫以钢垫板，垫板应与梁顶板底密贴。升降系统提升箱梁应缓慢、匀速进行；梁体吊离台座 100～150mm 后，搬(提)梁机应停车制动，作业人员要检查吊杆螺栓是否紧固，起升制动是否可靠，确认良好后方可继续作业。大雨、大雪、大雾或风力超过六级，气温低于设计容许范围时，搬(提)梁机应停止作业。台风来临或风力达到十级以上时，应将搬(提)梁机可靠锚碇。停止作业时，机手应将起吊物卸下，吊钩升至规定高度；大、小车停到规定位置，并锚碇运行机构。制动器要保持在工作状态，操纵杆放在空挡；关闭所有操作按钮并切断电源，锁住所有操作室及电控柜，并关门上锁。

4. *移梁台车移梁*

采用移梁台车移梁时，应在移梁前对移梁台车进行检查调试，确保台车系统运转正常，清除走行限界内的障碍物；移梁过程中，起梁千斤顶应设置防回油保险装置，两端移梁台车走行应保持同步；4支点不平整量不大于2mm，每个支点的实际反力与4个支点的反力平均值相差不应超过10%。

5. 起吊箱梁

起吊箱梁时，吊点位置和运输支点应按设计规定的位置布置吊点或支承点。吊装过程中应采用整体提升装置，保证各吊点的受力均衡。后张梁在初张拉后移梁时，梁上严禁堆放其他重物，终张拉后的装车吊运必须在管道压浆达到规定强度后进行。梁体的起顶、支垫、卸顶应对称平衡，支垫牢固。梁体移位交换支点时，千斤顶起落高度不得超过有效顶升行程。移动梁体时，两端行程应同步。

6. 运架设备安装

运架设备安装场地应平整、坚实，四周无影响拼装、拆除的障碍物。施工单位要在拼装场地四周挂设警示牌，闲杂人员不得入内。临时支墩及其基础应经设计检算，确保其安全、稳固。架桥机工地安装完成后，应按《起重机试验规范和程序》(GB 5905)进行荷载试验。施工单位自检合格后，经当地主管部门验收合格后方可投入使用。

7. 架桥机转场作业

架桥机转场作业时，转场前应勘察转场线路，小解体、驮运转场时，确认起重小车在规定位置，转运托架与主梁和运梁车固定牢固，低速行驶并设置监视人员；运梁车进入或退出架桥机腹腔时，应设专人观察运梁车与架桥机之间的距离。架桥机与运梁车连接牢靠，检查并确认各部件摆放到指定位置，架桥机由运梁车载运到位，必须确认架桥机前后支腿和临时支撑稳固后才可将运梁车上的升降托架下降，退出运梁车。

8. 运梁车载运架桥机调头

运梁车载运架桥机调头，场地的空间、承载力和平整度必须满足要求，调头过程中架桥机工作区域无障碍物。架桥机通过隧道时，后支腿折叠到指定位置，轮廓尺寸满足隧道净空要求并锁定，运梁车载运架桥机在隧道内应沿确定的走行线低速行驶，专人观察安全距离。

5.3.5 预应力混凝土简支梁运输

1. 简支T梁运输

(1) 通过工程线运输时，施工单位应派人随车监护，出现支撑松动，应停车加固。运梁车接近到位时，走行速度不得大于 5km/h。运梁车到位后应制动锁定。

(2) 梁体起吊装车运输时，两端的高差不得大于 30cm；用车船运输、转移换位时，应按有关大型构件装卸、运输有关规定执行。

(3) 用千斤顶装车运送时，千斤顶的起重吨位不得小于梁体自重的 1.2 倍。横移时，应保持梁体的平衡和稳定，两端不得同起同落。

(4) 凡跨装两个平板的梁体，均应制造运梁专用转向架，转向盘与底盘的接触面应清理干净并注以润滑油。转向架上盘与梁底之间，需要加防滑垫木，死心盘一端的防滑垫木上还应加铺一层橡胶垫，梁底与上盘的挡铁之间应用木楔楔紧。

(5) 梁体两端内外侧应使用型钢焊制的梯子型支撑支护，支撑的顶部与梁体之间必须顶牢。在梁端和与转向盘接触的梁体两侧应用红油对准上盘中心标出梁体重心线和支点箭头，以供运输中检查。

(6) 如运输中发生纵向窜动，32m 梁不超过 250mm、24m 梁不超过 150mm 且两种梁的横向位移都不超过 20mm 时，可以继续运行；斜支撑发生纵向倾斜时必须进行调正，方可继续进行。

2. 简支箱梁运输

(1) 运梁车装梁运输前，施工单位应对设备整机各部位进行检查，包括主结构、悬挂、行走轮胎的状态，机电液压、驮梁小车、各结构的连接情况以及燃润料油量油位，并作好记录，调整好运梁车架及驮梁小车的位置，插好驮梁小车定位销。

(2) 装梁时，搬(提)梁机要低位运行，距运梁车 3m 左右处应停车制动，调整梁体高出运梁车顶面 300mm 左右后平稳对位落梁。箱梁各支点对位应符合设计要求，保持梁体支点位于同一平面，支点相对高差应符合规定。装梁完毕应全面检查运梁车及箱梁的支垫情况，确认装载平衡，设备各液压管线及接头无任何渗漏后，方可启动运行。

(3) 运梁前，应派专人负责对运梁车经过的道路和已架桥梁进行检查，确认运输线路上无障碍物，用白线划出运梁通道上的中心线及边线，运梁车必须严格按规定路线行驶。

(4) 运梁车重载运行时应匀速前进，严禁突然加速或急刹车，走行速度必须控制在 5km/h 以内。运梁车通过曲线、坡道地段，走行速度应控制在 3km/h 以内。运梁路面遇有冰雪或路面湿滑时，应采取防滑措施。运梁时应设专人在运梁车前方引导和观察路面情况，发现异常立即停车。

(5) 运梁车接近架桥机时应一度停车，检查净空、侧面间隙等能否满足安全运行要求。通过架桥机支腿时，行车速度应严格控制在 3m/min 以内，禁止运梁车碰撞架桥机的任何部分。

(6) 运梁车发动机处于启动状态时，禁止操作司机离开驾驶室。运梁车停车对位后应打好止轮器;支撑好运梁车前后支腿,连接好运梁车与架桥机的电源接口,拖拉运梁前,确认驮梁小车上的定位销已拔出,严禁人员在前司机室内停留,卸载作业应由遥控器操作。

(7) 施工现场风力超过六级时应停止装、运梁作业。

5.3.6 预制箱梁架设

1. 预制箱梁架设方法概述

预制箱梁的架设是装配式桥梁施工中的关键性工序。安装预制梁是一项复杂的高空作业,方法很多,归纳起来可分为吊装架设、浮运架梁和架桥机架设等三大类方法。

(1) 吊装架设:预制箱梁在条件允许的情况下可以采用龙门吊机吊装、陆地汽车或履带等吊机吊装等方式进行吊装;采用千斤顶提升也是其一种安装方式。

(2) 浮运架设:在水域或海域中,根据施工条件,可以使用浮运架设的方法。浮运架梁法是将预制梁用各种方法移装到浮船上,并浮运到架设孔以后就位安装。浮吊船实际是吊车与驳船的联合体,它适用在通航河道上的桥孔下面架桥,施工时需要装梁船和牵引船与之相配合,预制箱梁装在装梁船上,随时供浮吊船起吊。

(3) 架桥机架设:架桥机架设的前期投入较大,一般使用于需架设的梁体数量多,运距长的情况下。架桥机架设施工中,各类架桥机(步履过孔式、悬臂过孔式、导梁过孔式、运架一体式、定点起吊式)应经过检查、验收和试吊签证,所有运载工具、走行道路、提升吊架、支承托架等,均必须经过重载试验,并有签证记录。所有吊具扁担梁均应经过检查、重载试验。梁上如有开孔,其尺寸、位置、预埋件、钢筋布置、运输支点的位置等,均应满足设计要求。梁上开孔用后应予填满。架设中各工序的步骤应严格按要求进行,防止架桥机倾覆;架桥机应进行必要的保养和维修,确保设备处于良好的工作状态。

2. 施工准备

(1) 架设前,施工单位应组织有关人员对所经线路上的高压线、通信线、广播线、隧道、渡槽等进行调查测量,对可能影响运梁车、架桥机通行的障碍物提出拆迁意见。对特殊困难架梁地段(隧道口、窄桥墩、小半径、大坡度等)的地形条件要详细调查,据以制定出相应的施工方案和安全措施。对桥头路基的填筑质量、高路堤的填土质量等进行详细的调查,据以确定压道和加固方法。

(2) 架梁使用的架桥机、运梁车和其他架梁设备等均应定期保养和检修,保持良好状态,具有安全系数,施工单位应按规定进行试吊、试运和检查以及刹车试验,合格后方可使用。电气设备应绝缘良好,开关应装箱上锁,方可送电。各类设备均应建立值班巡守制度。

(3) 架梁跨越水域时，施工单位应配备防洪设备和相应措施，并应根据情况设置救生圈、救生衣和救生船只，安排专人日夜值班。

(4) 为保证架梁作业的安全，架梁前施工单位要对架桥机走行或施工所涉及的铁路线路、路基，应按相关规范要求做好整道、压道、加固及路基评估等工作。

(5) 在特殊线路、特殊气象条件、特殊墩台结构和特殊桥梁等特殊条件下架梁时，必须采取特别措施，制定安全操作补充细则；必须经过分析检算，留有较大的安全系数，确保构件有足够的强度和刚度。情况复杂或经分析计算，不能完全肯定其安全可靠时，必须通过试吊或试运转，重大措施必须报上级批准。

3. 架梁作业安全管理

(1) 参加架梁的作业人员在上岗前均应经过安全技术的培训和考核。特殊工种应经考试取得合格证后，方可上岗工作。架梁作业人员均应按规定进行体格检查，合格者方可工作。工作前严禁喝酒，并应有足够的睡眠，进入工地时，都应按规定穿戴好安全防护用品。非架梁人员不得进入架梁作业区；桥头应有警卫。

(2) 架梁作业中，向下传递和向上提升工具设备时，应加强瞭望，建立呼应制度。作业时，不准往下或向上乱抛材料和工具等物件。架梁作业处所均应安装防护栏杆、上下梯子、人行走道等安全设备；夜间架梁必须有足够的照明，工作灯应采用安全电压。

(3) 使用架桥机架梁时，严禁用架桥机自身动力作《使用说明书》规定以外的其他牵引动力。严禁架桥机长距离自力走行。

(4) 架梁期间，有关防火、防爆、防雷击、防洪和防暑等措施，均应符合国家现行规章的规定。现场要有足够的消防水源，并应注意防冻工作；桥上应搞好供水管路和栓阀。桥上及架桥机上应备有砂箱、灭火器及其他消防设备。架设钢桁梁施工期间，消防用水不仅要能及时送到桥上，还应供应到在上弦工作的吊机机房内。

4. 人员的作业安全

(1) 架梁施工实行统一指挥。架梁过程中，除现场指挥人员外，任何人不得指挥操作。操作人员要分工明确，建立岗位责任制。作业人员要坚守岗位，不准擅自离开。机械操作人员要经常检查机械运转情况，并定期保养。劳动分工稳定，不要在操作前临时调换工种。作业人员应熟悉各项操作规程，懂得指挥信号，并严格遵守劳动纪律。

(2) 架梁人员上班时，要戴好安全帽、上岗证。电焊工及墩台施工人员要佩戴齐劳动保护用品。高处作业及水上作业人员，要系上安全带，不准穿拖鞋。在比较集中的高处作业区周围，要安装临时栏杆，并设置安全网。雨天架梁施工时要防止电路漏电，作业人员穿防滑鞋；冬季施工必须采取防滑措施。

(3) 人员不准在起吊和运行的吊机下站立，不准利用吊钩上下，吊装作业区严禁非工作人员入内，参观者应由熟悉现场的人员带领。

(4) 立交桥架设时，应设专人在桥下公路两端进行防护，并要设有警示牌。架设水上桥孔时，要指定专职或兼职的救生员，并配备救生船和必要的水上救护工具。

5. 主要设备及相关设施作业

1) 架桥机作业

(1) 施工单位要制定安全操作细则，经批准后执行。架梁前，应对架桥机各部位按规定进行检查，合格后方可使用。架桥机架梁作业时，抗倾覆稳定系数不得小于1.3；过孔时起重小车应位于对稳定最有利的位置，抗倾覆稳定系数不得小于1.5。

(2) 架桥机通过地段的线路净空应满足架桥机的要求。影响架桥机稳定的外界环境如线路、桥梁及气候变化等，存在不正常情况时，应按规定进行安全预检。未按规定安全预检前，不得进行下一步作业。在高压线下作业时，安全距离不能达到国家有关规定要求时，应编制专项施工方案，并按规定对架桥机和作业人员采取防护措施，架桥机按规定进行接地。

(3) 在大坡道上停车对位、架梁时，应安排专人安放止轮器和操作制动阀；吊梁小车或行车的制动装置必须可靠，并设有制动失灵的保险设施。下坡道架梁时，作业人员应在架梁列车后方安装脱轨器及防止车辆脱钩的措施；作业中应有专人防止运梁小车向下坡方向溜动，并备有止溜木楔和止轮器。

(4) 架桥机每日作业前，作业人员应对卷扬机、吊点、吊具、钢丝绳及绳卡等部位进行检查，发现问题及时处理。架梁时应保持规定风压；每架两孔梁后，应对吊梁小车上所有紧固件及连接件等部位进行检查；每架约100孔梁后，应对架桥机主梁结构件连接螺栓、支腿、横梁等部位的连接螺栓及轴销进行检查。架桥机过孔前应进行一次全面检查，确保各部件处于完好状态；纵移过孔作业、曲线架梁架桥机横移时，两台起重小车应退回到机臂尾部。

(5) 架桥机在墩台上或已架设的箱梁顶面上，左右两支腿的高差不应大于设计规定值，两支腿顶升必须同步。支腿作用在箱梁顶面上时，应支撑在腹板中心线上，偏移较大时，应对箱梁顶板进行检算。

(6) 操作架桥机时，禁止连续起停，以免架桥机纵向晃动过大。架梁作业时，施工现场应设防护，严禁非作业人员进入作业区。架梁时应由专人检查、加固防护设施，非作业人员应撤离架桥作业范围。

(7) 施工现场风力超过六级时应停止架梁作业；风力超过十级时应将架桥机

可靠锚碇；气温低于$-20^\circ C$时应停止架梁作业。当风力导致架桥机梁臂不稳定时，应停止架梁对位。对位后应用枕木支垫架桥机背风面，并用钢丝穿滑车拉住大臂前端，配合摆臂速度收放。

(8) 落梁作业时，当拖运箱梁接近落梁位置时，走行速度应限制在1m/min以内，严禁箱梁冲撞支腿；落梁时应有专人监视落梁速度和位置，坡道落梁时应增派监护人员加强防护；落梁就位时，应注意观察起重小车卷扬机钢丝绳的运行情况。墩顶临时支撑用的千斤顶的型号及位置必须符合工艺设计要求，顶、落梁千斤顶应同步起落。

2) 千斤顶作业

(1) 千斤顶应根据起重量及施工要求选用，使用前应了解其性能和使用方法，并对各部位进行检查，不符合要求的不得使用。

(2) 千斤顶底座必须安放在坚实的基础上，下面应以铁板或垫木垫平，但不得用沾有油污的木块或铁板做衬垫。千斤顶安稳后，应先将重物稍微顶起，无异常时，再继续起顶。

(3) 起顶时，不得超过额定高度。当起升高度必须超过时，应进行倒顶。起顶时，应在其旁设置保险垫块。下降时，应随时撤出垫块。起顶完毕后，应用垫木垫实，方能松脱千斤顶。

(4) 使用两台以上千斤顶同时顶起重物时，应使每台千斤顶的负荷达到平衡，并应同起同落，或在重物的两端交替起落。

(5) 油压千斤顶活塞的升起高度，不得超过规定的最大行程，宜为活塞行程的2/3。作重物的水平方向移动时，应采用允许卧放的千斤顶。

(6) 起或落单梗式梁或其他底窄重心高的梁时，两端均需有稳妥的斜撑式托架支护，拆除托架时，应先停止起或落，换用支撑妥为支护后再进行。

3) 起重机作业

(1) 起重机必须按照载重说明书或试验结果规定其起重能力。使用前应进行动力和静力试验，并应检查机件各部是否良好。

(2) 起吊前，必须明确起吊物件的实际重量，如不明确须经核算，绝对不允许超过起重机的容许起吊能力。当起重机设有主钩和副钩时，主钩和副钩不能同时并用。双机抬吊时，要根据起重机的起重能力进行合理的负荷分配，并在操作时统一指挥。

(3) 起重机起吊时，吊钩钢丝绳应保持垂直状态，不得用吊钩钢丝绳以倾斜方向拖拉物体或斜吊，以防倾覆。如必须用这种方法工作时，应在前方设置导向滑车以策安全。

(4) 塔式起重机防倾保险装置的刻线位置，应根据每次的起重量、起重臂长度及绳索根数确定。停止使用后，应用轨钳夹紧于轨道上，如遇暴风雪，应将起重臂转至背风方向,并尽可能放至最低位置,并用缆风绳固定在塔身操纵室的钢板上。

(5) 起重机竖立后,应按规定仔细检查所有电动设备。雷雨季节,如周围无高于起重机吊杆的建筑物时,吊杆应装设避雷装置。

6. 出现下列情况之一时,严禁架梁

(1) 架桥机卷扬和走行系统的制动设备、机身稳定设备失灵,或架桥机杆件、吊具及设备有损坏未彻底修复或其他架梁设备在试吊时结构各部分的变形超过了设计规定时。

(2) 人员未经培训,架梁人员分工不明确,指挥不统一、信号不一致时。

(3) 气候恶劣(大风、大雾、大雨、大雪等)妨碍瞭望操作,或夜间照明不足,影响安全作业时。

(4) 桥头路基或线路未按规定进行处理时;架梁通过临时性桥梁未经过检算又未采取措施,不能保证安全时。

(5) 架设新型梁,或在特殊墩台、桥梁上架梁,无明确要求,又未经过检算时。

(6) 在运输、装卸过程中,梁体表面受到损伤又未整修完好时。

5.3.7 预应力混凝土简支 T 梁架设

1. 架桥机架设

(1) 架桥机运输、组装、解体的安全要求参见预制箱梁架设部分。架桥机组装线路的长度、坡度、曲线半径应满足架桥机组装要求,线路应整修加固。换装龙门吊机组装时,两支柱应与水平面垂直,支撑基面应在同一高程;支柱基底必须整平夯实,基底承载力应满足受力要求;组立完成后应进行空载试运转检查。

(2) 架梁前应对线路特别是桥头线路进行压道,严禁使用已组装的架桥机进行压道;当压道出现路基下沉严重时,应对线路进行加固。在暴雨或久雨后,应重新压道,方可继续架梁作业。架梁作业时,对侵入架桥机设计限界的障碍物应提前排除;通过隧道应低速运行,并派专人观察,发现问题及时处理。架梁过程中,施工单位要加强架梁线路的养护维修,不良地段应降低架桥机运行速度并派人监护;安排专人负责架桥机运行线路、运梁线路及龙门吊机走行轨道的检查、加固和维修。

(3) 架桥机接近桥位时,速度应减至 0.5km/h,距离桥头 100m 处应一度停车,检查制动系统良好后方可继续前进,并设专人监护对位;主机正确对位后应立即采取可靠的制动措施。下坡道架梁时,运梁车应有可靠的防滑措施,架桥机后方安装脱轨器。

(4) 机动平车运梁前应进行制动试验,确认制动状态良好。接近主机时应有专人指挥,速度应降至 0.5km/h 以下,严禁冲撞。对位后立即放置制动铁鞋。

(5) 架桥机出梁即将到位时，严禁梁片撞击前端支柱。架梁时架桥机制动系统应保持规定风压；架桥机过孔前，梁片应进行横隔板焊接，并按设计要求张拉预应力筋以保证架桥机过孔安全。

(6) 墩台顶移梁时应在梁两端采取可靠支撑措施，梁面应有 3t 以上的手拉葫芦作安全保护。千斤顶落梁时，两端交替进行，严禁两端同起同落。

(7) 架梁作业区域应设置明显警示标志及必要的安全防护设施，安排专人进行防护，非架梁人员不得进入架梁作业区；架梁时应提前安装墩台吊篮、步板和上下梯子等安全防护设施。第一片梁架设应安排在白天进行，以便检查机械运转情况，夜间架梁作业应有足够的照明；梁体两端就位落梁后，及时用临时支架撑好梁体两侧，防止梁体侧倾。施工现场风力超过六级时应停止架梁作业。

2. 龙门吊机架梁

(1) 龙门吊机走行轨道地基应坚实、稳固、无沉陷，软弱地基应进行加固，轨距、水平、接头、坡度应符合龙门吊机走行要求。

(2) 龙门吊机拼装时，应设置缆风绳稳固支撑塔架；天车走行轨道的两端应设止轮器。龙门吊机走行时，同一吊机的两支腿应同步，停止走行时应采取双向制动措施；暂停使用时应切断电源，并拉好缆风绳安放止轮器。组装完后应进行试运转检查，有关机电、起重、卷扬、走行、制动和安全装置等均合格后，方可使用。吊重试验时，静载试吊重量应逐步增加，最后达到额定吊重的 1.25 倍；动载试吊重量为额定吊重的 1.1 倍。

(3) 走行时，应先清理轨道内和轨道两侧的障碍物，以策安全。输电电缆应设专人随时理顺，走行到位，应安好止动。暂停使用时，应切断电源，并加设缆风绳。两台龙门吊机吊梁升降、横移均应同步。梁的两端高差不应过大，起落梁和横移梁不得同时进行。

龙门吊机吊梁时，应先将梁略吊离地面，经检查一切正常后方可再次提升；两台龙门吊机吊梁升降、横移均应同步；梁体就位并支护稳妥后方可松钩。同跨 T 梁落位后应及时进行横隔板焊接。吊梁时，应先将梁吊高 10～20cm，经检查一切正常后，方可再次提升。落梁就位时，要求速度均匀，梁体平稳。梁落实后，应立即支护，经检查稳妥后，方可松钩。架梁时，应派专人统一指挥，信号必须准确无误。龙门吊机架梁时的容许最大风力为五级，当风力超过五级时，应停止架梁。

(4) 龙门吊机拆除时，应切断电源，将龙门架底部垫实，在龙门架支腿上拉好缆风绳。拆除的杆件、螺栓、材料等应吊放下落，严禁抛掷。

3. T 梁横向连接

(1) 横隔板焊接、横向张拉、压浆、湿接缝施工时，应安设安全可靠的吊篮或工作平台，并有足够的作业空间；桥面要有消防设施，张拉作业平台应设置防护网。

(2) 桥下应设置安全防护人员，当桥上作业时，严禁人员和车辆进入危险区域。

5.4 桥位制梁施工

5.4.1 桥位制梁施工概述

1. *主要施工方式*

原则上，只要现场条件具备，任何形式的梁均可采取桥位制梁的施工方式。目前应用最多的是悬臂体系和连续体系预应力混凝土箱梁，施工方式较多，大致可分为以下三类：①逐孔施工法，它又可分为支架现浇施工和移动模架施工两种；②悬臂施工法，一般采用悬臂浇筑或者悬臂拼装(预制节段)两种施工方法；③顶推施工法，按顶推施力的方法可分为单点顶推和多点顶推两类。

2. *支架现浇法施工简介*

支架现浇是矮墩桥梁施工中常用的施工方法，分为满堂支架和落地支墩支架(膺架)。在支架现浇施工时，悬臂梁桥和连续梁桥在中墩处的截面是连续的，而且承担较大的负弯矩，需要混凝土截面连续通过。因此，必须充分重视以下几个方面的影响。①制梁支架的施工工艺设计及其强度、刚度、下沉量及整体稳定性的检算。②不均匀沉降的影响。桥墩的刚度比临时支架的刚度大得多，尤其是满堂支架一般垫基在未经精心处理的土基上，因此，难以预见的不均匀沉陷往往会导致主梁在支点截面处开裂。施工中应注意支架地基的处理，防止地基沉降，除必要的地基加固外，良好的排水条件也是防止地基沉降的重要手段。③由于支架拼装后各连接部分存在间隙，在调整底模线形前应对支架进行预压重以消除非弹性变形，预压时间根据沉降量的最终指标进行确定。④支架具有较小的弹性变形，防止混凝土浇注过程中出现裂纹，在混凝土初凝时间内完成混凝土浇注工作可以减少混凝土出现支架变形产生裂纹的可能性。底模的标高应考虑支架弹性变形的影响。⑤支架设计应考虑其拆除工作，在梁体混凝土浇注完成后，支架承受强大的压力，支架的设计应考虑此压力能被顺利释放。⑥混凝土收缩的影响。由于每次浇筑的梁段较长，混凝土的收缩又受到桥墩、支座摩阻力和先浇部分混凝土的阻碍，也是容易引起主梁开裂的另一个原因。

3. *移动模架法施工简介*

相对于支架现浇施工，移动模架不需进行地基处理，在软弱地基、水域、高墩、山区等施工条件下，移动模架具有明显的优越性能。移动模架跨度一般在 50m 以内，少量的达到 60～70m。移动模架结构有上导梁和下导梁方式，下导梁结构更加简洁，有利于钢筋骨架的吊装。下导梁移动模架过桥墩的方式有导梁开启和底模开启方式，国内常见的为导梁开启方式。移动模架在每次投入使用前必须进行荷载试验。在荷载的布置上，尽量要求与施工时模架承受的实际荷载相一致，通过对模架进行分级加载，实测出在各种工况下模架各控制部位的应力、变形值与理论计算值进行对比，检查模架结构在实际工作状态下的安全储备，评价其在设计使用荷载的工作性能，为模架的正常使用提供安全保障，并为箱梁施工预拱度的设置提供参考。

移动模架施工法是使用移动式的脚手架和装配式的模板，在桥上逐孔浇筑施工。它像一座设在桥孔上的活动预制场，随着施工进程不断移动和连续现浇施工。它由承重梁、导梁、台车、桥墩托架和模架等构件组成。在箱形梁两侧各设置一根承重梁，用来支承模架和承受施工重力。承重梁的长度要大于桥梁跨径，浇筑混凝土时承重梁支在桥墩托架上。导梁主要用于运送承重梁和活动模架，因此，需要大于 2 倍桥梁跨径的长度。当一孔梁的施工完成后便进行脱模卸架，由前方台车和后方台车在导梁和已完成的桥梁上面，将承重梁和活动模架运送至下一桥孔。承重梁就位后，再将导梁向前移动。利用移动模架施工箱梁的主要工况有合模工况、浇筑混凝土工况、脱模工况、纵行过孔工况等。

4. *悬臂施工法*

悬臂施工法也称为分段施工法，它是以桥墩为中心向两岸对称、逐节悬臂接长的施工方法。由于施工桥跨间不需搭设支架，施工不影响桥下通航或行车，悬臂施工法可应用于通航河流及跨线立交大跨径桥梁；多孔桥跨可同时施工，加快了施工进度。施工采用的悬拼吊机或挂篮设备可重复使用，因而能降低施工费用，有利于降低工程造价。

1）悬臂浇筑法

悬臂浇注施工是预应力混凝土连续箱梁施工的一种常用方式，一般利用挂篮进行施工。挂篮是由悬挂系统、钢桁架、行走系统、平衡重力及锚固系统、工作平台等组成。挂篮除具备足够的强度外，还应满足变形小、行走方便、锚固和拆装容易等要求。

施工方案中，重点是挂篮的施工工艺设计及其强度、刚度、变形量、整体稳定性（浇筑混凝土时的抗倾覆）的检算，对称平衡施工、安全和防护措施等。

墩顶及安装挂篮前梁段的托架或支架，及边跨非对称现浇梁段如采用膺架施工时，应进行预压，以消除非弹性变形，测出弹性变形值。

2）悬臂拼装法

悬臂拼装法是将梁段分段预制（分长度和起吊能力控制），现场组拼，预制节段之间的接缝可采用湿接缝和胶接缝。相对于悬臂浇注，悬臂拼装速度更快，相对于造桥机拼装，悬臂拼装设备投入较少，但使用悬臂拼装方案时必须实现将悬臂拼装节段运输到悬臂吊点下，因此在运输困难的山区、不能满足船舶运行的浅水湖泊、受涨落潮水影响的浅滩区域等区域不宜使用悬臂拼装方案。施工方案中，重点是梁段预制和拼装的工艺设计，以及起吊设备的强度、刚度、整体稳定性的检算，对称平衡施工、安全和防护措施等。对于悬臂拼装的起吊设备，必须确保安装质量、走行性能工艺试验和载重试吊试验情况。

5. 顶推施工

顶推施工法指在一个固定的台座浇注混凝土节段，节段混凝土达到强度后顶推出混凝土浇注台座再进行下节段混凝土浇注，不断循环来完成预应力混凝土梁的施工方法。

顶推施工机具设备简便，无需大型起吊设备；节省施工用地，工厂化制作；能保证构件质量，模板可周转，不影响通航；节约劳力，施工安全等优点。但不适应多跨变高梁、曲率变化的曲线桥和竖向曲率大的桥梁；顶推过程中的反复应力，使梁高取值大，临时约束多，张拉工序繁琐；随着桥长的增长，施工进度较慢。

施工方案中，重点是梁的顶推工艺设计，以及顶推设备的施工、安全和防护措施等，必须考虑顶推阶段梁的弹性压缩对梁长及支座对位的影响。临时墩必须具有足够的强度、刚度和稳定性，需加设顶推装置时应经过计算复核。顶推设备在使用前和施工中必须进行检验，顶推设备、滑道、导向及纠偏装置应符合顶推工艺设计的要求。多点顶推时，同一墩台及各墩的顶推设备应同步启动，同步纵向运行。

6. 专项施工方案及安全风险

桥位制梁前，应编制专项施工方案。施工单位要根据工程具体情况，制定科学的施工方案，依据施工作业过程中可能出现的主要危险源、危害因素，制定相应的施工安全措施。

除不同施工方法、采用不同的施工机械有相关的安全要求外，水上施工无防护和救生措施、跨越公路、铁路施工时无防护措施，施工现场违章用电、高处作业人员不按规定佩戴劳动防护用品、酒后或疲劳作业等均是可能引发施工安全问题的危险因素。

7. 大型非标设备的设计、制造

施工中使用的大型非标设备在其设计、制造、验收等过程中存在不符合要求的情况是施工中的安全危险因素，因此，挂篮、移动模架、移动支架等大型非标设备的设计、制造必须由有相应资质的厂家进行。设计、制造厂家要制定明确的设备研制方案和验收大纲，由制造单位组织相关专家审定；设备制造过程验收和出厂验收应由设备制造单位依据验收大纲进行。设备进场时使用单位应对各构件规格、型号、尺寸和数量进行认真核对，检查构件有无缺损、表面有无损坏和锈蚀、配件和专用工具是否齐备等，并作好记录。设备的安装和安装后的检查、调试均应由设备制造厂家派出专业技术人员全程跟踪指导；设备正式投入使用前应进行荷载试验。

8. 跨越公路或通航河道作业

跨越公路、通航河道作业时，施工单位应事先与当地行政主管部门联系，商定有关施工期间的安全事项，并发布公告，按有关规定设置安全防护设施和警示标志。

桥址区风力达到六级以上时，应停止桥位制梁作业。

5.4.2 支架法制梁

1. 支架法制梁安全隐患分析

支架现浇施工中，安全隐患主要来自支架与支架基础。支架的强度、刚度、稳定性和基础承载力不足，排水不畅造成基础沉降；支架搭设完毕后未进行验收、未进行支架预压或预压荷载不能满足设计要求，造成混凝土浇注中支架垮塌。

2. 支架材料与基础

(1) 支架所使用的材料应为钢材，支架结构应具有足够的强度、刚度和稳定性，杆件应力安全系数应大于1.3，稳定性安全系数应大于1.5。

(2) 支架基础必须具有足够的承载力，不得出现不均匀沉降，并要作好地面的纵向和横向排水处理。软土地基应采取地基加固措施，冻土地基上应采取防胀融措施。

(3) 支架应严格按照工艺设计搭设，支架要设置足够的斜撑、剪力撑、缆风绳和落架设施，应有施工平台、栏杆、梯子、安全网等防护设施。支架安装完毕后，施工单位应对其垂直度、落架设施、部件连接、地锚、缆风绳等进行全面检查。

(4) 支架使用前，施工单位应采用不小于1.1倍施工总荷载的荷载对支架进行预压。预压时应分级加载，分级卸载，借以消除支架的非弹性变形，并检验支架的稳定性。如采用砂袋预压应注意防雨。

(5) 梁体混凝土浇筑过程中，施工单位应设专人对支架和基础进行观察和观测，发现较大变形时，应立即采取措施。

3. 支架拆除

当梁体已按设计要求完成张拉后，梁体承重模板支架予以拆除，梁的底模及支架卸载顺序，应严格按照从梁体挠度最大处的支架节点开始，逐步卸落相邻节点。当达到一定卸落量后，支架方可拆除。模板及支架拆除应遵循先支后拆，后支先拆的顺序，严禁强拉硬拽。支架在承重期间，不得随意拆除任何受力杆件。

5.4.3 连续梁、连续刚构悬臂施工

1. 挂篮悬臂浇筑

(1) 悬臂浇筑施工中，挂篮拼装和拆除不符合工艺设计要求、挂篮锚固不牢、挂篮移位无限位装置等是施工中的主要安全隐患。因此，对挂篮必须高度重视。除挂篮的强度、刚度和稳定性符合要求外，挂篮总重量的变化也不应超过设计重量的10%；梁段混凝土浇筑及挂篮走行时的抗倾覆安全系数、自锚固系统的安全系数均不应小于2.0。挂篮底模悬吊系统使用精轧螺纹钢筋作吊杆时应采取防护措施。

(2) 挂篮拼装时，作业人员要对挂篮杆件及使用的机具设备(如千斤顶、滑道、手拉葫芦、钢丝绳等)进行检查，不合格的严禁使用；挂篮拼装要对称进行，构件及时稳固，连为一体，防止倾倒伤人；挂篮作业平台应挂安全网，四周设围栏，上下应有专用扶梯；如需在挂篮上增加设施(如防雨棚、防寒棚、立井架等)时，必须对挂篮的整体稳定性进行检算，不得损害挂篮结构及改变其受力形式。挂篮拼装过程中，严禁作业人员随意对螺栓孔进行切割扩孔，确需扩孔时，必须征得挂篮设计单位同意。严禁作业人员在精轧螺纹钢筋吊杆上进行电焊、搭火，所有精轧螺纹钢筋吊杆必须使用双螺母锁紧。挂篮现场组拼完成后，施工单位应全面检查安装质量，并进行荷载试验，以测定挂篮变形量，消除非弹性变形。预压过程中如发现局部位置变形过大，应立即停止加载，及时查找原因，采取补救措施。

(3) 浇筑混凝土前，施工单位应对挂篮的锚固系统、吊挂系统和限位装置等进行全面检查，符合要求后方可进行混凝土浇筑。梁段应对称浇筑，不平衡重不得大于设计容许值。合龙段、体系转换施工应按设计等有关规定的要求执行。横向预应力张拉应设吊篮工作平台。

(4) 挂篮移位时，滑道应铺设平顺，并按要求做好锚固。挂篮行走前作业人员要检查走行系统、吊挂系统、模板系统。墩两侧挂篮应对称移位，尾部设制动装置，移动速度应控制在0.1m/min以内。挂篮移动到位后应及时锚固，前吊杆、后锚杆的锚固力应调试均匀，前端限位装置应设置牢固。遇有雷雨、大风、大雾等恶劣天气时，严禁移动挂篮。

(5) 拆除墩顶临时支座时，作业人员除要符合高处作业的安全要求外，还应设置环墩工作平台及安全爬梯；作业人员要站在上风处操作，并应佩戴护目镜、口罩等安全防护用品。作业区桥下应有人员警戒，严禁人、车、船等通过警戒区。

(6) 挂篮悬臂施工过程中，施工单位应加强对滑道、主桁节点、锚固、吊挂和模板等系统的日常检查，并注意不平衡力矩的控制，确保施工安全。挂篮拆除应按要求顺序对称拆除。

(7) 跨越电气化营业线铁路施工时，施工单位必须制定挂篮防电安全方案并由专业防电公司实施。

2. 悬臂拼装施工

1) 预制梁段运输

起吊梁段的吊环应符合设计要求，如设计无要求，施工单位应进行计算确定。起吊梁段前，作业人员应对梁段进行全面检查，吊环部位有无损伤、结合面有无突出外露物、梁段上有无放置物件等。梁段装车、装船运输时，应使梁、车(船)的重心相吻合，并安放平稳。支承点的位置与吊点位置一致，梁段与车(船)体应拉紧固定。

2) 悬臂吊机拼装节段梁

节段拼装中，悬臂吊机节段梁拼装后锚固不牢，移动悬臂吊机无制动装置是主要安全隐患，施工中必须重视。悬臂吊机拼装节段梁时，吊机的重量、支承位置及锚固方式等，应征得设计单位的同意；吊机走行和进行悬拼时的抗倾覆稳定系数不得小于 1.5；吊机就位后，应重点对其位置及锚固状态进行检查，并进行起吊试验。同一 T 构上的两台吊机走行速度应相等、同步，距桥墩中心距离偏差按设计要求控制；滑道应铺设平顺，并设限位器。同一 T 构上的梁段应对称拼装。起吊时，在梁段吊离车(船)20cm 左右停止提升，检查起重设备的工作状态，确认其状态正常后，继续提升，撤走运输车(船)。在接近安装部位时，不得碰撞已安装的梁段和其他作业设施。节段正式就位，按设计要求张拉预应力束后，吊机起重吊钩才能松钩。

3) 移动支架悬臂拼装节段梁

移动支架悬臂拼装节段梁时，移动支架如在台后拼装，路基应平整、坚实；搭设临时支架时，支架应安全、可靠。移梁小车、起重小车、液压系统及电控等部件，走行系统的限位和制动装置，应安全可靠。移动支架拼装完成后，按不同工况进行试运转和起吊试验，合格后方可投入使用。移动支架抗倾覆稳定系数不得小于 1.5。移位时，起重或移梁小车应退至指定位置。天气突然变化影响作业安全、卷扬机电机过热或其他机械设备出现故障时，应暂停吊运作业，并采取相应的应急避险措施。

4) 合龙段施工

采用吊架法施工合龙段时，两端的连接装置应牢固可靠，吊架应进行全封闭防护。

5.4.4 连续梁顶推

1. 顶推设施和设备

制梁台座基础应稳固，并有防、排水设施；顶推设备的能力应不小于计算顶推力的2倍。顶推施工所用的机具设备、材料（如拉锚器、工具锚、连接件、油压千斤顶、高压油泵、油管、压力表及滑动装置）使用前，施工单位应全面检查，必要时应作试验。线路下坡坡度大于1.5%时，顶推时要附加制动装置。导梁的强度、刚度和稳定性以及与主梁的连接应进行施工检算，并满足安全的要求。临时墩应有专项的设计方案；各联主梁顶推作业完成并落位到正式支座上以后，方可将临时墩拆除。

2. 墩顶空间布置及位移值控制

主梁最大悬臂状态下允许的挠度值及顶推各阶段的墩顶反力和顶推力，应换算为油压表读数和允许的墩顶位移值。墩顶应有足够的空间以更换滑道、安装支座；施工单位应验算墩顶在偏压情况下的结构安全度。顶推引起的墩顶位移值，不得超过允许的位移值。台座和墩顶应设有导向装置和保险千斤顶，梁体在顶推过程中不得产生偏移和倾斜。

3. 多点顶推

顶推施工时，多点顶推、集中顶推时控制手段若不统一极易出现安全问题。因此，施工中，多点顶推、集中顶推动力应有统一的控制手段，同一墩台及各墩的顶推设备应同步启动和同步纵向运行；采用多点顶推，助顶的顶推力应保持恒定不变。

4. 顶推梁体作业中的观测

在顶推梁体作业时，施工单位应及时对导梁、桥墩、临时墩、滑道、梁体位置等进行观测。当出现下列现象时应暂停顶推：①梁段偏离较大，桥墩（临时墩）变形超过计算值；②导梁杆件变形、螺栓松动，导梁与梁体连接有松动和变形；③未压浆的预应力筋锚具松动；④牵引拉杆变形，滑道有移动；⑤需要倒顶时。

5. 高处作业

高处作业时，施工单位应设围栏和安全网，滑道应保持清洁；在墩台顶的下滑道边，应设置工作平台、栏杆、上下梯子、人行走道等防护设施。作业人员上下桥墩和在梁上作业时，施工单位应配好扶梯，作业人员拴好安全带并配备必需的劳保用品；使用的料具设备等应吊运传递，不得向下抛掷。

6. 落梁作业

落梁时，拆除临时预应力筋，作业人员要按照设计文件规定的顺序张拉后期预应力筋；拆除墩台上的滑动装置和落梁时，应按照设计规定的顺序进行，同一墩台的千斤顶应同步运行；顶落梁时，应有保险设施。落梁完毕，当拆除千斤顶及其他设备时，被拆除物都应事先用绳拴好，用吊机吊出，在起吊时避免撞击梁体。

5.4.5 移动模架与移动支架制梁

1. 安全风险分析

移动模(支)架施工中，移动模架拼装过程中支腿横向连接不及时；移动模架过孔时违章操作；移动模架部件焊缝开裂未及时发现处理；移动支架前移没有可靠的限位和制动装置等均可能引发施工过程中的安全事故。

2. 移动模(支)架设计

移动模架设计抗倾覆稳定系数不得小于1.5。移动模架上部两侧应设置人行道和栏杆，在两个端头须增加栏杆，并挂好安全网；移动模架应有风速仪、避雷针等装置，以及防风锚碇设施。移动支架抗倾覆稳定系数应大于1.5；移动支架上应设稳固铺脚手板、防护栏杆，下托梁上应绑挂安全网。

3. 移动模架拼装

移动模架进场后，拼装作业人员应清点、检查所有的部件，对重点部位焊缝进行无损探伤检测，对发现的问题应联系制造厂家处理；移动模架拼装应有制造厂家技术人员现场指导。拼装场地地基承载力应符合拼装要求；临时支墩应有足够的强度、刚度和稳定性。施工单位应对桥墩或桩基承台的受力进行检算，必要时采取加强措施。模架拼装过程中，支腿、主梁、横联应及时连接，防止整体失稳。摩擦型高强螺栓严禁重复使用。拼装完成后必须对电路、液压系统的运行情况进行检查。上行式模架后支腿应置于已浇筑梁段腹板中心线上，支承面积应满足模架设计要求，防止箱梁局部受压损坏。拼装完成后，应全面检查各挂架紧固件连接情况。下行式模架安装前，应对固定主支腿的精轧螺纹钢筋、夹具及连接器进行外观检查，并作力学试验，合格后方可使用。安装时按设计要求张拉，双帽紧固，其使用次数应不超过设计规定。

4. 移动模架预压

移动模架首次拼装后应采用不小于1.2倍的施工总荷载进行预压，检验合格后，由制造厂家和使用单位共同签认；每次重新拼装后应采用不小于 1.1 倍的施工总荷载进行预压。预压应依据荷载分布等情况分级加载，禁止在某部位集中堆载；每级加载完成后，都必须对焊缝和螺栓连接处等逐一进行检查，对关键部位进行应力和变形监测；卸载应分级进行。

5. 移动模架过孔

1）过孔作业要求

梁体初张拉完成后方可进行。过孔前要对移动模架的上下、左右、前后各处进行详细的检查，若有影响移动模架横移及前移的障碍物，要进行清理或拆除。过孔前及过孔完成后，应检查受力构件的焊缝质量，发现裂纹，及时补焊。模架打开过孔前应确认电路、油路运行正常，且所有影响移位的约束已经解除。模架横向开启及合龙过程中，左右两侧模架、同侧移动模架前后端均应保持同步。纵移到最后 1m 时，应按点动按钮前进。移动模架应有可靠的纵向过孔限位装置。移动模架过孔后应及时将外模系统合龙，模架就位。

2）上行式移动模架过孔

（1）辅助支腿锚固到桥墩台上。

（2）起吊小车移到主梁尾部，并锁定；吊杆已解除，外模系统脱模且横向开启到位。

（3）移动模架主梁后支腿走行装置落到桥面轨道上，前支腿支撑在桥墩上。辅助支腿沿前导梁吊挂移动时应防止偏位。

（4）主机中心线应与箱梁中心线重合，超出验收要求时，应通过辅助支腿的横移油缸和主梁后支腿调整主机横向位置。

（5）纵向移位速度应小于设计移位速度。

3）下行式模架过孔

（1）主支腿吊挂前行到位，辅助支腿横行连接拆除；外模系统横向开启，后支腿、中支腿、前辅助支腿支撑牢固。

（2）主梁及导梁各接头的连接螺栓连接牢固。

（3）移位台车上的勾挂油缸及纵横移油缸处于正常状态。

（4）移位台车上的勾板与墩旁托架勾挂可靠。

（5）墩旁托架纵移时，应采取措施，防止因接头错台而出现的卡滞现象。

6. 移动模架的拆解

（1）移动模架拆除应在不带电的状态下进行。

（2）移动模架拆除应对称进行，防止整体结构失衡失稳。

（3）拆除主梁等连接设备前，应采取增设缆风绳、临时支撑等措施，防止倾覆。

(4) 拆下的构件应堆放稳定,防止倾翻伤人。

7. 混凝土浇筑及防护区警示标志

混凝土浇筑除应符合梁体混凝土有关要求外,浇筑顺序应由前端向后端进行,左右两侧腹板及翼缘混凝土对称下料,以保证主梁结构受力均匀、变形一致。

移动模架施工时,应设置防护区并设立明显警示标志。风力大于六级时,不得进行移动模架施工作业,所有支腿均应处于锚固和锁定状态,外模板应闭合。移动支架施工区域应有明显警示标志,禁止非施工人员和车辆通行或逗留。

8. 移动支架制架简支箱梁

(1) 梁段预制、存放、预应力张拉、移动支架桁架拼装等施工安全要求见前述有关要求。

(2) 移动支架前移时,卷扬机、定滑轮、动滑轮、墩旁托架的锚固应牢固;滚轮箱导向轮、后支点小车走行轨道位置应正确;两台前移卷扬机应同型号,走行时保持平稳、同步。下托梁打开或闭合时,升、降高度应一致。支架纵移过程中,每个滚轮箱锚固点应固定专人观察,前方墩上应有仪器测控,发现偏移及时纠正。

(3) 采用轨道运输梁节时,运输轨道要平直,不得有三角坑;运输轨道应经常维护和保养。采用轮胎式运输车运输梁节时,道路的纵横坡度、平整度、承载力和转弯半径必须满足运输要求。运梁平车、起重小车、电动或液压卷扬机和支架走行的限位和制动装置应安全可靠。

(4) 梁段组拼时,桁吊与梁段的吊环应对正,不得斜吊;移梁小车走行应慢速、平稳,刹车装置可靠;调整梁段高度的螺旋千斤顶应与纵梁固定在一起。梁段调位时,应按照先纵向、再横向、后竖向的次序进行,统一指挥,动作协调,以免梁段歪斜、倾倒。

(5) 梁段湿接头施工时,应从梁孔两端向中间对称浇筑混凝土;梁段干接头施工时,应搭设牢固涂胶脚手架。连接剂的涂刷必须在梁段调整就位并稳定后进行。

(6) 预应力张拉过程中,伴随梁段起拱应及时调低支撑丝杆的高度或放松吊杆,以减少支架的上托力。

5.4.6 斜腿刚构

1. 施工安全风险分析

斜腿刚构拼装时,地锚固定不牢;预应力张拉未设防护屏障,制梁作业无防风措施;雨季施工无防雷击措施等是施工中引发安全问题的主要风险因素。

2. 钢斜腿施工

(1) 斜腿杆件吊装应按计算位置拴吊具,杆件与吊具间应加防护垫。

(2) 斜腿拼装前应搭设脚手架,安装栏杆和安全网;水平拼装时,支架应设在坚固的基础上。斜腿拼装使用的工具、冲钉、螺栓均应装在工具箱(袋)内。打冲钉时,里外应互相照应。每个框架单元拼装时,按设计装好定量的冲钉和螺栓后,方可松开吊钩。

(3) 斜腿斜拼时,固定用的控制缆索绳,或采用竖拼(水平拼)后旋转就位用的控制滑车组的地锚,应满足受力要求;斜腿竖直拼装时,每一定位面应设定位销钉,已拼好的杆件应与塔架或桥墩临时连接。斜腿竖转时,应按斜腿长度、重量、刚度确定吊点位置,拴好溜绳,吊钩应封钩。

(4) 斜腿拼装与旋转下放作业应规定统一信号,设专人统一指挥。桥下车船及行人不得通行,并设安全防护。

3. 斜腿刚构钢箱梁施工

(1) 梁体悬臂拼装工作吊篮和其他施工设施,应安装牢固可靠,悬臂两端严禁超载。

(2) 薄壁箱形构件需要翻转时,严禁构件一端着地拖拉翻转。

(3) 箱梁整体吊装时,压载重量不得超过吊重的10%;试吊时,先将梁段吊离工作台20cm左右后,停吊检查,确认正常方可正式吊装。整体吊装中间梁段时,两端应同步吊装,并保持梁体的平衡和稳定。

(4) 梁段悬拼起吊应平稳,吊钩(一个吊点时)应在梁段重心处,尾部应拴溜绳以控制其摆动;吊运到位后,应将溜绳拉紧,待梁段不摆动时再徐徐下落。梁段对接时,应先控制有10cm以内的间距,再在梁体内设倒链滑车,帮助拉紧对接。

(5) 在箱梁上通过吊机或吊机立于箱梁上架设边孔桥梁时,施工单位要事先进行检算(考虑偏载的影响),必要时要采取结构局部加固措施或施工临时加固措施。

4. 预应力混凝土斜腿刚构桥施工

(1) 采用支架法施工时,应符合前述支架法施工的有关安全要求。

(2) 采用无支架施工时,斜腿施工完毕后,应将斜腿固定,形成稳定结构。梁部T构施工见“悬臂浇筑”、“节段拼装”的有关要求。

(3) 斜腿和梁部采用钢拱架施工时,应在斜腿与中跨梁部形成门式刚构和预施应力全部完成后,方可拆除拱架;用砂箱或楔子松动拆除拱架时,应按设计顺序进行。在拆除工程中,作业人员要统一指挥,不得在拱架上、下同时作业或用机械强拽拱架。

5.5 钢梁架设

5.5.1 钢梁施工概述

1. 钢梁的主要结构形式

根据钢梁主要承重结构的受力体系，钢桥可分为梁式桥、拱桥、刚构桥、斜拉桥、悬索桥和混合体系桥梁等。梁式桥按主梁形式还可分为钢板梁桥、钢箱梁桥、钢桁梁桥。钢箱梁桥因其抗扭刚度大，特别适用于曲线桥及承受较大偏心荷载的直线桥。钢桁梁桥由于刚度大，在铁路桥梁中得到广泛的应用，尤其是大跨度连续钢桁梁桥，大型公铁两用桥都采用了这种形式的钢桥。拱桥是以曲线形拱作为主体结构的桥梁，铁路钢拱桥按铰的数量可分为双铰拱和无铰拱。钢拱桥与钢桁梁桥相比，具有外型美观、用钢量较省、跨越能力较大等优点。梁体与桥墩或桥台连为一体者称为刚构桥。刚构桥的受力兼有梁桥与拱桥的一些特点，主要承重结构为偏心受压和受弯。由于高强度钢材的利用、缆索防腐技术的提高及电子计算技术的发展，斜拉桥以其跨越能力大、便于采用悬臂架设、对地形地质和通航要求的适用性较强等优点获得广泛使用，跨度逐渐增大，公铁两用斜拉桥的跨度可达到500m。悬索桥最大跨度可达千米以上，其主要缺点是刚度小，在车辆过桥时会产生较大的变形和振动，目前在铁路上用得不多。组合体系桥梁是将梁、拱、索等不同结构体系相互联系起来，让它们共同承受荷载的桥梁，组合体系钢桥的形式较多，如实腹梁与桁架的组合、梁与拱的组合、梁与悬吊系统的组合、梁与斜拉索的组合、悬索与斜拉索的组合等。

2. 钢梁的连接

钢梁是由钢板、型钢等组合连接制成基本构件，如梁、柱、桁架杆件等，运到工地后再通过安装连接组成整体结构。钢桥中部位的连接方法主要有铆钉连接、螺栓连接和焊接三类。

焊接是现代钢桥最主要的连接方法，焊接方法很多，钢桥中主要采用电弧焊和栓钉焊。电弧焊用于钢板和型钢等的连接，栓钉焊仅用于栓钉的焊接。钢桥中常采用电弧焊有手工电弧焊、埋弧焊和气体保护焊；其中，埋弧焊和气体保护焊一般为自动或半自动焊。按焊体钢材的连接方式，焊缝可分为对接接头、搭接接头、T形接头、角接接头等形式。在对接接头中，如果左右被连接钢材的截面完全相同，通常称为拼接。按焊缝本身的构造分为贴角焊、全熔透坡口焊和部分熔透坡口焊等形式。

螺栓连接可分为普通螺栓连接和高强度螺栓连接。高强螺栓不仅安装方便，而且具有强度高、对螺孔加工精度要求较低、连接构件间不易产生滑动、刚度大等优点。适合构件间的工地现场安装连接。铆钉连接在受力和设计上与普通螺栓连接相似。钢结构中一般采用热铆。但是,铆钉连接的构造复杂,用钢量大,施工麻烦,打铆时噪声大,劳动条件差。因此,目前已很少应用,已被焊接或高强度螺栓连接取代。

3. 钢梁制造与安装

钢梁制作在工厂加工成可运输的单元或构件,直至包装发运。钢梁制造工艺过程包括材料预处理、作样、号料及号孔、切割、钢料矫正、制孔、料件边缘加工、杆件组装、焊接或铆合、焊缝探伤、杆件矫正、钻制工地钉孔、结构试拼装、除锈并涂装、包装发运等。

钢梁安装是将工厂制作的构件或单元,吊装就位,连接成桥,并满足设计图结构受力、结构形状和尺寸要求。钢梁(板梁、桁梁、箱梁)安装架设的方法较多,如悬臂法、拖拉法、浮运法等。钢梁安装架设前,施工单位应进行钢梁架设辅助结构工艺设计、施工工艺设计、制定安全和防护措施等;进一步测量墩台的高程、中线、孔跨、支承垫石标高、支座中心线、螺栓孔位置和深度;落实钢梁拼装及架设的设备(强度、刚度和稳定性),并对其在工地进行静(动)载试验、试运转、验收。起重机械能力应与钢梁单元或整体尺寸及重量、起吊高度及回转半径相适应。钢梁安装的临时结构施工单位要进行检算(强度、刚度、稳定性和承载力),验收其安装质量并对其加载预压。钢梁及其构(杆)件的质量和规格、油漆质量应符合设计要求。钢梁或其构(杆)件存放及预拼场地应平整、压实、排水良好,并具有足够承载力,位于汛期洪水位以上。

5.5.2 专项施工方案与危险源辨识

1. 钢梁主要安装架设方法

1) 悬臂法

悬臂安装在桥位上拼装钢梁时,不用临时膺架支承,而将杆件逐根地依次拼装在平衡梁上或已拼好的部分钢梁上(称锚固梁),形成向桥孔中间逐渐增长的悬臂,直至拼至下一墩(台)上,这称为全悬臂拼装。由桥跨两边墩台向中间拼装至桥孔中合拢则称为中间合拢。降低钢梁安装应力和伸臂端挠度,减少悬臂孔的施工荷载,保证钢梁拼装时的稳定性,这是悬臂安装的关键问题。为降低钢梁的安装应力和减少伸臂端挠度,常用的措施有:在伸臂安装应力最大区段的杆件采取临时加固措施,在伸臂安装应力最大区段加设上加劲梁,在安装应力最大区段辅设预施拉力的吊索——吊索塔架法。

中间合拢法的关键问题是，在架设过程中如何保证由墩（台）相向拼来的钢梁至桥孔中间时，两侧钢梁的端截面保持垂直，两侧钢梁合拢的杆件对准，无相对偏差，只有这样钢梁才有可能通过纵向移动的调整顺利地达到合龙。使两侧钢梁在移动微调位置以达到合龙的方法，目前主要有两种，即节点式或拉杆式。

2）拖拉法（纵移法）

拖拉架设法是将钢梁在桥头路基或临时膺架上进行拼组（铆合或栓接），并在钢梁下（纵梁下或主桁节点下）安设上滑道，在路基或膺架、墩台顶面安置下滑道，在上、下滑道之间根据施工设计的需要放置一定数量的滚轴，然后通过滑车组，绞车等牵引设备，沿桥轴纵向拖拉钢梁至预定的桥孔，最后拆除附属设备，落梁就位。

拖拉法架梁的优点是钢梁的现场拼装（铆合或栓接）工作大部分在岸边路基或工作平台上进行，减少了高空作业的时间；钢梁的拼装工作可以和墩台基础的施工并列进行，因而可以全面使用劳动力以缩短工期。拖拉法的缺点是需要有一定的拖拉牵引设备、需要设置一定数量的滑道以及布置临时墩架等，更主要的是，拖拉法受到建桥工点附近地形的限制。

3）推顶法

沿桥纵轴的路基或墩架上拼组钢梁，然后用固定在桥台上的千斤顶通过临时安装在梁身上的拉条，向桥位上顶推梁体使之在桥墩台顶上滑动（不用拉条，而用千斤顶直接在梁体后推顶亦可），推顶一段后，用预先布置在墩台顶上的千斤顶，将梁顶起，更换滑板的位置，继续推顶，直到全梁到达正式桥位后，落梁就位。顶推过程中使用的装备主要有滑动装置、千斤顶（拉力千斤顶和起落梁用的千斤顶）。必要时可采用导梁及吊索。

4）浮运法

浮运架设法是在桥位下游侧的岸上，将钢梁拼铆（或栓合）成整孔后，利用码头把钢梁滚移到浮船上，再浮运至预定架设的桥孔上落梁就位。

浮运法架梁的主要优点在于：钢梁拼铆或栓合可在岸上进行，这不但减少了在桥孔中的高空作业，而且还可与墩台施工平行作业，从而可加速全桥的施工进度；架设多孔钢梁时，主要浮运设备如码头、浮船等可重复使用，节省投资。

2. 钢梁架设施工作业过程中危险因素分析

（1）钢梁杆件运输、存放和安装过程中作业人员不正确使用吊具、杆件捆扎不牢固、不平衡起吊、偏载或超载装运、存放支垫不牢固。

（2）采用支架施工时，支架的强度、刚度、稳定性和基础承载力不足。

（3）施工现场临时设施未设置栏杆、安全梯、安全网、脚手板等安全防护设施；作业料具摆放杂乱、随意；钢梁涂装材料贮存仓库及施工现场未按规定配备消防器材。

(4) 作业人员施工过程中违规作业，如：上下抛掷传递工具，高处作业人员不按规定佩戴劳动防护用品，酒后或疲劳作业。

(5) 钢梁纵移滑道、导梁、临时墩等施工临时设施未经设计检算或未按规定进行验收。

(6) 浮船(船组)载重能力或稳定性不足、连接不牢固，未按规定进行检查验收；浮船(船组)、吊船未可靠锚碇；船上承载支架强度、刚度和稳定性不足，支架、船体、钢梁之间连接不牢固或偏载。

(7) 悬臂拼装钢梁时平衡梁设计、安装不符合要求；钢梁自身强度不足，悬臂长度超出规定或悬臂端超载。

(8) 吊机违规冒进或移动后不按规定进行锚固和全面检查。梁上运输车辆走行速度过快或制动、止轮设备性能不足。

(9) 悬臂孔和通航孔未按规定设置安全防护设施；跨越公路、铁路施工时无防护措施。水上施工无防护和救生措施。

3. 钢梁安装安全管理

(1) 杆件运输和安装应正确使用吊具。装运杆件时，应捆扎牢固，不得偏载和超重；施工现场的运输轨道纵坡不得大于 2‰，安全标志应设置完备。

(2) 杆件应分类存放，临时支垫要牢稳；横梁、纵梁多片排列存放时，应用螺栓彼此连接牢固，并设支撑。预拼场地应平坦宽敞，路面坚实，具有良好的排水系统；预拼台座应平整、坚实，不得产生不均匀下沉。

(3) 拼装钢梁的各种电动机械的动力电缆和照明线路应绝缘良好；手持电动工具电源处应加装漏电保护器。

(4) 需要起吊的钢梁杆件应标明重心；吊具与杆件拐角接触处，应用胶皮垫好。

(5) 钢梁架设过程中应有防雷、防滑、防高强螺栓摩擦面污染措施。钢梁桥面应配备足够的消防器材，不得采用明火取暖。

(6) 在风力达到五级时，不得进行架梁作业。在风力达到四级时，不得进行涂装作业。

5.5.3 支架拼装钢梁及纵移法(拖拉法)架设钢梁

1. 支架拼装钢梁

(1) 支架搭设、拆除应符合前述支架法施工的有关要求。

(2) 施工人员应将作业用的料具放置稳妥，小型工具、材料应随时放入工具袋，上下传递工具时严禁抛掷。杆件拼装对孔时，作业人员应采用冲钉和拼装撬棍的尖端探孔，严禁使用其他物件和手指探孔。

（3）杆件拼装应迅速将主桁拼成闭合三角形，并随即安装纵横连接系。

（4）拼装杆件时，作业人员不得在水平连接系上行走；如必须行走时，应双手扶杆件骑行通过。拼装钢梁及紧固高强螺栓时应挂设有栏杆的操作平台，操作平台搭设应牢固，脚手板应固定，并应有防冻防滑措施。

2. 纵移法（拖拉法）架设钢梁

（1）钢梁纵移下滑道铺设应平顺，支承应牢固，接头不应有错牙，端部应设置限位装置；上滑道应具有导向功能；上下滑道的安装应按工艺设计图施工。在墩台以及膺架枕木垛上的下滑道边，应设置工作平台、栏杆、上下梯子、人行走道等防护设施。

（2）膺架的基础必须牢固。枕木垛各层间应垫密实，必要时应做压重试验，或预留沉落度。膺架应满铺脚手板，四周设栏杆。枕木垛顶边应加宽脚手平台、并设扶梯和栏杆。

（3）施工单位应进行钢梁纵移牵引力的计算，配备牵引（顶推）动力系统，纵移前应试运行；钢梁纵移时，抗倾覆安全系数应大于1.3，在纵移过程中，施工单位应加强钢梁中线、挠度及支墩顶位移的观测。

（4）钢梁纵移前，作业人员必须全面检查，确认符合架设要求；纵移中，必须统一指挥，信号明确，令行禁止，操作准确、协调；钢梁纵移应缓慢平稳，速度应控制在1m/min以内；纵移过程中应设专人对纵移设施、设备进行检查，发现异常时，立即处理；钢梁纵移到位后，前后支挡稳固。及时转换支承，落梁。

（5）钢梁拖拉到达前方墩台时，除应考虑其悬臂挠度外，还须采取引导措施，便于辊轴喂进悬臂端的滑道内。辊轴落处应安导向设备、平台挡板或栏杆。二人抬辊轴时，应相互配合。

5.5.4　浮运法架设钢梁

1. 浮运设施

（1）装运钢梁的码头要具有足够的承载、抗冲刷能力，并应设置双侧工作平台和防撞设施及安全标志。

（2）浮运船只的组拼、船体加固及膺架安装，应按设计图办理。浮船应根据浮运时抽灌水作业和浮船稳定性的要求，设置隔舱，隔舱应确保水密性能良好。浮船甲板及膺架顶上工作平台的防护栏杆、人行道、上下梯子必须安装牢固，并应配置防火设备。两船之间的空隙应挂安全网。浮运码头的基础和结构，须经技术负责人检验确认合格，方可使用。作业平台上的跳板栏杆、上下扶梯，应按规定安装。

(3) 使用船驳浮运钢梁时，必须制定浮运船在装梁、就位、落梁过程中进行抽、灌水作业的施工细则。钢梁在浮运船上应支垫牢固，以防止钢梁倾斜翻倒。在浮运过程中，浮船承受全部荷载后，露出水面的船舷高度应大于 50cm，浮船纵横向倾斜坡度不得超过 1%。

(4) 浮运钢梁采用缆索、铰车或拖轮牵引时，缆索、绞车、水中锚锭，岸边地垄等牵引设备，应安装牢固，并指定专人负责随时检查。拖轮浮运时，拖轮应能平衡风力和水流阻力。拖运浮船至桥孔下游后，应改用缆索、绞车牵引人桥孔，使浮船平稳就位。缆索应以埋入岸边或河身坚实的锚具固定，不得以普通船用铁锚牵系绳索。

2. 浮运作业

(1) 钢梁装船前，施工单位应清除河道内的障碍物；进行浮船抽、灌水试验及隔离舱的水压试验；船上承载支架应进行检算以满足浮运要求，支架与船体要连接牢固。钢梁装船时，必须做到使钢梁的 4 个支点同时受力，保证浮船平衡；钢梁装船后，必须与支架捆扎牢固。

(2) 浮运作业中，浮船必须设有可靠的锚碇设施；作业人员应结合水流、风力和载重及时调节压舱水量，保持船组稳定。作业单位必须设专人监控浮船的水面以上船弦高度和水平、支架及其与钢梁的连接状态，发现异常，及时处理；浮运到位后，浮船必须锚碇牢固，方可转换支承。转换支承时，必须使两端每个支点同时受力，保证船舶、钢梁稳定；转换支承后，必须支垫牢固。

3. 纵移浮运法架设钢梁

采用拖拉纵移浮运法架设钢梁时，卷扬机、钢丝绳、地垄等方向控制系统使用前必须全面检查，确认状态良好。当利用浮箱或船组浮托时，作业单位应计算确定浮箱(货船)的数量、排列和连接方式。在浮拖纵移过程中，作业人员必须对钢梁中线、水平进行不间断观测；当钢梁前端中心偏离或水平高差超过计算允许值时，应停止前进，进行纠偏，方向控制系统同步收放锚缆。抽水升船托梁时，钢梁两下弦杆必须同时受力，保证浮船平衡。

4. 自拼式浮吊架梁

浮吊及运梁栈桥等均应按设计图纸拼装和修建。浮吊架梁前应与当地航政部门商定有关事宜，确保架梁和通航安全。梁片运到栈桥起吊位置后，应由专人指挥浮吊的两吊点同时起吊，梁片横向倾斜不得超过 1%，纵向倾斜不得超过 0.5%。浮吊吊梁退出栈桥后，梁片必须落低到距舱面约 1m 处，并应立即拉好缆风绳，防止梁片摆动，同时将卷扬机钢丝绳用卡环夹死，确保梁体安全。

5.5.5　悬臂拼装钢梁

1. 在通航桥孔施工

在通航桥孔进行悬臂拼装时，施工单位应事先同港监部门协商，办理封锁航道、设置航标等事宜，并发出公告。在悬臂孔和通航孔的钢梁下面，必须挂设串联安全网，其每侧宽度应超出钢梁下弦杆外缘各 4m。如主桁两侧有公路托架时，其宽度应超出公路托架外端每侧不小于 2m，长度应与桥墩相接；安全网应拉紧，与钢梁底面保持较小距离，承载后网底不得触及地面、冰面或水面。

2. 平衡梁的抗倾覆稳定系数

采用平衡梁施工时，平衡梁的抗倾覆稳定系数应大于 1.3；当不能安装下平联时，应检算下弦杆的压杆稳定性。平衡梁与悬拼钢梁的临时连接在不受力的状态下方可拆除。

3. 吊机悬臂拼装钢梁

(1) 施工单位应进行钢梁最大悬臂状态下的内力检算。桥上应配备救生、消防器材和通信设备。水上施工设专用救生船和救生设备，应施工人员穿好救生衣。救生船应停在距作业最近的地点，船上人员不得擅自离开。

(2) 移动吊机前，作业人员必须检查各节点的连接、走行道路，检查吊机的制动设备是否良好，前方走道是否铺设完毕，吊机定位的钢梁节间是否已闭合，各节点上的冲钉螺栓是否上足拧紧等，经确认符合要求，方可移动。吊机移动时，应在后面带好溜绳，并应有专人照看电缆，移动完毕后，立即收紧；停机位置的轨道上应安好止轮器。吊机到位后，应前支后锚，经专人检查，合格后，方可使用。吊机每次移位后施工单位必须全面检查其性能，并经试运转，确认安全并检查签认后，方可正常使用。

(3) 主桁或其他部位的杆件按设计要求安装足够的冲钉、螺栓后，吊机方可松钩。主桁高强螺栓终拧不得落后两个节间，上、下平联、横向连接系不得落后 3 个节间。

(4) 钢梁悬拼到最大悬臂阶段时，应严格清理多余的物件，并由专人检查，严禁超载，保证抗倾覆稳定系数大于 1.3。大跨度钢桁梁全悬臂拼装，当接近前方桥墩，悬臂端出现较大振动时，应安设消振装置，防止发生共振。

(5) 钢梁上临时运输轨道中间应密铺脚手板，轨道两侧各铺设 1.2m 宽人行道，适当设置避车台。在上弦平面沿梁中线铺设 1.5m 宽人行道，每架一个节间，铺一个节间。脚手板应满铺钉牢，不得有探头板。纵、横向人行道均应设置栏杆和踢脚板。

(6) 桥上轨道运输车辆行走速度不得超过 5km/h,并有良好的制动、止轮设施。牵引车上应配有信号员,牵引车未停稳前,信号员不得上下。

(7) 钢梁纵横移时,偏移侧的千斤顶工作,另一侧作为保险。千斤顶应统一类型、规格,且并联,每桁千斤顶要保持同步,操作应缓慢进行。顶落架所用的油压千斤顶均须附有球形支承垫、保险圈、升程限孔。拼梁与顶落梁两道工序不应同时进行,每个桁架亦不得两端支点同时起落。施顶或纵横移时,应缓慢平稳,各道工序应派专人负责统一指挥。

(8) 体系转换调整支点反力时,并联的油压千斤顶应统一类型、规格,支垫平稳;在起卸顶时,应对称、平衡起落,并加垫、卸垫。

4. 水上吊船架梁作业

采用水上吊船进行架梁作业时,作业人员应注意因风浪等引起船驳的颠簸。吊船移位时,不得将重物吊悬在空中,不得边移位边工作。吊船应停靠在桥中线的下游一侧,且必须有可靠的锚锭设备,并具有防止漂流物碰撞的防护设施。吊船锚碇牢固并设防护后,方可吊装。抛锚的工作人员,必须穿好救生衣,站在安全位置。抛锚时,锚链滚滑范围内不得站人;抛锚就位后应保持船体稳定。

5. 悬臂拼装钢梁的临时支墩和托架

(1) 悬臂拼装钢梁的临时支墩和托架的强度、刚度和承载力必须满足要求,必要时应进行静载压力试验。使用托架时,应对墩身进行检算;水中支墩应具有足够的抗冲刷能力。

(2) 临时支墩和托架的顶部布置应按设计施工。油压千斤顶位置应安放正确、稳妥,上下支承面应平整、均匀受力、严禁一边受力。此外,临时支墩和托架的顶部还应安装脚手平台、栏杆、扶梯等防护设施;托架底部的防护应加强,必须设有防撞设施和警示标志,防止漂流物或流冰的碰撞。托架结构在架梁过程中,应有专人观测,以便采取必要的补救措施。墩旁托架的拆除,应在墩上钢梁大节点的全部铆锚铆合并松顶后,方可进行。临时支墩和托架承载时,施工单位必须安排专人进行沉降、位移监测。

6. 吊索架施工

(1) 作业人员上下塔架及塔架顶部均应做好安全工作,包括随时拉好缆绳,安装止轮器、上下塔架步梯及顶部安设脚手架平台、栏杆等。钢梁上弦运输道之间及运输道与上弦杆之间,施工单位均应挂满安全网。

(2) 全悬臂拼装采用吊索设备时,吊索锚头与吊索应等强;吊索张拉前,须顶高塔架,使塔架走行轮脱空。吊索应有测力装置,塔架下的油压千斤顶,应按设计图位置正确安放。

(3) 吊索架起顶时,应按规定的程序进行。底座下除安放并联的油压千斤顶外,还应安放保险支座。起顶吊索架用的千斤顶、油压表使用前,均应校正。起顶过程中,两桁高程应进行监控。在吊索张拉时,吊索架与钢梁连接件必须按设计要求上足钉、栓,在使用过程中严禁抽换。在吊索张拉过程中,悬臂安装工作应暂停;张拉吊索时,作业人员应在统一信号指挥下平衡、对称地逐根张拉。吊索张拉后,施工单位应及时测量各架梁阶段的拉力,严禁重物碰撞张拉后的吊索,并应指定专人昼夜值班守卫。

(4) 吊索架行走位移时,应保持梁上吊机行走前后吊索的曲度一致,使吊索设备平稳向前移动。行走过程中,施工人员应随时调整锚梁小车至吊索架的距离,使其大致相等。行走系统应安设制动装置。

(5) 跨中合龙时,两端墩顶应设置顶落梁和纵横移设备。油压千斤顶、油泵、油管、压力表等,在使用前均应分别进行校验;使用时应采取保险措施。跨中合龙铰处脚手架应有栏杆、梯步、安全网等设施。需要调整钢梁平面、立面时,顶、落钢梁应有专人负责统一指挥,缓慢、平稳进行,严禁两端支点同时起落;调整后,必须支垫牢靠。体系转换调整支点反力时,并联的油压千斤顶应支垫平稳;在起卸顶时,应对称、平衡起落,并加垫、卸垫。

(6) 吊索架走行,安装下铰及吊索张拉时的滑车组、转向滑车及锚固点,均应在符合规定要求后,方可进行;走行时,应有制动装置,且前后吊索锚箱小车至塔架的距离应大致相等,使吊索设备平稳向前移动。在走行过程中,施工单位应安排专人在钢梁前后、左右观测吊索垂度,随时注意调整锚箱小车至塔架的距离。

7. 钢桁梁杆件拼装

杆件拼装必须按拼装顺序图进行,编写拼装顺序图时应考虑拼梁吊机的性能,如运用方法、起吊能力、最大吊距等;先装的杆件不应妨碍后装杆件的安装与吊机的运行。拼装时,应迅速将主桁杆件拼成闭合的三角形,形成稳定的几何体系,并尽快安装纵横联结系,保证钢梁结构的空间稳定。主桁杆件拼装,应左右两侧对称进行,防止偏载的不利影响。

8. 临时支承的布置

钢梁拼装过程中,需要经常调整支点处的高差来控制钢梁梁端的挠度,使能满足运料轨道的安全坡度;为使梁端达到前方墩台上,在架梁过程中要随时变换支座,使固定支座换到反力最大的支点处,在全桥的应力调整、梁的横移、纵移以及永久支座正式就位等,均要经常顶落钢梁和变换临时支承。墩顶作业的频繁,增加了安全隐患,施工中必须加强管理。

9. 钢梁纵移与横移

钢梁在悬臂拼装过程中,由于一些因素的影响,常引起梁的纵向长度产生几何尺寸偏差;造成这种纵向偏差的因素有:架梁过程中梁的自重引起的变形(这是主要的因素),架梁阶段中气温的变化引起梁的伸缩,钢梁制造时的长度误差、墩台建造时墩位中心的定位误差、架梁过程中由于经常顶落梁而引起的梁体几何长度的变动,临时支座的摩阻力对钢梁变形的影响等。这些因素造成了钢梁的纵向偏位,致使钢梁各支点不能按设计位置落在各墩顶上,使桥墩偏载。为调整这一误差至允许范围内,钢梁需要纵移。采用的纵移方法有以下两种:①温差法(即利用一天的气温差),利用钢梁热胀冷缩这个物理性能,随着一天温度的变化倒换支座的性质(活动支座与固定支座相互转换),可以达到纵移的目的;②顶落梁法,在连续梁中,利用该联钢梁中间某一个支点的顶落及两旁支点的支座变固或变活的相互转换,使钢梁如同蛇一样的爬行,向着预定的方向蠕动。

钢梁在伸臂安装过程中,由于受日光偏照的偏载的影响,加之杆件本身的制造误差以及拼装偏差,钢梁中线位置会随时改变,有时偏向上游侧,有时偏向下游侧,以致到达墩顶后,钢梁不能准确落在设计位置上,造成对桥墩偏载。为此必须进行钢梁横移,使偏心达到允许范围之内;横移必须在拼装过程中逐孔进行。

10. 悬臂安装的晃动问题

在钢梁悬臂安装过程中,特别当钢梁悬臂长度很大时,钢梁的横向刚度较弱,在风力等因素作用下就会出现晃动现象。为了施工的安全,施工单位应采用一定的措施,控制钢梁在长悬臂和大挠度条件下的晃动及风动失稳。

5.5.6 结合梁架设与钢梁涂装

1. 结合梁(钢板梁或开口钢箱梁)吊装和拼接

(1) 钢梁吊装前,施工单位应对临时支架和钢梁结构本身在不同受力状态下的强度、刚度及稳定性进行检算。

(2) 钢梁节段在运输和吊装过程中,应采用专用吊具,钢梁不得扭转、翘曲和侧倾。钢梁整体吊装就位时,应轻吊轻放,支垫平稳,防止碰撞。

(3) 节段采用高强度螺栓拼接时,应符合有关规定;节段采用焊接时,应设立防风设施。箱形梁内采用 CO_2 气体保护焊时,应使用通风防护安全设施。

2. 桥面板施工

连续结合梁桥面板应按设计要求的顺序分段浇筑正、负弯矩区段混凝土,顶、落梁时混凝土强度及龄期应符合设计要求。

3. 钢梁涂装

(1) 涂装材料贮存时应保持通风、干燥，防止日光直接照射；仓库及施工现场应配备消防器材；喷砂除锈的工作场地附近，应安装防护设施和禁止通行的警示牌。

(2) 涂装作业使用的空压机、砂箱、吊篮等必须安放牢固。

(3) 作业人员应配备足够的劳动保护用品；作业中严禁吸烟、携带易燃易爆危险品。

(4) 钢梁涂装使用的脚手架和上、下步梯均应牢固可靠。

5.6 拱桥施工

5.6.1 危险因素辨识与施工方案

1. 施工作业过程安全风险分析

(1) 缆索吊未按规定进行验收；作业中使用缆索吊运送施工人员；缆索吊操作人员无证上岗；施工单位不按规定对缆索吊系统进行检查、维护。

(2) 支架、拱架的强度、刚度、稳定性和基础承载力不足；支架、拱架、墩顶、作业平台等未按规定设置安全防护设施。

(3) 吊装拱肋前不按规定进行试吊；拱肋吊装时无统一指挥；拱段起吊时未捆扎牢固或不平衡起吊、超载起吊。

(4) 拱肋及横撑安装时作业料具随手抛掷；两层或多层上下交叉作业；吊杆张拉时锚头未连接牢固即松除吊钩或张拉顺序不当。

(5) 高处作业人员不按规定佩戴劳动防护用品；酒后或疲劳作业。

(6) 跨越公路、铁路施工时无防护措施；水上施工无防护和救生措施。

2. 专项施工方案

拱桥施工前，施工单位应编制专项施工方案；针对工程特点，在认真分析施工过程中可能出现的安全问题基础上，提出具体的安全措施。

3. 支架及支架基础

拱桥支架应经专门设计，具有足够的强度、刚度和稳定性，支架基础应有足够的承载力。支架应有可靠的落架装置，必要时施工单位应作预压试验。

5.6.2 缆索吊

(1) 施工单位应对缆索吊进行专门设计。主索道、卷扬机等使用的地垄,应选择在坚硬的地基上;地垄深度和结构布置应通过检算,较大的地垄还应进行设计。地垄回填土应夯实并高出原地面,以防积水;必要时,地垄应做拉力试验,确认合格,方可使用。吊机塔架的顶部应安装避雷设施。起吊钢丝绳应有防止过位措施;缆索吊应设垂直起吊和水平运输限位装置;主索道两端须安装限位器。

(2) 主索道安装前,施工单位应制定安装工艺及安全措施;安装时按设计要求进行。塔架构件、起重机具等进场前,使用单位应进行检验验收,符合设计要求后方可使用。缆索跨越公路、铁路等既有障碍物时,应搭设架空支架,并拉好支架风缆。主索道安装时,作业人员应先将主索的一端在地垄上锚牢固,然后收紧;在主索挠度达到设计要求后,再锁定另一端。在有行人、车辆通过的场所,或靠近村庄、街道附近的作业,施工单位应设置警戒线。安装完成后,应进行静、动载试验;经过试吊、试验合格后,方可使用。

(3) 施工单位应按有关规定对缆索吊进行定期检修,如发现异常情况,应予处理。停止工作或下班后,作业人员应将起吊滑车吊钩走行到规定的位置,并收紧吊钩;卷扬机应予制动,电源应切断,闸刀盒应加锁。

(4) 牵引卷扬机启动应缓慢,行进速度应平稳,起重卷扬机要协调配合;起重作业人员应等吊运构件到位稳定后,方准进行作业。

(5) 除正常检修和维护保养外,严禁使用缆索吊运送人员上下班或进行其他作业。严禁在制动不良的情况下起吊作业;严禁斜拉、斜吊和超载起吊;吊物悬空时,严禁起重司机离开操作台,严禁在制动不良的情况下起吊;在无安全装置的情况下,严禁吊送人员。

(6) 滑轮和索道系统如有冰雪时,应采取措施碾除索道和滑轮上的冰雪。塔架及风缆、缆索系统、锚碇系统、起重装置等应经常检查维护,确保使用安全。

5.6.3 钢筋混凝土拱桥

1. 现浇钢筋混凝土拱桥

浇筑拱圈混凝土时,施工单位应按设计要求的加载顺序对称进行。作业人员应随时观测拱架的变形,根据变形情况调整浇筑顺序或临时局部加载。当拱部混凝土达到设计要求的卸架强度时,应按设计顺序依次拆除拱架,各片拱架应同时卸落,对称、少量、多次、逐步完成。采用砂筒(箱)卸落拱架时,砂子应匀净干燥,并应预压达到设计要求,泄砂孔及砂筒(箱)与活塞之间的外露面应封闭严密。采用木楔时,应采用热油浸制硬木。

2. 装配式混凝土拱桥

拱节采用卧式浇筑时，翻转起吊应检算拱节的强度。拱节堆放时，地面上及两层间的支点应在同一垂直线上，临时支垫应牢固。

采用节点支架拼装拱节时，拱肋吊装要按设计要求的顺序进行；设计无要求时，应从拱脚到拱顶、两侧对称进行。拱节拼装时，当与已安装的拱节连接牢固，并设置支撑等安全措施后，方可摘除起重吊钩。拱肋湿接头混凝土强度达到100%后，方可拆除拱肋支架。

无支架拼装拱节时，索塔应锚固牢固，塔顶应设风缆固定；索卡应按规定安装紧固。分段吊装拱肋时，除顶段外，其余每段拱肋均应设置临时风缆，每对风缆与拱肋轴线水平投影的夹角不得小于50°；上下游风缆长度不得相差过大，与水平面夹角应选择适当。合龙时的松索调整，应按对称、均匀松卸的顺序进行。

5.6.4 钢筋混凝土系杆拱桥

(1) 系梁采用支架法桥位浇筑时，支架设计除考虑强度、刚度及稳定性外，尚应考虑拱部混凝土重量及施工荷载。拱肋支架采用节点支架时，支架间应增加纵、横向连接。系梁按设计要求张拉部分预应力束后，方可搭设梁上拱肋支架。

(2) 现浇混凝土拱肋及横撑、斜撑混凝土时，拱肋模板应与支架连接固定，支撑牢稳；拱肋两侧应设置操作平台及人员上下步梯。当采用混凝土输送泵浇筑时，泵送管道应固定在单独的支架上，不得直接与模板相连。拱肋混凝土浇筑顺序应按设计要求进行，确保两拱肋两端同步、对称浇筑。混凝土浇筑过程中，作业人员应随时观测拱架和模板的变形，必要时，应根据变形情况调整浇筑顺序或临时局部加载。拱肋、横撑、斜撑混凝土强度达到100%后，方可按设计要求的顺序拆除拱肋支架。

(3) 吊杆张拉作业时，拱肋顶面应设置人行步梯和栏杆；雨、雪天施工，应有防滑措施。吊杆初张拉、终张拉必须按设计程序进行。

(4) 系梁支架必须在吊杆张拉后方可拆除，拆除应按设计顺序进行；设计没有规定的，应从跨中向两侧进行。

5.6.5 钢管混凝土与钢箱系杆拱桥

1. 拱肋及风撑安装

(1) 拱肋节段运输时，作业人员应采用弧形垫木将节段抄实，节段侧面和前后用钢丝绳、撑木等固定在运输车上，防止节段倾倒和滑落。

(2) 工地组拼拱肋节段时，应设必要的临时支撑，节段重量应在吊机的额定起吊能力内。

(3) 拱肋采用节点立柱拼装方式时,柱底应与梁顶固结,柱顶设操作平台,柱间设纵、横向连接系,确保支架的稳定和抗风能力。

(4) 拱肋采用满堂式支架拼装方式时,应保证侧向稳定,支架上应铺设人行走道和操作平台,挂设安全网。

(5) 汽车吊机桥面吊装拱节时,吊机站位应位于系梁的横隔板或纵向腹板处,提升钢管拱肋不得碰撞支架。拱肋每吊装一节,作业人员应迅速将其临时连接,两拱肋对称吊装后,及时安装横撑,以增加横向稳定性。

(6) 连接焊缝探伤检测合格后,施工单位方可拆除拱肋支架。

2. 钢管内混凝土压注

压注钢管内混凝土时,混凝土输送泵应性能良好,满足混凝土压注的要求;钢管每端至少备用 1 台。混凝土压注顺序应按设计要求执行,压注时应严格控制泵压和泵速;安排专人检查混凝土到达位置,并且相互通报,保证两端对称进行,直至压注完成;压注完毕后,应及时关闭倒流截止阀。混凝土顶升时,泵管口处要采取防护措施,防止混凝土冲出伤人。

3. 钢箱系杆拱桥

(1)搭设梁上钢箱拱肋支架时,钢箱系梁支架不得拆除。

(2)钢箱拱肋节段拼接、风撑安装时,施工单位的现场用电安全设施应完备、齐全,并建立严格的安全管理制度;桥上必须设置消防、通讯设施,并保证处于良好状态。桥上作业人员,必须穿绝缘鞋和戴手套。

5.6.6 刚桁架拱桥

1. 有支架架设钢桁架拱桥

桁架拱拼装时,应设置节点立柱,支承立柱的钢箱梁部位应增焊横隔板和加劲板。钢桁架拱跨中的高支架,应验算抗横向脉动风速的稳定,满足整体抗风稳定性要求。

2. 悬臂拼装钢桁架拱桥

(1) 爬坡式吊机移动前,牵引吊机爬坡的滑车组和钢丝绳状况应良好,传力节点板固定可靠。吊机移动时,应左右同步;吊机前行到位后,要前支后锚牢固,变坡机构的销轴穿好。非工作状态时吊机应收拢吊钩,臂杆与钢梁固定。

(2) 上下弦杆平面两侧应设置防护栏杆,栏杆应与弦杆卡固。各墩顶应设有防护栏杆、网栅等防护设施，布置好走道及梯子。

(3) 钢梁上平联时，施工单位应在两桁上弦节点处加设临时连接杆件和钢丝绳，拴结安全带，作业人员沿上平联杆件骑行作业。

5.7　桥梁转体施工

5.7.1　转体施工概述

1. 施工工艺与专项施工方案

大跨度预应力混凝土连续梁在特殊地段(如不容许采用挂篮或顶推法施工)可采用转体施工工艺。转体结构一般由下转盘、球铰、上转盘、转体牵引系统组成。下转盘为支撑转体结构全部重量的基础，转体完成后，与上转盘共同形成基础；下转盘上设置转体系统的下球铰、撑脚的环形滑道及转体拽拉千斤顶反力座等。上转盘是转体的重要结构，与球铰、撑脚相连接，是转体牵引力直接施加的部位，在整个转体过程中形成多向复杂受力状态，因此设计配有纵、横、竖三向预应力钢筋。装盘还有一套转动动力系统和监控系统。

桥梁转体施工前，施工单位应编制专项施工方案。转体施工需要进行详细设计及编制全套工艺细则，施工单位在实施过程中要严格执行。桥梁转体的转动体系、锚固体系、动力体系等应进行专门设计，施工期间，作业人员应经常检查转动体系、锚固体系、动力体系等，确保使用安全。转体施工前，施工单位必须与当地气象部门进行联系，掌握施工期间的天气情况，天气恶劣影响正常施工时不得进行转体施工。

2. 施工作业过程中的主要危险因素

(1) 施工过程中，转体锚固体系锚固力不足；转动体系、锚固体系和动力体系在施工期间未按规定进行检查维护。

(2) 竖转场地、设施及设备未进行试运转；转体施工中转动速度不均衡，转动过程中作业人员监控不力。

(3) 施工单位未按规定设置必要的安全防护设施；未对相关人员进行施工前培训。跨越公路、铁路施工时无防护措施；施工现场违章用电。

5.7.2　竖向转体

1. 竖转场地、设施及设备

墩台前应有适合预制拱圈或拼装钢管拱肋、竖转所需的地形和场地，且地基坚固不沉陷。竖转的临时设施(索塔结构及分配梁、反力梁及转向架、后锚梁和地锚索及地锚、压塔索及背索、扣索及锚索)符合设计要求,未经检查验收,严禁进行竖转。竖转铰应进行设计计算,转动灵活,设有水平限位装置;索塔与拱座固结,压塔索及背索与索塔纵向连接牢固,设置上下步梯、塔顶工作平台、栏杆、踢脚板等。竖转起吊设备要采用液压连续提升千斤顶;使用前,千斤顶、油泵、控制柜必须试运行。

2. 拱上杂物清除、多余约束解除

竖转作业前,作业人员应清除拱上杂物、解除多余约束;提升拱肋脱离胎架后,要静置24h,施工人员对拱肋焊缝、索塔系统、提升系统、锚固系统进行全面检查,确认符合要求后,方可进行正式竖转;扣索同步提升,速度均匀、可控。在竖转中施工单位要安排专人不间断地观测吊塔顶部位移、检测后锚索与扣索的索力差,并将其控制在允许范围以内,对索塔、地锚、轴铰等设施、设备设专人检查,保证正常施工。

3. 合龙及竖转设施拆除

竖转前,施工单位应在拱肋前端安装合龙工作吊篮;合龙后,锁定扣索和锚索,及时封拱铰,形成稳定结构。

封铰混凝土强度达到设计要求后,作业人员方可放松扣索;放松扣索、后锚索时,必须对称、均衡、分级进行。

5.7.3 有平衡重平面转体

1. 设施、设备

转动体系必须平衡可靠,抗倾覆安全系数应大于1.5,四周的保险支腿应有良好的保险和稳定作用。钢制球铰下球缺与上球冠之间的滑动垫层在承受转体全部重量后,在牵引力作用下应能绕定位轴转动自如。

2. 扣索和后锚索

扣索和后锚索应锚固可靠;转动铰低于水面应设围堰保护,低于地表面要在基坑周围砌护墙,围堰和基坑周围应设护栏,禁止非转体人员人内。

3. 平转作业开始前的检查

平转作业开始前,张拉扣索脱离支架,调平衡重,拆除上、下转盘间的临时支垫,转动体系座落在球铰上,形成自平衡体系。静置24h,确认各部无异常变形后,方可试转,验证转动体的平衡与稳定。拱肋上多余物料应清理干净;施工单位应拱肋上铺设防滑软梯和栏杆,挂设安全网。

4. 平转过程中的观测及检查

在平转过程中,两台千斤顶应同步牵引,角速度不得大于0.5°/min,严禁猛拉、骤停;平转时,设专人跟踪观测塔顶位移、拱肋标高,检查塔架、保险撑脚等,清除下转盘滑道上的障碍物;安排专人作好限位准备,防止超转。

5. 合龙

合龙参见上述竖转的有关内容;合龙后,及时施工合龙段,浇筑球铰处混凝土。

5.7.4 无平衡重平面转体

1. 设施、设备

锚固体系的抗剪强度、抗滑稳定性应达到设计要求;锚碇系统两方向的平撑及尾索应形成三角稳定体。转动体系应灵活自如,安全可靠。位控体系应能控制转动体的转动速度和位置。

2. 平转前的检查

平转前,扣索应锚固可靠,张拉扣索,拱圈(肋)脱架并对称拴扣风缆,静置24h,检查各部位(件)满足设计要求后方可卸架转体。

3. 梁体转动控制与合龙

梁体转动时,应对称、同步、均匀、慢速,保持转体稳定;尾索、扣索张拉应按设计张拉力分级对称,均衡加力;临近就位时,应控制转速,就位后应对称收紧风缆,微调、合龙。

合龙卸扣时应对称、均衡、分级进行。

5.8 营业线施工

营业线施工包括既有线改造、增建二线、新线建设跨越既有线以及可能影响既有线行车安全的施工活动,营业线施工必须确保既有线行车安全。

5.8.1 施工安全管理

为确保既有线行车安全,施工中要遵守相关的法律、法规、政策性文件、标准、规范外，铁路运输部门结合铁路运输的特点，制定了一系列的部门规章、制度、施工安全管理规定，营业线施工中也必须严格执行。这些规定主要包括：现行《铁路安全管理条例》、《铁路技术管理规程》、《铁路营业线施工安全管理办法》、《铁路工务安全规则》、《铁路桥隧建筑物大维修规则》、《改建既有线和增建第二线铁路工程施工技术暂行规定》等的有关规定。

(1) 营业线施工前，施工单位必须编制专项施工方案，经铁路相关部门审查批准后实施。施工单位与设备管理单位和行车组织部门签订施工安全协议和配合协议，铁路运输部门纳入月度施工计划后，方可组织施工。影响行车安全的施工，必须在设备管理单位监护下进行。

(2) 施工影响原运输区段限界的，施工单位必须根据机车车辆限界，制定施工临时限界并按规定上报铁路相关部门审批。施工中搭设的脚手架、堆放的工程材料或机具设备等，严禁侵入施工临时限界。

(3) 施工前，施工单位和设备管理单位应现场划定地下管线位置范围，在设备管理单位监护人员监护下，对管线进行探测，挖探沟确定其准确位置。地下管线探挖不得使用机械，对已暴露的管线施工单位必须采取保护措施。

(4) 凡涉及营业线施工必须按规定设置防护。施工单位的驻站联络员与工地防护员必须严格执行呼唤、应答和预报、确报、复诵制度。施工中，施工单位和设备管理单位应监视与保持线路、桥涵等建筑物处于完好状态，发现异常必须立即停工处理。

(5) 所有施工人员上道作业，必须按规定着装，及时按规定下道避车。施工单位应加强对机具设备和物资材料的管理，不得侵限，并应设专人看守。

(6) 安全保护区内的施工应纳入营业线施工管理，机械设备必须设专人监护，防止侵限。施工使用的打桩机、旋挖钻、吊机等高大机械设备必须采取防倾覆措施。

(7) 在电气化区段，施工作业人员及其携带的物件与接触网带电部分的距离必须保持在 2m 以上，不足 2m 时，应在接触网停电后作业。在距接触网带电部分 2～4m 的范围内施工时，接触网可不停电，但须有设备管理单位的有关人员在场监护。在接触网支柱及接触网带电部分 5m 范围以内的金属结构上均须装设接地线。在设有防护网区段施工，如需临时拆除防护栅栏，施工单位必须设专人 24h 看守，闲杂人员不得进入防护栅栏内。

(8) 在自动闭塞区段施工时，作业人员要保持轨道线路绝缘良好；工具、设备应采取绝缘措施，防止轨道电路短路。

(9) 当对无缝线路加固时，必须进行应力放散。

(10) 线路封锁施工应符合下列规定：

① 按批准的线路加固方案做好各项准备工作，确认信号设备、机具、材料齐全

完好,防护设施和人员到位。严格按批准的施工项目施工,严禁超前准备和超范围施工。

② 严格落实要点登记手续,行车调度发布命令后方可施工。

③ 开通前,应进行安全质量检查,确认线路设备状态达到开通条件,及时办理销点手续。开通后,施工单位应安排专人巡查整修线路,保持线路处于良好状态。

(11) 慢行条件下,应安排防护人员昼夜值班,配齐防护用品,规范上岗接车;设置测速仪,发现列车超速时,应迅速报告有关部门,并作好记录。

5.8.2 既有桥梁墩台改建

(1) 施工时,应对既有墩台采取防护措施,不得影响既有墩台的安全。

(2) 旧桥墩采用爆破拆除时,应制定安全措施;人工凿除混凝土时,作业人员必须戴护目镜。采用便梁加固线路时,临时支墩应安全可靠;施工过程中,应加强对便梁支墩的防护。

(3) 桥墩台顶帽加高或落低时,作业处要搭设脚手平台、安装栏杆和上下梯子。顶梁时严禁两端同时施顶;同一端使用的两个千斤顶,其规格、型号、起落速度应一致,保持梁体平衡。千斤顶使用前应经过检验,每次升降顶程不得超过10cm。顶梁时应设置垫木等保险装置,随顶随支;用木楔支垫时,不得使桥梁受力不均。

(4) 桥梁横移时,滑道应按设计布置,作业中桥梁两端要采用相同型号的动力设备,同步滑移,协调一致。

(5) 换梁后,施工单位应及时恢复线路,确保行车安全。

(6) 小桥涵改建成框架桥时,框架桥应采用顶进施工,对梁体采取便于拉出的支顶方案,边顶边拆,确保加固线路的安全稳定性。既有桥涵混凝土应采用机械破碎、静态爆破或控制微裂爆破拆除。

(7) 桥梁扩孔采用架空方法施工时,施工单位应对既有线路进行加固。

5.8.3 增建第二线桥涵施工

(1) 影响营业线桥涵基础和路基稳定的施工,应先进行护坡桩施工,后施工主体工程。

(2) 沉桩基础打桩时,应首先从营业线一侧开始,逐排向外打,并随时观测营业线路及桥涵的变化,且不应采用射水或振动法施工。

(3) 沉井基础施工应控制超挖量,并随时观测井内挖出的土壤情况及既有路基或周围地面有无沉降或裂缝现象。当地质为细砂、粉砂时,严禁抽水下沉。

(4) 钻(挖)孔桩基础施工应考虑列车振动影响,加强防坍孔措施。泥浆池应远离路基坡脚,避免泥浆浸泡路基。

(5) 脚手架、支架应符合安全规定,靠近铁路一侧的不得侵限,且必须设置围护设施。

(6) 吊装、拆除墩台模板时,不得侵限。严禁在营业线轨道或桥梁上拴系牵引绳索。

(7) 排水涵接长施工,应有防洪涝应急措施。交通涵接长施工,施工单位应联系交通部门采取疏导交通措施,设置夜间交通防护设施。涵洞接长需在对接口处处理原有混凝土和砌体时,严禁采用爆破施工。

(8) 架梁时,所选方案不应影响营业线行车。人工架梁,当梁体需要横过既有线时,必须清点封锁,严禁用既有线轨道或桥梁支座作牵引索地锚。

5.8.4 桥涵顶进

1. 工作坑及顶进后背

(1) 顶进工作坑靠近路基一侧的坡顶距路基坡脚不得小于1.5m,一般应避开汛期施工;需要汛期施工时,对受工作坑影响的路基边坡应进行防护加固,并做好防洪安全设施。

(2) 工作坑开挖必须按规定放坡,分层下挖,不得任意放陡坡度,禁止掏底挖土;坑壁需要支护的,按设计进行支护。机具、材料、弃土等应堆放在基坑顶部周边安全距离以外。

(3) 顶进后背应进行设计计算,后背梁、后背墙必须有足够的强度、刚度和稳定性。

2. 纵横抬梁加固线路

(1) 纵横梁应按布置方式、计算跨度等进行受力检算,必须具有足够的强度、刚度及稳定性。加固范围应向框架桥两侧延伸与桥高等长的距离。框架两侧线路在架空纵梁端部还应采用桩基进行承托和防护,避免土体坍塌。

(2) 纵横梁应连接牢固,横梁底部道砟应捣固密实,纵梁端部应用短枕木支垫牢固。穿插横抬梁及安装连接构件时应防止轨道电路短路。

(3) 扣轨应用扣轨卡紧固,并向两端延伸桥高的1.5倍;与枕木固定的U形螺栓不得超过轨面高度。

(4) 连接构件及支垫垫木等施工单位应派专人检查,发现松动应及时紧固。

(5) 顶进前应对横抬梁采取前顶后拉等措施,防止顶进时线路横移。

3. 铁路便梁加固线路

(1) 便梁加固长度必须满足箱体两侧安全坡的要求。

(2) 便梁采用铁路运输和装卸时,必须按照铁路部门批准的施工计划进行。

电气化区段采用机械装卸便梁时，施工单位应申请接触网停电；人工装卸时，枕木垛应搭设稳固，滑轨应有足够的强度和刚度。

(3) 便梁组装应严格按确定的便梁定位线和组装程序进行，不得侵限；轨下应绝缘良好。

(4) 挖孔桩必须有足够的深度，满足承载力及稳定性要求。护壁结构应考虑地质状况、列车活载和振动的影响。孔口不得侵限且应采取防止雨水灌入和人员、物体坠落的措施。

4. 顶进施工

(1) 顶进土体难以确保稳定、易于坍塌时，施工单位需在顶进前对土体进行注浆固化。注浆作业应进行试验，确定注浆参数，控制线路隆起，并及时整修线路。

(2) 地下水位高于框架桥基础底面 1m 时，施工单位应采取降水措施。顶进作业应保持地下水位在基底 1m 以下，严禁带水顶进。降水作业应控制线路下沉，并及时整修线路。应尽量避免在雨季施工，无法避开时，施工单位应有防洪、排水及线路抢修措施。

(3) 施工单位应对顶进设备进行配套检验，合格后方可安装。每次顶进前作业人员应检查液压系统、传力柱安装和后背变化情况，发现问题及时纠正。顶进过程中，当液压系统发生故障时，严禁作业人员在液压系统处于工作状态下进行检查和调整。

(4) 传力柱支承面要密贴，方向应与顶力轴线一致，一般 4～8m 加横梁一道，以保持顶柱的稳定。顶进时要安排专人密切观察传力柱的变化，如有拱起、弯曲等变形应立即停止顶进，进行调整。为防止传力柱崩出伤人，应采用填土压重等措施，传力柱上方严禁站人。

(5) 当施工需要开挖路堤边坡时，施工单位应派人监护。发生异常情况时，应立即撤离危险区，并向开来的列车发出停车信号。在工作坑坡顶的一定范围内，不得堆放料具和弃土。

(6) 挖土机械铲斗不得碰撞线路加固设施和桥涵主体结构。人工清理开挖工作面时，挖土机械应退出开挖面；严禁人、机同时开挖。

(7) 需拆除的支点桩应采用机械破碎或静态爆破。

(8) 顶进挖土时，施工单位应派专人监护，发现异常情况时，作业人员及机械立即撤离危险区域，并视线路情况设置防护信号。挖土作业必须符合下列规定：

①必须坚持勤挖快顶原则；②严禁掏洞取土或逆坡挖土；③列车通过时严禁挖土；④顶进设备发生故障时不得挖土；⑤顶进暂停期内不得挖土；⑥没有防范措施，雨天不得挖土。

(9) 桥体顶入路基后，应 24h 连续顶进。当列车通过时，施工人员及机械必须撤离挖土工作面。顶进过程中,施工单位应配备足够抢修人员和料具等;应对各观测点变化情况进行仔细观测,发现异状,应立即停止顶进,待问题处理后再顶进作业。当采用中继法或顶拉法施工时,节间缝隙应采取封闭措施,以免土石等掉落伤人。

(10) 顶进过程中,每当油泵油压升高 5～10MPa 时,应停泵观察;若有异状,应及时处理。需要调整梁体顶进位置时,应针对实际问题,制定相应的安全技术措施。顶进过程中每顶完一次作业或列车通过后,应对线路进行检查,如发现线路异状,经整修后方可放行列车。

(11) 顶进就位后,框架桥边墙外侧应采用注浆或其他措施填充和固化顶进过程中扰动的路基,必要时施工单位尚应进行物探,以检测加固效果。

5. 圆形涵洞顶进

(1) 管节顶进应连续作业,当顶管前方发生坍塌,或遇到障碍物,顶力超过管口允许承受能力时,应停止顶进。

(2) 管前挖土长度,在铁路道床下,不宜超出管端以外 10cm,道床以外不得超出 30cm,并做到随挖随顶。

(3) 当用帽檐式钢板刃角处理土质较差又是易出现坍塌的路基(道床)时,施工单位应按规定安装钢板刃角。

5.8.5 跨线桥施工

(1) 采用挂篮悬臂灌注、悬臂节段拼装的设备及支架设计的安全系数应比一般情况大 20%。

(2) 跨线架设桥梁和设备过孔,应封锁线路。电气化区段,当梁底与接触网承力索距离不足 2m 时,应停电作业。当梁底高出接触网承力索 2m 以上时,在保证安全的基础上,施工单位应编制专项施工方案,经审批后可不停电作业。

(3) 吊装、架梁时,起重机和架桥机应定位准确,起重能力应满足作业半径、吊重等安全要求,起重索具安全系数应符合现行《铁路架桥机架梁暂行规程》的规定。

(4) 已经吊装就位的构件、梁体应摆放稳固;稳定性较差、迎风面积较大的梁、构件,在线路封锁时间内不能做永久固定时,施工单位必须增加临时支撑,使其稳固或将其捆绑牢固,防止梁或构件滚翻或跌落。

(5) 铁路局同意不封锁施工的跨线作业,施工时施工单位应在车站行车室进行施工登记,派驻驻站员,现场设防护,利用列车间隔进行。在电力牵引铁路上方进行施工时,施工单位应设置静电屏蔽防护和安装接地防护装置;必要时,在施工范围内,可将承力索和回流线加设绝缘套管。混凝土养生时,养生用水不得泄流。

(6) 跨线桥施工期间,施工单位必须在铁路上方设置围挡。

第6章 隧道工程施工

隧道工程施工是铁路工程建设中的重点和难点，常常是影响铁路工程建设投资和工期的关键因素之一，其设计和施工质量对铁路工程建成后的安全运营和经营效益具有十分重要的意义；此外，隧道工程施工中安全问题突出，施工风险高，是安全管理的重点和难点。隧道工程施工中，除执行相关标准、规范外，必须执行《铁路工程基本作业施工安全技术规程》(TB 10301—2009)、《铁路隧道工程施工安全技术规程》(TB 10304—2009)的施工安全要求。

6.1 施工组织管理

6.1.1 铁路隧道施工概述

1. 客运专线铁路隧道的主要特点

新建铁路客运专线隧道的横断面较大，受力比较复杂，且列车运行速度较高，隧道维修有一定的时间限制，对隧道衬砌的安全性、耐久性和防水性能要求提高。

大断面隧道的受力情况不利，尤以隧道底部较为复杂，隧道拱脚和边墙脚处的应力集中更严重，需要对边墙底与仰拱连接处进行加强，并要求有更高的围岩强度或更好的地基承载力。此外，隧底结构在长期列车动载作用及地下水侵蚀的影响下极易产生破坏，从而引起基底沉陷、道床翻浆冒泥等病害，不但增加养护维修工作量，而且严重影响运营安全。

铁路隧道中，除围岩的整体性外，围岩自身强度对大断面隧道施工方法的确定、隧道的稳定与安全也有较大的影响。隧道开挖后，周边围岩会出现更大范围的塑性化以及更大的变形，围岩自稳所要求的围岩强度更高，产生拱作用要求的埋深更深；浅埋隧道的松弛压力更大，浅埋隧道的辅助施工措施要求更强。大断面开挖后，隧道拱顶更不稳定，拱顶围岩存在拉应力区会使拱顶岩块崩塌的可能性加大。综上所述，新建铁路客运专线隧道的特点给隧道施工开挖方法、施工方案的选择及施工安全管理带来一系列新的挑战。

2. 铁路隧道主要开挖方法

隧道施工中，开挖方法是影响围岩稳定的重要因素之一，也是影响施工安全的重要因素。铁路隧道工程基本是按新奥法的原理组织施工，根据不同围岩级别及周边环境选择相应工法，在复合衬砌隧道中，根据监控量测结果，适时施作二次衬砌。总的来看，钻爆法仍然是中国铁路隧道目前应用最广、最成熟的隧道开挖方法。

目前，铁路隧道开挖常用的方法有全断面法、台阶法、中隔壁法（center diaphragm，CD）、交叉中隔壁法（cross diaphragm）、双侧壁导坑工法。从工程造价和施工速度考虑，施工方法选择顺序应为：全断面法→正台阶法→台阶设临时仰拱→中隔墙法→交叉中隔墙法→双侧壁导坑法。从施工安全考虑，顺序正好反过来。在当前的施工实践中，采用最多的方法是台阶法，其次是全断面法；在大断面隧道中，单侧壁导坑（小隔壁法）和双侧壁导坑（眼镜法）采用较多。由于施工机械的发展和辅助工法的采用，施工方法有向更多地采用全断面法，特别是全断面法与超短台阶法结合的发展趋势。表 6-1 列出了目前新建铁路客运专线隧道施工采用的主要开挖方法。

表 6-1　客运专线隧道主要施工（开挖）方法

开挖方法	横断面示意	纵断面示意
全断面法	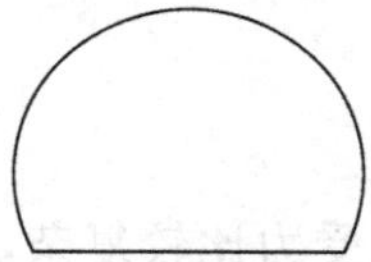	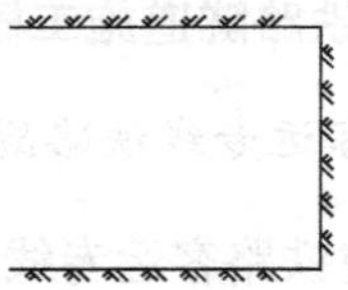
下导洞超前法	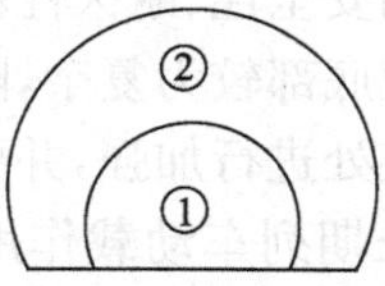	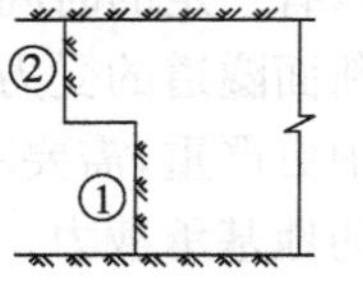
台阶法	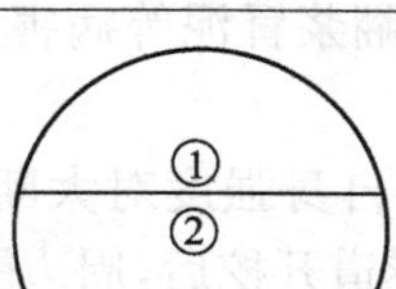	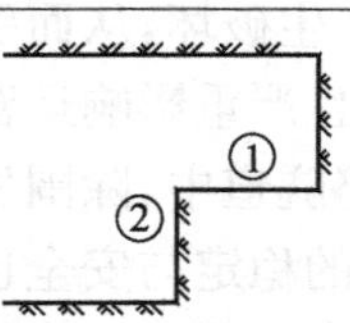
环形开挖预留核心土法	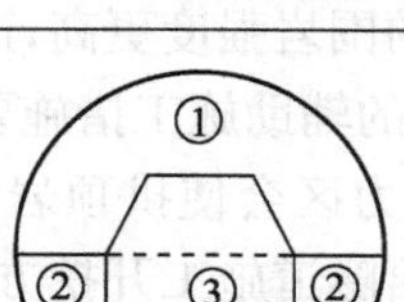	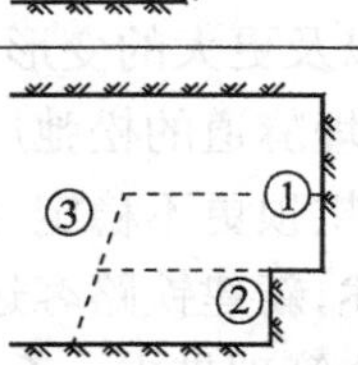
双侧壁导坑法	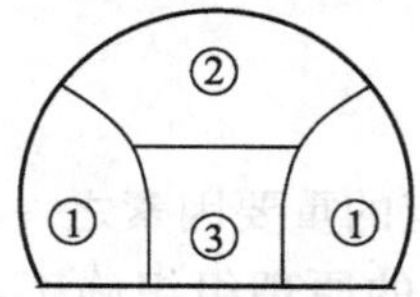	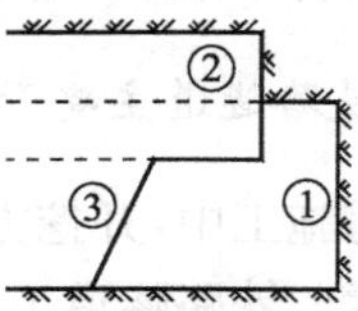

续表

开挖方法	横断面示意	纵断面示意
中洞法	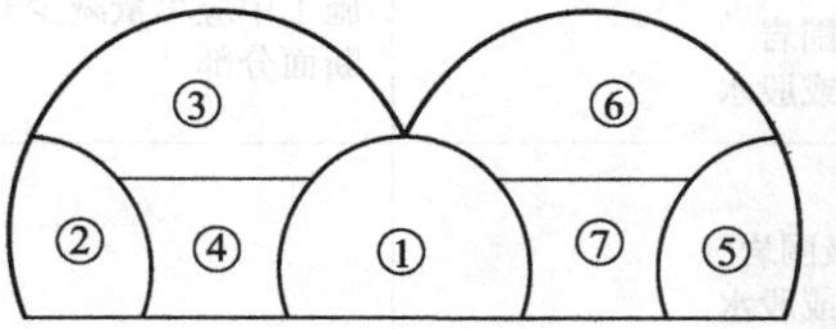	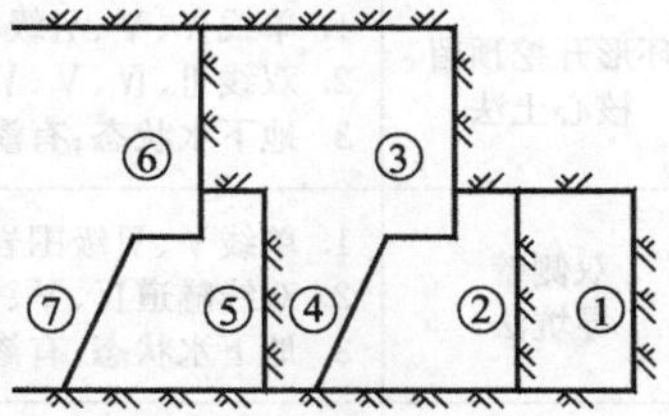
中隔壁法	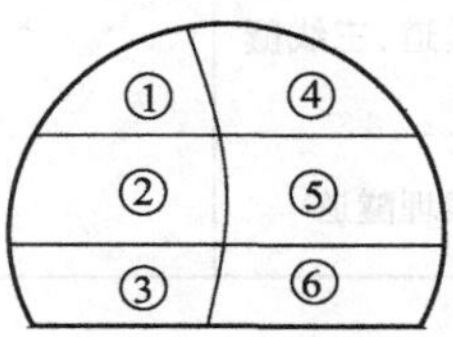	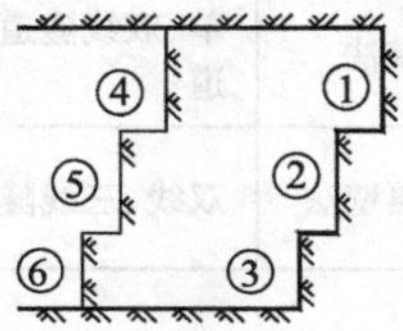
交叉中隔壁法	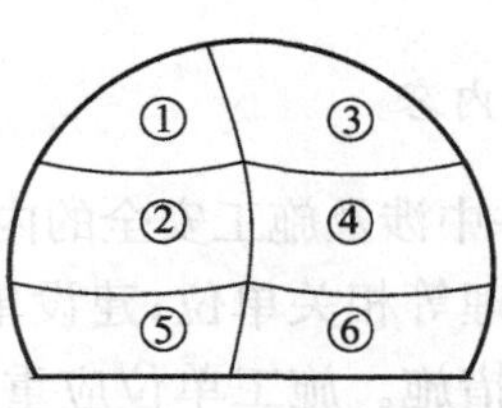	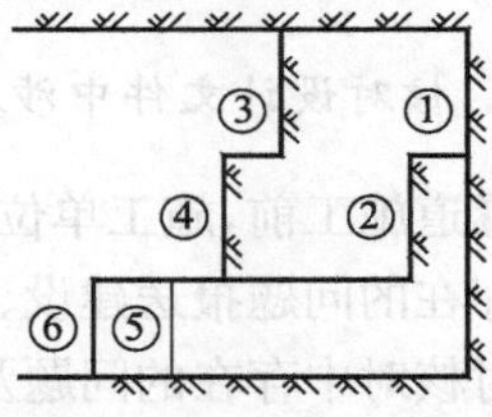

3. 铁路隧道各类施工(开挖)方法适用条件

新建铁路客运专线隧道各类施工(开挖)方法适用的条件见表 6-2。

表 6-2　客运专线隧道各类施工(开挖)方法适用条件

开挖方法	适用围岩级别及说明	备注
全断面法	1. 单线隧道Ⅰ、Ⅱ、Ⅲ级围岩 2. 双线隧道Ⅰ、Ⅱ级围岩 3. 地下水状态:干燥或潮湿	循环进尺宜控制在 3～4.0m
下导洞超前法	1. 单线隧道Ⅲ、Ⅳ级围岩 2. 双线隧道Ⅱ、Ⅲ级围岩 3. 地下水状态:有渗水或股水	–
台阶法	1. 单线Ⅲ级、Ⅳ级围岩 2. 双线Ⅲ级围岩 3. 地下水状态:干燥或潮湿	台阶长度应有利于施工操作和机械设备效率的发挥,同时应利于支护尽早封闭成环

续表

开挖方法	适用围岩级别及说明	备注
环形开挖预留核心土法	1. 单线Ⅳ、Ⅴ、Ⅵ级围岩 2. 双线Ⅲ、Ⅳ、Ⅴ、Ⅵ级围岩 3. 地下水状态：有渗水或股水	施工中应尽量减少开挖分部，采用大断面分部
双侧壁导坑法	1. 单线Ⅴ、Ⅵ级围岩 2. 双线隧道Ⅳ、Ⅴ、Ⅵ级围岩 3. 地下水状态：有渗水或股水	
中洞法	双联拱隧道	
中隔壁法	单、双线隧道Ⅴ、Ⅵ级围岩、浅埋隧道、三线隧道	
交叉中隔壁法	双线、三线隧道Ⅳ、Ⅴ、Ⅵ级围岩、浅埋隧道	

6.1.2 施工方案与施工现场管理

1. 核对设计文件中涉及施工安全的内容

隧道施工前，施工单位应对设计文件中涉及施工安全的内容进行核对，并将结果及存在的问题报送建设、勘察设计、监理等相关单位；建设单位应督促勘察设计单位对核对中存在的问题及时提出完善措施。施工单位应重点核对的内容包括：隧道穿过不良地质和特殊岩土地段的设计方案；施工区域地下管线和相邻建（构）筑物分布情况；隧道与辅助坑道的洞口位置及边、仰坡的稳定程度；弃碴场位置、安全防护措施和环境保护要求；施工对环境可能造成影响的预防措施。

2. 选择合理开挖方法并编制专项施工方案

（1）选择开挖方法时，施工单位应结合隧道断面大小及形状、围岩的工程地质条件、埋置深度、支护条件、施工条件、环境条件、工期要求、工程量、机械配备能力、施工安全、经济性等相关因素进行综合分析，采用恰当的开挖方法，尤其应与支护条件相适应。

石质隧道破碎带要按照先支护、后开挖、短进尺、弱爆破、快封闭、勤量测的原则组织施工。黄土隧道施工要严格按照先探测、管超前、非爆破、严控水、强支护、早衬砌的原则组织施工，施工中应特别注意地表冲沟、陷穴对隧道的影响，要加强调查和处理。

隧道开挖前，首先应完成洞口截水沟、洞口土方及边仰坡防护施工。洞口土方采用挖掘机配合装载机自上而下分层施工，大型自卸汽车运输，并及时做好坡面防护，开挖一段防护一段。洞口明洞采用明挖法施工，开挖至明暗分界线后，先施做护拱混凝土，然后施做暗洞超前大管棚，随后立即做好明洞衬砌，随后进入暗洞施工，待明洞混凝土达到设计规定的强度后及时进行明洞洞顶回填。暗洞开挖根据围岩情况采用合理的施工方法，确保施工安全。

(2) 客运专线铁路隧道的跨度较以往单、双线隧道跨度大，洞室的稳定性也相对较低，采用全断面法开挖应慎重。隧道围岩条件适宜时，可采用下导洞适度超前全断面的开挖方法：下导洞一般超前全断面 5～10m，其循环进尺一般应为 2～3m；采用此方案，下导洞能起到超前地质预报作用，施工中便于采取应急措施，能防患于未然。当地下水较丰富时，利用超前下导洞降低地下水位效果好，对于大断面隧道尤为适用；隧道下导洞作业中，碴、土没有二次倒运问题，便于大型机械出碴、运料，扩挖时爆破临空面大，对围岩扰动相对较小，施工中各种资源消耗也较节省。

(3) 采用台阶法开挖，一般要考虑上台阶超前的长度；在现行《铁路隧道施工规范》(TB10204)和其他文献中对此有许多说明。从目前铁路隧道施工机械化程度和施工技术逐步提高的趋势看，合理的台阶长度应以维持围岩的稳定和方便施工为原则，没有必要对台阶长短作出明确的界定。

(4) 分部开挖方法较多，如环形开挖预留核心土法、中隔壁法、交叉中隔壁法、双侧壁导坑法、中洞法等。隧道施工过程是围岩力学状态不断变化的过程，分部过多(尤其爆破开挖)必然增加对围岩扰动的次数，不利于围岩稳定；减少开挖分部，也就有可能减少因分部而引起的围岩应力反复变化和松弛。因此，施工单位在施工过程中应不断总结经验，优化工艺，加强超前地质预测、预报，加强围岩监控量测管理，根据量测结果，及时调整预留变形量及支护参数，复合衬砌隧道适时施作二次衬砌，确保隧道安全。

3. 隧道施工现场安全管理

(1) 施工单位必须加强施工人员管理，隧道洞口应设专人值班，建立隧道进出人员动态管理制度；进入施工现场的所有人员，必须按规定佩戴相应的劳动防护用品。隧道施工中，施工单位要建立有线通信联络系统，长、特长及高风险隧道施工还应建立可视监控系统，并定期维护，保证洞内外信息及时传达。

(2) 隧道施工中，施工单位要在隧道一侧设置宽度不小于 0.7m 的安全通道，用警示牌、安全标识等明示其位置，并设置必要的应急照明，安全通道上严禁放置任何障碍物。

(3) 隧道内施工单位应制定防火责任制，并配备消防器材。

(4) 施工中使用的高压水池，应根据所需水压选择适宜高度，水池应牢固可靠、无渗漏，且不应设在洞顶正上方。弃碴场不应设置在堵塞河流、污染环境、毁坏农田的地段，严禁将弃碴场设在对周围环境造成影响的地方。

(5) 隧道施工机械应根据隧道长度、断面大小、地质条件、施工方法等因素合理配置，并做到安全可靠，节能环保。施工机械作业场所应有必要的照明，光照度不得小于50lx。

混凝土拌和设备、运输设备、混凝土喷射机、混凝土输送泵、通风机、抽水机等施工机械设备应有备用设备；备用机械设备应始终处于良好状态。隧道施工中严禁汽油机械进洞。洞内使用柴油机械应安装废气净化装置或掺人柴油净化添加剂。

(6) 隧道施工通风一般应采用管道压入式通风。

6.1.3　隧道施工风险管理

1. 风险管理的概念

风险是一种不确定性，从不同的角度来考察，可以得到风险的不同含义。从安全管理的角度，施工安全风险就是指可能引发安全事故的人的行为、物的状态及管理的缺陷。风险的三个基本构成要素是风险因素、风险事件和风险结果；风险因素是风险形成的必要条件，是风险产生和存在的前提；风险事件是外界环境变量发生未预料的变动从而导致风险结果的事件，是连接风险因素与风险结果的桥梁，是风险由可能性转化为现实性的媒介。

风险管理就是在施工中，通过风险识别、风险分析与评估提出风险控制措施，将施工中可能出现的安全风险降低，确保施工安全或将损失控制在预订的目标内。

2. 风险识别的方法

目前比较常用的方法有德尔菲法(Delphi method)、头脑风暴法(brain storming method)、情景分析法(scenarios analysis method)、核对表法(checklist method)和面谈法(interviewing method)等。

① 德尔菲法又称专家调查法，由项目风险管理人员选定和该项目有关的领域专家，并与之建立直接的函询联系，通过函询进行调查，收集意见后加以综合整理，然后将整理后的意见通过匿名的方式返回专家再次征求意见，反复多次后，形成最后预测和识别的依据。

② 头脑风暴法是最常用的风险识别方法，它是一种借助于专家的经验，通过会议，集思广益来获取信息的一种直观的预测和识别方法。

③ 情景分析法实际上就是一种假设分析方法，适用于对可变因素较多的项目进行风险预测和识别的系统技术。

④ 核对表法是一种十分常用和有效的风险识别方法，它主要应用核对表来作为风险识别的工具。这种方法实质上就是把人们经历过的风险事件及其来源罗列出来，写成一张核对表，该方法的优点在于使风险识别的工作变得较为简单，容易

掌握，缺点是对单个风险的来源描述不足，没有揭示出风险来源之间的相互依赖关系，对指明重要风险的指导力度不足，而且受制于某些项目的可比性，有时不够详尽，容易遗漏没有列入核查表上的风险。

⑤ 面谈法是通过与项目相关人员直接进行交流面谈，收集不同人员对项目风险的认识和建议，了解项目进行过程中的各项活动。这将有助于识别哪些在常规计划中容易被忽视的风险因素，进行访谈时的记录，往往是识别风险的良好素材。

不同类型风险因素的性质是不同的，因此，采用唯一的风险识别方法是不可取的。任何能够发现风险信息的方法都可以作为风险识别的工具，而不同的方法都有自身的优缺点和适用条件，有时需要多种方法共同使用。

3. 参建单位的工作与责任

（1）隧道施工应将风险评估与管理贯穿于隧道设计和施工全过程。建设、勘察设计、施工和监理单位应根据工程地质、施工环境和条件通过风险计划、风险识别、风险评估、风险处理和风险监测等程序对隧道工程实施动态、有效的风险控制和跟踪处理。

（2）建设单位应制定风险评估和风险管理工作实施办法；督导勘察设计单位和施工单位分别在设计阶段和施工阶段开展风险评估工作；对高度和极高的风险等级进行审查，必要时委托相关专业机构进行风险监测；检查、监督、协调和处理评估工作中的有关问题。

（3）勘察设计单位应在设计阶段开展风险评估工作，将评估结果纳入设计文件，向施工单位进行有关风险评估与控制的技术交底和资料交接，参与施工期间的风险评估，并根据风险监测结果提出风险处理意见。

（4）施工单位应对施工阶段的风险进行评估，根据评估结果提出相应的处理措施并报建设单位批准后实施。施工中，施工单位应在设计阶段风险评估的基础上，结合环境和地质条件、施工工艺、设备、施工水平、经验和工程特点等，对新出现的风险进行识别，提出风险处理措施供建设单位决策，对已识别的风险进行监测。施工期间应在施工现场公示识别的风险，其内容包括风险描述、监测方案、应急措施和责任等。施工中对风险实时监测，定期反馈，根据风险监测结果，调整风险处理措施。

（5）监理单位应参与制定和监督施工阶段施工单位的风险评估与管理工作，并检查施工单位风险处理措施的落实情况。

（6）施工过程中风险的监测包括施工监测、工况和环境巡视、工作面状态描述、风险处置过程和发展趋势等内容；施工单位在施工过程中应将地质超前预报、监控量测纳入施工的重要工序，按照设计要求编制施工监测的实施方案，对工程自身结构及环境风险进行全面监测；提前识别和预测地质风险因素，保证施工安全。

(7) 施工中，参建单位应建立风险的预警、响应及信息报送机制。施工单位应根据实时监测数据、工况、环境巡视和工作面异常状态等确定预警级别，形成异常状况报告；对可能发生重大突发风险事件的预警状态，施工单位应立即启动相关预案，组织处理，并报建设、勘察设计和监理单位。

6.1.4 超前地质预测预报

1. 隧道施工期进行超前地质预测预报的主要目的

隧道施工期超前地质预测预报的主要目的如下：①保证隧道施工安全，减少由于揭露发育不规律管道岩溶产生的大量突泥、涌水而带来的损失；②为隧道动态设计、施工提供必要的地质参数，如地下水压力、水量、管道岩溶的大小、方位及含煤地层的瓦斯参数、断层及泥化夹层的分布、岩体性状等。总之，施工期间做好地质超前预测预报，掌握前方地质、地下水状况，有针对性地采取施工防范措施，可以有效减少事故的发生，降低施工风险。

2. 施工期超前地质预测预报的主要方法

隧道施工期超前地质预测预报的主要方法有：地质分析法、超前平行导坑(隧道)预报法、超前水平钻孔法、波反射法(包括 TSP 法、地质雷达法、HSP 法、地振反射法、陆地声纳法)、红外线探水。由于超前地质预报技术发展水平的限制，目前尚无一种方法能解决所有的工程地质预报问题；同时预报环境受到的干扰因素太多，不同的物探方法对环境的要求也不尽相同；因此，对位于区域地质条件复杂的高风险隧道，实施施工期超前地质预测预报的单位应选用多种不同原理的方法，并对测得的资料进行综合分析、达到相互补充和相互印证，进一步提高预报的准确率，避免预报盲区、杜绝灾害性事故的发生。

3. 隧道施工期超前地质预测预报管理要求

隧道施工期超前地质预测预报是一项系统性工作，要纳入施工工序。超前地质预报应根据地质复杂程度分级确定预报方案，确定重点预报地段，并遵守动态设计原则，根据实际预报中掌握的地质情况。及时调整隧道区段的地质复杂程度分级、预报方法和技术要求等。

对地质复杂和较复杂的铁路隧道工程，有关单位应选择有专业资质的超前预报队伍承担，这对提高预报的准确率、保证施工安全有利。

(1) 超前地质预报工作必须纳入现场施工组织统一管理，并编制超前地质预报的安全保障措施。地质复杂和较复杂的隧道工程，应由建设单位组织统一招标，选择有经验的队伍承担超前地质预报；对于地质中等复杂和简单的隧道工程，由施工单位自行承担超前地质预报。

(2) 对位于区域地质条件复杂的隧道，应根据区域地质勘测资料，选择以钻探法为主，结合物探法、地质调查法等多种不同原理的预测预报方法，并对所测得的资料进行综合分析，达到相互补充、相互印证，提高预报准确率。

(3) 承担超前地质预报工作的人员必须经过隧道施工安全教育培训，并掌握安全操作技术和安全生产的基本知识。

(4) 特殊地层及存在高地温、地应力问题的隧道进行地质预报时，应符合下列要求：

① 对含可燃气体、有害气体、放射性物质等特殊地层的隧道及存在高地温、地应力等地质问题的深埋隧道，应按国家现行关标准的规定进行分析判断。

② 对含瓦斯和天然气的隧道，应遵守国家现行《煤矿安全规程》和《铁路瓦斯隧道技术规范》(TB10120)等的有关规定。

③ 进行隧道地质预报时，必须先监测有害气体浓度，浓度超标时应加强通风，浓度符合卫生标准要求后人员方可进入工作面。

(5) 隧道通过煤系地层、金属和非金属矿区中的采空区时，应查明废弃矿巷与隧道的空间关系，分析评价其危险程度及对隧道的影响程度。

(6) 地质预报工作必须在隧道找顶作业结束后(高地应力区隧道应待工作面支护完成后)进行，开始工作前预报人员应观察操作空间上方、周围有无安全隐患，特别是钻探开挖工作面附近是否还有危石存在，确保预报人员的安全。

(7) 超前地质预报工作中如使用作业台架、高空升降车等设备时，设备应安设牢固，操作人员应遵守高处作业的有关规定。

(8) 采用钻探法预报应编制钻孔作业指导书，开钻前进行安全技术交底；严禁在残孔内加深钻孔进行探测。电机驱动的钻机，施工用电应由持证上岗的电工负责；孔口管必须安设牢固；高压风、高压水的各种连接部件应采用符合要求的高压配件，管路连接应安设牢固并经常检查；钻孔时，钻机前方应安设挡板，除操作人员外其他人员禁止进人工作区域。

(9) 可能发生突水、突泥的地段，进行超前钻探时应符合下列规定：

① 在处于富水区的斜井和反坡地段施工，超前钻探前施工单位应做好钻孔引发突涌水的处治方案，确保人员与设备的安全。对于突(涌)水(泥)的高风险隧道工程，超前地质钻孔预报是必须进行的项目。这一工作通常由施工单位自己完成，在操作过程中必须作好防突涌水(泥)预案，防止超前钻孔过程中因揭露高压大流量地下水(泥)而发生安全事故，要保证在逼近异常带进行超前钻孔时，如一旦发现异常情况能完全做到操作可控，并能进一步采取有效措施处理。

② 钻探前必须安装孔口安全装置，并将孔口固定牢固，装上控制闸阀，进行耐压试验，达到要求后，方可钻进施工。当地下水压力大于一定数值时，应在孔口管

上焊接法兰盘，并用锚杆将法兰盘固定在岩壁上；对软弱破碎带地层，应设置止浆墙；在高压富水区实施超前钻孔时，为防止钻孔过程中揭穿高压水伤人，除在孔口牢固设置安全装置外，还必须设置安全挡板，以防止突（涌）水（泥）发生时意外伤人，同时规定除操作人员外的其他人员不得进入危险区且操作人员应工作在钻机的侧向。

③ 钻探过程中发现岩壁松软、掉块或钻孔中的水压、水量突然增大，以及有顶钻等异状时，作业人员必须停止钻进，立即上报处理，并派人监测水情；发现情况危急时，必须立即撤出人员，然后采取措施进行处理。超前钻孔过程中发现有顶钻现象，常是一种比较危险的信号，通常预示前方可能有高压水（或压力瓦斯）存在，因此作业人员要做好钻孔过程记录，当发现该异常信号时必须停止钻孔并立即报告，以便及时采取措施处理。

（10）采用地震波反射法预报时，使用的炸药量不得大于 75g。炸药和雷管必须由持有爆破证的专人领取和操作，非专业人员严禁从事爆破作业。

4. 隧道施工地质灾害临近警报简介

隧道施工地质灾害主要包括以下几个方面：①软弱围岩的变形、失稳、塌方；②富水围岩、断层、地下岩溶、破碎围岩大涌水或高压涌水；③饱水围岩隧道涌泥、涌砂；④有害气体涌出、燃烧、爆炸；④高地温；⑤岩爆。

隧道施工地质灾害临近警报是广义超前地质预测预报的第三道程序；其主要包括两方面内容，一是施工地质灾害的环境监测技术，二是施工地质灾害发生可能性的判断技术。

隧道施工地质灾害临近警报是在隧道所在地区不良地质宏观预报和隧道洞身不良地质体超前预报的基础上进行的，结合施工方法、施工工艺、工期等要求，以地质分析法为基础，综合利用各种有效的物探手段及其他方法对开挖面前方有可能诱发的重大地质灾害建立临警预报系统，并评判其危害程度，提出施工预案对策。

6.1.5 应急救援

隧道施工中存在的重大危险源、危险因素及施工中发生的安全事故对隧道施工威胁极大，可能造成重大经济损失和人员伤亡，因此，编制应急救援预案以及发生事故后立即启动应急救援，尽量减少事故发生后的损失在隧道施工中是非常必要的。

1. 应急救援预案

（1）隧道施工前，对下列可能发生重大安全事故的风险，各参建单位必须进行危险源辨识和安全风险评估，在此基础上制定具有针对性的安全措施或应急预案：

① 瓦斯隧道、有突涌水风险的隧道，必须进行瓦斯防爆、防突及防突涌水的专项设计，制定专项施工安全技术方案及应急救援预案。

② 隧道内火灾、坍塌等风险，施工单位应制定应急救援预案。

③ 其他自然灾害（大雨、强风、雪、雷、地震和海啸）可能造成安全事故的风险，施工单位应制定应急处理措施。

(2) 应急救援预案应包括隧道工程概况，水文地质状况；预测、辨识和评估的紧急情况或事故灾害，以及其发生的可能性，发生后果对内、外部造成的破坏及严重程度；各方应急救援组织的详细职责；应急救援行动的指挥和协调；应急救援所需资源的配置要求；分级响应机制；保护生命、财产和环境安全的应急措施。

(3) 参建各方必须建立应急组织机构及预警、指挥系统，指定专门的管理部门和人员负责应急救援预案管理工作。施工单位应与附近医院、消防队，临近施工队伍及其他救援组织建立正式的互助协议，并做好相应的安排，确保在应急救援中及时得到外部救援力量和资源的援助。避灾组织机构及预警、指挥系统，负责指挥及协调工作，主要工作包括：

① 组织应急预案演练。

② 组织抢险队参与救护伤亡，实施抢救方案。

③ 组织联系医院、消防等，联系时必须说明事故详细地点、事故情况，组织医护人员救治伤员，作好事故善后处理。

④ 组织人员做好事故现场和抢救现场的安全保卫工作。

⑤ 负责抢救机具、设备、材料的调运，及时配备救援所需的设备、材料。

⑥ 负责搜集事故物证、痕迹，协助事故调查、分析。

(4) 施工单位在隧道施工中必须配备必要的救援物资和设备器材，并设专人管理；对配备的应急救援机械设备、监测仪器、堵漏和清洗消毒材料、交通工具、个体防护设备、医疗设备和药品、生活保障物资等，施工单位要进行定期检查、维护和更新，确保应急救援物资和设备能随时投入使用。

应急物资应根据风险情况配备，包括救护设备（化学氧自救器、灭火器、自动苏生器、急救箱、高温防护服、担架、防毒面具、防烟眼镜、联络绳、救生圈、皮划艇）、仪表及化验用品（火源探测仪、瓦斯检测仪、风表、气体流量计、水位探测仪）、应急器材（应急型防爆矿灯、铁锹、洋镐、撬棍、消防铲、信号喇叭、消毒、急救物品）、圆木、枕木、沙袋、格栅钢架、锚杆和钢筋网及喷射混凝土材料等，配备临时发电机、电焊机、挖掘机、装载机、抽水机、注浆泵、运输车、指挥车等应急设备。

(5) 隧道施工必须事先规划人员逃生路线，并在隧道适当位置设置避难、急救场所，避难处应准备足够数量的逃生设备、救护器械和生活保障品等。

(6) 隧道内交通道路及开挖作业等重要场所必须设置安全应急照明和应急逃生标志，应急照明应有备用电源并保证光照度符合要求。

(7) 隧道施工期间各施工作业面必须安装警报装置，设置警报设备的场所，应有应急照明，并在停电时能够识别；使用电源的警报设备应配备备用电源：警报设备应采用手动警报设备、自动警报设备、旋转灯、广播设备用的扩音器及其他警报设备，各类设备组合使用，互为备用，保证其性能可靠。

(8) 隧道施工期间通信系统必须保证畅通，必要时应采用远程监控系统，及时掌握现场情况；必须在现场各应急组织相关部门、洞口值班室、开挖工作面及其他必要的地方设置通信设备；使用带电源的通话装置应配备备用电源，保证停电时不影响使用；通信设备应采用洞内有线电话，并保证其性能可靠。

(9) 根据现场实际情况，定期组织应急预案的桌面演练或模拟演练。演练前应结合施工环境改变和以往演练的情况制定计划，演练后应及时评审，并不断改进和完善应急救援体系。

(10) 隧道内所有施工作业人员必须经过应急救援培训。应急救援培训应包括了解潜在危险的性质和对健康的危害；熟悉应急救援程序；掌握必要的自救及互救知识；了解预先指定的主要及备用逃生路线、集合地点及各种避难急救场所位置；了解各种警报含义，掌握警报设备、通信装置、避难器具等的使用方法。

2. 可能发生自然灾害的应对措施

(1) 施工中要随时收集气象和地质资料。

(2) 发生自然灾害时，应立即停止施工，对现场进行警戒检查并采取防护措施。

(3) 在警报解除后，应确认无危险源方可进行作业。

(4) 为防止大雨造成的灾害，当洞口地质地形可能因降雨引发泥石流时，应采取加固措施；机械设备应尽早向安全场所转移或进行拆除，防止水淹、倾倒；可能发生漫水、沉陷或垮塌的地方，应进行加固处理，并设警示标志。

(5) 在遭遇强风、暴风时，施工单位应对各种大型机械采取防止倾倒及滑跑的措施，对临时设备、脚手架等应采取保护措施。

(6) 跨冬季作业时，为了防止雪灾，施工设施不应设在可能发生雪崩的地点；必须对相关道路和施工用地进行除雪，保护车辆及人员安全，防止临时设施倒塌；对道路、水路等，必须设置警示标志。

(7) 为防止雷击造成的灾害，应设置雷电报警器和避雷针。当有雷击危险时，隧道洞内外应立即停止爆破作业，作业人员应退避到安全场所。

(8) 为防止地震和海啸造成的灾害，施工中应关注预报信息，加强避灾演练。

地震发生时,应迅速组织作业人员退避到安全场所。

3. 险情与事故的应急救援

(1) 隧道施工中发生险情时,相关单位应迅速作出判断,确定相应的响应级别,并按响应级别启动应急救援程序,同时根据下列各项要求,迅速开展事故的侦测、警戒、疏散、人员救助、工程抢险等有关应急救援工作。

① 值班人员和安全负责人应立即通过警报装置通知隧道内所有作业人员紧急撤离。

② 现场最高管理者应负责指挥疏散撤离,各级调度人员应坚守岗位,保持通信畅通,及时反馈人员撤离及险情出现情况等信息;现场采取安全警戒线或隔离措施,防止其他人员进入危险区域,避免灾害损失的扩大。

③ 及时上报地方政府或相关救助部门,请求紧急救援,做好相关配合工作。

④ 进行事故原因分析,收集事故物证,调查引发事故的具体原因和相关责任人。

⑤ 制定相应的预防措施和工程处理措施,上报建设、设计、监理和相关单位,按批复的方案对事故进行处理。

(2) 隧道内发生瓦斯燃烧、中毒、爆炸险情后,应采取下列措施:

① 立即切断洞内所有施工及照明线路电源。

② 立即停止施工,作业人员全部撤出,同时清点施工人数,自认人员伤亡情况。

③ 立即报告应急抢险领导小组,并及时上报相关单位;派专人封锁现场,防止无关人员进入危险区域。

④ 应急抢险救援指挥组织人员现场勘察,立即对遇险、受伤人员组织急救;救助受困人员至安全地带、撤离施工设备。

⑤ 非救护队成员不得进洞抢救,救护队在执行任务前,必须了解事故性质,并制定侦察工作的安全措施,方可进入事故区进行侦察,救护队必须在统一指挥下开展抢救工作,严禁个人单独行动。

⑥ 可供临时处置的供氧呼吸机、清洗器具、急救箱、担架等医药卫生设备及时到位;事故处理救护基地,应设在安全区附近新鲜风流中的安全地带,对受伤的人员进行临时处治,防止伤势恶化。

⑦ 立即与当地医疗单位联系,将受伤人员就近转送医院治疗。

⑧ 事故调查及处理。

(3) 隧道内发生突涌水险情后应采取下列措施:

① 突遇大面积渗漏水时,施工单位应即令工人停止作业,撤至安全地点,同时对出水部位、水量大小、变化规律、水的浑浊程度等进行观测记录,采取必要的防护

措施，并上报监理（有关单位）。

② 爆破作业后突发特大涌水时，当洞内设有防水闸门时，作业人员应立即启动报警系统，关闭防水闸门，按既定的逃生路线进行洞内人员和机械设备的撤离，并利用防水闸门处安设的大功率抽水机对突涌水段进行抽排水；当洞内未设防水闸门时，作业人员应按既定的逃生路线立即撤出；在保证抢险人员自身安全的前提下尽可能撤出机械设备。

因为爆破作业时人已经撤离到离掌子面至少200m距离以外，设备至少离掌子面80m。因此，在此种情况下发生涌（突）水，对人身安全及设备财产安全的威胁相对较小，人在事故发生后有充足的逃生时间。进行涌（突）水段抽排水后，当涌水量及水压降低后再对防水闸门内的机械设备进行撤离及对涌（突）水进行封堵。

③ 开挖作业过程中发生特大突涌水，开挖工作面人员应立即沿逃生路线迅速向洞外或避难所撤离，同时启动报警系统，发出警报信号，迅速切断电源，启动应急照明，当涌水量较大时，人员可利用事先准备的救生圈、皮划艇等进行逃生；待人员撤离至防水闸门以外，迅速关闭防水闸门，继续向洞外撤离。

④ 根据发生险情的情况，及时上报地方政府或相关救助部门、相关单位，请求紧急救援，做好相关配合工作；对遇险、受伤人员组织急救。

⑤ 突涌水保持稳定后，利用大功率抽水设备进行排水；在涌水量及水压降低后进行机械设备的急救。

⑥ 采取必要的措施对突涌水进行封堵及事故处理。

(4) 隧道发生塌方时应采取下列措施：

① 立即停止施工，作业人员全部撤出，同时清点施工人数。

② 按事故分级规定迅速向上级有关单位报告，并立即启动应急预案实施救援。

③ 组织无关人员撤离事故现场。

④ 当塌方造成人员被困时，参建各方在查清塌方发生的部位、规模、被困人员避难位置等具体情况基础上，制定科学合理的救援方案，防止二次灾害发生；可选择从联络通道、隧道另一端、隧道侧面、洞顶等处快速开挖一个断面合适的小导洞，将被困人员尽快救出。

⑤ 在开挖救援小导洞的同时，应利用高压风管等现有条件继续与洞内被困人员保持联系，并向洞内供风、供氧、供应食物及药品等。

⑥ 被困人员救出后应由专业医护人员进行救治。

⑦ 事故调查及处理。

(5) 隧道内发生火灾时应采取下列措施：

① 及时启动报警系统。

② 起火初期，当火势不大，未对人与环境造成较大威胁时，应运用平时培训演练的技能，就近采用灭火器、水管等消防器材，尽可能地在第一时间将火扑灭。

③ 当火势失去控制时，应判明方向，迅速判断危险地点和安全地点，组织作业人员按逃生路线向洞外或附近避难所撤离。

④ 及时上报相关单位；对遇险、受伤人员组织急救。

⑤ 事故调查及处理。

6.1.6　洞内爆破作业安全管理

(1) 爆破作业必须统一指挥。爆破时，所有人员应撤到不受有害气体、震动和飞石损伤的安全地点；每日放炮次数应有明确规定。一座隧道两个开挖口距离如在200m内，爆破时必须提前一小时通报，以便另一头作业人员撤离险区。

(2) 装药前作业人员要检查爆破工作面附近支护是否牢固，必要时应先进行加固；炮孔内泥浆、石粉应吹洗干净；刚打好的炮孔因热度很高不得立即装入炸药；不得使用已经冻结或分解的炸药装炮；不使用TNT、苦味酸、黑色火药等爆破后产生大量有害气体的炸药；如果遇有洞内照明不足，发现流沙、流泥未经妥善处理，或可能有大量溶洞水、高压水涌出的情况时，严禁作业人员装药爆破。

(3) 爆破后必须经过通风排烟，15min以后检查人员方可进入工作面检查爆破效果：有无瞎炮及可疑现象、有无残余炸药或雷管；顶板及两帮有无松动石块、支护有无松动与变形。发现有瞎炮时，应由原装炮人员按规定进行处理；经过检查确认危险因素已经排除后，才可撤除警戒，允许施工人员进入工作面作业。

(4) 钻孔与装药一般不得平行作业。若采用钻孔台车，平行钻孔，而深孔爆破又采取了下列措施时，则可不受上述限制：制定了操作细则，并经有关领导批准；由值班负责人统一指挥；装药和钻孔的顺序必须是自上而下地进行；钻孔与装药应隔开一排孔，其距离不得小于2.5m；装药与钻孔人员必须分区负责且相对固定。

(5) 爆破器材加工应在洞外加工房内进行，加工房应设在僻静的地方，距洞口距离不得少于50m；严禁在洞内设置爆破器材加工房。如隧道掘进较深，需用的爆破器材，应由专人从库房内取出送到掌子面；装炮后剩余的雷管、炸药应及时回收到库房存放。

(6) 爆破器材加工人员和爆破作业人员，严禁穿化纤衣服进行操作，防止摩擦产生静电火花，导致早爆事故的发生。

(7) 隧道爆破应采用光面爆破或预裂爆破技术，选用适当的炸药，在漏水和涌水地段应采用非电导爆管起爆。

(8) 爆破作业及爆破器材的管理，必须遵守现行《爆破安全规程》的有关规定。瓦斯隧道，还应制定相适宜的爆破施工方案。

6.2 洞口与明洞工程

隧道施工的洞口地段，是指隧道进口（或出口）附近对隧道施工有影响的地段，该地段通常因地质地形复杂需要做特殊处理。

6.2.1 施工方案与危险因素辨识

1. *危险因素辨识*

洞口工程施工作业中可能会遇到边、仰坡坍塌、地表下沉、地基承载力不足、工作面崩塌、偏压、滑坡等情况，施工单位如未能及时处理或加强防护会诱发安全事故；施工中洞口各项工程与洞口相邻工程、临时工程的统筹安排不当引发事故；此外，施工作业中，土石方开挖违反作业顺序；施工机具失稳及安全性能缺失、下降；高处作业台（支）架失稳、安全防护失效；爆破方式方法不当、防护措施不足、违规处理火工产品均可能出现安全事故。

2. *施工安排及方案*

（1）洞口工程施工应遵循早进晚出的原则，宜避开雨季、融雪期及严寒季节；所谓早进是指施工中应尽早施作洞门及洞口段衬砌，隧道洞门应在隧道开工的初期完成，特别是不良地质的隧道口必须尽早完成。此外，隧道门端墙和缓冲结构物的土石方开挖完成后应及时施作端墙、翼墙、缓冲结构和挡护工程。

（2）洞口各项工程应与相邻工程、临时工程统筹安排，及早完成；应结合洞口相邻工程及场地布置通盘考虑、妥善安排。洞顶边、仰坡周围的排水系统宜在雨季及边、仰坡开挖前修建完成，隧道洞门的排、截水设施应与洞口工程同步施工，隧道洞口及缓冲结构物的排、截水工程应与路基排水系统合理连通、顺接；不得冲刷路基坡面、桥台锥体和农田房舍。

（3）洞口段围岩为Ⅲ级以下，地层条件良好时，一般可采用全断面直接开挖进洞；围岩为Ⅲ～Ⅳ级，地层条件较好时，宜采用正台阶法进洞（不短于 20m 区段），爆破进尺控制在 1.5～2.5m；围岩为Ⅳ～Ⅴ级，地层条件较差时，宜采用上半断面长台阶法进洞施工；围岩为Ⅴ级以上，地层条件差时，可采用分部开挖法和其它特殊方法进洞施工。

3. *施工作业*

（1）施工道路的引入和施工场地的平整应减少对洞口岩体稳定的影响。洞口开挖及支护前，应先清理洞口上方及侧方可能滑坍表土、灌木及山坡危石等，疏通流水沟渠，排除积水。

（2）边坡、仰坡开挖应自上而下分层开挖，分层支护，严禁掏底开挖或上下重叠开挖。石质边、仰坡开挖应采用预留光爆层法或预裂爆破法，严禁采用深眼大爆破或集中药包爆破开挖（硐室爆破）；硐室爆破对围岩的振动大，极易造成边坡、仰坡的坍塌，甚至造成山体坠石或滑坡。开挖后及时进行防护施工、清除危石，避免山坡长期暴露造成水土流失形成事故隐患。洞口边仰坡应做到仰坡顶无危石，坡面平顺，无明显的凹凸不平，土石容易剥落，不稳定的坡脚应有防护措施等。洞门完成后，洞门以上仰坡脚受破坏处，施工单位应及时处理。

（3）洞口部分圬工基础必须置于稳固的地基上。洞门拱墙应与洞内相邻的拱墙衬砌同时施工连接成整体，确保拱墙连接良好。

（4）当洞口位于软弱、松散地层或堆积层时，应遵循先加固、预支护、后开挖的原则施工；洞口邻近建筑物时，应采取微震动控制爆破，并对建筑物下沉、倾斜、裂缝以及振动等情况作必要的监测；洞口段开挖应加强支护，开挖后应及时施作初期支护，并尽早施作衬砌；加强对地表下沉、拱顶下沉的监控量测，适当增加量测频率；视洞口围岩情况可采用地表喷锚网喷、地面预注浆、地表旋喷桩等方式加固地层；根据洞身四围所处围岩的不同情况，可分别设置长管棚、超前小导管、超前锚杆等超前支护措施。

（5）洞口邻近建（构）筑物时，开挖爆破应采用控制爆破技术，并符合现行国家标准《爆破安全规程》（GB6722）的有关规定。爆破中应监测爆破振动速度，确保邻近建（构）筑物安全。

（6）洞口边、仰坡上方的天沟应及时施作。对土质天沟应随挖随砌，不使水冲刷坡面。处于陡峭、高边坡的洞口应增设安全棚、安全栅栏或安全网，危险段应采取加固措施。

（7）挖掘机、风动钻机等常用施工机械及机具在操作和使用时，作业人员应检查和观察其安全性能和安全状态。

（8）采用大管棚、抗滑桩、注浆、地表锚杆等措施进行洞口地层加固时，管棚施工中要遵守钢管吊装和使用时的起吊安全规程，并严格按钻机操作程序进行作业；抗滑桩施工采用打桩机作业时，施工单位应采取措施加固并稳定重型机械；采用人工挖孔作业时，要设置人员上下的升降设备、通风设备并采取防护措施，防止坠物伤人；注浆作业时，作业人员应加强对注浆软管和接头完好性和可靠性的检查；施工人员应有完善的保护用具，处理堵管应采取先减压再处理的措施；地表锚杆作业时应采取措施防止卡钻，注浆人员要佩戴防护用具；施工脚手架和作业平台应搭设牢固，设置扶手栏杆，并应进行安全检算。

（9）施工单位在洞口开挖作业区应设置防护栏杆、防护网及人员专用上下通道；在高于2m的边坡上作业时必须符合国家现行《建筑施工高处作业安全技术规范》(JGJ80)的规定。

6.2.2 明洞施工

1. *施工方案选择与施工安排*

(1) 采用先墙后拱法施工适用于埋置深度较浅,施工边坡后能暂时稳定的地段。

(2) 采用先拱后墙壁法施工适用于岩层破碎、路堑边坡较高,全部明挖可能造成山体坍塌,但拱脚岩层承载力较好且能保证拱圈稳定的地段。施工时,起拱线以上部分采用拉槽法开挖临时边、仰坡,当临时边、仰坡不稳定时可采用喷锚支护加强边坡的稳定,明洞较长时可分段拉槽开挖;做好拱圈后再开挖下部断面和浇筑边墙。

(3)先做外侧边墙法施工适用于半路堑、原地面坡度陡峻的地段。施工时先开挖外侧边墙部分,然后砌筑外侧边墙至设计高程,再开挖拱部施作拱圈部分;在拱内落底并随时加支撑保持内侧临时边坡的稳定;开挖内边墙马口后浇筑边墙。

(4)明洞应避开雨天施工,确需在雨天施工时,施工单位应制定严密的施工方案和防护措施,同时要加强对山体稳定情况的监测、检查;明洞开挖前,应落实洞顶及四周的防水、排水措施,防止因地面水冲刷导致边、仰坡落石或坍方。

2. *明洞土石方开挖*

(1) 根据地形、地质条件,边仰坡稳定程度和采用的施工方法,确定全段或分段开挖及边仰坡的坡度,开挖时应按自上而下的顺序进行。

(2) 石质地段开挖,应控制爆破炸药用量,减小爆破振动的影响,开挖后应立即进行边坡防护;在松软地层开挖边、仰坡时,应随挖随支护;开挖的土、石不应堆弃在危害边坡及其他建筑物的地点。

(3) 明洞边墙基础应设置在稳定的地基上。偏压和单压明洞墙基应考虑其抗滑力。

3. *衬砌施作与明洞防水施工*

(1) 模板及支(拱)架的强度、刚度和稳定性必须进行检算;模板及支架安装必须稳固牢靠,模板及支架与脚手架之间不得相互连接;脚手架和工作平台应搭设牢固,并设有扶手、栏杆。

(2) 衬砌钢筋安装时应设临时支撑;衬砌端头挡板应安设牢固,支撑稳固,并有防止模板移动的措施。

(3) 涂抹热沥青时,作业人员应佩戴防护口罩、手套、安全带等防护用具;卷材铺设时应严格遵守作业程序,不应上下同时作业。

4. 明洞回填

墙背回填的作用,主要是使边墙与围岩密贴。当围岩较稳定时,墙背可垂直或以较陡的坡度开挖,此时超挖量不大,墙背空隙不大;边墙施工时可用相同的材料同时浇筑或砌筑。当围岩稳定性差,墙背超挖量大且墙背空隙呈下小上大,此时作业人员不得任意抛填土石致使墙身侧压力增大,极易出现事故,施工时必须按设计要求办理。

拱顶回填主要是缓冲边坡落石、坍方对明洞拱顶的冲击以及排除坡面水的作用。

6.3 隧道洞身开挖施工

6.3.1 洞身开挖施工方案

1. 主要危险源及危害因素辨识

洞身开挖作业中,主要的危险源或危险因素是开挖方法选择不当;开挖作业中循环进尺过大,支护不及时;采用钻爆开挖时,爆破作业无安全防护,爆破作业违章操作;爆破后找顶不彻底;开挖作业台架防护措施不到位。

2. 施工方案选择

开挖方法在很大程度上决定了隧道开挖作业中的安全状况。施工单位应对隧道断面的大小及形状、围岩的工程地质条件、支护条件、工期要求、工区长度、机械配备能力、经济性等相关因素进行综合分析,在此基础上选择恰当的开挖方法。

(1) 全断面开挖采用大型机械作业,施工组织单一,掘进进度快。在地质条件较差地段采用全断面法开挖隧道时,必须对围岩进行超前支护或预加固,并控制循环进尺;因其开挖高度较大,爆破后人工找顶比较困难,且找顶人员容易暴露在刚开挖未初支的岩面下,存在较大安全隐患。因此一般先采用挖掘机等设备将失稳岩块清除,然后再由人工找顶。

(2) 台阶开挖法中,台阶长度的选择要根据以下两个条件来决定:第一是对初期支护形成闭合断面的时间要求,围岩越差,要求闭合时间越短;第二是对上部断面施工所采用的开挖、支护、出碴等机械设备需要施工场地大小的要求。采用短台阶或微台阶,主要是为了让初期支护尽快封闭成环,尽量减少上部初期支护和围岩的变形;同时便于上部断面使用挖掘机配合翻碴,减少人工翻碴量,加快施工进度。在地质条件相对较差的情况下,采用短进尺、上下台阶错开开挖或预留核心土等措施是台阶法开挖中经常采用的技术措施，它可有效地降低开挖工作面坍滑，从而避免安全事故的发生。

开挖中如循环进尺过大，容易引起隧道拱部塌方而造成安全事故，这也是隧道塌方最常见的原因。施工经验表明，台阶下部开挖时一次开挖长度过长，造成上台阶初期支护大量下沉，严重时甚至导致初期支护的钢架掉落、作业人员被困洞内的重大安全事故。

(3) 单侧壁导坑法一般将开挖断面分成三块，即侧壁导坑、上台阶、下台阶；侧壁导坑宽度不宜超过0.5倍洞跨，高度以到起拱线为宜；导坑与台阶的距离一般以施工互不干扰为原则。每步开挖的宽度较小，而且封闭型的导坑初期支护承载能力大，因此它适用于断面跨度大，地表沉陷难于控制的软弱松散围岩中。

(4) 双侧壁导坑法一般适用在Ⅴ～Ⅵ级围岩，也可用于浅埋隧道施工。

(5) CD法是将隧道分为左右两大部分进行开挖，先在隧道一侧采用二或三台阶分层开挖，施作初期支护和中隔壁临时支护，再分台阶开挖隧道另一侧，并进行相应支护的施工方法；一般适用于地质条件为Ⅳ～Ⅴ级围岩，也适用于浅埋地层隧道暗挖。

(6) CRD工法是将隧道断面分部分块开挖，先开挖隧道一侧的上、中部并施作封闭的初期支护和临时支撑，再开挖隧道另一侧的上、中部分且施作封闭的初期支护和临时支撑；最后，分别开挖隧道左右两块底部。CRD工法一般适用于Ⅴ～Ⅳ级围岩，也可用于浅埋隧道施工。

侧壁导坑法、CD法、CRD工法均称为分部法开挖，它是将大断面开挖转化成小断面开挖，减小了开挖跨度，有利于施工安全。采用分部法开挖的隧道，一般地质都较差或软弱，所以应优先选用机械或人工开挖方式，减少开挖对围岩的扰动；合理确定各分部的尺寸，确保各部结构受力合理是非常关键的，施工单位应高度重视。开挖中如循环进尺过大，容易引起隧道拱部塌方而造成安全事故。采用分部法开挖，施工中不仅要及时进行初期支护、封闭成环，而且整个断面也要求尽快成环，以改善整个初期支护结构的受力状况。

采用侧壁导坑法时，侧壁导坑形状应近似椭圆形，以有利于结构更好受力；此外，上下台阶长度、预留核心土都是采用侧壁导坑法开挖应重点关注的问题，否则会产生施工干扰，影响施工质量甚至发生坍塌事故。采用分部法开挖的隧道，有大量的临时支护需要拆除，临时支护拆除过程中，初期支护受力体系将发生转换，为安全起见，必须通过监控量测来指导临时支护的拆除时间、一次能够拆除的长度等。

3. 开挖作业的安全措施

(1) 开挖轮廓线预留的围岩变形量，应根据设计要求、围岩级别、隧道宽度、埋深、施工方法和支护情况确定；在开挖过程中要根据监控量测信息并得到设计同意后及时调整。

(2) 每一开挖循环前均应按设计要求进行超前地质预报。按设计要求的量测项目及频率进行围岩量测，及时整理量测信息，做好施工方法的调整预报以指导施工。

(3) 边墙、仰拱或底板等的地基承载力必须符合设计要求。软弱地基处理方法和施工质量应符合设计要求。隧底开挖前应进行施工工艺设计。隧底开挖应确保边墙基础及隧底的开挖高程符合设计要求，边墙及隧底混凝土基础浇筑时，必须将基底清理干净，无积水浮碴，保证结构与围岩紧密结合。

(4) 隧道开挖后应及时施作初期支护。采用分部开挖时，应在初期支护喷射混凝土强度达到设计强度等级的70%及以上时方可进行下一部分的开挖。

(5) 钻爆法开挖应采用光面爆破和预裂爆破，控制循环进尺，减少对围岩的扰动。爆破不应对初期支护、衬砌结构和施工设备造成损伤；爆破后应先用机械进行找顶，然后用人工找顶。特殊地段应采取措施减弱爆破对围岩及邻近建筑物的扰动程度。采用光面爆破或预裂爆破不但可以减少超欠挖，同时能减轻对围岩的扰动，有利于充分发挥围岩的自承能力。控制循环进尺，可减少一次同时起爆的药量，也可减轻对围岩的扰动。当围岩完整时，在隧道拱部采用光面爆破的效果较好，而在侧壁则采用预裂爆破的效果较好。

(6) 不良地质地段开挖应根据实际情况，采取“短进尺、弱爆破、强支护、勤量测”的施工方法。在大断面条件下，如何控制掌子面的稳定性，减少和预防掌子面出现坍塌的风险，是极为重要的。特别是在通过各种不良地质地段时，可以通过扩大拱脚、设置拱脚锚杆或锚管、正面喷射混凝土和锚杆、底脚锚杆或锚管等措施，尽快稳定掌子面。

(7) 采用机械开挖时，施工单位应根据开挖断面和作业环境合理选择机型，划定安全作业区域，并设置警示标志，非作业人员不得人内；开挖使用的作业台架应进行强度、刚度和稳定性检算，经验收合格后方可使用，台架四周必须设置安全防护栏杆。

(8) 两座平行隧道开挖时，其两个同向开挖的工作面应保持合理的纵向距离；间距小的隧道，必须采取措施防止后行洞开挖对先行洞产生不良影响。

(9) 隧道双向开挖接近贯通面时，两端施工应加强联系与统一指挥，当隧道两个开挖工作面距离接近15m时，必须采取一端掘进另一端停止作业并撤走人员和机具的措施，同时在安全距离处设置禁止入内的警示标志。

(10) 采用台阶法开挖隧道时，应根据围岩条件，合理确定台阶长度和高度；当围岩地质较差、开挖工作面不稳定时，应采用短进尺或上下台阶错开开挖或预留核心土措施，必要时采用喷射混凝土或玻璃纤维锚杆对开挖工作面进行加固。

(11) 台阶上部开挖循环进尺应根据围岩地质条件和初期支护钢架间距合理确定,并不得超过1.5m。当围岩地质较差、变形较大时,上部断面开挖后应立即施作锁脚锚管(杆)、扩大拱脚、临时仰拱等措施,控制围岩及初期支护变形量。台阶下部断面一次开挖长度应与上部断面相同,不得超过1.5m。台阶下部开挖后,必须及时喷射混凝土进行封闭;当设有钢架时,必须及时安装下部钢架并喷射混凝土,严禁拱脚长时间悬空。仰拱开挖应控制一次开挖长度,开挖后应立即施作初期支护,封闭成环。

(12) 采用分部法开挖隧道时,应选用机械开挖、人工配合的方式,特殊情况采用弱爆破开挖时,必须严格控制炸药用量。应根据地质条件、隧道断面等情况合理进行分部,开挖进尺应控制在1.0m以内。分部开挖的各部,开挖后应及时进行初期支护及临时支护,并尽早封闭成环。各部钢架基脚处应施做锁脚锚管(杆)或采用扩大拱脚等措施,减少拱脚下沉量。

(13) 采用中隔壁法、交叉中隔壁法开挖隧道时,同层左、右两侧沿纵向应错开一定距离,错开距离应控制在10~15m范围内,同侧上、下层开挖工作面相距应保持3~5m。

(14) 采用双侧壁导坑法开挖隧道时,侧壁导坑形状应近似椭圆形,导坑宽度不应大于0.3倍隧道宽度。侧壁导坑、中槽部位开挖应采用短台阶,台阶长度3~5m。必要时应预留核心土;侧壁导坑开挖应超前中槽部位10~15m。

(15) 分部法开挖的临时支护应根据监控量测结果逐段拆除,每段拆除长度不得大于15m。

6.3.2 钻爆作业

1. 钻孔作业

(1) 钻孔前,施工单位必须由专人对开挖作业面的安全状况和作业人员的安全防护进行检查,及时消除各种安全隐患。

(2) 必须采用湿式钻孔;严禁作业人员在残孔中继续钻孔;施工中,作业人员应注意观察开挖工作面有无异常漏水、气体喷出、围岩变化等情况。

(3) 凿岩台车工作前,作业人员必须检查泵、空压机等,使其处于正常状态;检查管路与接头有无漏油、漏水和漏气现象,并确认各部操作杆、控制装置及仪表是否处于正常状态;凿岩台车行走前,操作司机应查看凿岩台车周围,确认前后左右无人及障碍物后,按照引导人员的指示信号操作;行走时要平稳,避免紧急操作发生意外事故;钻孔完成后凿岩台车要停放在安全场所。

(4) 在围岩地质复杂地段,应对凿岩台车重要部位采取加固措施和设置特殊的防护装。

2. 装药与爆破作业

(1) 严禁装药与钻孔平行作业；装药作业前，作业人员应对钻孔情况逐一检查，并检查开挖工作面的安全状况；爆破作业应符合现行国家标准《爆破安全规程》(GB6722)有关规定。

(2) 装药时，作业人员要使用木质炮棍，禁止穿戴化纤衣物；作业现场严禁一切火种。无关人员与机具等应撤至安全地点。使用电雷管时，爆破人员装药前应将电灯及电线线路撤离开挖工作面，装药时应采用投光灯、矿灯照明，确保开挖工作面不得有杂散电流。

(3) 装药作业完成后，作业人员必须及时清理现场、清点火工产品数量，剩余的炸药和雷管必须由领取炸药、雷管的人员退回库房。

(4) 爆破作业要统一指挥；施工单位必须确定指挥人员、警戒人员、起爆人员。起爆前，洞内所有人员、设备撤离至安全地点；警戒人员负责警戒工作，设置警示标志；爆破时，爆破工应随身携带带有绝缘装置的手电筒。

(5) 爆破后必须经过充分通风排烟，15min 后安全检查人员方可进入开挖工作面，主要检查有无盲炮，有无残余炸药及雷管、顶板及两帮有无松动的岩块、支护有无变形或开裂等；当发现盲炮、残余炸药及雷管时，必须由原爆破人员按规定处理。

6.3.3 支护与加固

1. 危险源及危害因素分析

支护与加固作业中，因临时用电不符合要求、工作面光照度不足；爆破后找顶不彻底；围岩变形超限失稳、上一循环支护强度不足、工作面坍塌；高空作业台(支)架失稳、安全防护失效以及施工机具失稳及安全性能缺失、下降等均可能引发安全事故。

2. 作业安全技术要求

(1) 支护施工作业前，作业人员均应对作业面进行检查，清除松动的岩石和喷射混凝土块。

(2) 支护必须按初喷—架设钢架(钢筋网)、复喷→锚杆的程序施工。在爆破、找顶后，应立即初喷混凝土封闭围岩。超前支护应在完成开挖工作面的加固后进行，每循环之间应有足够的搭接长度与初期支护有效连接。

(3) 施工作业台(支)架应按要求设计、检算与审核；台架应牢固可靠，四周应设置安全栏杆、安全网和上下工作梯，经验收合格后方可使用。

(4) 喷射混凝土作业前应清除工作面松动的岩石,确认作业区无塌方、落石等危险源存在;作业人员应佩戴防尘口罩、防护眼镜等防护用具,并避免直接接触液体速凝剂,不慎接触后应立即用清水冲洗。作业中,非施工人员不得进入正在进行喷射混凝土的作业区,施工中喷嘴前严禁站人;作业中如发生输料管路堵塞或爆裂时,必须依次停止投料、送水和供风。

(5) 锚孔钻进作业时,应保持钻机及作业平台稳定牢靠,除钻机操作人员外还应安排至少一人协助作业,作业人员应佩戴安全带、安全帽、防护眼罩等防护用品。

3. 管棚和小导管施工

(1) 作业前,施工人员应检验作业台(支)架安全性能,确保其在施工过程中保持稳定;检查钻机、注浆机及配套设备、风水管等施工机具的安全性能,确保钻机在施工过程中稳定牢靠,注浆管接头及高压风水管连接牢固。

(2) 施工过程中施工单位应指定专人负责对开挖工作面进行安全观测。

(3) 管棚作业换钻杆及超前小导管作业顶进钢管时,应防止钻杆、钢管掉落伤人。管棚作业起吊钻杆及其他物件时,应指定专人指挥,统一口令,起吊范围内任何人不得进入。

(4) 在水压较高的隧道进行管棚钻孔作业时,施工单位选择的钻孔设备应适合较高水压,钻孔设备应采取防突水突泥冲出的反推或拴锚措施,安装满足水压要求的带止水阀门的孔口管,孔口管应安装牢固;作业时作业人员不应站立在孔口正面,且应远离孔口。

(5) 管棚和小导管在作业平台上临时存放时,应根据平台设计荷载及安全性能检算结果确定存放数量和高度,同时应有防止其滚落、滑下的防护措施。在洞内空地堆放时除应采取防止其滚落的措施外,还应设置醒目的安全警示标志。

(6) 注浆过程中应安排专人对其影响范围内的围岩和结构进行观察和量测,防止因注浆压力过大而引起围岩失稳和结构损坏。

4. 钢架架设

钢架是在隧道开挖后初期支护期间,为使围岩保持稳定而按照隧道开挖轮廓线布设的钢格栅或型钢、钢轨等制成的骨架结构。钢架安装后,可快速限制围岩变形、达到支撑围岩稳定的目的,它通常与钢筋网、喷射混凝土等结合在一起共同受力。钢拱架可以采用型钢、工字钢、钢管或钢筋制成。现场采用以钢筋制作的格栅钢架和型钢钢架较多。

(1) 架设钢架的关键是要保证钢架的稳定性,确保钢架的支护效果,使围岩、钢架、喷射混凝土形成一个整体。钢架不但要被喷射混凝土包裹,同时还应与围岩密贴顶紧。喷射混凝土必须具有足够的强度、特别是初期强度;保证厚度、表面平滑、附着,与围岩牢固的附着成一体(尤其钢拱架与围岩间的空隙);密实、均质、耐久;喷射作业应采用湿喷方式。

(2) 隧道内搬运钢架应装载牢固,固定可靠,防止发生碰撞和掉落。提升设备应有足够能力,埋设吊点应牢固。架设钢架时应采取防护措施,不得利用装载机作为钢架安装作业平台。

(3) 钢架节段及钢架之间应及时连接牢固,防止倾倒,钢架背后的空隙必须用喷射混凝土充填密实,严禁背后填充片石等其他材料;钢架安装完成后应及时施作锁脚锚杆(管),并与之连接牢固,钢架底脚严禁悬空或置于虚碴上。

(4) 采用分部法开挖的隧道围岩情况都比较差,下部开挖后钢架应及时接长、落底,严禁钢架底脚悬空以及两侧同时开挖接长,且应根据围岩情况控制开挖长度,底脚应增设锁脚锚杆(管)。钢架在悬空时全靠与之相连的径向锚杆与岩体间的摩擦力作用保持悬空状态,钢架底脚长时间悬空会导致钢架在围岩变形作用下沉落,一旦沉落量超过警戒值,围岩及钢架就会完全失稳导致塌方,危及作业人员的安全。

(5) 当钢架侵入限界需要更换时,应采取逐榀更换、先立新钢架后拆除废钢架的方法,严禁先拆废钢架后立新钢架或同时更换相邻的多榀钢架。

5. *超前支护与初期支护*

超前支护是针对软弱不良地层,为稳定掌子面而采取的辅助施工措施。在地质不良地段,掌子面失稳引起事故较多,采取与围岩相适应的超前支护措施,对于预防和减少掌子面坍塌极为重要。常用的超前支护措施有超前锚杆、超前大管棚、超前小导管注浆、水平旋喷预支护、机械预切槽法等。初期支护是为了解决隧道在施工期间的稳定和安全的工程措施,一般由锚杆、钢架、钢筋网、喷射混凝土等及其它们的组合组成;初期支护加二次衬砌,构成隧道的复合式衬砌。

(1) 超前锚杆适用于应力不太大,地下水较少的软弱围岩的隧道工程中,如土砂质地层、弱膨胀性地层、流变性较小的地层、裂隙发育的岩体、断层破碎带、浅埋无显著偏压隧道。

(2) 超前大管棚整体刚度较大,对围岩变形的限制能力较强,且能提前承受早期围岩压力;主要适用于围岩压力来得快来得大、对围岩变形及地表下沉有较严格要求的软弱破碎围岩隧道工程中,或隧道进出洞位置。由于管棚支护是超前施作的,管棚在前方开挖工作面和后方初期支护的支持下形成的梁效应可以防止围岩松弛、减少地表沉降、拱顶下沉,同时在洞口时可以有效降低滑坡和塌方的危险,是复杂条件下进洞的好办法,也可以提高开挖工作面的稳定性。管棚支护注浆后,使管棚和围岩形成整体,有效断面扩大、土压均匀、提高围岩的自承能力。因此即可用于洞内施工作业面，也可用于洞口施工。

(3) 采用超前小导管注浆，浆液被压注到岩体裂隙中并硬化后，不仅将岩块或颗粒胶结为整体起到了加固作用，而且填塞了裂隙，阻隔了地下水向坑道渗流的通道，起到了堵水作用。它适用于一般软弱破碎围岩，也适用于地下水丰富的软弱破碎围岩。

(4) 水平旋喷预支护是指使用旋喷注浆机，沿着隧道掌子面周边的设计位置旋喷注浆形成旋喷柱体，通过固结体的相互咬合形成预支护拱棚。每根旋喷体，首先通过水平钻机成孔，钻到设计位置以后，随着钻杆的退出，用水泥浆或水泥-水玻璃双浆液旋喷注入钻成的孔腔，通过高压射流切割腔壁土体，被切割下的土体与浆液搅拌混合、固结形成直径 600mm 左右的固结体，同时周围地层受到压缩和固结，其土体的物理力学性能得到一定程度的改善。它适用于软塑土体、含水砂层等超前加固与支护。

(5) 机械预切槽法是用特制的链式机械切刀，沿断面周边连续切割出一条厚数十厘米，深数米的窄槽，同时应用与切刀一体化的混凝土灌注设备注入混凝土，形成一个连续的，起预先支护作用的混凝土拱壳，然后在拱壳支护下进行工作面的全断面机械挖掘。

(6) 在喷射混凝土中增设钢筋网，可以防止受喷面由于承受喷射力而塌落，减少回弹量、增大喷射混凝土层的抗变形能力，增强初期支护的整体作用。

6.3.4 装碴与运输

1. 装碴机械与洞内运输简介

(1) 隧道用的装碴机又称装岩机，要求外形尺寸小，坚固耐用，操作方便和生产效率高；按其扒碴机构型式可分为铲斗式、蟹爪式、立爪式、挖斗式。装碴机的走行方式有轨道走行和轮胎走行两种。轨道走行式装碴机须铺设走行轨道，因此其工作范围受到限制；轮胎走行式移动灵活，工作范围不受限制；但在有水的土质围岩隧道中，有可能出现打滑和下陷。

(2) 洞内运输是指隧道施工的出碴和进料，分为有轨运输和无轨运输。有轨运输采用的出碴车辆一般有斗车、梭式矿车和槽式车等。有轨运输设备基本上不排出有害气体、对空气污染较轻、设备构造简单、容易制作，占用空间小而且固定等；其不足是轨道铺设较复杂、维修工作量大、调车作业复杂、开挖面延伸轨道影响正常装碴作业等。

无轨运输主要是指汽车运输，这种运输方式不需要铺设复杂的运输轨道，具有运输速度快、管理工作简单、配套设备少等特点。但由于内燃机排放大量废气，对洞内空气污染较为严重，尤其长期在长大隧道中使用，需要有强大的通风设施。为此,采用无轨运输,要求洞内的内燃机械必须安装废气净化装置和消音设备,还可采取在燃油中加入燃油添加剂的方法,以促进柴油燃烧更为充分,从而降低内燃设备尾气排放的油烟浓度,同时需加强施工通风管理,确保洞内空气质量满足卫生标准要求。无轨运输配套设备种类及数量较多,施工机械及车辆出入隧道频繁,加之洞内运输空间受限、照明亮度不足、空气质量较差等原因,容易引发运输安全事故。因此,必须加强施工机械运输调度管理,制定车辆管理办法,严格履行车辆的进场检验制度,加强机械设备的日常安全检查和维修保养,坚持定人定机与持证上岗,严格执行机械设备操作规程,严禁违章操作、违章指挥和违反劳动纪律,严禁酒后驾车与疲劳驾驶,严禁车辆设备带病运行。

隧道施工使用的运输车辆,灯光、制动、转向等安全装置必须齐全有效,并应根据需要安装倒车警报器等安全装置。隧道内安全通道、人行通道、作业地点、限速区间、临时停车地点、避车地点、转向场所等不安全因素较大的地方,应设置能使操作司机及作业人员明确识别的标识或标灯。

施工车辆严禁超过规定速度行驶,隧道内严禁超车,交会车时两车间的安全距离应大于50cm,同向行驶的车辆,前后两车间的距离应大于20m,洞内能见度较差时应加大距离。

2. 安全隐患分析

装碴与卸碴作业中。诱发安全事故的主要危险源及危险因素包括围岩失稳坍塌,爆破作业后找顶不彻底,洞内照明光照度不足,作业区域机械、车辆对人的伤害,卸碴车辆溜车、倾翻、挂碰,粉尘及有害气体含量超标造成的作业人员伤害等。

运输作业中主要包括车辆的管理、使用,如运输计划制定不当,车辆管理混乱;隧道运输时最小行车限界不能满足,或临时设施、支撑侵入限界;警示标志、联络信号设置不当,或有缺陷;运输线路不按规定设置和养护;车辆装载不合理,超限、超载、偏载、捆扎不牢,人货混装;车辆运行时发生碰撞、擦剐、挤压等车辆伤害事故;载人列车缺乏安全保证措施,车未停稳上、下人员;进出洞的人员不走人行道,不遵守有关安全规定。

3. 装碴作业条件检查

隧道爆破后应及时进行通风、照明、找顶和初喷混凝土等工作,确认工作面安全及通风、照明满足要求后,方可进行装碴作业。装碴作业应规定作业区域,严禁非作业人员进入。装碴与卸碴作业应有专人指挥,作业场地的照明应满足作业人员安全操作的需要。洞内装碴以及夜间卸碴作业时,装碴机及运输车辆和作业场所必须保证足够的照明亮度,如果照明亮度不够,视线不清,可能导致装碴运输机械运行过程中发生挤碰，甚至危及人员安全。隧道作业空间有限，洞内有衬砌台架、机械设备、通风及风水电配管等重要设施和设备，一旦被装碴运输车辆等碰撞，就有可能造成事故，因此在洞口和台架、重要设施和设备的附近必须用夜光涂料和红灯易见标志表示；装碴作业区要挂牌警示，严禁与装碴作业无关的人员进人，并安排安全人员进行监督。如因其他作业不得已进人工作面时，必须采取暂时中断装碴作业等措施以确保安全。

4. 装碴与卸碴作业

(1) 装碴机械作业时，其回转范围内不得有人通过；装碴的辅助人员，应随时观察装碴和运输机械的运行情况，防止挤碰。

(2) 装碴过程中，作业人员应注意观察开挖面围岩的稳定情况，发现松动岩石或有塌方征兆时，必须先处理再装碴；如发现碴堆中有残留的炸药、雷管应立即处理。

(3) 向运碴车辆中装碴时，应避免偏载、超载；用扒碴机装碴时，若遇岩块卡堵，严禁人员用手直接搬动岩块，身体的任何部位也不得接触传送带。

(4) 卸碴场应按设计进行施工，满足安全作业及环境保护要求。

(5) 有轨运输卸碴场线路应设安全线并设置1%～3%的上坡道，卸碴码头应搭设牢固，并设有挂钩、栏杆及车挡防止溜车装置；

(6) 电瓶车牵引梭式矿车或碴车卸碴时，必须用铁楔将车轮两个方向楔紧，不得采用石碴或木条代替铁楔；

(7) 自卸汽车卸碴时，必须将车辆停稳制动，不得边卸碴边行驶；不得在坑洼、松软、倾斜的地面卸碴；卸碴后应及时使车厢复位，严禁举升车厢行驶。

5. 运输作业安全管理

(1) 隧道施工运输路线的空间必须满足最小行车限界要求，并根据不同的运输方式，在洞口、台架、设备、设施等位置设置信号和标志予以警示。

(2) 运输车辆不准超载、超宽和超高运输，不得人货混装。车辆行驶中应随时观察线路有无障碍和洞内其他设施、设备、临时支撑等有无侵入限界情况。

(3) 进出隧道人员必须走人行道，不得与机械抢道。严禁扒车、追车或强行搭车。

(4) 运输线路或道路应保持平整、畅通，并设专人按标准规定的要求进行维修和养护。线路或道路两侧的废碴和杂物应随时清除。采用无轨运输，洞内的内燃机械必须安装废气净化装置和消音设备，或采取在燃油中加人燃油添加剂的方法，降低内燃设备尾气排放的油烟浓度，加强施工通风管理，确保洞内空气质量满足卫生标准要求。

(5) 加强施工机械运输调度管理,制定车辆管理办法,严格履行车辆的进场检验制度,加强机械设备的日常安全检查和维修保养,坚持定人定机与持证上岗,严格执行机械设备操作规程,严禁违章操作、违章指挥和违反劳动纪律,严禁作业人员酒后驾车与疲劳驾驶,严禁车辆设备带病运行。

(6) 运输车辆的灯光、制动、转向等必须齐全有效,并应根据需要安装倒车警报器等安全装置。隧道内安全通道、人行通道、作业地点、限速区间、临时停车地点、避车地点、转向场所等不安全因素较大的地方,应设置能使司机及作业人员明确识别的标识或标灯。

(7) 施工车辆严禁超过规定速度行驶,隧道内严禁超车,交会车时两车间的安全距离应大于 50cm,同向行驶的车辆,前后两车间的距离应大于 20m,洞内能见度较差时应加大距离。

6. 有轨运输作业

(1) 轨道铺设必须按设计图进行,严格控制好轨距、线间距和线形。

(2) 车辆装载应符合规定要求,机动车牵引不得超载。

(3) 车辆行驶时,应与信号、指挥人员协调配合和加强信号联络;两组列车在同方向行驶时,其间隔距离不得小于 100m。车辆运行时应加强嘹望,严禁在行驶中进行摘挂作业。

(4) 列车连接必须良好,机车摘挂后调车、编组和停留时,应有防溜车措施。

(5) 机动车牵引的列车,在洞内施工地段、视线不良的弯道、通过道岔和平交道等处,其行驶速度不得大于 10km/h,其他地段在采取有效的安全措施后,行驶速度不得大于 20km/h。

(6) 载人列车必须制定保证安全的措施,列车行驶中和尚未停稳前严禁人员上下。

(7) 电瓶车牵引时,司机必须经过专业培训和考核,并持证上岗,严禁无证驾驶;电瓶车司机必须服从信号指挥,当信号不明确时不得擅自行车。

(8) 电瓶车作业前,施工单位必须对车辆的制动器、喇叭、灯光、连接装置等进行安全检查,确认完好后方可行车;电瓶车作业结束后,必须将机车制动,切断电源,拔出启动钥匙;停车位置应位于水平场地上,不得已需要停在倾斜地面时,必须采取可靠的防溜车措施。

(9) 电瓶车牵引碴车的车辆编组应根据线路坡度、轨道状态、载重量等因素设计,确保电瓶车的安全制动距离。

(10) 施工单位应设立专门的充电班组,并按标准规定的要求布置充电房和配置充电人员。

7. 无轨运输作业

(1) 运输机械的安全装置必须齐全有效，使用前及作业过程中作业人员应加强检查，按规定要求进行维修保养，保持机械状况良好与运输安全。

(2) 运输机械应采用带净化装置的柴油机械，严禁汽油机械进洞。

(3) 机械操作人员必须持证上岗，严格执行安全操作规程，严禁违章操作。

(4) 施工作业地段的行车速度不得大于15km/h，成洞地段不得大于25km/h；在隧道内倒车或转向必须开灯鸣笛或有专人指挥。

(5) 施工单位应在隧道洞口、平交道口、狭窄的施工场地设置慢行标志，必要时设专人指挥交通；车辆接近或通过洞口、台架下、施工作业地段以及前方有障碍物时，司机必须减速嘹望并鸣笛示警。

6.3.5 施工监控量测

1. 施工监控量测概述

监控量测是指在隧道施工过程中，使用专用仪器和工具对围岩和支护结构的变形、受力以及它们之间的关系进行测试，并对其稳定性、安全性进行评价，据此对施工方法、结构支护参数进行调整的工作。监控量测的目的是通过对量测数据及时整理分析，为施工提供有关围岩稳定性、支护可靠性、二衬合理施作时间、围岩级别及支护参数调整、施工方法改变的信息和依据，确保施工和结构安全。施工监控量测不但是铁路隧道设计文件的重要组成内容之一，而且也是隧道按新奥法施工的三大组成内容之一，对铁路隧道施工安全与质量控制起着非常重要的作用。由于施工单位对不同条件的量测要求与控制标准掌握得较少、不够全面，因此设计单位在施工前必须进行详细的技术交底，让施工单位充分理解，有利于施工过程的控制，更好地为工程服务。

2. 施工监控量测实施

(1) 施工单位在工程项目开工前必须成立监控量测小组，建立相应的质量管理保证体系，与此同时项目部还应成立监控量测小组领导机构，原则上施工单位现场第一负责人为组长、总工程师、安全总监、监控量测小组的负责人等为副组长，以利于工作进行。

(2) 根据施工组织的总体安排，施工单位在施工前编制详细的实施方案，包括实施大纲和实施细则，经过监理、建设单位(或业主)批准后执行。在实施过程中做到量测仪器设备安装要及时、数据采集要及时且真实可靠、监控量测信息反馈于施工和设计要及时。

(3) 施工监控量测必须纳入施工组织的正常管理中并列入施工进度计划，施工单位要把它当成一个关键工序来对待。施工现场应按设计技术文件的要求，及时提供工作面，创造条件保证监控量测工作顺利进行，同时监控量测工作要尽量减少对施工的干扰。量测仪器与设备的安装必须按设计的技术要求进行及时安装，现场尽可能采集到更多的初始读数，这对掌握围岩及结构的最初动态是非常必要的，对分析围岩后期最终位移及应力预测至关重要。

(4) 隧道内已经施工段主要观察喷射混凝土是否开裂、剥落松动、喷层表面渗水等；锚杆主要观察有无松动、垫板松动脱落等现象；拱架主要观察有无扭曲变形、拱架后面是否有空洞、喷混凝土是否覆盖拱架等现象；二次衬砌混凝土主要观察有无开裂、渗水，下沉等现象。

地面观察应对其地面裂缝观察及其发展、渗水、变形进行观察和记录，同时对建(构)筑物的状况也要进行观察和记录。

(5) 地质素描工作对判断围岩的稳定和预测掌子面前方的地质情况是十分重要的工作。要做好这一工作，量测单位必须配置经验丰富的地质工程师并配置数码相机，同时要求结合现场保存必要的岩石标本，并在现场选择具有代表性的样品作相关力学试验，为施工阶段围岩的分级、优化设计提供科学的数据。

(6) 富水区施工可能存在安全隐患，原则上应该先进行地下水处理后再掘进，但施工过程中超前预报未及时发现或施工过程中爆破松动圈未影响到安全岩层。在进行量测仪器钻孔(孔深超过安全岩层)时，若发现钻孔内水压、水量突然增大，以及有顶钻现象时，可能预示着有产生突涌水的可能，因此钻孔过程中必须加强观察和记录，发现险情必须及时报告，同时组织相关人员撤离危险区。

(7) 监控量测数据分析分为实时分析和阶段分析。实时分析是指每天根据监控量测数据，分析施工对结构和周边环境的影响，发现安全隐患及时采取措施；阶段分析系指经过一个阶段后，根据大量的监控量测数据及相关资料等进行的综合分析，总结施工对周围地层影响的一般规律，指导下一阶段施工。实时分析一般采用日报表形式；阶段分析一般采取周报、月报形式，或根据工程施工需要不定期进行，提出指导施工和优化设计的建议。

监控量测小组一般以周报(特殊情况要形成日报)的形式提交监测成果，包括书面报告和电子版；当出现异常现象时，应及时反馈，以便采取相应的对策。

(8) 监控量测信息反馈程序应贯穿于施工的全过程，不但要保证将监测原始数据和分析结果及时反馈给设计和监理单位，而且要保证信息反馈传递渠道畅通，并保证信息反馈的及时和有效性，同时还起到相互印证的目的，减少错误分析的几率。

3. 工程安全性评价

工程安全性评价是确保施工安全的重要环节，是施工组织重要内容之一，因此施工监控量实施细则中必须结合施工组织设计的总体要求，在工程开工前对工程的安全性进行评价。施工过程中通过量测分析，进行安全性评价管理等级分析，将评价成果及时报告设计、建设单位、监理，与此同时向相关单位提交完整的量测原始数据。设计单位与建设单位必须尽快明确有针对性的处理措施，在没有具体措施之前，施工单位不应盲目继续施工。

6.3.6 隧道施工通风与供电

1. 一般隧道施工通风系统设置

(1) 隧道施工通风方式应根据坑道长度、施工方法和设备条件等确定；当主机通风不能保证坑道掘进通风要求时，施工单位还应设置局部通风系统。当隧道独头掘进小于 150m 时，一般采用自然通风；大于 150m 时，施工通风必须采用机械通风，通风方式可采用压入式、吸出式或混合式，并应根据坑道长度、断面大小、施工方法及设备条件等综合确定。

(2) 风管直径应通过计算确定，同一管路的直径宜尽量一致。通风管的安装应做到平顺、接头严密、弯管半径不得小于风管直径的 3 倍，通风管如有破损，必须及时修理或更换。

(3) 单独压入式进风管口或吸出式出风管口应设在洞外，并作成烟囱式，避免污染空气再进入洞内。通风管靠近工作面的距离应根据具体情况决定，压入式通风管的出风口距工作面不宜大于 15m，吸出式通风管吸风口不宜大于 5m。采用混合式通风时，当一组风机向前移动，另一组风机的管路即相应接长，始终保持两组管道相邻端交错不小于 20～30m。局部通风中，吸出式风管的出风口应引入主风流循环的回风流中。

(4) 通风机的电动机容量，应根据需要的供风量和总阻力计算确定；当风管较长，风压需要较高，可采用多台通风机串联。在巷道式通风中，无大功率通风机时，可用数台风机并联。串联或并联的通风机应采用同一型号。

(5) 通风机控制系统应装有保险装置，当发生故障时应自动停机；通风管沿线应每隔 50～100m 设立警示标志或色灯；人员严禁在风管的进出口停留；通风管安装作业台架应稳定牢固，经验收合格后方可使用。主风机保持经常运转，如需间歇，因停风受影响的工作面必须停止工作。通风机应有适当的备用数量，宜为计算能力的 50%。

(6) 施工通风系统的管理。

① 定期测试通风量、风速、风压，检查通风设备的供风能力和动力消耗；如发现风管、风门、封闭的通道等处漏风，必须立即进行整修。

② 采用平行导坑作通风巷道时，除最前一个横通道外，其余通道均应设置风

门，并有专人管理或安装自动启闭装置，对已不使用的通道必须及时封闭。在上下导坑法施工中，如利用漏斗作风流循环的通道时，除最前一个漏斗敞开外，其余漏斗在不使用时，均需加盖严密，以防风流短路。

③ 通风巷道中，避免停放闲置的斗车、堆积料具和废碴，以减少阻力。

④ 无论风机运转否，均严禁人员在风管进出口停留。风机停止运转时，任何人不得靠近通风软管，亦不得将任何物品放在软管上，以免突然送风使软管猛然鼓起将人弹推入轨道被车辆碰伤。

(7) 通风量的计算：隧道施工应保证对每一作业人员供应新鲜空气不小于 $3m^3/min$，采用内燃机械作业时，供风量不应小于 $3m^3/(min \cdot kW)$。隧道施工通风的风速，全断面开挖时不应小于 0.15m/s，在分部开挖的坑道中不应小于 0.25m/s。

2. 隧道施工环境

隧道施工环境直接关系到作业人员的健康状况，施工防尘是搞好隧道施工环境的一项重要内容，施工中采取综合防尘措施，主要包括：加强通风；湿式凿岩；湿喷混凝土；爆破后喷雾洒水；运输通道洒水，防止粉尘飞散；在洞内适当的位置安装集尘装置；作业人员佩戴好个人防护用品。

(1) 开挖工作面、喷射混凝土地段、混凝土搅拌场等凡有矽尘的作业场所，施工单位对粉尘浓度每月至少应测定一次，洞内空气每月至少应取样分析一次；并在洞口公布结果。

(2) 隧道施工环境必须符合国家有关规定，并应满足下列卫生及安全标准的要求：

① 空气中氧气含量按体积计不得低于 20%。

② 粉尘容许浓度，每立方米空气中含有 10%以上的游离二氧化硅的粉尘不得大于 2mg。每立方米空气中含有 10%以下的游离二氧化硅的矿物性粉尘不得大于 4mg。

③ 一氧化碳容许浓度不得大于 $30mg/m^3$，在特殊情况下，施工人员必须进入开挖工作面时，浓度可为 $100mg/m^3$，但工作时间不得大于 30min。

④ 二氧化碳按体积计不得大于 0.5%。

⑤ 氮氧化物(换算成 NO_2)浓度应在 $5mg/m^3$ 以下。

(3) 隧道内气温不得高于 28℃。

(4) 隧道内噪声不得大于 90dB。

(5) 隧道施工人员应配备防尘口罩、耳塞等个人劳动保护用品。洞内作业人员应定期体检，保障健康。

3. 空压机的使用与维修

(1) 储气罐、安全阀、压力表应按规定进行检验;空压机的储气罐属压力容器,安全阀的作用是确保储气罐气压不得超过限定值,压力表是正确反映系统风压的指示计,必须定期进行检验,以确保安全可靠。空压机使用前应检查安全防护装置及附件是否齐全,检查电源是否正常、润滑油是否符合要求,设备启动后检查机油压力、气压、电压、电流及温度等是否正常,有无漏油、漏电、漏气等现象,确认无误后方可正常使用。检修维护过程中,可能发生人身及设备安全事故的行为进行明文规定,强调必须遵守空压机使用及维修操作规程,避免发生人身伤害事故。

(2) 使用前应检查空压机的安全状况,确认完好后方可投入使用;使用过程中应经常检查维护,确保安全运转;操作人员应经专业培训并持证上岗,并遵守安全操作规程。

(3) 必须执行交接班制度,并作好交接班记录,值班人员不得随意离岗。

(4) 运转过程中不得随意松动、拆卸任何管路附件和接头,防止设备内部带压的气液混合体溢出伤人。

(5) 检修或维护时必须停机、切断电源并排尽压缩空气,同时将配电箱锁闭并悬挂"严禁合闸"警示牌,防止意外启动导致人员及设备的损伤。

4. 长大隧道施工通风

(1) 在长及特长隧道施工中,施工单位应有备用通风机和备用电源,保证应急通风的需要。

(2) 通风系统布置上,坚决杜绝各种形式的循环风。

(3) 无轨运输作业最好选择压入通风方式;条件许可时,也可以采用同一系统压入、抽出变更工作状态的混合通风方式(即在排除抛烟时为抽出式,装碴作业时为压入式)。

(4) 通风设备应尽可能选择风量较大的隧道通风机;断面平均风速不得低于0.15m/s;工作面有效风量应在450m/min以上,同时应考虑风管的漏风。

(5) 风机与风管的性能必须合理匹配,是否合理依据严格的设计计算。

(6) 防漏降阻是实现长距离通风的关键。柔性风管的泄漏主要发生在接头处和针眼,破损处则发生大量漏风。漏风量与漏洞的大小和通风内外压差有关,所以防止靠近风机一端的高压差区段漏风更为重要。柔性风管安装必须做到平顺、挺直、紧扎、安稳。要尽量采用反边连接、螺圈连接、贴胶连接方式。条件许可时,采用刚性接头、拉链等密封性好、坚固耐用的连接方式,风管的节长应增大到30m以上。

5. 隧道供电

(1) 电压应符合下列要求：

供电线路应采用 380V/220V 三相五线系统；照明电压：作业地段不得大于 36V，成洞地段可采用 220V；低压线路末端的电压降不得大于 10%。

(2) 供电线路布置和安装应符合下列规定：

① 成洞地段固定的电线路，应用绝缘良好的塑料绝缘导线架设；施工地段的临时电线路应采用橡套电缆，并应挂设在临时支架上；竖井、斜井应使用铠装电缆。

② 照明和动力电线路安装在同一侧时，必须分层架设；电线悬挂高度应为：电压 380V 时不小于 2.5m，10kV 时不小于 3.5m。

③ 涌水隧道的电动排水设备，以及斜井、竖井内的电气装置应采用双回路输电，并有可靠的切换装置。

④ 36V 低压变压器应设在安全、干燥处，机壳接地，输电线路长度不得大于 100m。

⑤动力干线上的每一分支线，必须装设开关及保险装置。严禁在动力线路上加挂照明设施。

(3) 隧道内设置 10kV 变电站，应符合下列要求：

① 变电站应设置在干燥的避车洞或不使用的横通道内，变压器与周围及上下洞壁的最小距离不得小于 300mm。

② 变电站周围必须装设防护遮栏和警示灯，悬挂“止步，高压危险”或“禁止攀登，高压危险”等安全警示牌。

③ 变电站应采用井下高压配电装置或相同电压等级的油开关柜，不应使用跌落式熔断器。低压应采用成套组合电器或带有空气断路器的低压配电盘。

6.4 隧道衬砌与隧道排水施工

6.4.1 衬砌施工

1. 衬砌作业台架及衬砌台车

(1) 衬砌作业台架下预留的通道或净空，要满足通行作业人员、施工车辆以及安设风、水、电线路或管道的净空，保证洞内车辆和人员安全通行的要求。

(2) 衬砌作业台架应有足够的强度、刚度和稳定性；衬砌作业台架、作业平台四周要设置安全栏杆、密闭式安全网、人员上下工作梯，衬砌台车及防水板施工作业台架还应配置灭火器，衬砌作业台架、作业平台上的各类用电设备应有绝缘保护装置，电线路还应符合洞内临时用电要求。衬砌台车、台架组装调试完成应进行验收,合格方可投入使用。

(3) 衬砌作业台架、仰拱施工栈桥的移动,应有专人指挥,慢速移位,工作区严禁非作业人员和车辆通行、停留;非作业人员、设备、材料、工器具等应撤离到安全地点。

(4) 衬砌台车应具有出厂合格证和产品说明书。衬砌台车的组装、拆卸应在洞外宽敞、平坦、坚实的场地上进行;当条件限制,必须在洞内组装、拆卸时,应选在围岩条件较好和洞身较宽阔的地段进行。埋设衬砌台车的各类吊点、吊具应牢固可靠;组装、拆卸过程中的吊装作业应符合起重作业要求。

(5) 衬砌台车组装完毕后,应由专业人员检查台车各部件连接情况,确保各部件连接牢固可靠,支撑系统、驱动系统应经调试合格后方可投入使用。衬砌台车就位后,应按规定设置防溜车装置,按设计高程及中线调整台车支撑系统,液压支撑应有锁定装置。

(6) 使用衬砌台车进行混凝土作业时应安排专人检查台车支撑系统安全性能。

2. 防水板施工

(1) 防水板的临时存放点应设置消防器材及防火安全警示标志,并有专人负责看管和发放;防水板铺设地段应配备足够数量的消防器材。防水板材料为化学易燃物质,在施工中因施工防护不当造成防水板燃烧引发安全事故的事例较多,因此在安全管理中将其作为重点防护内容须特别指出。

(2) 防水板施工时严禁吸烟,钢筋焊接作业时,应设临时阻燃挡板防止机械损伤和电火花灼伤防水板。防水板作业面的照明灯具严禁烘烤防水板,与防水板间距离不得小于50cm。

3. 衬砌混凝土浇筑

(1) 衬砌混凝土浇筑时必须控制浇筑速度,浇筑压力不得过高,并保证两侧基本对称浇筑。

(2) 衬砌台车端头挡板与防水板、台车间接触面应紧密,挡板支撑应稳固;混凝土浇筑过程中应安排专人检查挡板及支撑的安全状况、检查台车受力状况,当台车出现变形等异常情况时,作业人员应及时撤离作业平台,隐患消除后方可恢复作业。

(3) 仰拱应分段一次整体浇筑,并根据围岩情况严格限制一次施工长度;工作区应有专人监护,并设警示标志。仰拱与掌子面的距离可参考下列数值:Ⅲ级围岩不得超过90m,Ⅳ级围岩不得超过50m,Ⅴ级及以上围岩不得超过40m。

(4) 仰拱施工应配备有足够的强度、刚度和稳定性的栈桥等架空设施。仰拱施工栈桥基础应稳固，桥面应进行防侧滑处理，栈桥两侧应设限速警示标志，通过速度不得超过 5km/h。

4. 二次衬砌施工

复合衬砌施工中，选择二次衬砌的施作时机是施工组织管理中的一项关键环节；它不但关系到施工质量，也直接影响到施工安全及后续的运营安全。一般地段隧道施作衬砌应在围岩和初期支护变形稳定后进行；特殊情况下应及早施作，如在浅埋、偏压、围岩松散破碎等特殊地段和洞口段应尽早施作衬砌。在软弱、破碎、高地应力、大变形的围岩地段，仰拱应随开挖及时施作，尽快形成封闭环，并超前于墙拱衬砌；同时应合理确定与开挖和衬砌作业面的距离。在仰拱超前情况下，采用模板台车进行拱墙一次衬砌，竣工后的隧道内轮廓线不得侵入设计轮廓线。二次衬砌的施工方法和模板类型的选择，应充分考虑到与围岩条件，开挖方法、支护方法、混凝土施工能力等相适应。

(1) 深埋隧道二次衬砌施作一般情况下应在围岩和初期支护变形基本稳定后进行。变形基本稳定应符合：隧道周边变形速率明显下降并趋于缓和；或水平收敛(拱脚附近 7 天平均值)小于 0.2mm/d，或拱顶下沉速率小于 0.15mm/d；或施作二次衬砌时的累计位移值，已达极限相对位移值的 80%以上；或初期支护表面裂隙(观察)不再继续发展。

(2) 浅埋隧道应及早施作二次衬砌，且二次衬砌应予以加强。

(3) 围岩及初期支护变形过大或变形不收敛，又难以及时补强时，可提前施作二次衬砌，以改善施工阶段结构的受力状态，此时二次衬砌应予以加强。

5. 特殊地质地段隧道衬砌

特殊地质地段隧道衬砌，为防止围岩松弛，地压力作用在衬砌结构上，致使衬砌出现开裂、下沉等不良现象，在采用模筑衬砌施工时应注意以下几点：当拱脚、墙基松软时，灌注混凝土前应采取措施加固基底；衬砌混凝土应采用高强度混凝土或早强水泥，或采用掺速凝剂、早强剂等措施，提高衬砌的早期承载能力；仰拱应在边墙完成后立即施工，或根据需要在初期支护完成后立即施作，使衬砌结构尽早封闭，改善受力状态，确保衬砌结构的长期稳定、坚固。

6.4.2　隧道防排水施工

1. 隧道防排水施工概述

隧道施工中，水的问题一直是施工过程管理与控制的重点与难点。一般情况，线路选线时，隧道位置应尽量避免穿越工程地质、水文地质条件复杂的地层，但由于客观地形、地质的复杂性和目前勘探技术水平和手段的限制，所取得的资料不能完全符合实际的情况还是经常发生的。不可预见的变化，特别是突然涌水造成的水患在铁路隧道施工中屡见不鲜。水文地质是一个比较复杂的问题，情况不同涌水量差异很大；因此，在工程设计和施工中，隧道参建各方对水患的问题均不容忽视。

施工前，施工单位应对隧道附近的地表井泉、池沼、水库、河流等进行调查，并进行观测与试验，分析其对隧道渗漏水的影响，并按设计要求进行处理。当隧道覆盖层较薄或地表水有可能渗入隧道时，施工前应对地表积水、坑、洼等进行处理。

结构防排水施工作业是在隧道初期支护完成，且隧道净空经检查满足设计要求后，由检测单位对初期支护进行检测，对检测出的背后空洞必须回填密实，然后方可进行有关结构防排水施工作业；结构防排水施工一般包含基面检查处理、排水盲管(沟)安装、防水板铺设、施工缝与变形缝处理、混凝土灌注等工序。本节重点是与施工安全密切相关的施工排水。

2. 施工排水作业安全风险辨识

施工排水在隧道施工安全管理中占有重要的位置，处置不及时或处置不当均会危及施工安全；作业中应考虑的主要危险源及危险因素可能有地质条件引发的，如富水软弱围岩、岩溶隧道突水、突泥；膨胀岩、土质地层、围岩松软地段，自然降水或施工用水浸泡地基；洞口地表水渗漏及冲刷边仰坡；施工管理引发的，如排水设备不足或损坏，排水能力不够；有水地段电缆线破损漏电；施工排出的水质不符合标准，污染环境等。

3. 施工排水

(1) 隧道施工中，施工单位应做好排水工作，防止涌水淹没洞室，危及人员、设备和环境安全，影响施工质量和进度。

(2) 隧道施工前，施工单位必须根据设计提供的工程及水文地质资料，结合现场实际情况，进行分析研究，预计可能出现的地下水情况，估计水量，制定排水方案。

(3) 施工前，施工单位应对地表水进行处理并及早修建洞口防排水设施，防止地表水渗漏及冲刷边仰坡危及结构和施工安全。

(4) 洞内施工排水沟应经常清理，保持畅通，防止淤塞。洞内反坡排水应采用机械排水，排水方式应根据距离、坡度、水量和设备情况布置管路，一次或分段接力排出洞外；集水坑容积应按排水量合理确定，其位置设置应尽量减少施工干扰；配备抽水机的功率应大于排水量的20%以上，并应有备用台数。

(5) 在膨胀岩、土质地层、围岩松软地段，应铺砌水沟或用管槽排水，洞内施工用水应加强管理，严格控制。

(6) 对富水软弱破碎围岩、岩溶等有突涌水风险的隧道，施工单位必须进行防突涌水专项设计，编制专项安全技术方案。

(7) 隧道内有水地段的高压电线必须按有关要求铺设，照明必须采用安全电压及防水灯头和灯罩；施工现场电线、电缆使用过程中应经常检查，确保绝缘良好。

4. 斜井、竖井施工排水

(1) 斜井、竖井施工时，施工单位必须有完善的排水设施并保证抽、排水设备的完好。

(2) 斜井掘进排水，应采用边掘边排的方法；当遇到涌水量较大的含水层、断层或裂隙涌水时，应采取分段截排水的措施。

(3) 竖井的排水方案应根据水文地质资料、井身深度及各施工阶段井身涌水量大小等因素确定。竖井井壁渗水影响施工时，应采取措施处理，固结地层后再进行开挖。

(4) 斜井、竖井的井底应设排水泵站，采用相应扬程的抽水设备将围岩裂隙水和施工污水经管路排出井外；泵站应留有增加水泵的余地，必要时，应辅以局部堵水、综合治理或选择潜水泵排水等其他防治水措施。排水泵站应设在铺设排水管的井身附近，并应与主变电所毗邻；设在井身附近可减小管道长度，便于排水管以最短的距离敷设至井口外，而泵站与变电所联合布置便于施工和管理。设置排水泵站的洞室应能满足水泵、排水管、起重设备安装及运输要求。

(5) 排水泵站中，水泵应沿洞室纵向单排布置，以减小洞室跨度，管道布置要简单、方便操作和管理；管道净空高度要考虑当井下发生突然涌水或事故时，能便于增援和外运排水设备；管道与井身连接处要设缓坡段和坡度，便于作业人员进出泵站、渗积水经斜、竖井流入井底水窝，而不至于顺管道流入泵站。地面高程应高出通道入口处井底车场底板高程 0.5m，地面应向吸水池一侧设 1% 的下坡；水文地质条件复杂、有突然涌水淹井危险的坑道，在泵站通往井底车场的通道中应设置防水密闭门。

(6) 竖井井下排水泵站应设两个出口，一个通往井底车场，另一个用倾斜的管子道与井身连接；连接处应高出泵站地面 7m 以上；管子道的倾角应采用 25°～35°，并应设人行台阶；管子道的净空应保证安设排水管后仍能通过水泵或电动机，其高度不得小于 2m；管子道与井身连接处应设 2m 左右缓坡段，并以 3%～5% 的坡度倾向斜井或竖井。

(7) 井下排水泵站水仓应由两条独立、互不渗漏的坑道组成，水仓容积应根据涌水量情况确定；分段排水时，腰泵站水仓容积按泵站 10～15min 排水能力设计；入口应设在井底车场排水沟的最低处，入口前必须设置沉淀池，沉淀池的容积应根据水质情况确定;吸水池应采用直接与水仓相连接的形式,连接处应设控制闸阀。

(8) 斜井、竖井井下排水泵站的水泵及排水管,应根据隧道设计涌水量、水质和扬程等因素确定,并应设有备用的水泵及排水管,备用水泵的配备能力不应小于工作水泵的总能力。各排水泵站的水泵应选用一种型号;水泵扬程应考虑排水管淤积所增加的阻力(将计算的管道损失增加 70%);工作泵和排水管的能力,应能在 20h 内排出 24h 的隧道设计涌水量;工作和备用的水泵及排水管的总能力应能在 20h 内排出 24h 的隧道最大涌水量;当水泵设有止回阀或底阀时,应进行停泵水锤压力计算;当水锤压力值大于管道试验压力时,应采取消除水锤的措施;泵站中每台水泵均应能向两条排水管输水,每条排水管上应设置放空管及放水闸阀。

(9) 排水管的管材应根据水压、水质和敷设条件确定;排水管沿斜井敷设,当压力大于 1MPa 时,不应采用铸铁管:排水管沿竖井敷设时,应选用无缝钢管或焊接钢管;涌水的 pH 值小于 5 时,排水设备应采取防腐蚀措施。

5. 施工用水管理

(1) 蓄水池不得设于隧道顶部上方,防止水池水渗漏或溢出冲刷坡面,危及洞内和洞口施工安全。水池基础应置于坚实地基上;蓄水池顶部必须设防护棚,四周应设防护栏,并有明显的安全警示标志,防止人员坠入,避免发生溺水事故。

(2) 机械抽水应有专人负责,当抽水机房设在河边时,应有防洪措施。水池与机房之间应保持通信联系。

(3) 抽水机的电机绝缘阻值应符合要求,机体应有可靠的接地接零保护。

6.5 竖井与斜井施工

6.5.1 施工作业安全管理

1. 施工作业危险因素辨识

长及特长隧道施工,斜井、竖井施工是不可缺少的,由于其本身的特点,施工中易发安全事故。下列因素极易引发安全事故,在施工安全管理中必须重视:斜井、竖井施工与正洞连接处的专项施工技术方案不合理;富水长大隧道斜井、竖井的抽排水专项技术方案不合理,抽排水设备配置不足;斜井无轨运输道路坡度过大,运输车辆超速、超载、超限;斜井有轨运输轨道养护不到位、调度指挥不当,运输车辆超速、超载、超限;竖井提升系统信号和制动失灵、调度指挥不当、运行过程中发生机械故障等。

2. 截、排水系统和边仰坡开挖

施工单位应对斜井、竖井井口周边的截水、排水系统和防冲刷设施在施工开挖前妥善规划，尽早完成；斜井洞门、竖井锁口圈应及早施作。

斜井、竖井的边仰坡开挖不应采用大开挖、大爆破；施工单位对开挖坡面应及时进行防护，坡面有危石时要及时进行清除或防护。

3. 照明和施工通风管理

长大斜井施工单位应配备双电源和双管路，并保证在系统电源断电后立即切换到备用电源上。斜井施工中应加强施工照明和施工通风管理，保证洞内视线和通风效果良好。

4. 运输调度管理

隧道运输应建立统一的运输调度管理制度，并由专人负责；在斜井与正洞交叉口处施工单位应设专人指挥，并设置反光警示镜及限速标志。

6.5.2 斜井掘进作业

1. 支护钢架与作业平台

斜井安装初期支护钢架时，作业人员必须按设计要求进行，并在安装过程中采取专门稳固钢架的措施；各种作业平台必须配有制动装置，平台就位后作业人员应进一步采取加固措施，防止作业过程中顺坡溜滑。

2. 斜井运输

(1) 采用无轨运输时，长及特长隧道中运输道路综合坡率不应大于10%，并应每隔一定距离设长度不小于30m的平坡段；单车道的斜井，每隔一定距离应设置一处会车道，其长度应满足安全行车要求；斜井内运输道路必须硬化，并采取防滑措施。

(2) 斜井无轨运输车辆必须限速行驶，进洞重车不得大于8km/h，轻车不得大于15km/h；出洞爬坡不得大于20km/h。洞内、外应设各种安全设施和警示标志，洞外距离洞口一定位置处应设限高标志。洞内各种作业平台必须满足最小行车限界要求，并设置明显的警示标志；在洞内的集水坑、变压器、紧急避险处应设置防撞隔离栏和闪光红灯警示标志；洞内通道一侧每隔一定距离应设置一处防撞安全岛，安全岛内应设有废轮胎防撞墙，作为车辆制动失灵时的安全应对措施。

(3) 采用有轨运输时，井口必须设置挡车器，并设专人管理；斜井长度超过

100m 时，施工单位应在井口下 20m 和接近井底 60m 处设置第二道挡车器；长大斜井应每隔 100m 和接近井底时在轨道上设置防溜车装置。井身每隔 30～50m 应设置躲避洞，井底停车场应设避车洞，井底附近的固定设备应设置在专用洞室内。

3. 斜井提升设备与钢丝绳

(1) 斜井口、井下及卷扬机之间应有联络信号。提升、下降与停留应有明确的色灯和音响等信号规定。斜井中牵引运输速度不得大于 5m/s，接近洞口与井底时不得大于 2m/s，升降加速度不得大于 $0.5m/s^2$。

(2) 斜井提升设备必须装设保险装置，包括防止过卷装置、防止过速装置及限速器；当提升容器超过正常卸载位置 0.5m 时，防止过卷装置必须能自动断电，并能使保险闸发生作用；当提升速度超过最大速度 15%时，防止过速装置必须能自动断电，并能使保险闸发生作用；当提升速度超过 3m/s 时，必须装设限速器，保证提升容器到达终端停止位置前的速度不大于 2m/s。

(3) 提升卷扬机必须装设深度指示器、开始减速时能自动示警的警铃及司机不需离座即能操纵的常用闸和保险闸。

(4) 提升用的钢丝绳施工单位必须每天检查 1 次，每隔 6 个月检验 1 次；钢丝绳的安全系数和检验要求可参照《起重机安全规程》的规定。

(5) 钢丝绳的钢丝如有变黑、锈皮、点蚀麻坑等损伤时，不得用作升降人员；钢丝绳锈蚀严重，点蚀麻坑形成沟纹，外层钢丝松动时，施工单位必须更换。

4. 运送人员的车辆

(1) 斜井施工中严禁人员乘坐斗车、矿车。当斜井的垂直深度超过 50m 时，施工单位应配备运送人员的车辆；运送人员的车辆必须有顶盖，并装有可靠的防坠器；当断绳时能自动发生作用，同时也能用手操纵。车辆中必须装有向卷扬机司机发送紧急信号的装置。

(2) 运送人员的列车必须设车长跟随，车长坐在行车前方的最前排座位上，手动防溜车装置必须装在车长座位处；车辆不得超员，乘车人员及携带的工具不得超出车厢。

(3) 每班运送人员前，必须检查车辆的连接装置、保险链及防坠器；运送人员前，应先放一次空车，检查斜井轨道和卷扬机的安全状况。

6.5.3 竖井施工作业

1. 竖井井口及井架

(1) 井口的锁口圈应配置井盖，只有在升降人员和物料进出时，井盖方可打开;井口应设防雨设施,通向井口的轨道应设阻车器;井口周围应设置安全栅栏和安全门,安全栅栏的高度不应小于1.2m。

(2) 井口、井底、绞车房和工作吊盘间均应有联络信号,并有专人负责,必要时应装设直通电话;竖井井架天轮棚必须安装避雷针,井架脚必须安装接地线。

2. 竖井掘进

(1) 竖井钻孔结束后,作业人员应将钻孔机具提升出井外,防止爆破损坏钻孔机具。

(2) 每次爆破后,应有专人清除危石和掉落在井圈上的石碴,并检查初期支护和临时支撑有无受损,清理完后方可正常工作。

(3) 当工作面附近或未衬砌地段发现落石、支撑发响、大量涌水时,施工人员应立即撤出井外,并报告处理。

3. 竖井提升机械的使用

(1) 提升机械安装完毕后必须经具有专业资质的检测机构验收合格,并出具安全检验合格证书,施工单位方可投入使用。

(2) 提升机械不得超负荷运行,并应安装有深度指示器和防止过卷、过速等保险装置,以及限速器和松绳信号等;工作吊盘的载重量不得超过吊盘的设计载重能力。

(3) 提升用的钢丝绳和各种悬挂使用的钩、链、环、螺栓等连接装置,应具有规定的安全系数,使用前应检验合格后方可安装;使用中应定期检查、维修和更换。

4. 竖井采用吊桶升降人员和物料

(1) 吊桶必须沿钢丝绳轨道升降,保证吊桶不碰撞岩壁;提升钢丝绳应与吊桶连接牢固,不得自动脱钩;吊桶上方必须设置保护伞。

(2) 运送人员及物料的速度不得超过有关规定;吊桶不准超载,装有物料的吊桶不得乘人。

(3) 乘坐人员不得在吊桶边缘上坐立,身体的任何部位也不得超出桶沿。

5. 竖井采用罐笼升降人员和物料

(1) 罐顶应设置可打开的铁盖或铁门,罐底必须满铺钢板,并不得有孔;罐笼一次容纳人数和最大载重量施工单位应明确规定,并在井口公布;罐笼升降速度不得大于3m/s,加速度不得大于$0.25m/s^2$;罐笼升降作业时,其下方不得停留人员。

(2) 罐笼、钢丝绳、卷扬机各部及其连接处,施工单位必须设专人检查,发现钢丝绳有损,罐道和罐耳间磨损度超过规定等,必须立即更换。

(3) 升降人员或物料的单绳提升罐笼必须设置可靠的防坠器。

6. 竖井防排水

(1) 竖井建井期间,如果裂隙水较发育,影响作业人员安全,施工单位应采用周边帷幕注浆止水;在有少量裂隙水时,应随竖井的施工开挖在井底设集水坑,采用小型抽水机将水抽入吊桶排至井外。

(2) 竖井使用期间,正洞裂隙水及施工废水应排入井底水仓,由井底抽水机排出。

6.6 不良地质及特殊地段施工

6.6.1 岩溶隧道施工

1. 施工方案

岩溶隧道的施工应按以疏为主、堵排结合、因地制宜、综合治理的原则,制定安全可靠的施工方案,采取相应的预防措施,防止发生突发性涌水、涌沙和泥石流灾害。

(1) 施工单位应根据设计文件有关资料,进一步查明溶洞分布范围、类型、岩层的完整稳定程度、充填物和地下水流情况等,据以确定相应的施工方法,分别以引、堵、越、绕等措施进行处理;对尚在发育或穿越暗河、水囊等地质条件极复杂的岩溶区,应查明情况,慎重选定施工方案。探查溶洞时,应有安全措施。

(2) 施工方法以短台阶法为主,必要时可采用 CRD 工法开挖。大型充填型溶洞初期支护一定要采取大管棚支护。岩溶处理中及处理后,应加强监控量测,及时根据监测成果进行必要的二次衬砌。

(3) 长大岩溶隧道,二次衬砌应及时,原则上掌子面与二次衬砌间距离不得大于 200m。当遇到高压富水岩溶时,应采取二次衬砌紧跟。

(4) 反坡岩溶隧道施工时,必须设置不少于 20000m^3/d 排水能力的洞内抽水系统。洞口排水系统必须确保通畅,对于洞口及排水下游民房存在安全隐患时,必须予以拆除。

2. 溶洞地段施工要求

(1) 施工前,应了解隧道区域范围内地表水、出水地点的情况,有条件时采取地表注浆等措施对地表进行必要的处理。

(2) 开挖前,施工单位应根据溶洞的大小、填充情况与隧道的相对位置等具体情况，采取相应的安全技术措施；当在溶洞充填体中掘进时，应提前注浆加固；当反坡施工遇到溶洞时，应准备足够数量的排水设备。

（3）钻孔作业前，必须超前钻孔探测，进一步查明开挖工作面前方一定范围内情况；钻孔中，当凿岩机钻进速度较快时，可能已达到溶洞边缘，应观察水情变化及裂隙溶蚀程度，当渗水及溶蚀程度有所增大时，应对掘进、支撑、排水等工作加以妥善安排。当达到溶洞边缘，施工各工序应紧密衔接。采取下导坑引进时，边墙基础应坚固，对小溶洞应填实；对大溶洞，上部工序应抓紧，尽快作好衬砌。

（4）在岩溶地段爆破开挖时，应严格控制开挖进尺，采取多打孔、打浅孔、小药量爆破，确保隧道开挖稳步推进。

（5）当隧道只有一侧遇到溶洞时，应先开挖该侧，待支护完成后再开挖另一侧。

（6）在溶洞充填体中开挖，当充填物较松软时，可用插板法（如工型钢或槽型钢等）施工，并注意预留沉落量。当充填物为石块堆积时，可在开挖前预压砂砾及水泥砂浆加固。

（7）施工中对溶洞顶部应经常检查，及时处理危石。当溶洞较高且顶部破碎时，应先喷射混凝土加固，再在靠近溶洞顶部时打入锚杆，并设置钢筋网和支架，进行安全施工防护。

（8）当判断有岩溶水时，应利用超前的炮眼钻孔或预打的超前探水钻孔作涌水预报，探明开挖面前方几米到几十米的水情，防止突水事故的发生。

（9）溶洞内不得任意抛填隧道开挖弃碴。

3. 溶洞处理

应根据设计文件要求，结合现场实际情况，采取引排水、填堵、跨越、绕行等措施。

（1）当溶洞有水流时，在查明水源流向及其与隧道位置关系后，采用钻孔排水降压方式处理；排水降压应留有足够厚度的隔水岩盘，确保安全。

（2）对已停止发育、跨径较小、无水的溶洞，应根据其与隧道相交的位置及充填情况，采用混凝土、浆砌片石等材料封堵；拱顶以上的空溶洞应采用喷锚支护加固，或加设护拱并对空腔回填处理。

（3）当溶洞较大较深时，可根据实际情况采用跨越方式处理；如短期处理难度很大时，可采用迂回导坑绕过溶洞区，继续进行隧道施工，在不影响正常施工的情况下再处理溶洞。

4. 初期支护和二次衬砌

岩溶地区隧道的初期支护和二次衬砌应根据溶洞情况予以加强。二次衬砌施工前，应重点检查拱部、底板、侧边墙一定范围内是否存在有害空洞，并采取措施处理。施工时应按设计及时施作初期支护，加强初期支护的强度，尽早闭合成环。衬砌背后的排水盲管(沟)必须顺畅地连接到隧道排水沟,防止地下水在衬砌背后积聚对其形成压力。

5. 施工监控观测

隧道施工过程中,一旦发现浑水、携带泥沙、顶钻、高压喷水、水量突然增大等异常情况,应立即停止施工,分析原因,采取措施进行处理。

施工单位要建立有效的监控体系,及时埋设监控量测点,取得基准值,开展监控量测;及时根据量测结果,评价支护的可靠性和围岩的稳定性,调整支护参数,确保施工安全。

6. 长大岩溶隧道辅助导坑与正洞的施工协调

(1) 坚持平导超前、尽快贯通的施工原则。正洞与平导作业面应协调施工,做到平导超前、正洞紧跟,原则上,正洞与平导作业面的距离不要超过 500m。

(2) 当平导遇到特大岩溶时,应优先考虑采取迂回导坑的措施。当确实没有迂回条件或迂回工作量特别大时,才考虑处理措施;在平导岩溶超前处理后开挖期间,由平导拐入正洞的独头作业面应停止施工。

(3) 正洞遇到特大岩溶时,应优先考虑迂回措施,实现两端夹击加固,待平导贯通后处理。

(4) 当反坡隧道施工遇到特大岩溶,存在突水、突泥可能时,应重新分析隧道工期,如工期能保证,原则上采取反坡加固,反坡开挖揭示。

7. 逃生组织与逃生通道

当隧道遇到大型岩溶进行处理时,施工单位应设计必要的逃生通道。对于有平导的隧道,应在原设计的平导与正洞横通道间增设逃生通道,满足掌子面后退 1000m 内通道之间间距不大于 200m,以利于现场逃生。逃生通道断面为 2m(宽)× 2.5m(高),逃生通道内不得放置杂物和停放机械,确保畅通。逃生通道处应标明标记,以使进洞人员明确通道设计意图。

洞内逃生由专职安全员负责,安全员应在最为危险的掌子面。当遇到险情时,安全员应及时启动预警系统和应急照明系统,由工班长组织逃生。逃生时,必须按设定的逃生线路逃生。反坡隧道施工时,除司机外,工班内至少有两名以上人员具备有开车能力,以防止意外发生。

6.6.2　风积沙和含水砂层隧道开挖

(1) 隧道通过含水砂层时,应将防水工作放在首位,可采用注浆、冻结等方法止水、固结。

(2) 风积沙和含水砂层隧道开挖作业。

① 风积沙隧道开挖应遵循先加固、后开挖的原则;含水砂层隧道开挖应遵循先治水、后开挖的原则。

② 风积沙和含水砂层隧道应根据其断面大小,采用交叉中隔壁法、中隔壁法或台阶法开挖,并应控制一次循环进尺长度。

③ 开挖时应及时监测拱部支护的实际下沉量,当预留变形量过大或不足时,应及时调整。

(3) 风积沙和含水砂层隧道支护及衬砌。

① 可采用注浆方法固结砂层,以插板作超前支护。

② 支护应及时,边挖边喷射混凝土封闭,遇缝必堵,严防砂粒从支护缝隙中漏出。

③ 含水砂层开挖地段,应采用排水管或其他设施将水引至已二次衬砌地段排出洞外。排水时,应采取过滤措施,防止砂粒被排走引起坍塌。

④ 风积沙和含水砂层隧道的二次衬砌应及早施作。

6.6.3 隧道通过断层施工

1. 地质调查

施工前,施工单位要切实掌握所遇断层带的所有情况。当断层破碎带的宽度较大,破坏程度严重,破碎带的充填物情况复杂,且有较多地下水时,应在隧道一侧或两侧开挖调查导坑。利用调查导坑详细测绘地质状况后,及时做好导坑的封闭衬砌;调查导坑穿过断层后,宜在较好的岩层中掘进一段距离再转入正洞,开辟新的工作面,以加快施工进度。如设有平行导坑时,可超前于正洞,预先了解正洞断层的实际地质情况,并有利于排水。

2. 选择合理施工方法

(1) 断层带内充填软塑状的断层泥或特别松散的颗粒时,比照松散地层中的超前支护;如断层带特别破碎,则可采用马口开挖。

(2) 如断层地段出现大量涌水,则宜采取排堵结合的治理措施。

3. 施工注意事项

(1) 如断层地下水是由地表水补给时,应在地表设置截排系统引排。对断层承压水,应在每个掘进循环中,向隧洞前进方向钻凿不少于 2 个超前钻孔,其深度宜在 4m 以上,以探明地下水的情况。

(2) 随工作面的掘进挖好排水沟,准备足够的抽水设备,并安排适当的集水坑。坑壁或坑顶有水流出时,应凿眼安置套管集中引排,使其不漫流。

(3) 通过断层带的各施工工序之间的距离应尽量缩短,并尽快全封闭衬砌,以减少围岩的暴露、松动和地压增大。

(4) 当采用上下导坑施工时,其下导坑不宜超前过多,并改用单车道断面,掘进后随即将下导坑予以临时衬砌。上下导坑间的漏斗间距宜加大到10m左右,并全部以框架框紧。

(5) 在隧洞断层地段,对钻爆设计作特殊的交底。严格控制各炮眼特别是周边眼的数量、深度及装药量,原则上尽量减少爆破对围岩的扰动。

(6) 开挖后应立即进行初喷混凝土,并坚持宁强勿弱的原则,加强支护。

(7) 紧跟开挖面进行现场监控量测,根据量测所反馈的信息及时调整初期支护的参数及掌握二次衬砌的最佳时间。

6.6.4 黄土隧道施工

1. 施工原则

(1) 调查黄土中构造节理的产状与分布状况,特别要注意观察垂直节理,必要时应采取措施,防止塌方事故发生。对因构造节理切割而形成的不稳定部位,施工过程中要加强支护,防止坍塌,以保证安全施工。黄土隧道围岩垂直节理的存在是导致隧道拱顶坍塌的关键因素,节理在坑道顶部时,极容易产生塌顶;如果位于侧壁,则极易出现侧壁掉土、片帮,施工中处理不当,常会引起较大的坍塌。当洞身黄土含水量较大时,钻杆钻机施钻困难,煤电钻电机易烧坏,施工中一般应采用煤矿螺旋钻。

(2) 黄土隧道开挖后不能暴露较长时间,否则围岩周壁风化会波及内部,使围岩体松弛加快,进而造成塌方。采用复合衬砌的黄土隧道,开挖后应以钢支撑、钢筋网,喷射混凝土和锚杆作初期支护,必要时宜采用超前锚杆、管棚支撑加固围岩;并应在初期支护基本稳固后,进行永久支护衬砌施工,衬砌背后尤其是拱顶回填一定要密实。

(3) 黄土隧道应遵循短开挖、少扰动、强支护、及时密贴、实回填、严治水、勤量测的原则,宜采用短台阶开挖方法或分部开挖法(留核心法);初期支护应紧跟开挖面施作。

2. 施工防排水

在含水的黄土地层中施工时,洞内应做良好的排水设施;在干燥无水的黄土层中施工时,应管理好施工用水,不使废水漫流;洞门施工应在雨季前完成。

(1) 进洞前应按设计做好洞顶、洞门及洞口的防排水系统，以免地面积水浸蚀洞体周围，造成土体坍塌。排水沟应进行铺砌，防止地表水下渗；做好地表水截排工作，雨水不得漫溢于洞口仰坡和边坡面。

(2) 对地表冲沟、陷穴、裂缝等应采取回填夯实、填土反压、改变地表水径流等措施，将水排至隧道范围以外；洞口浅埋段的地表冲沟、陷穴、裂缝等，除应采用上述方法处理外，还应采用砂浆抹面，避免地表水下渗影响结构安全。

(3) 当地下水量较大时，应在洞内采用井点降水法，或在洞外隧道开挖线两侧设深井降水，将地下水位降至隧道衬砌底部以下(仰拱底部)1.5m，确保施工顺利进行。

(4) 地层含水量大时，施工单位应在上、下台阶开挖工作面附近开挖横向水沟，并采用管、槽将水引至隧道中部纵向排水沟排出洞外，避免浸泡拱脚。

(5) 施工中，施工单位要控制好施工用水，初期支护喷混凝土和二次衬砌混凝土均应采用喷雾器喷雾养护取代洒水养护，避免混凝土泌水浸泡黄土隧道基底。

3. 开挖与支护

(1) 黄土隧道应采用机械和人工配合的开挖方式，不采用钻爆开挖方式；可根据隧道断面、地质情况采用台阶法或分部法开挖；根据围岩级别，开挖循环进尺应控制在0.5～1.5m。

(2) 在半岩半土层的隧道中爆破时，施工单位应对拱脚进行加固，同时控制炸药用量，减小爆破对围岩和拱部初期支护的扰动，防止塌方和掉拱。

(3) 对于墙脚、拱脚等隅角处应预留30cm用人工开挖，且严禁超挖，防止因墙、拱脚处原状土被破坏，造成支护下沉。

(4) 软弱地基处理施工中，应根据实际情况选择树根桩、灰土挤密桩、注浆、换填等处理措施；湿陷性黄土隧道基底可采用树根桩、灰土挤密桩、注浆、换填等处理措施。

(5) 施工中发现突水、异常变形等不安全因素时，施工作业人员应暂停开挖，加强临时支护，并调整施工方案。

(6) 施工时要特别注意拱脚与墙脚处断面，如超挖过大，应用浆砌片石回填；如发现该处土体承载力不够时，应立即加设锚杆或采取其他措施进行加固。钻锚杆孔时，宜采用干钻。

(7) 当隧道覆盖层浅、地表有下沉可能时，应采取措施进行治理；施工中如发现坑道有失稳现象时，应及时用喷射混凝土封闭、加设锚杆、架立钢支撑等加强支护。

(8) 在开挖与灌注仰拱前，为防止边墙向内位移，宜加设横向撑梁顶紧。

(9) 锚杆施工应采用煤矿螺旋钻成孔；锚杆采用药包式或早强砂浆式锚杆，各种锚杆必须设置垫板；若拱部位于砂层时，为防止喷射混凝土层塌落，可用 Φ4～6mm 的密钢筋网，紧贴开挖面作固定初喷混凝土层之用。

(10) 施工中应在拱脚设置测点，监测拱脚下沉的状态，并在钢架基脚或分部开挖基脚等处设置注浆锁脚锚杆(管)，以及设置垫板或采用大拱脚，控制钢架沉降和塌方事故的发生。

(11) 施工中采用的临时支护应根据监控量测情况逐步拆除，一次拆除长度不得大于 15m。

6.6.5 膨胀岩土隧道施工

1. 施工方法选择

(1) 施工单位应加强调查、量测围岩的压力和流变；分析其变化规律。探明地下水分布范围及规律，了解水对施工的影响程度，以便根据围岩动态采取相应的施工措施。如原设计难以适应围岩动态变化时，也可据此作适当修正。

(2) 隧道围岩压力的施工效应，是导致隧道变形病害的主要原因；采用合理的施工方法，对隧道的稳定性有着十分重要的作用。因此，在施工中应以尽量减少对围岩产生扰动和防止水的浸湿为原则，宜采用无爆破掘进法。施工单位在开挖过程中应尽可能缩短围岩暴露时间，并及时衬砌，以尽快恢复洞壁因土体开挖而解除的部分围岩应力，减少围岩膨胀变形。开挖方法宜不分部或少分部为宜，宜多采用正台阶法、侧壁导坑法。

(3) 隧道开挖后，膨胀土围岩风干脱水或浸水，都将引起围岩体积变化，产生胀缩效应。因此，隧道开挖后要及时喷射混凝土封闭和支护围岩。在有地下水渗流的隧道，应采取切断水源并加强洞壁与坑道防排水措施，防止施工积水对围岩的浸湿等；如局部渗流，可采用注浆堵水阻止地下水进入坑道或浸湿围岩。

(4) 膨胀性围岩浅埋地段，对于地表低洼集水处，应先采取充填粘土隔水，并形成流水坡等措施处理，快速排走地表水。膨胀性和挤压性围岩隧道施工时，应控制施工用水，加强施工用水管理，防止岩面被水浸泡。

2. 膨胀性和挤压性围岩隧道开挖与支护

(1) 开挖应采用机械、人工等非爆破开挖方式，以减少对围岩的扰动；开挖后应及时进行支护，封闭暴露的岩体，施作临时仰拱或横撑，支护应尽早封闭成环。

(2) 采用钻爆法开挖时，应控制开挖循环进尺和炸药用量、同时应确保开挖断面轮廓圆顺。

(3) 施工中应根据具体情况加大 20～30cm 的预留变形量，避免因侵入限界而造成初期支护的拆除。

(4) 初期支护应做到先放后抗、先柔后刚,并可分层施作、逐层加强;开挖后应尽快初喷混凝土封闭岩面,控制含水量发生大的变化;加强初期支护,采用喷纤维混凝土、长锚杆和钢架组合的支护结构。初期支护应与围岩密贴,保证初期支护与围岩同步受力和变形。

(5) 膨胀土围岩支护必须适应围岩的膨胀特性。在施工时应注意以下几点:

① 喷锚支护,稳定围岩。采用喷锚支护应紧跟开挖,必要时采用钢筋网,也可采用钢纤维混凝土以提高喷层的抗拉和抗剪能力。当膨胀压力很大时,可用锚喷及钢架或格栅联合支护,在隧道底部打设锚杆,也可以在隧道顶部打入超前锚杆或小导管支护,应尽可能使其在开挖面周壁上迅速闭合。如果是台阶开挖,可在上半部开挖后尽快做出半部闭合,使围岩尽早受到约束。

② 衬砌结构及早闭合。膨胀土围岩隧道开挖后,四周围岩同时向内挤压变形,所以施工时要求隧道衬砌及早封闭。从理论上讲,拱部、边墙及仰拱衬砌宜整体完成,这样衬砌受力条件最好,但受施工条件的限制往往难以实现。因此,在灌注拱圈部分时,应在上台阶的底部先设置临时混凝土仰拱或喷射混凝土做临时仰拱,以使拱圈在边墙、仰拱未完成前,自身形成临时封闭结构。当进行下部台阶施工时,再拆除临时仰拱,并尽快灌注永久性仰拱。

6.6.6 岩爆隧道

1. 安全技术措施

(1) 中等以上岩爆隧道,施工中应选择以机械作业为主的施工方案,采用凿岩台车钻孔,最好采用机械手喷射混凝土。

(2) 岩爆隧道应根据岩爆强度大小进行分级,并针对岩爆级别分别采取下列安全技术措施:

① 中等岩爆地段,应在隧道开挖断面轮廓线外 10~15cm 范围的边墙及拱部,钻设注水孔,并向孔内灌高压水,软化围岩,加快围岩内部的应力释放;

② 强烈岩爆地段,应采用即时受力锚杆,同时挂设钢筋网或柔性防护网,防止岩爆落石;应在开挖工作面上钻应力释放孔或掘进小导洞,使岩层中的高地应力部分释放,再进行隧道的开挖;应采用超前锚杆预支护,锁定开挖面前方的围岩。

2. 岩爆隧道施工

(1) 开挖循环进尺应根据岩爆地段的具体情况控制,并不应过大。

(2) 采用光面爆破或预裂爆破技术,使隧道周壁圆顺,降低岩爆发生的强度。

(3) 采用机械手进行网喷纤维混凝土。

(4) 在拱部及边墙布置预防岩爆的短锚杆,锚杆长度为 2m 左右,间距为

0.5～1.0m，挂网喷射纤维混凝土。

3. 发生岩爆的处理措施

目前对岩爆隧道预测、预报主要采用超前探孔为主，辅以电磁波、地震波、钻速测试等手段；开挖面及其附近的观察预报采用工程地质类比法进行宏观预报。岩爆隧道根据岩爆强度大小分为弱岩爆、中等岩爆、强烈岩爆三个等级。根据近年来在实践中形成的经验，岩爆地质隧道施工应遵循短进尺、多循环、强支护的基本原则。

岩爆隧道中长进尺开挖，爆破后出碴时间长，不利于及时支护；另外，暴露出来的开挖面较大，更容易引起较大范围内的应力重分布，从而导致强烈的岩爆发生，对施工安全不利。强支护的目的主要是锁定围岩的表面部分，防止正面、边墙、拱部的岩石向外弹射，限制岩爆的大规模发生。

隧道施工中，一旦发生岩爆，应立即采取下列处理措施：

(1) 应停机待避，待检查确认安全后进行开挖工作面的观察记录，如岩爆的位置、强度、类型、数量以及山鸣等。

(2) 增设摩擦式锚杆(不能替代系统锚杆)，锚杆应装垫板。

(3) 及时增喷纤维混凝土，厚度为5～8cm。

(4) 施工机械重要部位应加装防护钢板，避免岩爆弹射出的岩块伤及作业人员和砸坏施工设备。

6.7 瓦斯隧道

6.7.1 施工安全管理基本要求

(1) 瓦斯隧道施工前，施工单位必须编制实施性施工组织设计和应急救援预案，其主要内容应包括施工通风设计、预防瓦斯突出的措施和揭煤方法。

(2) 施工单位应建立专门机构进行通风、防突、防爆及瓦斯检测工作，设置消防设施。在高瓦斯和瓦斯突出工区施工，施工单位应建立救护队伍，配备救护装备和救护车辆且不得用于救护以外的工作；施工单要指定专人保管与管理，经常检查并保持其良好状态，急救和抢救设备任何人不得挪用。

(3) 瓦斯隧道开工前，施工单位必须对施工作业人员及管理人员进行安全技术培训；爆破工、电工、瓦斯检测人员等必须持证上岗。

(4) 瓦斯隧道内施工机械设备和工具应使用防爆型，禁止电火花与冲击、摩擦火花的出现。36V以上的和由于绝缘损坏可能带有危险电压的电气设备的金属外壳，构架等，都必须有保护接地；接地网上任一保护接地点测得的接地电阻不得超过 2Ω,每一移动式和手提式电气设备同接地网之间的保护接地用的电缆芯线(或相当接地导线)的电阻值,都不得超过 1Ω;所有电气设备的保护接地和局部接地装置,都应同主接地极连成总网。

(5) 在装碴运输过程中,装运作业使用的金属器械和车辆不得与碴体撞击,铲装前必须将石碴洗湿,防止摩擦和碰击产生火花。

(6) 通风用的风筒、风道、风门和风墙等设施,必须按规定制作,并保持密闭,防止漏风和松动塌落,施工中应派专人维修和保养,禁止频繁开启风门,确保风流稳定。

(7) 风机用电应单独供给,当其它电源因瓦斯超限而切断时,风机电源必须能正常供电。

(8) 隧道内严禁使用明火照明,不得带入易燃物品。

(9) 含瓦斯区段采用普通光电测距仪测量时,其工作范围内的瓦斯浓度必须小于 1%。

(10) 瓦斯隧道爆破应采用光面爆破技术避免瓦斯积聚;必须采用湿式钻孔以在一定程度上溶解瓦斯气体,降低瓦斯浓度,降低粉尘含量,有利于施工安全。瓦斯隧道爆破应严格执行一炮三检制度以及三人连锁爆破制。

一炮三检制是指在装药前、放炮前、放炮后认真检查放炮地点附近瓦斯,瓦斯超过 1%不得放炮。三人连锁放炮制是放炮前放炮员将警戒牌交给爆破指挥员,派警戒人员进行警戒,完成警戒后,指挥员把自己的放炮命令牌交给瓦斯检查员,经检查瓦斯浓度符合要求后,再将放炮牌交给放炮员;这项措施主要防止放炮混乱,放炮警戒不严或不落实造成放炮伤人事故。

(11) 进入瓦斯隧道的人员必须在洞口登记,并接受安全检查;严禁任何穿着易产生静电服装的人员进入瓦斯工区;进入瓦斯突出工区的作业人员必须携带个人自救器。

(12) 瓦斯隧道发生事故时,非救护队成员不得进洞抢救,救护队必须在统一指挥下开展抢救工作,严禁个人单独行动;事故救护基地,应设在安全区附近新鲜风流中的安全地带。

6.7.2　瓦斯隧道钻孔爆破作业

1. 作业安全要求

(1) 当爆破作业面附近 20m 以内风流中瓦斯浓度达到 1%时,必须停止钻孔作业;当瓦斯浓度达到 1.5%时,必须停止一切作业,撤出工作人员,切断电源,采取措施进行处理。

(2) 电动机附近 20m 以内风流中瓦斯浓度达到 1.5%时,必须停止运转,撤出人员，切断电源进行处理。

(3) 当瓦斯积聚大于0.5m，浓度大于2%时，附近20m内必须停止工作，撤出人员，切断电源进行处理。

(4) 因瓦斯浓度超过规定的允许值而切断电源的电气设备，必须在瓦斯浓度降到1%以下时，方可启动机器；使用瓦斯自动检测报警断电装置的开挖工作面，必须人工复电。

(5) 低瓦斯工区任意处瓦斯浓度超过0.5%时，应加强通风监测。

(6) 开挖后应及时进行喷锚支护，封闭围岩、堵塞岩隙，防止瓦斯继续逸出。

2. 瓦斯工区钻孔作业

(1) 钻孔前，应测定工作面附近20m以内风流中的瓦斯浓度，瓦斯浓度在1%以下时方可开钻；在钻进过程中，还要随时检测瓦斯浓度。

(2) 在煤层或有瓦斯岩层中，不允许打40cm以下的浅眼，任何炮孔最小抵抗线不得小于30cm。钻孔时应采取湿式凿岩；炮孔深度不得小于0.65m。

3. 瓦斯工区爆破作业

(1) 低瓦斯工区岩层掘进，应使用安全等级不低于一级的煤矿许用炸药。

(2) 低瓦斯工区揭煤和煤层、半煤层掘进，应使用安全等级不低于二级的煤矿许用炸药。

(3) 高瓦斯工区爆破，应使用安全等级不低于三级的煤矿许用炸药。

(4) 有煤与瓦斯突出危险的地段爆破，应使用安全等级不低于三级的煤矿许用含水炸药。

(5) 禁止使用黑火药和冻结、半冻结的硝化甘油类炸药，同一工作面不应使用两种不同品种的炸药。

(6) 瓦斯工区爆破应使用煤矿许用瞬发电雷管或煤矿许用毫秒延期电雷管，并应使用防爆型发爆器起爆；严禁使用火雷管。使用煤矿许用毫秒延期电雷管时，最后一段的延期时间不得超过130ms。一个工作面不得同时使用两台或多台起爆器放炮。

秒或半秒级雷管各段的间隔时间为1s或0.5s，在有瓦斯爆炸危险的工作面使用时，当前段爆炸瓦斯浓度已形成较高，下段炸药才爆炸，就容易引爆瓦斯；况且雷管内的延期药在燃烧，从雷管的排气孔喷出火焰或高温气体是引爆瓦斯的危险因素，因而严禁使用。毫秒雷管则不然，只要最后一段的延期时间不大于130ms，爆炸过程中瓦斯浓度尚未达到1%时，各段毫秒雷管就已爆炸完毕，故比较安全。

(7) 瓦斯工区爆破必须使用炮泥填塞炮孔，填塞材料应采用黏土或不燃性材料。炮孔的装药及填塞应符合下列要求：

① 装药前应清除炮孔内的煤(岩)粉。

② 炮孔深度小于 0.6m 时,不应装药爆破;特殊情况下,必须采取安全措施并满封炮泥。

③ 炮孔深度为 0.6～1m 时,封泥长度不应小于炮孔长度的 1/2;炮孔深度大于 1m 时,封泥长度不应小于 0.5m;炮孔深度大于 2.5m 时,封泥长度不应小于 1m;光面爆破时,周边炮孔应用炮泥封实,且封泥长度不小于 0.3m。

④ 工作面有 2 个或 2 个以上自由面时,最小抵抗线在煤层中不得小于 0.5m,在岩层中不得小于 0.3m;浅眼装药爆破大岩块时,最小抵抗线和封泥长度均不得小于 0.3m。

⑤ 用水炮泥封堵时,水炮泥外剩余的炮孔部分应用黏土炮泥封实,其长度不小于 0.3m。

(8) 装药前应进行检查,有下列情况之一时不应装药爆破:

① 炮孔内发现异状、温度骤高骤低、有显著瓦斯逸出、煤岩松动等。

② 在距爆破地点 20m 内堆放的机具设备、石碴、材料等堵塞坑道断面 1/3 以上。

③ 工作面风量不足,风向不稳,局部有循环风时。

④ 放炮地点附近 20m 以内风流中,沼气浓度达到 1%时。

⑤ 炮眼内煤、岩粉未清除干净。

⑥ 无炮泥、封泥不足或不严的炮眼。

(9) 电爆网路必须采用串联方式,不得并联或串并联;爆破前,爆破母线必须扭结成短路,并包覆绝缘层。起爆前,由经过专门培训的爆破工由爆破工作面向起爆站依次进行连接。

(10) 爆破后,只有当瓦斯浓度小于 1%,二氧化碳浓度小于 1.5%,撤除警戒后,工作人员才可进入工作面工作。

6.7.3 防治煤与瓦斯突出

1. 验证煤层的突出危险性

瓦斯隧道施工中,接近突出煤层前,施工单位必须对设计标示的各突出煤层位置进行超前探测,标定各突出煤层准确位置,掌握其赋存情况及瓦斯状况;必须重新验证各煤层的突出危险性。为满足上述要求,应在在距设计煤层位置 15～20m 的工作面打超前探孔 1 个,初探煤层位置;在煤层位置 10m 的工作面上部及左右部打超前探孔 3 个,并取岩(煤)芯,分析煤层厚度、倾角、走向及与隧道的关系,并分析煤层顶、底板岩性;掌握并收集探孔施工过程中的瓦斯动力现象。探孔应穿透煤层全厚并进入岩层不小于 0.5m,探孔应保持超前工作面 5m,以便确切掌握煤层贮存条件和瓦斯情况。

此外，施工单位应在距煤层垂距5m处的工作面钻瓦斯测压孔，或在距煤层垂距3m外的工作面进行突出危险性预测。对于石门揭煤宜采用综合指标法或钻屑指标法，对于煤巷掘进宜采用钻孔瓦斯逸出速度法或钻屑指标法。钻孔排放瓦斯技术简单，施工难度小，设备投入少，时间短，安全性高，而铁路隧道是小范围穿过煤层，以钻孔排放瓦斯较为适合。

揭开煤层前，掘进工作面到煤层之间必须保持一定的岩柱，倾斜岩层为2m，缓倾斜岩层及倾斜煤层为1.5m。施工时，施工单位至少选用下列5种方法中的2种对瓦斯突出危险性进行预测，并相互验证：①瓦斯压力法；②综合指标法；③钻屑指标法；④钻孔瓦斯涌出初速度法；⑤R指标法。

2. 控制煤和瓦斯突出通常采用的方法

施工单位应根据地质情况、煤与瓦斯赋存情况、隧道施工方法等选用钻孔排放、抽放、水力冲孔、金属骨架等措施；防突措施实施后，必须进行效果检验。在穿越煤层施工中，控制煤和瓦斯突出通常采用以下3种方法：震动性放炮、超前支架法、水力冲孔冲刷法。

(1) 震动性放炮。震动性放炮实质上是在掘进工作面上钻较多炮眼，装较多炸药，全断面一次起爆揭开煤层，并利用放炮所产生的强烈振动，人为地诱导煤和瓦斯的突出。震动性放炮要求煤层瓦斯压力小于1MPa。如大于1MPa，则应先钻孔排放瓦斯或采取其他措施将瓦斯压力降到1MPa以下，然后用震动放炮揭开石门。

(2) 超前支架法。超前支架法的作用在于缓和山体压力，加强隅角的煤体支护，防止煤的坍落而引起煤和瓦斯的突出。当石门掘进距煤层2m时，沿石门上部和两侧各打一至两排直径70～100mm，彼此相距200～300mm的钻孔，钻透煤层并穿入顶板(或底板)0.3m，钻孔内插入直径50～70mm的钢管或钢轨，钢管尾部可用钢轨或混凝土支柱固定，然后一次放炮穿越煤层。

(3) 水力冲孔冲刷法。水力冲刷是指在石门未揭开前，利用高压水枪预先冲刷揭露的煤层，使岩柱内侧的煤层人为地形成空洞，将煤体局部卸压，同时排除一定量的瓦斯，从而起到预防突出的作用。而水力冲孔则是通过钻孔诱导突出，将石门揭煤发生的大突出转化为钻孔的小突出，将不易控制的破坏性突出变为人为控制的安全突出，使煤体和瓦斯的潜能预先释放出来。常用的技术措施有：在水力冲孔前，预留5m的安全岩柱；在距煤层5m的石门工作面布置若干水力钻孔眼，布眼时考虑石门顶部以上10m，左右8m，下部6m，作为卸压的三个危险区；自上而下依次压注高压水冲孔，水压一般为4～5MPa。为防止揭煤时顶部发生煤层坍塌，在石门顶部可压入泥浆，以增加煤体强度；在石门两侧做导洞，保留2m安全岩柱，以震动放炮安全揭开煤层。

3. 石门揭煤的安全措施

(1) 参加揭煤的施工人员必须佩戴自救器。

(2) 在有瓦斯突出的煤层揭煤,爆破时所有人员必须撤到洞外。

(3) 加强通风管理,保证开挖面有足够的新鲜空气。

(4) 当瓦斯压力为0.6～1.0MPa时,可采用振动爆破法。

(5) 揭煤前应清理洞口和通风机房周围50m范围内一切火源。

4. 煤层段掘进与支护衬砌

(1) 应控制循环进尺,在全煤层中掘进必须采用电煤钻钻孔,应少钻孔、少装药。

(2) 在半煤半岩地层中掘进应在岩石炮眼中装药,煤层需爆破时,必须采用松动爆破。

(3) 在软弱破碎岩层或煤层中掘进,应采用超前支护或预压浆,防止坍塌或瓦斯突出。

(4) 爆破后应及时进行喷锚支护和施作二次衬砌,封闭围岩,减少瓦斯积聚。

(5) 仰拱应及早施工,保证拱、墙、仰拱衬砌能形成闭合整体。

(6) 煤系地层设防段的二次衬砌应预留注浆孔,二次衬砌完成后应及时注浆,充填空隙、减少瓦斯积聚。

6.7.4 瓦斯隧道施工通风与瓦斯检测

1. 施工通风设计

(1) 瓦斯隧道的施工组织设计中,施工单位要编制全隧道和各工区的施工通风设计,应有完整的通风系统,并绘制通风系统图,标明风机、风流方向、风量和防火、防尘设施和安装地点等分发有关单位、部门、人员掌握。

瓦斯隧道因有易燃易爆的气态甲烷从煤层或岩缝中溢出,施工通风的好坏,直接关系到作业人员的人身安全,因此,必须根据瓦斯绝对涌出量编制通风设计。瓦斯隧道需要的风量,必须按照爆破排烟、同时工作的最多人数以及瓦斯绝对涌出量等分别计算,并按允许风速进行检验,采用其中的最大值。保证通风效果,施工单位要设立专门的隧道施工通风管理人员,制定相应的制度,以确保瓦斯隧道的施工通风满足要求。

(2) 洞内供风量应通过计算确定,且每人供风量不得小于$4m^3/min$;并考虑各工区贯通后的风流调整和防爆要求。隧道施工的任何作业面不应存在通风盲区;瓦斯隧道各开挖工作面必须独立通风,严禁任何两个工作面之间串联通风。

(3) 主扇要装同等能力的两台,其中一台备用,并能在10min内开动;即:双风机、双电源、风机能自动换向、风管能自动导向。

(4) 隧道内的局部通风,掘进面应采用压入式。如采用混合式,必须采用湿式除尘器,还必须安装沼气自动检测报警断电装置,保证湿式除尘器吸风侧沼气浓度不超过1.5%。在沼气喷出或煤与沼气突出区掘进,不得采用混合式。

2. 通风设施与管理

(1) 瓦斯隧道通风设施应保持完好;施工中调节、迁移、拆除通风设施的工作,应由通风管理人员担任。

(2) 施工过程中,隧道施工通风出现下列情况之一时,施工单位应及时采取处理措施:

①主要风机停转;②通风系统遭受破坏;③开挖工作面停风;④打开封闭区。

(3) 瓦斯隧道的主风机应有两条独立的供电线路,并装设风电闭锁装置。隧道内必须配置一套同等性能的备用通风机,并经常保持良好的使用状态。

(4) 通风设施中应采用抗静电、阻燃的通风管。

(5) 隧道临时停工地段不得停风,停风时应切断电源并设置栅栏与警告牌,人员不得进入。隧道贯通后,应继续加强通风,防止瓦斯局部积聚。

3. 瓦斯检测制度

(1) 施工单位必须设立专职瓦斯检查员。

(2) 安全总监、安全监察工程师进入隧道,必须携带便携式甲烷检测报警仪或便携式光学甲烷检测仪;瓦斯检查员进入隧道,必须携带便携式光学甲烷检测仪。

(3) 隧道内所有工作面及通风效果不良地段都应纳入检查范围,并检查到顶部。

(4) 瓦斯浓度检查频次应符合下列规定:

① 低瓦斯工区每班至少检查2次。

② 高瓦斯工区每班必须至少检查3次。

③ 有煤与瓦斯突出危险的施工作业地段,瓦斯突出较大、变化异常的作业地段,应设专人经常检查;导坑内瓦斯含量在0.5%以下时,每隔0.5~1h检查一次,含量在0.5%以上时,应随时检查,不得离开开挖面,发现异常应及时报告;当发现瓦斯含量在2%时,应加强通风稀释,在瓦斯含量降到允许值后,才可进入检查。

④ 长期停工后重新复工的作业面、隧道塌方后开始处理前必须进行检查。

(5) 瓦斯检查员必须执行瓦斯巡回检查制度,建立检查台账,并执行日报制度;瓦斯日报必须报送队长和技术主管审阅,并通报通风班长。瓦斯浓度达到或超过规定时,瓦斯检查员有权责令现场人员停止工作,并撤到安全地点。

(6) 安全主管部门应定期对瓦斯工区的瓦斯检测工作进行检查。

(7) 检测瓦斯用的仪器、设备必须定期进行调试、校验,发现问题应及时处理。凡经大修的仪器,必须经计量检定合格后方可使用。

4. 瓦斯检测标准与瓦斯超限处理

(1) 隧道内每立方米空气中,氧气含量(按体积计)不小于 20%;隧道总回风或一翼回风风流中,瓦斯浓度应小于 0.75%;从其他工作面进来的风流中,瓦斯浓度应小于 0.5%。

(2) 工作面风流中,瓦斯浓度达到 1%时必须停止用电钻打眼;开挖工作面风流瓦斯浓度达到 1.5%,电动机或其他开关地点附近 20m 以内风流中瓦斯浓度达到 1.5%时,必须停止运转,撤出人员,切断电源,进行处理。

(3) 开挖工作面内,在体积大于 0.5m^3 的空间内,如坍塌洞穴、避车洞等处,其局部瓦斯积聚浓度达到 2%时,附近 20m 内必须停止工作,撤出人员,进行处理。

(4) 因瓦斯浓度超过规定而切断电源的电气设备,必须在瓦斯浓度降到 1%以下时方可开动机器,使用瓦斯自动检测报警断电装置的掘进工作面,只准人工复电。

(5) 停工后风机停止运转,在恢复通风前,局部通风机及其开关附近 10m 以内风流中瓦斯浓度不超过 0.5%时,方可开动局部通风机。

6.7.5　瓦斯隧道照明与电气信号设备

1. 安全要求

(1) 低瓦斯隧道供电电压不应大于 220V,高瓦斯隧道和瓦斯突出隧道不应大于 110V。

(2) 输电线路不得使用裸线和绝缘不良的导线。

(3) 高瓦斯隧道和煤与瓦斯突出隧道,照明电器应使用防爆型,开关应设在进风道或洞口。

(4) 矿灯充电房应离洞口 50m 以外。

(5) 瓦斯隧道内的电气信号,除信号集中闭塞外,应能同时发声和发光。

(6) 竖井、斜井主要井口绞车的信号装置应直接接在供电线路上,不应分接其他负荷。

(7) 隧道内的电话线路严禁利用大地作回路。

2. 电气设备与作业机械

隧道内非瓦斯工区和低瓦斯工区的电气设备与作业机械可使用非防爆型,其行走机械严禁驶入高瓦斯工区和瓦斯突出工区。高瓦斯工区和瓦斯突出工区的电气设备与作业机械必须使用防爆型。

6.7.6 瓦斯隧道防火

1. 火源管理与消防设施

(1) 瓦斯隧道洞口20m范围内严禁火源;洞内严禁产生高温和发生火花的作业,洞内不得进行电焊、气焊、喷灯焊等作业,确需用焊时施工单位必须有相应的安全措施。

(2) 洞内严禁使用可燃性材料搭设临时操作间和休息室,暖风道、压入式通风的风洞必须用不燃性材料砌筑,并应至少装设两道防火门。

(3) 在有自燃倾向的煤层中施工时,施工单位必须事先制定好专项安全措施,预防煤层自燃。

(4) 瓦斯工区必须在洞外设置消防水池和消防用砂,水池中应经常保持不少于200m^3储水量,并保持一定的水压;瓦斯工区内必须设置消防管路系统,并每隔100m设置一个阀门,作业区内设置灭火器及消防设施,并保持良好状态。

2. 火灾处置

(1) 洞内发生火灾时,施工单位应根据火灾的性质、灾区通风和瓦斯状况,立即采用一切可能的方法直接灭火。

(2) 当洞内火灾不能直接扑灭时,必须封闭火区,直到经过取样分析,确认火灾已经熄灭后方可启封;启封火区应逐段恢复通风;当测出风流中含一氧化碳或有其他复燃征兆时,必须立即停止向火区送风,并重新封闭火区。

(3) 启封火区和火区初期恢复通风的工作必须由专业的救护队负责进行,火区内风流所经过的巷道内的人员必须全部撤出。

(4) 启封火区完毕后3d内,每班由救护队检查通风工作,并测定水温、气温和空气成分,确认火灾完全熄灭,通风等情况良好,方可恢复施工。

6.8 隧道掘进机施工

6.8.1 隧道掘进机施工概述

1. 隧道掘进机概念

隧道掘进机(tunnel boring machine,TBM)法施工适合隧道施工的需要。根据国外实践，当隧道长度与直径之比大于600时，采用TBM进行隧道施工是经济的，其一般速率为常规钻爆法的3～10倍。此外，采用TBM施工还有优质、安全、有利于环境保护和节省劳动力等优点。TBM的缺点主要是对地质条件的适应性不如常规的钻爆法、主机重量大、前期订购TBM费用较多、要求施工人员技术水平和管理水平高、对短隧道不能发挥其优越性。由于科学技术的不断迅猛进步，现在TBM可以适应较为复杂的地质条件，从松散软土到极坚硬的岩石都可以应用，使用范围日益广泛。TBM的设计制造在一定程度上反映了一个国家的综合科学技术和工业水平，体现了计算机、新材料、自动化、信息传输和多媒体等技术的综合和密集水平，未来的发展属于自动化隧道掘进机。

2. 隧道掘进机的分类

隧道掘进机的针对性很强，不同的地质条件需要不同的掘进机，适用于软土的，又称为盾构机(shield machine)；适用于岩石，称硬岩隧道掘进机。岩石掘进机可分为开敞式、单护盾式和双护盾式，并且已研制出能进行斜井施工。软土掘进机(盾构机)初期为气压手掘式，现今主要为泥浆加压式和土压平衡式。此外，还研制出既能在岩石又能在软土中掘进的两用混合掘进机。

(1) 开敞式TBM。常用于硬岩；在开敞式TBM上，配置了钢拱架安装器和喷锚等辅助设备，以适应地质的变化；当采取有效支护手段后，也可应用于软岩隧道。

(2) 双护盾TBM。对地质具有广泛的适应性，既能适应软岩，也能适应硬岩或软硬岩交互地层。双护盾TBM常用于复杂地层的长隧道开挖，一般适应于中厚埋深、中高强度、稳定性基本良好地质的隧道，对各种不良地质和岩石强度变化有较好适应性。

(3) 单护盾TBM。常用于软岩，推进时，要利用管片作为支撑，其作业原理类似于盾构，与双护盾TBM相比，掘进与安装管片两者不能同时进行，施工速度较慢。单护盾TBM与盾构的区别有两点：一是单护盾TBM采用皮带机出碴，而盾构则采用螺旋输送机出碴或采用泥浆泵通过管道出碴；二是单护盾TBM不具备平衡掌子面的功能，而盾构则采用土压力或泥水压力平衡开挖面的水土压力。一般情况下，整条隧道地质情况都差的条件下(但掌子面能自稳)使用单护盾TBM；在良好地质中则使用开敞式TBM。

6.8.2　TBM组装与保养

1. TBM设备组装

(1) 组装场地应进行硬化处理，场地表面平整度和强度应满足TBM组装和步进的要求。

(2) 施工单位应根据 TBM 设备部件的最大重量和尺寸，确定吊装设备的型号和结构。吊装设备必须选择符合安全要求并具备相应资质的专业厂家生产的产品。门吊(或桥吊)组装完成后，必须进行试运行，并由当地质量技术监督部门进行质量验收，合格后方可启用。

(3) TBM 及后配套大件起吊前，施工单位应对吊具和钢丝绳进行验算校核。吊装作业应由专人负责指挥；吊装作业时，各大型部件应选择合理的吊点吊运，吊装应平稳，严禁起吊速度过快和吊件长时间在空中停留。

(4) TBM 组装完成后，必须对各项系统进行空载调试，然后再进行整机空载调试。

2. TBM 设备保养和检修

(1) TBM 及后配套设备的保养和检修工作应在机器停止操作时进行。

(2) 液压系统维修前，维修作业人员必须关闭相关阀门并降压，必须防止液压油缸的缩回和液压马达的意外运行；电气系统维修前，必须断开电气设备的开关，并防止意外重启；对空气和供水系统进行维修作业时，应关闭相应阀门并降压；刀盘、支撑等旋转部件区域维修作业前，应停止设备运行。

(3) 作业现场应配备完善的消防设备，使用明火、电焊进行维修作业时，应有专人监控，附近不应有可燃物；当不能避开可燃物时，必须使用阻燃物覆盖。

6.8.3　TBM 掘进作业

1. 安全风险分析

一般而言，隧道施工采用 TBM 掘进作业是比较安全的，但管理不到位也可能引发安全问题，主要是地质条件及设备的使用与管理：如隧道通过软弱围岩、岩爆、小岩溶、膨胀岩、高瓦斯等特殊地质地段；吊装作业中钢丝绳断裂、吊钩脱落、限位器失灵；机械设备运行和维护中作业人员防护不当；刀具、刀盘、主轴承等失效；施工运输指挥不当、信号和制动失灵、超速、超载及机械故障等；以及施工中未配备消防器材或消防器材失效。

2. 施工作业安全管理

(1) 运行前，应发出警告信号，确认所有人员远离危险区域后方可按操作顺序开机启动。

(2) TBM 掘进过程中，应加强巡视，确保设备运转良好；应检查开挖面支护、仰拱块铺设、管片安装、碴车到位、皮带输送机正常、作业人员到位等情况，确保掘进正常。

(3) 开敞式 TBM 在撑靴回缩之前，后支腿与洞底必须接触；在重新撑紧期间，内机架的移动区域内不得有人。在后配套系统拖拉期间，拖拉油缸区域和后配套位移区域内不得有人。

(4) 开敞式 TBM 支护过程中，锚杆钻机、钢拱架拼装器、喷射机械手等设备回转半径下严禁站人，设备抓举材料时必须牢固可靠。

(5) 护盾式 TBM 拼装管片时，拼装范围内不得有人和障碍物。管片(仰拱块)拼装完成后，必须及时对管片(仰拱块)背后进行充填豆砾石，并注入砂浆对豆砾石进行固结，达到管片后孔隙填充密实。

(6) TBM 到达掘进的最后 20m 应根据围岩的地质情况确定合理的掘进参数，减小推力，降低推进速度，并及时支护或回填注浆。

(7) 双护盾 TBM 到达段拼装管片后，应设置管片纵向拉紧装置。

(8) TBM 到达掘进，施工单位应增加监测的频次，及时通过监控量测掌握贯通面及附近围岩的变形和地表沉降的情况。

(9) 隧道贯通前，施工单位应做好出洞场地、洞口段的加固；贯通面前方区域应设置安全警戒，禁止人员入内。

3. *TBM 在软弱围岩中掘进作业*

(1) 应减缓掘进速度，必要时应先停机进行加固支护处理，再进行掘进。

(2) 应根据围岩坍塌的不同程度，采取不同的合理的支护方式。

(3) 开敞式 TBM 在软弱围岩中掘进，撑靴压力不应太高，刀盘扭矩不应过大，换步时，撑靴的支撑位置应错开钢拱架及洞壁的破碎部位，当洞壁没有适合撑靴的位置或围岩强度太低时，必须对洞壁撑靴处进行加固处理。

(4) 对富水软弱破碎围岩应采取加强排水的技术措施。

(5) 双护盾式 TBM 通过软弱围岩时，应减少刀盘喷水、降低刀盘转速和推力、减少单位时间内出碴量、不停机快速通过，防止塌方；还应安装重型管片、及时填充豆砾石并注浆，待通过后再进行固结注浆。

4. *TBM 在能通过的小岩溶地段作业*

(1) 隧道通过岩溶地区时，施工前应根据设计图、施工现场情况和超前地质预报，判断溶洞的状况，及时正确地制定施工方案。

(2) 在掘进过程中，应通过控制掘进参数控制掘进方向，减缓掘进速度，使刀盘受力均匀。

5. TBM 通过膨胀岩地段

(1) 开敞式 TBM 施工时，应采用弹性软式透水管将水归入沟槽，引至洞内水沟；初期支护应采用喷射混凝土、钢筋网、锚杆、钢架等，必要时可采取钢筋纤维混凝土或加设钢筋网。

(2) 膨胀岩隧道的衬砌应在围岩变形基本稳定，变形速度小于 0.5mm/d 后施作，在衬砌混凝土强度达到设计强度的 100%时，方可拆模。

(3) 护盾式 TBM 通过膨胀岩地段时，应迅速通过，减少停机时间，必要时，可使用扩孔刀具加大开挖直径，减少被卡住危险。

6. TBM 通过高瓦斯地段

TBM 通过高瓦斯地段时，应在其上配备瓦斯探测设备。当瓦斯超过一定浓度时，应停止主机作业，强制执行二次通风系统工作等保护程序。

6.8.4 盾构施工作业

1. 安全风险分析

盾构施工作业中引发安全问题主要是由不利的地质因素及施工作业管理不当引起，如盾构通过浅覆土地层、小净距、小半径曲线、大坡度、江河及下穿既有建(构)筑物、地下管线、障碍物等特殊地段；掘进参数选择错误，开挖面失稳，地表下沉；始发或接收盾构工作井端头地层未加固；吊装作业中钢丝绳断裂、吊钩脱落、限位器失灵；盾构施工作业中刀具、刀盘、主轴承等失效、带压换刀；施工运输指挥不当、信号和制动失灵、超速、超载及机械故障；施工中未配备消防器材或消防器材失效等。

2. 盾构作业安全要求

(1) 盾构组装完成后，必须对各项系统进行空载调试，然后再进行整机空载调试。

(2) 隧道内各个后配套系统必须布置合理，机车运输系统、人行系统、配套管线在隧道断面上布置必须保持必要安全间距，严禁发生交叉。机车车辆距隧道壁、人行通道栏杆及隧道内其他设施不得小于 20cm，人行走道宽度不得小于 70cm。

(3) 盾构始发前必须验算盾构反力架及其支撑的刚度和强度，反力架必须牢固的支撑在始发井结构上。盾构反力架的整体倾斜度应与盾构基座的安装坡度一致。

(4) 盾构始发前必须对刀盘不能直接破除的洞门围护结构进行拆除。拆除前应确认始发工作井端头地基加固与止水效果良好。拆除时,应将洞门围护结构分成多个小块,从上往下逐个依次拆除,拆除作业应迅速连续。

(5) 盾构应在起始段 50～100m 进行试掘进,掌握盾构掘进的适应性能和施工规律。

(6) 盾构掘进时应控制姿态,推进轴线应与隧道轴线保持一致,减少纠偏。实施纠偏应逐环、少量纠偏,严禁过量纠偏扰动周围地层。应防止盾构长时间停机。

3. 盾构壁后注浆

(1) 根据工程地质条件、地表沉降状态、环境要求和设备情况等选择注浆方式和注浆参数。

(2) 同步注浆和即时注浆必须与盾构掘进同步进行,同步注浆的注浆速度应根据注浆量和掘进速度确定。

(3) 注浆压力应根据地质条件、注浆方式、管片强度、设备性能、浆液特征和隧道埋深等综合因素确定。

(4) 同步注浆和即时注浆的注浆填充系数应根据地层条件、施工状态和环境要求确定。

(5) 根据隧道稳定状态和环境保护要求,可进行二次补强注浆,二次补强注浆的注浆量和注浆速度应根据环境条件和沉降监测结果等确定。

(6) 施工单位应根据注浆要求进行注浆材料的试验和选择,可按地质条件、隧道条件和工程环境合理选用注浆材料。

4. 刀具检查和更换

盾构刀具检查和更换地点应选择在地质条件好、地层较稳定的地段进行。在不稳定的地层更换刀具时,必须采取地层加固或气压等措施,开挖面稳定后方可进仓作业。带压进仓换刀作业必须符合气压作业相关标准的规定。

5. 盾构设备维修

(1) 盾构及后配套设备的保养和检修工作应在机器停止操作时进行。

(2) 液压系统进行维修作业前,作业人员必须关闭相关阀门并降压,防止液压油缸的缩回和液压电动机的意外运转;电气系统维修前,必须将系统关闭,并防止意外重启;对空气和供水系统进行维修作业时,应关闭相应阀门并降压。

(3) 在刀盘、拼装机等旋转设备部件区域进行维修作业前,设备必须停止运转。

(4) 维修现场应配备完善的消防设备,使用明火、电焊进行维修作业时,应有专人监控,附近不应有可燃物;当不能避开可燃物时,必须使用阻燃物覆盖。

6. 管片拼装

(1) 管片贮存场地必须坚持平整。每层管片之间应正确设置垫木,堆码高度应经过计算确定,防止管片倒塌。

(2) 管片拼装中,施工单位应指定专门的拼装作业人员,技术人员必须对拼装作业进行全程监控,确保拼装安全。

(3) 管片拼装时,举重臂与管片连接必须使用专用保险销子并拧紧,管片拼装和吊运范围内不得有人和障碍物。每块管片拼装完成后,相应区域的千斤顶应及时伸出固定管片。

7. 盾构到达

(1) 盾构到达前应拆除洞门围护结构,拆除前施工单位应确认接收工作井端头地基加固与止水效果良好,拆除时应控制凿除深度。

(2) 盾构到达前,必须在洞口安装密封装置,并确保密封止水效果。

(3) 盾构距到达接收工作井15m内,应调整掘进速度、开挖压力等参数,减少推力、降低推进速度和刀盘转速,控制出土量并监视土仓内压力。

(4) 盾构在浅覆土地段掘进前,应根据地质、水文条件与施工环境等判定其对环境的安全影响,并根据实际情况采取地基加固、设置抗浮板或加盖板等处理措施。

(5) 相邻净距小的隧道施工前,应采取加固隧道间土体、对先建隧道管片壁后注浆、先建隧道内支设钢支撑等辅助措施,控制地层和隧道结构变形。后建隧道施工时,应控制掘进速度、土仓压力、出碴量、注浆压力等,减少对先建隧道的影响。

8. 盾构下穿或近距离通过既有建(构)筑物、地下管线

盾构下穿或近距离通过既有建(构)筑物、地下管线前,施工单位应对该地段进行详细调查并评估施工对既有建(构)筑物、地下管线安全的影响;根据实际情况对受盾构掘进影响的既有建(构)筑物、地下管线的地基或基础进行加固处理。施工中应控制掘进参数,减少施工对既有建(构)筑物、地下管线的影响。施工中加强既有建(构)筑物的沉降、倾斜观测;当发现有沉降、倾斜趋势时,应及时加固处理。

9．江河地段盾构施工

（1）施工单位应详细查明区域内工程地质和水文地质条件和河床状况，设定适当的开挖面压力，加强开挖面管理与掘进参数控制，防止冒浆和地层坍塌；下穿江河前，施工单位应对盾构密封系统进行全面检查和处理。

（2）施工中应采用快凝早强注浆材料，加强壁后同步注浆和二次注浆。

（3）长距离下穿江河前，施工单位要根据地层地质条件预测刀具和盾尾密封的磨损，制定更改方案。

（4）施工中应采取措施防止对堤岸的影响。

第 7 章　轨道工程施工安全

随着高速铁路建设的进展，轨道工程中出现了相当多的新技术、新材料、新工艺，施工技术取得了很大的进步。从施工安全管理的角度看，安全管理的难点是营业线改造施工。

7.1　施工组织与安全管理

7.1.1　铺轨基地设置

(1) 铺轨基地的各项设施和布置应符合下列规定：

① 基地布置应根据地形和生产方式，使调车作业顺向，材料堆置合理，取送方便，并应使各种起重吊运机械移动距离最短。基地内应设置消防车通道，并保持畅通。

② 基地联络线的坡度和曲线半径，应根据地形、运量和作业方法确定，并按有关规定设置安全设施。

③ 基地内主要通道上的单开道岔不得小于 9 号。

④ 相邻料堆间，应根据作业需要，留有不小于 0.5m 的距离。场内堆置物与轨道及走行线间应留有安全距离。

⑤ 基地内线路平、纵断面应符合下列要求：

a) 采用轨排法施工时，轨排组装线应为直线。

b) 装卸线应设在直线上，坡度不得大于 1.5‰，困难条件下，坡度不得大于 2.5‰，作业时应有防止车辆溜逸措施。

c) 有长轨列车通过的线路曲线半径不得小于 300m，设置反向曲线地段夹直线长度应符合相关技术要求，确保列车运行安全。

(2) 基地内轨道标准、股道布置、线路平纵断面和建筑限界，应满足大型机械和机车车辆的作业、停放、进出及检修要求。

(3) 布置轨排场时应确保轨料卸车、储存，轨排钉联、装车、调车作业和列车编组等相互间不干扰，卸料不侵限，拼装作业不零乱，轨排钉联井然有序，行车组织方便安全。

(4) 基地基底处理应满足轨料、设备等荷载对地基承载力的要求。

(5) 轨排钉联生产线两旁及装卸线两侧的料具堆码整齐，不影响取送车作业和司机对位的视线。线路两侧轨料堆放不得侵限。

(6) 轨节场内的硫黄仓库和锚固车间距木枕堆放区不得小于50m,并应有防火措施。

(7) 易燃易爆品仓库的布置应符合防火、防爆安全距离要求。库区应设置围栏,使用中应配足消防设备,库内物品不得与其他物品混放,并建立严格的进出库制度,由专人管理。

(8) 起重设备和各种轨道车辆,应有防溜设施,走行线尽头应设车挡和警示标志。

(9) 基地范围及施工现场应有良好的排水系统,并应符合环保、水保要求。作业场所的温度、噪声、空气质量等应符合国家规定标准。

7.1.2 轨道材料的存放、装卸和搬运

(1) 施工单位要对轨道材料存放、装卸和搬运作业可能存在的主要危险源、危险因素进行分析,并采取相应的安全措施;主要的危险源、危险因素一般包括:轨料存放场地不平实,承载力不够;轨料存放重心偏移或倾斜、层数超限、支点间距不合理、侵入限界;钢轨卸车撬棍作业方法不当、滑轨安放不稳、下方站人;轨料吊装时轨料捆扎不牢、挂钩不稳、重心偏斜、下方站人;吊装钢丝绳搭接不符合要求、损伤超标,吊具、构架磨损、脱焊、锈蚀严重;群吊底座混凝土基础埋深不够、尺寸不合理;轨料搬运时超限、超载、偏载、捆扎不牢,运输道路不符合规定;客货混装,车未停稳上、下人。

(2) 施工单位对所储存的物资要分类、分规格、分厂家存放,对可能危害人身健康安全和环境的物资必须单独存放,明显标识。材料堆码基底应平实,承载力符合要求。轨料应按指定的场地堆码稳固,下重上轻、摆放整齐,避免重心偏移或倾斜,严禁侵入限界。轨料底层应架空,并有良好的排水系统。

(3) 轨料的堆放、装卸和搬运,施工单位应组织足够的劳力,选用适当的工具,由专人统一指挥进行,夜间装卸料应有照明。

(4) 轨料装车不得超限、超载、偏载,并应捆绑牢固。铁路运输时,要严格按照铁路装载加固方案规定装载加固。运送散装轨料应按要求加固;运送跨装轨料必须按加固方案捆绑和支挡,跨装车辆间的提钩杆应绑牢,车钩钩头应加装防伸缩夹具,防止轨料串动。

(5) 料车运行中发现装载不良,必须立即停车整理加固。未经整理加固,严禁继续运行。

(6) 轨料卸车时,施工人员在列车未停稳前,不应打开车门及做其他影响安全的准备工作,开车门时,车上人员应离开车门附近,车下人员不应站在车门下面。车辆如需移动,应事先与车上施工人员取得联系,并检查线路上有无障碍物。

(7) 不应客货混装，车未停稳前随车装卸人员严禁上下车。在装卸车的过程中，任何人不得钻车、扒车，不得在车下坐、卧和休息。装卸车时，料车应停稳并做好防溜。除风动卸砟车外，运输及装载设备运行中，严禁装卸轨料。

(8) 所有轨料，应摆放平稳。当工程列车上所装料具需在途中先卸一部分时，卸后车上剩余料具不得偏载。

(9) 吊装钢轨、轨枕、轨道板、道岔及轨道排等作业应符合下列规定：

① 起重作业应严格按照《建筑机械使用安全技术规程》(JGJ 33—2012)和《建筑安装工人安全技术操作规程》规定的要求执行。

② 吊装作业机械司机必须服从指挥。吊装前仔细检查钢丝绳，并确认帮扎牢固后方可起吊，起吊时下层作业人员必须保持在安全距离以外。

③ 吊装作业时，要经常检查钢丝绳、吊钩、夹具、吊架等的安全状况，吊臂下严禁站人。

(10) 轨料运输道路应符合下列规定：

① 运输道路应平整、压实，满足轨料运输要求，上道出入口坡度不应太大，运输时避免轨料相互碰伤或滑落。

② 运输车辆上下过渡区域内应做好顺坡。

③ 对轨料运输的临时轨道线路应经常检查、维护，确保不发生位移和变形。

7.1.3 轨枕与轨道板的存放、装卸及运输

(1) 无砟道床轨道板的装卸及运输。

① 轨道板吊装前作业人员应仔细检查钢丝绳及吊架有无损伤。

② 采用龙门吊装卸轨道板，应利用轨道板上的起吊装置水平起吊，轻起轻落，严禁碰、撞、摔，避免轨道板跌落伤人。

③ 轨道板装车应采用方木垫块衬垫，在轨道板设计支撑点处提前支垫，轨道板下落时严禁人员将手脚伸入轨道板底下。

④ 装车层数应根据设备能力确定，但不得超过 4 层。

⑤ 轨道板运输平车四周应加设轨道板固定装置，吊装完成后，上紧加固螺栓及加固装置。

⑥ 轨道板运输前应确认装车平稳，捆绑牢固，严禁三点支撑，严防冲击；运输时应避免轨道板相互碰伤或窜动，跌落车下发生事故。

(2) 无砟道床轨道板的存放应符合下列规定：

① Ⅰ型轨道板存放应符合下列规定：

a) 存放轨道板的地基应平整，并进行加固处理，防止发生不均匀沉降。

b) 轨道板的存放，原则上应采用横向竖立状态放置，并采取防倾倒措施，相邻轨道板间用木块或橡胶垫块隔离，并用连接装置连接起吊螺母处。

c) 临时(不大于 7 天)平放时,堆放层数不超过 4 层,层间用两根垫木分开放置,垫木应上、下对齐,支点位置在起吊螺母处。垫木可用 50mm×50mm 方木。

② Ⅱ型轨道板及道岔板现场存放应符合下列规定:

a) 集中存放时,存放场地要平整并进行硬化处理,硬化地面混凝土强度不小于 7.5MPa,并不应有下沉变形。

b) 存放时轨道板面朝上并保持水平。轨道板与地面及每层间可用 20cm×20cm 方木在指定部位支垫。存放层数不得超过 10 层。

c) 沿线存放时,地基应平整密实,下方用方木在指定部位支垫。存放层数不得超过 4 层。

(3) 板式无砟轨道水泥乳化沥青砂浆存放应符合下列规定:

① 水泥乳化沥青砂浆的原材料应按品种、生产厂家分别存放,不同品种、不同厂家的原材料不应混装、混堆。

② 乳化沥青、干料、减水剂等应遮光储存,避免阳光直射。

(4) 无砟轨道凸形挡台填充聚氨酯树脂的存放应符合下列规定:

① 凸台树脂应以 A、B 双组分配套供应,分别封装在铁桶或塑料桶中,包装桶外应有明显的标识。

② 运输时,应轻装、轻卸,严禁摔、碰撞、拖拉、倾倒和滚动。原材料应按化工品相关要求,储存在通风、干燥、防晒、防污、防潮、防火无污染的环境中,远离热源。

(5) 轨枕及扣配件运输及装卸。

① 公路运输应使用带有固定架的车辆,运输车应与轨枕尺寸相适应,装车层数不多于 6 层,装车后应帮扎牢固,严防运输途中发生位移。

② 铁路运输应按铁路部门批准的装车方案进行装车。

③ 装车时,每摞轨枕之间塞两块三角楔木,防止轨枕运输过程中碰撞、损坏。

④ 搬运轨枕应符合下列规定:

a) 抬运混凝土轨枕应 4 人一根;桥枕、岔枕等应增加抬扛人员。抬运轨枕时,挂枕应牢靠,抬运应平稳,放置时步调应一致。

b) 单人扛运木枕应有固定人员搭肩;到达指定地点放置时,应先将木枕一段着地,使木枕竖立,然后放下,不应耸肩摔掷,避免碰撞他人。

⑤ 轨枕卸车时,严禁碰、撞、摔、扭,避免危及设备及人身安全。

⑥ 扣配件装卸搬运过程中不应抛掷,避免伤人。

(6)轨枕存放应符合下列规定:

① 预应力混凝土枕堆码放应符合下列规定:

a) 存放地面应找平压实,支垫稳固,必要时可铺设木枕或浆砌片石、混凝土等砌筑支垫平台。

b) 堆码高度不得超过 14 层,上下保持同位;每层间在承轨槽处用小方木等支垫,支垫物顶面高出挡肩或螺旋道钉顶面 20mm。

② 木枕存放应符合下列规定:

a) 人工堆码木枕不得超过 10 层。机械堆码木枕不得超过 30 层,每隔 5～7 层应设置垂直方向的支垫木枕,以利机械吊装。

b) 木枕堆放区应有防火设施,并与生活区分开。

③ 短轨枕(支承块)存放基底应平实,堆码层数不得超过 10 层,向上每层收台宽度不得小于轨枕长度的 1/4。

④ 双块式轨枕存放应符合下列规定:

a) 型双块式轨枕存放应水平放置(枕面向上),堆放时以 5 根枕为一层,每组不超过 6 层,并捆绑为一体,堆码层数不得超过 12 层。

b) Ⅱ型双块式轨枕存放应水平放置(枕面向上),堆放时以 5 根枕为一层,每组不超过 5 层,并捆绑为一体,堆码层数不得超过 15 层。

⑤ 岔枕应分组存放,按岔枕编号顺序堆码,长枕在下、短枕在上,每层岔枕间以两块垫木隔开,上下层垫木应对正,堆码层数不得超过 4 层。

(7) 道砟装卸及运输。

① 道砟装卸运输时,施工负责人应用音响信号进行指挥。

② 分段卸砟时,车上道砟应左右侧匀称下卸,防止卸后车辆偏载脱线。

③ 装卸道砟时,施工人员不得站、坐于车帮上和两头端板上,严禁站、坐在两车之间。

④ 装卸完的道砟列车应将门关牢,插好插销,清理好轨面和轮缘槽。经施工负责人检查确认符合要求后,可将列车拉出装卸道砟地点停放,确认无脱线后,方可开车。

(8) 道砟材料存放场地应处理,堆砟不应过高,避免装卸设备在砟堆上作业发生倾覆。

7.1.4　钢轨存放、装卸及搬运

(1)钢轨整理后应分类堆码,并符合下列规定:

① 钢轨起吊应缓起、轻落,并保持钢轨基本平直。

② 支垫应采用硬杂木或钢轨,与各层钢轨垂直放置,间距 5～7.5m,上下层同位。

③ 钢轨采用正放或扣放堆码时,应符合下列要求:

a) 基底及各层之间支垫平稳。

b) 向上每层收台尺寸不应小于一个轨底宽度。

c) 在行车线两侧堆码时,应有临时支挡和捆绑措施。

(2) 钢轨连接件与扣配件存放应符合下列规定:

① 鱼尾板应分层交互码垛在垫木上，堆放整齐。

② 鱼尾螺栓及弹簧垫圈存放时应就原包装堆垛，堆码整齐。

③ 扣配件存放时应就原包装堆垛，堆码整齐。

(3) 铁垫板与橡胶或塑料垫板存放应符合下列规定：

① 铁垫板存放时应就原捆堆垛，散块时可用分层反扣堆垛，堆码整齐，并以两排为一行相互靠近，以防倒塌。

② 橡胶或塑料垫板存放应存入库房内，避免阳光直射和雨雪浸淋，并远离热源，与易燃品、氧化剂、强酸溶剂的物品不能共储。堆码存放，应根据制品的形状和特点采取适当的堆码方法，但不应过高，防止压损。

(4) 道钉存放时应就原包装堆垛或装箱存放，堆码整齐。

(5) 规矩杆存放时可用分层交互压码堆垛，堆码整齐。

(6) 钢轨装卸、搬运应由专人统一指挥，动作一致，作业人员必须使用轨钳、拉轨钩绳、翻轨器等工具，严禁直接用手搬运或放在肩上扛运，在装卸、搬运过程中不应抛掷，避免危及作业人员安全。

(7) 钢轨要分规格、品种装卸，每捆要考虑吊装上限，要平衡吊装，防止倾斜、跌落，搬运时要加固牢靠，不能窜动、挤伤。使用一台起重设备装卸钢轨时，应配专用吊轨扁担。

(8) 人力装卸钢轨时，应使用钢轨夹抬装抬卸或沿溜杠用绳拉装卸作业。装入车内的钢轨保证一端对齐，以便加固捆绑。

(9) 采用滑行方法装卸钢轨时，应符合下列要求：

① 滑行轨安放稳固，坡度适当。

② 装卸长 12.5m 钢轨用滑行轨不少于 2 根，长 25m 钢轨用滑行轨不少于 4 根。

③ 拉轨人员走行的道路平整无障碍，并由专人统一指挥，速度一致。

④ 每次卸下一根钢轨后，及时搬开，以免互相碰撞，弹跳伤人。

⑤ 抬运钢轨的跳板应符合安全使用规定。

(10) 百米轨及长钢轨装卸应符合下列规定：

① 机车以 3～5km/h 速度对位，并做好防溜措施。

② 卸车人员检查起吊设备、吊具状态，准备卸车工具，确认无误后开始卸车作业。

③ 解除首层锁定，先用活动扳手将横向拉杆拆卸掉，再卸除锁定装置。拆卸钢轨支撑架时要注意周围是否有人和设备，切不可随手乱扔。

④ 摘挂钢轨夹子时，要确认无误后方可进行起吊作业。

⑤ 钢轨在起吊过程中应步调一致，钢轨下严禁站人、穿行。

⑥ 钢轨在起吊、滑行过程中应防止摆动失控撞伤作业人员。

⑦ 群吊底座的混凝土基础强度应足够，其埋深及结构尺寸应结合不同的地基合理设计，并经过检算。

⑧ 长钢轨起吊装车时，各龙门吊要动作同步、缓起轻落、保持长轨平稳，严禁斜拉、斜吊。

⑨ 长钢轨吊装龙门吊应集中联控，同步起落、横移。

⑩ 长钢轨装车前，应检查固定门吊技术性能、钢丝绳磨损程度、夹轨钳是否灵活、有无损伤。

⑪ 长钢轨吊起移动应平缓运动，注意前后配合，快慢一致，操作人员应面向前进方向跟随后行。

⑫ 工作完毕，电动葫芦、吊钩、吊具应停放于指定位置。

7.1.5 道岔装卸与运输

1. 道岔装卸应符合的规定

(1) 道岔装卸应使用专用吊具，使用前应进行检查，保证钢轨件吊运过程中不形成塑性变形或扭转变形。

(2) 岔枕、道岔组件及箱装零配件起吊时绳索的吊点应布置在工件重心的两侧，禁止单点起吊长大组件，防止道岔部件变形。

(3) 道岔尖轨与基本轨组装件、可动心轨辙叉组装件、长度大于 15m 的配轨，严禁人工直接从车辆上推下卸货；严禁人工用撬棍起撬移动长大钢轨件。

(4) 道岔尖轨与基本轨组装件、可动心轨辙叉组装件、长度大于 15m，小于 25m 的钢轨件，装卸作业时应采用起重机械和专用吊具，吊点间距允许最大值为 6m。

(5) 尖轨与基本轨组装件、可动心轨辙叉组装件必须整体装卸车。

(6) 岔枕装卸、运输时严禁碰、撞、摔、掷。严禁用撬棍插入岔枕预埋套管内撬拨岔枕。混凝土岔枕应使用起重机械装卸，并采取措施防止岔枕互相碰撞。

(7) 长度大于 30m 的单件，起吊时应使用吊装扁担梁和柔性吊带，绳索的吊点布置须根据工件重心和长度计算确定，吊装扁担梁吊点布置间距不大于 5m。

(8) 普速道岔使用大型起重机械装卸有困难时，可采用人工滑杠卸车，但必须控制好工件的下滑速度，不应过快。滑杠下端必须放置缓冲垫物，避免道岔部件弹跳伤人。操作人员应听从统一指挥，动作一致，避免撬棍飞出伤人。

2. 道岔运输应符合的规定

(1) 采用轨排方式运输道岔时，长度超过 30m 的轨排应设置专用的运输架。

(2) 道岔运输前应预先确定行驶路线、速度、限界等控制要求。汽车运输路线需提前考察、测算，对小半径曲线地段进行拓宽，对路基软弱地段进行加固。

(3) 尖轨与基本轨组装件、可动心轨辙叉组装件、配轨、轨排应采用不致使其产生塑性变形的运输方式，并采用专用夹具将其固定在运输车上。

(4) 转辙器部分尖轨、基本轨、铁垫板组件，发运前，须采用夹具将尖轨固定于基本轨上。装卡夹具或捆扎固定点不得少于8处，尖轨牵引点附近、尖轨断面35～50mm、尖轨70mm断面处必须装卡夹具，其余可垫胶垫采用铁丝捆扎，然后整体发运。

(5) 可动心轨辙叉在发运前，须将可动心轨拨至直股开通方向，用楔形木块楔紧可动心轨，在不动以后用铁丝捆扎，保证心轨在运输过程中不发生移动，然后整体发运。

(6) 转辙器尖轨和基本轨组件、可动心轨辙叉组件，工件悬出车辆长度不得大于1.8m；装车时，工件应摆放平整，工件之间应坚实平整。

(7) 尖轨与基本轨组件、可动心轨组件、长轨件，装车多层码垛，码垛层数不得多于4层，每层用木质垫块垫实垫平，垫块应按高度方向垂直设置。

(8) 岔枕采用平板车或专用车辆运输，多层码垛时，每层应用木质垫块垫实垫平，组装有铁垫板的岔枕，层间垫块的高度应高于铁垫板，避免岔枕滑落。

(9) 装车横垫木支距大于8m时，应有防止变形的措施。

(10) 道岔转换设备应采用专用包装箱包装运输。

(11) 装运道岔组件的平板车应设固定装置，并用木板垫平，木楔子打紧，避免运行过程中产生滑移、窜动危及行车安全。

(12) 运输过程中应堆码整齐、安全稳固，对加固部位进行封焊时，确保焊接质量。

(13) 轨道平车要设置侧向防滑装置，对装车的道岔部件都必进行捆绑固定。

(14) 道岔装车时防止偏载，岔枕不得超限，各种配件箱要放置平稳，并按有关规定进行捆扎加固，保证运输途中不发生任何意外。

3. 普通道岔存放应符合的规定

(1) 长大轨件应存放在坚实、平整且排水良好的地面上，轨面和地面间应铺垫木，木垫的高度、数量视轨件重量而定，支垫间距应为5～7.5m，高度不小于140mm。

(2) 存放尖轨与基本轨组件、可动心轨组件、长轨件的码垛层数不得多于4层，每层用木质垫块垫实垫平，垫块应按高度方向垂直设置。

(3) 存放装箱零件，箱体码放不得超过2层。

(4) 产品零部件的堆码应整齐、安全稳固，易于检查及搬运。

(5) 道岔的尖轨必须用铁皮包裹、防止损伤。

4. 大号码道岔存放应符合的规定

(1) 如需堆码,堆码层数不得超过规定,每层构件间应设垫木,支点位置准确。尖轨与基本轨组装件、可动心轨辙叉组装件不应堆码存放。

(2) 转辙器尖轨与基本轨组件并排一起存放,垫木数量7～10根,垫木规格为1500mm×220mm×220mm。

(3) 可动心轨辙叉存放时垫木数量为5～8根。垫木规格为1500mm×220mm×220mm。

(4) 导曲线钢轨按长度依次按层存放,同长度的并排存放在一层。垫木数量为5～8根,垫木规格为2000mm×220mm×220mm。

(5) 垫板及紧固件按道岔专用包装箱分两排一层存放。

(6) 道岔轨排应分组存放,大件在下、小件在上,轨面应进行保护。

7.1.6 机械设备的使用

1. 起重机械使用一般要求

(1) 起重机械使用前必须持有监督检验机构出具的验收检验报告,经验收检验合格并注册登记后方可投入使用。

(2) 起重机械的安装、拆卸,必须由具备相应资质的单位进行。

(3) 起重机械应定期进行检验。在检验期内遇有下列情况之一时,应按验收检验的要求重新进行检验:

① 发生设备事故。

② 设备大修后。

③ 遇可能影响起重机械安全技术性能的自然灾害。

④ 停止使用1年以上。

(4) 起重机械的传动性能和控制性能必须安全可靠,并在紧急情况下能安全停车。

(5) 起重机械应按相应规定装设安全防护装置。使用中应及时检查、维修,保持正常工作性能,不应对安全装置任意改造。

2. 起重机械使用应符合的规定

(1) 各种装卸、搬运轨料的机械操作人员必须持有操作合格证。轨料装运作业时,施工单位应在现场配有固定的吊装指挥人员。

(2) 起重指挥应由技术培训合格专职人员担任。作业前,应对起重机械设备、现场施工环境、行驶道路、架空电线及其他建筑物和吊重情况进行了解,确定吊装方法。

（3）作业人员必须按各种起重设备的使用说明和有关规定作业；严禁违章起吊。

（4）被吊物品必须捆扎牢固，起吊点应符合要求，禁止斜拉拖拽物体。

（5）起重设备吊重应保持垂直起吊，不得斜吊或拖拉。起、落、旋转均应平稳。旋转时应有专人拉缆绳，旋转中不得起落扒杆或升降吊重物。

（6）严禁吊运的货物从人头上方通过或停留，应使吊物沿吊运安全通道移动。任何吊重物上严禁载人，起吊操作范围内不应有人。

（7）起吊重物时，不得在重物上堆放或悬挂零星物件。

（8）使用轨行起重设备，必须上全钢轨卡，打好支腿后，方可操作。

（9）起重作业地点上空遇有高压线时，起重设备扒杆顶端与高压线间的安全距离如下：当高压线为 10kV 时不得小于 2m；35kV 时不得小于 4m。

（10）起重设备操作地点的地面应坚实平整，起吊前应先试吊，确认安全稳妥后，方可正式操作。

（11）轨料吊装遇有六级及以上大风时，应停止操作。

（12）工间休息或收工后，吊装的轨料严禁呈悬空状态。

（13）使用磁吊装卸时，磁板接触轨料后，方可启动磁铁电源。卸载时，应待轨料接触卸货地点后，方可消磁卸钩；配合装卸的施工人员不应携带任何铁器。停止装卸时，磁板必须落地，并切断电源。

（14）同一设备不得同时开动 3 个以上的机构同时运转。

（15）起重机的变幅指示器、力矩限制以及各种行程限位开关等安全保护装置，应齐全完整，灵敏可靠，不得用限位装置代替操纵机构进行停机。

（16）起重吊装物件时，不应忽快忽慢和突然制动。非重力下降式起重机，不应带荷自由下落。

（17）吊装钢轨时应按警示铃，要确认吊装人员远离作业区。

（18）吊装作业操作人员应经常检查钢丝绳的磨损、锈蚀情况，凡不符合使用规定者应立即更换。对吊架连接部位、焊接点经常进行检查，连接松动或脱焊的未经修复不得使用。

（19）起重机要严格执行“十不吊”。

（20）轨料吊装收工前，起重机设备的吊具、挂钩等应栓牢，并不得侵入限界。电动起重设备应切断电源。各类起重设备均应制动和锁死，做好防溜措施。

3. 单轨车、小平车等非机动轻型车辆的使用应符合的规定

（1）单轨车、小平车等非机动轻型车辆应放置在固定的安全地点并加锁，使用前应进行检查，确认状态良好后方可使用。

(2) 使用单轨车、小平车等非机动轻型车辆时，必须取得车站值班员对使用时间的认可，并作好登记签认。

(3) 使用单轨车或小平车时，必须按铁道部现行《铁路技术管理规程》和《铁路工务安全规则》设置施工安全防护。

(4) 使用单轨车应有专人负责，同时应配有足够的随车人员，以便来车时能及时撤到限界以外。在双线地段应在外股钢轨行走。

(5) 使用小平车尚应符合下列要求：

① 必须由经过安全培训、经施工负责人指定的专人负责使用。

② 配有足够的随车人员，以便来车时能及时将小平车撤到限界以外。

③ 小平车具备制动装置及两个以上的止轮器。

④ 使用负责人随带音响信号、信号旗、信号灯等。

⑤ 走行时限速 5km/h。

⑥ 任何时候操作人员不应手离小平车，不应在车前拖拉行走。

⑦ 数辆小平车同向运行时，两车间距离不小于 20m。

⑧ 在陡于 6‰的下坡道上，不应运送轨料。

(6) 小平车应按下列要求进行防护：

① 应派防护人员在车辆前后各 800m 处显示停车手信号旗，随车移动。如瞭望条件不良时，应增设中间防护员。

② 不能在认可时间内撤出线路时，应在车辆前后各 800m 处放置响墩，并以停车手信号防护。

③ 跟随列车后面运行时，应与列车保持不小于 500m 的距离。在长大坡道区间，不应续发小平车。

④ 在站内使用装载较重的小平车时，在前后各 50m 处显示停车手信号，随车移动。

(7) 单轨车和小平车上严禁载人。

4. 重型轨道车的使用应符合的规定

(1) 重型轨道车必须由经过考试合格、持有轨道车驾驶证的人员驾驶。

(2) 重型轨道车的运行按列车办理。

(3) 使用重型轨道车时，使用单位必须按规定编报运输申请计划，纳入行车调度日班计划。

(4) 轨道车出乘时，车上必须配备通信信号设备、安全防护用品、主要工具和备件等。出乘前，应确认车辆制动及信号等设备状态良好。

(5) 在营业线上运行除安装无线列车调度电话外，还应根据需要加装机车信号和运行监控装置。

(6) 轨道车不应超限、超载和偏载。发车前由司机严格检查,当发现装载不良时应整理牢固,符合装载要求后方可发车。

(7) 轨道车的牵引重量及速度应按运输部门的规定办理。

(8) 重型轨道车与拖车连挂时,不应跨区间连续推进运行。区间推进运行时,应有调车人员领车。运行过程中严禁超速运行。

(9) 两组重型轨道车连挂运行时,制动形式必须相同,并将功率大的或重载车编在前面。

(10) 运送施工等人员时,拖车必须有端板、侧板,并有专人负责安全。施工负责人应对搭乘人员进行安全教育;运行中人员不应站立或坐在端板、侧板及连接处;监督乘车人员待车停稳后方可上下,确认有关人员上下完毕,方可通知司机开车。

(11) 在电气化区段使用的轨道车,其轴距小于 5m 时,不应单独行驶在交叉渡线上。

5. 轻型轨道车的使用应符合的规定

(1) 轻型轨道车必须由经过考试合格、持有轨道车驾驶证的人员驾驶。

(2) 使用轻型轨道车时,必须取得车站值班员对使用时间的承认,填写轻型车辆使用书。在区间用电话联系时,双方分别填写使用书,并应在使用时间内撤出。

(3) 轻型轨道车出乘时,车上必须配有通信信号设备、安全防护用品、主要工具及备件等。出乘前,应确认车辆制动机信号等设备状态良好。

(4) 轻型轨道车运行时,应用展开的红色信号旗进行防护。在复线区段,当遇邻线来车,应暂将红色信号旗卷收,等车过后再行显示。

(5) 轻型轨道车应有拆装式安全护栏或扶手,并应稳固可靠。

(6) 轻型轨道车在连挂拖车时不应推进运行,并不应与重型轨道车连挂。运行过程中严禁超速运行,侧向过岔速度不得超过 15km/h。

(7) 在区间施工作业,应派防护人员在车辆前后各 800m 处显示停车手信号,随时移动。当瞭望条件不良时,应增派中间防护员。

(8) 轻型轨道车不应在繁忙和快速线路上使用,因特殊需要时必须由运输部门审查批准。

(9) 轻型轨道车不应停放在站内线路上过夜,特殊情况下经车站值班员同意时,应加锁稳妥停放。

(10) 轻型轨道车撤出线路后不应侵入限界,使用完毕后存放在固定地点并加锁。

7.2 轨道施工作业

7.2.1 有砟道床施工

1. 施工安全管理一般要求

（1）有砟道床施工前，施工单位应考虑进行主要危险源、危害因素分析、辨识，并在此基础上制定相应的安全措施；有砟道床施工应考虑的主要危险源、危害因素包括：道砟临时存放侵入限界；道砟卸车发生偏载；运砟车超速行驶；立交桥上铺砟道砟下落到桥下；风动卸砟车卸砟超速，卸砟车门堵塞，堆砟坡脚及高度不符合要求，提前开车，开底门卸砟时超卸砟导致自身掉道；大型养路机械区间停留未设置防溜装置，作业轨温超限，桥上、隧道内动力稳定时加载值超限。

（2）道砟装卸施工单位应选用适当的工具，并设专人统一指挥。道砟临时存放不得侵入轨道限界。

（3）道砟卸车过程中应避免偏载，防止车辆脱线。

（4）运砟车辆从便道进入路基的上道口不可转弯过急，进入路基后车辆行驶速度不超过 15km/h，不得突然加速或急刹车。运砟车倒车卸砟退出时，必须由专人指挥。

2. 机械设备的使用

（1）装载机的使用应符合下列规定：

① 装载机不得在倾斜度超过产品说明书规定的场地作业，不得搭载其他人员，严禁铲斗载人。铲装作业时严禁超载。

② 在向自载汽车装料时，铲斗不得在汽车驾驶室上方越过。在向运砟车辆装载时，如汽车驾驶室顶无防护板，汽车驾驶室内不准有人。向运砟车辆装载时应尽量降低铲斗，减少卸落高度，防止偏载、超载和砸坏车厢。

③ 装载机行驶时，应收回铲斗，铲斗离地面约 400～500mm，行驶中要注意是否有路障或高压线等；行驶时，避免突然换向行驶，铲斗带负荷升起行驶时，不准急转弯和急刹车。

④ 装载机在公路上行驶时必须遵守交通规则，谨慎驾驶，下坡禁止空挡溜放。

⑤ 在倾斜坡地如果发动机熄火，司机应把铲斗放在地下，并制动，将各操作杆置于中位，再启动发动机。装载机转向架未锁定时，严禁站在前后车架之间进行检修保养。

⑥ 作业后，司机应将装载机停放在安全场地，将铲斗平放地面，所有操作杆置

于中位，并制动锁定。

（2）道砟摊铺机的使用应符合下列规定：

① 摊铺机操作人员必须经过专门的技术培训。

② 摊铺机只能在操作台上操作。操作人员离开操作台前，必须实行手制动，当摊铺机处于液压驱动时，操纵杆始终处于0位。

③ 摊铺机的制动和转向系统操作前要经过检查，不应带故障操作，设备所有保护罩必须安装到位。

④ 在下坡路上不应松开离合器，在下坡前应将挡位挂到要求位置，在行进过程中不应再移动档位。

⑤ 熨平板的通道要大于它的全部实际操作宽度。

⑥ 装备有液化气加热装置的摊铺机，在工作结束后，燃烧器和加热器熄灭时，操作人员必须立即关闭气阀，防止火灾。

⑦ 在无保护的电器元件上工作时，为了避免柴油机突然启动，操作人员必须切断与电瓶或起动机的连接接头。

⑧ 液压管路或蓄能器维修前，应提前释放液压系统压力。

⑨ 维护或修理时必须防止摊铺机移动，摊铺机可运动部件（如熨平板和料斗等）必须可靠固定。

⑩ 吊装摊铺机时，必须在设备专用吊点位置起吊。

（3）大型养路机械使用应符合下列规定：

① 大型养路机械施工运行、调车作业、长途挂运等作业安全技术应符合现行《大型养路机械使用管理规则》相关规定。操作者必须经考试合格，并持有大型养路机械司机证方准进行操作，副司机只有在正司机的指导下方能驾驶运行。

② 作业前，操作人员应按照操作说明书的规定做好各项准备工作，特别是做好设备的保养及失效零部件的更换，使设备始终处于良好的工作状态。各车司机长应对本车的制动系统、折角塞门、气锁、安全绳、油位等部位进行检查，并应试风试闸，确认正常后方可运行。

③ 施工前应对线路进行检查，掌握施工地段的线路设备状态，熟悉线路坡度、曲线、道口、桥梁、隧道及信号设备等位置及状态，制定相应的安全措施。作业时，要根据线路实际情况选择作业方法，机组人员随时观察各部位的工作情况及各种仪表的显示状态，发现异常立即停机处理。

④ 工作装置收起和放下时，一定要按岗位分工各负其责，同时要做好车上与车下人员的协调，避免碰伤手脚。在连接或分解清筛机的导槽及链节时要统一指挥，相互照应，防止人身伤害。

⑤ 捣固车作业中，数据输入要正确，下镐位置要准确，避免镐头挤碰轨枕或钢轨。

⑥ 使用激光发射器时，严禁目视激光，也不准在激光准直光束中穿行。

⑦ 配砟整形车工作时，要注意线路上的固定装置及障碍物。遇有妨碍作业的物体时，应及时收拢侧犁。

⑧ 禁止非机组人员扳动机械设备，机组人员离开机械时，一定要拧紧手闸、锁好车门。

(4) 清筛机在作业中，一定要严格遵守各道工序启动与停机的程序，启动时先接通污土带和振动筛后，再开始挖掘；停机时则反之。当作业中突然停机时，应先用人力清除污土带上的污土与道砟，严禁满负荷启动机器。

3. 铺轨前铺砟

(1) 使用摊铺机摊铺道砟时，作业人员除应严格按照摊铺机安全操作规程作业外，还应符合下列要求：

① 施工单位要在摊铺机两侧设专人观测传感仪工作状况，发现大的误差应及时调整，严重时应鸣笛终止工作，及时排除故障。

② 施工过程中出现紧急状况时，司机应按下紧急制动按钮，并及时通知维修人员检查。

③ 操作司机离开机械前，必须关闭发动机。

(2) 人工铺砟应符合下列规定：

① 运砟汽车及施工机械在防护人员发出来车警告信号时，应立即停止作业，待汽车及施工机械通过后，方能继续施工。

② 在立交桥上铺砟施工单位应做好防护，并注意桥下行车情况。

③ 桥头备砟时，其厚度应使砟面高出桥头挡砟墙顶不小于 5cm，并做好顺坡。

④ 施工中使用的四齿耙、拉耙子等工具应妥善保管，不使用时应尖部朝下集中放置。

⑤ 道砟整平、压实施工过程中使用的机械设备应统一指挥。

⑥ 人工铺砟应平整，不得出现反超高。

4. 上砟整道

(1) 风动卸砟车卸砟应符合下列规定：

① 装砟前要检查风动卸砟车的风动闸是否灵活，中门、边门是否能够完全打开。

② 卸砟车到卸砟地点后应一度停车，将风打足，做好卸车准备。

③ 卸砟速度应控制在 3～5km/h。

④ 卸砟车卸砟必须均匀，轧车外侧风门可比内侧风门先打开且稍大一些。

⑤ 风动道砟车风压不足 0.4MPa 时，应用手制动装置配合操作。

⑥ 卸砟列车装车时，严禁将粒径大于 10cm 的道砟、泥土和冰雪装入。

⑦ 所卸道砟坡脚与轨面水平等高处距钢轨头部作用边不得小于 810mm，向线路一侧的边坡不得陡于 1∶1，双线间堆码高度不得超过轨面 300mm。

⑧ 当出现下列情况时，不应卸砟：未达到卸车地点；未确认卸车信号；道口、明桥面或影响道岔信号和导管扳动的地段；夜间和无照明的隧道；邻线来车时；列车转移走行途中。

⑨ 卸完道砟的列车在下列情况下不应开车：未清理好线路；车门未关好；车内余砟偏载未匀平；施工负责人未给车长信号，车长不应给司机开车信号。

(2) 人工上砟整道应符合下列规定：

① 道砟装卸作业应符合下列规定：施工负责人应使用音响信号进行指挥；分段卸砟时，应防止卸车后车辆偏载脱线；装卸道砟时，人员不应站、坐在两车之间。

② 每个道砟车应指定一名组长，负责指挥开关车门、卸砟、检查和清理等工作。

③ 人工起道时，起道机应稳固地安放在道砟上，不应歪斜；起道机松扣下落时，手脚不得放在钢轨下；起道机用完后，不得留在道心内或钢轨旁。

④ 小型机械捣固应符合下列规定：不得超速运行；每台捣固机应有专人负责，备有起镐摇把，并有应急下道措施；捣固机不得载人或超载工具；捣固机配属的轻型车辆下道后，应稳妥地停放在限界以外，并加锁。

(3) 大型养路机械铺砟整道应符合下列规定：

① 大型养路机械在双线的一侧线路作业时严禁侵限，并在两端设置防护。清筛机械车组在作业中应随时注意位移观测桩、曲线桩、信号及其附属设备等障碍物。

② 捣固机械车组在混凝土桥面作业时，必须事先拆除影响捣固的护轨，并应测定轨枕底的道砟厚度，厚度不足 150mm 时，不应进行捣固；曲线上外股超高设置较大时，应分次作业，每次起道超高增加值不得大于 30mm，以防作业车掉道。

③ 捣固作业结束前，应按不大于 2‰的坡度顺坡，一般不在圆曲线上顺坡。严禁在缓和曲线上顺坡结束作业。

④ 配砟整形机械车在电气化区段作业，接近接触网支柱时，应停车收回侧犁，通过后再作业；当道心内有障碍物时，应及时停车提起中心犁。配砟车在线间距不足 4.2m 的双线区段作业时，禁止使用邻线侧的侧犁。

⑤ 清筛机与配砟整形车在收放工作装置时，应选择线路比较平直的地段进行，在复线地段要与防护员联系，当确认邻线无列车通过时方准收起和放下工作装置。

⑥ 每层道床起道、捣固作业后，应进行 1～2 次动力稳定作业，稳定车在路基上工作速度一般为 0.6～0.9km/h，由下层至上层速度逐层降低。从路基向桥上进行动力稳定时，应在上桥前 30m 范围内再把加载值逐渐提高到原来的数值。隧

道中采用在桥上同样的方法处理。稳定车在桥上进行动力稳定应避开桥梁自振频率，工作速度不得低于1km/h，在桥上不得起振、停振。

⑦ 各机养机械车均应配备复轨器，无线通讯设备及符合有关行车规定的备品、防护信号用品。

⑧ 各机械车在封闭区间独立作业时，续行间隔不得少于300m，严格控制运行速度不大于40km/h，两机间应设专人防护，并做好随时停车准备，在区间停留时，应设置防溜设施。

⑨ 各机械车在遇到不能作业的道口、道岔和桥梁时，应收起机械有碍安全的作业装置，通过后再作业。各机械车进站作业必须按车站信号显示进行，站内编解、摘挂作业必须按车站调车作业办法办理。

⑩ 在无缝线路地段施工时，机组应采取紧密流水作业方法，以便及时稳定线路。作业中一旦发现线路胀轨现象，应立即停止作业，妥善处理之后再安全退出胀轨现场。高温季节应先进行应力放散；如果未进行应力放散，施工负责人及各车司机长要了解该地段的实际锁定轨温，并注意随时测量轨温，严禁超温作业。在高温季节作业时，作业中机组人员应监视线路状况，发现胀轨迹象应立即停止作业。

7.2.2 无砟道床施工

1. 施工一般规定

(1) 无砟道床施工作业应考虑的主要危险源、危害因素包括：基础面凿毛碎片飞溅伤人；钢筋加工、钢筋焊接触电伤害；混凝土输送泵管爆裂；模板倒运时超载、偏载、捆扎不牢，发生滑落或侧翻；工具轨临时存放、倒运及安装过程中砸伤作业人员；工具轨、轨枕吊装作业伤害；轨枕固定架降落过程中用手试探球形凹槽耦合情况；组合式轨道排架吊运前支承块与挂篮连接螺栓松动，吊点间距设置不合理，运行过程中下方有作业人员；物流运输过程中发生行车事故；轨道板吊装作业伤害；轨道板铺放和对位时压伤手脚，调整时未同步起升，发生侧斜；水泥沥青砂浆灌注时泵管对人、泵管爆裂。

施工单位应针对上述主要危险源、危害因素，制定相应的安全对策及安全措施。

(2) 无砟道床施工前应将施工地段水沟盖板盖牢，并清理人行道。

(3) 清扫基层表面时应晒水防尘。用高压水冲洗基层时，应由上坡向下坡方向进行，高压水喷头不得对人。基础面凿毛人员应佩戴防护镜、手套等安全防护用品，凿毛作业面周围不得站人，避免混凝土碎块飞溅伤人。

(4) 工地倒运模板时应进行临时捆绑，不应超载，避免模板运输途中滑落。拆除和安装模板过程中，应避免模板倾倒伤人。

(5) 运输车辆严禁人、料混装，车辆行驶速度不应过快。为确保运输车就位良好和安全进出，应派专人指挥。平交道口和狭窄施工场地，设置缓行标志，必要时安排人员指挥交通。道床板施工区域内各种车辆应限速行驶，并严禁掉头、超车及会车。

(6) 夜间或隧道内施工时，应加强照明设施。不得把灯具挂在竖起的钢筋上或其他金属构件上，导线应架空。隧道口配备防护人员，并与洞内人员保持联络，非施工人员，严禁进入隧道。长大隧道内或夜间施工时，应在物流通道上作出明显通道宽度限界反光标志，防止发生意外。

(7) 跨公路或铁路的立交桥应有安全防护措施。

(8) 无砟道床施工废弃物应集中处理，尤其是在桥面清理中，防止各类物品坠落。严禁向桥下和伸缩缝内倾倒、堆积废物。

2. *枕式无砟道床*

(1) 弹性支承块套靴应在铺轨基地安装好后运往工地，安装地点应有良好的通风和防火措施。

(2) 工具轨架轨法施工无砟道床应符合下列规定：

① 工具轨应精心保护，采用平板拖车运至现场，分层码放整齐。工具轨施工倒运采用起重运输车或龙门吊。吊装应采用专用吊具作业。运输中工具轨堆码不得超过 3 层，且应梯形堆码，层与层之间用方木垫平，并帮扎牢固。

② 工具轨卸车时应避免摔跌、撞击、滚落伤人。工具轨装卸、搬运必须使用轨钳、拉钩挂绳、翻轨器和撬棍等工具，严禁直接用手搬运或放在肩上扛运，在装卸、搬运过程中不得抛掷，吊轨作业严禁斜拉斜吊。防止吊起工具轨时出现失控而左右摆动。

③ 钢轨支撑架应有足够的强度、刚度和稳定性，满足施工工艺需要。翻动钢轨时，应使用翻轨器，施工人员要站在安全地带。

④ 工具轨采用地面滚筒往前倒运时，施工人员动作应协调，垫滚筒时应防止钢轨倾斜或滑落，行进过程双脚不应伸入轨底，倒运到指定地点后，落滚筒时严禁压机突然卸载。

⑤ 悬挂轨枕应由两人同步操作，扣件和螺栓应配齐拧紧，确认稳妥后方可进行下一轨枕的悬挂作业；所用撬棍、扳手等不应随地乱放。

⑥ 工具轨、模板及散件周转箱装运时，要摆放整齐并采取固定措施，防止发生滑落损伤事故。

⑦ 采用公铁两用起重运输车拆除、倒运、安装工具轨时，作业人员不应进入起重机作业半径内作业。

(3) 轨枕振动嵌入法施工无砟道床应符合下列规定：

① 轨枕固定架降落过程中，不得用手试探球形凹槽耦合位置，应观察降落位置，用塞尺触探是否耦合，使其就位。

② 横梁、固定架、钢模板轨道、支脚及散件周转箱装运时，要摆放整齐并采取固定措施，防止发生滑落损伤事故。

(4) 组合式轨道排架法施工无砟道床应符合下列规定：

① 起重机走行轨道安设稳固，支垫间距、轨距符合要求。使用前应检查走行系统是否正常，电气制动系统是否可靠，吊架的吊点灵活程度及有效吊点的均匀分布情况等方面指标。

② 在移动式组装平台上组装组合式轨道排架轨枕时，应确保轨枕与挂篮紧密连接，螺栓扭矩符合要求。

③ 组合式轨道排架起吊前，应检查吊点间距是否合理、挂钩是否可靠。门式起重机吊运组合式轨道排架运行过程中，下方不得站人，轨道排架下降对位过程中，辅助人员应站在侧旁进行辅助对位。

(5) 上扣件时作业人员每两人之间要间隔 3 根轨枕的距离，且人要站在扳手的一侧，防止相互碰伤。

(6) 道床混凝土未达到设计强度 75％之前，严禁在道床上行车和碰撞轨道部件。

(7) 大型施工机械行进过程中，操作人员应加强瞭望，施工人员在其前方作业应有一定安全距离。

(8) 物流组织和运输应符合下列规定：

① 隧道内运送轨料、支撑架、轨枕和混凝土时，行车速度不得大于 10km/h，人退车辆速度不得大于 5km/h；当利用已建成的轨道运送轨料时，应有防溜措施。

② 模板、散件周转箱运送至指定施工地点时，应存放在两线间的空地上，防止阻塞交通和被损坏。

③ Ⅱ线道床板施工时，若有混凝土洒落在Ⅰ线轨道上，应在混凝土初凝前及时清除。

④ Ⅱ线道床板施工时，Ⅰ线临时运输轨应考虑轨道运输设备的避让长度，以保证混凝土物流的畅通。

⑤ 当场内沿线物流设备发生机械故障时，应及时处理；若处理时间较长时，应将故障设备拖至物流区域外，恢复物流通道的畅通。

⑥ 作业人员不得在物流通道上休息，不得将施工机具、物料等堆放在物流通道上，作业过程中要注意避让来往车辆。

3. *板式无砟道床*

(1) 施工现场临时存放的土工布、塑料膜和硬泡沫塑料板应有防火隔离措施。

土工布、塑料膜和硬泡沫塑料板铺设后,应隔离热源,避免明火、钢筋焊接火花等灼烧发生火灾。

(2) 轨道板铺设应符合下列规定:

① 轨道板铺设前,作业人员应预先在混凝土底座上对称摆放一定厚度的支撑垫木,保证精调装置安装空间。

② 加强铺板区域内的监控,无关作业人员不得靠近装吊区域。

③ 起吊轨道板前应对吊具进行认真检查,禁止带病使用。吊板时,应正确选择吊物的重心,保证吊物平稳。

④ 提升轨道板时,应详细检查提升机构及锁闭装置是否灵活、完好。

⑤ 铺放对位过程中,施工人员应扶稳轨道板使其缓慢下落,同时避免手脚伸入轨道板底及相邻轨道板板缝之间,以避免磕碰和压损。

⑥ 轨道板下落,调整支点应使用木棍,在指挥负责人确认施工人员的手、脚位于轨道板底部以外后,方可落板到位。

⑦ 轨道板精调后及垫层砂浆未达到规定的强度前,禁止人员或车辆在板上通过。

(3) 精调装置应对称布置,安装应牢固、支撑稳定,调整轨道板时应均衡施力,确保轨道板平行上升或下降。

(4) 水泥乳化沥青砂浆拌制应符合下列规定:

① 在砂浆拌制前,应提前对砂浆拌制车所经过道路路面、弯道、两侧及上部的障碍物、安全隐患等进行调查,为砂浆拌制施工做好准备。

② 在砂浆拌制时,砂浆拌制车停放处应设有防护人员进行巡视,引导过往车辆、施工机械慢速通过砂浆拌制车。

③ 砂浆拌制车若停放在坡道上作业时,应在车轮下设置防溜装置。作业完毕后应停放在平坡处。

④ 当砂浆中转仓采用汽车吊运送时,所选用汽车吊的安全系数应满足有关规定要求。

⑤ 中转仓采用吊车运送时,在挂、取钢丝绳的作业中,应防止钢丝绳落入中转仓内损伤搅拌叶片。

⑥ 中转仓的搅拌电机及开关应有防水装置,以防止水进入。

⑦ 中转仓的动力线在作业前应进行检查,发现动力线的绝缘层老化或破损,应立即进行更换。

⑧ 在给砂浆拌制车装干粉料时,作业人员应配有防尘保护和高空作业保护的用具。

(5) 水泥乳化沥青砂浆灌注时,灌注管不得对人,远距离灌注避免爆管。

(6) 凸形挡台周围填充树脂灌注施工应避开明火,隔离热源。

(7) 乳化沥青废弃物、水泥乳化沥青砂浆废弃物及洗涤用水需进行处理后合理排放。

(8) 充填式垫板树脂注入的压力应严格控制在 0.15MPa 以下，并缓慢注入。

(9) 水泥乳化沥青砂浆、填充树脂制备及灌注人员应佩戴防护手套及防护靴，搅拌机操作人员还应戴防护目镜。

4. 机械设备的使用

(1) 轮胎式跨双线可变跨龙门吊操作应符合下列规定：

① 工作之前应先做空载运行，以检查机构、发动机等有无异常声音和异常现象，并检查制动功能是否正常，不得带病作业。吊装作业不得超负荷运行，不得斜吊提升作业。

② 起吊和运行时应确保运行空间没有障碍物。

③ 不得触摸正在旋转的滑轮、运行中的钢丝绳、正在升降或受力的吊钩和吊具。

④ 在离开操作室之前，先将主控室电源切断，然后再切断发电机电源，锁好所有门窗，做好防风防溜措施。

⑤ 定期检查制动器和限位开关，检查钢丝绳、荷载限制器和操作按钮面板工作正常，吊具和钢丝绳有无裂纹、损伤现象。

⑥ 风力达六级及以上时，应停止吊装作业，切断电源，并用楔块稳固轮胎，以防发生意外。

(2) 轨排精调机操作应符合下列规定：

① 机组在运行、作业和维修时，必须随时注意运行动态和人身安全。操作人员离机前，柴油机必须停机，并按有关规定进行防护。

② 作业时，操作人员要确认各工序都做好准备后方可操作设备。

③ 作业前应检查遥控装置、电气系统和机械部分，确认工作正常。

④ 对夹轨装置进行调整，使其与钢轨密贴。

⑤ 利用电气控制系统，对整个粗调机组进行初始化，确认粗调机两支腿已升起，整机组全部落在轨排上面，方可松开夹轨钳，进行转场。

⑥ 过高低轨时，不得直接通过，应将左右两立柱伸出，轮子着地，把整个主车架撑起悬空，利用两立柱轮子行走，过完高低轨后，粗调机下落至待调轨排上。

(3) 混凝土浇注机械操作应符合下列规定：

① 检查各部螺栓应紧固，管道接头应紧固密封，防护装置应齐全可靠。

② 检查模板底部走行槽是否垫牢，如发现未垫实，必须垫实。

③ 起动浇注机后，应仔细检查输送装置和搅拌装置运转情况，发现异常立即停机。

④ 应随时监视各种仪表和指示灯,发现异常应及时调整和处理。

⑤ 作业时不应取下搅拌斗格网或乱动其他安全装置。

(4) 混凝土巡回车操作应符合下列规定:

① 每次作业前对整机进行机械、电气、液压等日常检查;检查油、水、润滑良好。

② 按照正确的程序启动设备。

③ 设备进行各项动作前,必须按电笛提示作业人员注意。

④ 设备行驶在轨道上时,注意运行区域内的停留人员。

⑤ 料斗作业完成后,将料门合闭并恢复到水平位置。

⑥ 如遇紧急情况,应及时按压设备上各部的紧急停止按钮,使设备的动作停止。

(5) 混凝土捣固机操作应符合下列规定:

① 设备操作者不仅要考虑操纵设备安全、准确地行驶在轨道上,而且还必须控制设备上相关部件的操作。

② 必须按照实际的施工情况调整振动框架的振动位置,注意振动框架的升降有 100mm 的延时行程。

(6) 轨枕铺设机操作应符合下列规定:

① 定期检查并调整横梁吊具和固定框架吊具,使其同步带受力均匀。

② 在进行横梁吊放和轨枕振入作业时,必须缓速慢行,避免机械碰撞。

(7) 轨枕装卸车操作应符合下列规定:

① 严格遵守液压吊安全操作规程及起重机械相关安全标准,使用正确的方式操作液压吊。

② 禁止装载单元反向接近安装单元和拆卸单元。

(8) 拆卸车操作应符合下列规定:

① 吊具在横梁和固定架的拆卸作业中应垂直升起,避免碰撞,造成人员和设备的损伤。

② 禁止使用限位开关和接近开关作为停车手段。

(9) 施工循环车在进行回收作业时,严禁超载、危险摆放等违章行为。

(10) 运板车操作应符合下列规定:

① 运板车操作司机应经培训、考试合格后上岗。

② 严格按照使用说明书的开、关机程序操作设备。当出现紧急情况时,按下急停按钮。

③ 操纵控制室只允许由一位司机操作,不允许两人同时操作,以避免机器动作冲突。

④ 加注柴油时,发动机应熄火。

⑤ 当运输车未启动时，禁止使用方向盘转向。

⑥ 运输车在行驶过程中，注意观察液压主回路压力表值，过高时，应查明原因后方可行驶。严禁在行驶过程中使用换挡旋钮进行变速。

⑦ 驾驶运板车后退和拐弯时，必须有人指引。夜间行驶和施工时，应开启前后大灯照明。

(11) 水泥乳化沥青砂浆拌制车操作应符合下列规定：

① 水泥乳化沥青砂浆拌制车的驾驶员应取得相应的驾驶执照。砂浆搅拌操作人员应经培训、考试合格后上岗。

② 操作设备前，必须确认机油、柴油、液压油等油液和冷却水加注到规定位置。

③ 设备运行前，必须确认走行机构、起升机构等运动部件的制动装置处于可使用状态。

④ 柴油机加注柴油时，柴油机必须熄火，并确保在安全范围内无任何明火。

⑤ 砂浆搅拌车使用完毕，操作人员离开设备前应关闭操纵台的总开关和电源；灭柴油机组，取出钥匙；关闭司机室的门窗。

⑥ 砂浆拌制车不使用时应采取防溜措施，防止车辆溜动。

7.2.3 无缝线路铺设

1. 施工安全危险源分析与安全措施

(1) 无缝线路铺设作业应考虑下列主要危险源及危害因素：

① 基地焊轨使用以电为动力的设备绝缘性能不好，发生触电。

② 落锤试验机未设防护网、卷扬机钢丝绳磨损、锈蚀严重，落锤试验过程中人员未站在安全地带。移动焊轨作业车未设置止轮器。

③ 高温焊头、推瘤下来的焊碴等灼烫。铝热焊坩埚破裂，钢水飞溅或泄漏灼烫。无缝线路应力放散锁定撞轨时撞块飞出。

④ 长钢轨存放支点间距不合理、存放层数过高发生倾倒。

⑤ 长钢轨运输前固定装置未锁死，散装料未加固。长钢轨运输车运行速度超限，对位时速度超限，前方未安放铁鞋和止轮器。长钢轨运输车防溜措施不到位。牵引长钢轨牵引卡未卡牢。

⑥ 氧气瓶、乙炔(或液化石油气)瓶同车运输，使用时安全距离不足。

⑦ 高于实际锁定轨温 20℃以上时进行无缝线路轨道整理，发生胀轨跑道。

(2) 操作人员应严格执行焊接设备的操作规程，并按型式检验确定的作业参数操作。

(3) 垫滚筒时，为防止钢轨倾斜或滑落，应在钢轨两侧用两台压机同时打起钢轨,落钢轨时严禁压机突然卸载。

(4) 平板车在线路上停放必须打好止轮器,防止溜车。

(5) 钢轨焊接各工位应配备足够数量的防火器材,加强防火教育。

(6) 施工现场禁火区域内的动火作业,必须执行动火前审批制度。

(7) 焊接后的废弃物应集中堆放,统一清理。

(8) 使用以电为动力的设备时,应遵守安全用电操作规程。

2. 基地钢轨焊接

(1) 起重设设备吊起钢轨时,走行范围内严禁站人。当使用一台起重设备起吊钢轨时,应配有专用扁担,保持钢轨稳定。

(2) 翻动钢轨时,应使用翻轨器,施工人员应站在安全地带。

(3) 钢轨焊接所用的工具、仪器、设备应处于完好状态,焊接作业中应严格遵守安全操作规程,非操作人员不应在作业区域内。

(4) 落锤试验机周围应安设安全防护网进行隔离,落锤试验机卷扬机钢丝绳应经常检查,避免以外跌落伤人。落锤试验过程中人员应站在安全线以外。

(5) 钢轨焊接过程中必须有值班电工在场,每工班焊轨作业结束后应断开电源。

(6) 焊后接头粗磨作业应符合下列规定:

① 作业时,应站在作业区的绝缘地板上,并检查手提砂轮机的接地装置是否完好。

② 砂轮侧面与防护内壁的间隙不小于 20～30mm。

③ 长钢轨在运行中,禁止作业,作业人员应站在长钢轨两侧。

④ 打磨时应隔离打磨产生的火花。

(7) 焊后接头正火喷风应符合下列规定:

① 作业前应检查线圈连接铜排与中频变压器的连接螺栓是否牢固,发现问题及时解决。

② 作业中应严格按照先通水后通电,先断电再断水的步骤进行操作。

③ 空压机工作过程中应注意加强巡检,必须注意压力调解装置的工作状况、安全阀的工作状况和储汽缸压力的变化情况,如有异常应立即关机。

④ 作业完成后应将感应线圈放于安全位置,关闭电源,中频设备关机后仍应让冷却水继续工作 20min。

(8) 焊后接头四周调直应符合下列规定:

① 作业前应确认钢轨调直作业区表面温度低于 400℃,并检查机电液系统工作状态是否正常、调直机走行限位装置工作是否可靠。

② 设备在通电或工作状态,严禁攀爬设备或对设备进行检修。

③ 作业时应检查垫块的状况，发现裂纹或压馈现象应立即更换垫块。

(9) 细磨时，在高工作台位上打磨作业，两人应动作协协调。

(10) 钢轨焊接、冷却、打磨、正火、调直、探伤等各工序温度测量必须使用钢轨测温仪检测，不得用手触摸检测。

3. 长钢轨铺设

(1) 长钢轨运输应按超长货物组织运输，并制定安全措施。在运输中要建立运行监护、停车检查制度。

(2) 长钢轨列车出发前，必须确认长钢轨锁定，各部均不得超出车辆限界，运输途中应随时注意观察长钢轨运输状态，防止长钢轨窜动。

(3) 铺轨列车在施工地段运行限速 5km/h，在接近已铺长钢轨轨头 10m 处应一度停车，以 0.5km/h 速度对位；对位时，要在钢轨上划出停车标记，并派专人安放铁鞋和止轮器。

(4) 线路纵坡较大时，铺轨列车必须做好防溜措施(在坡道下方安放两对以上止轮器，防止溜车)。

(5) 拨、串钢轨时，应由专人指挥，施工人员应动作一致。

(6) 牵引长钢轨时，必须卡牢牵引卡，并设专人防护，施工人员不得站在牵引钢丝绳两侧；轨头送入推送机构时，位置要准确，拖拉要平稳。

(7) 单枕连续铺设法应符合下列规定：

① 按轨枕运输列车技术要求装载长钢轨和轨枕。长钢轨装车完毕后要保证其锁定牢固，轨枕装车时严禁发生碰损、装偏、倾斜、漏垫支垫物等现象。

② 机车推送铺轨列车进场时，运枕龙门吊应在铺轨机上锁定牢固。

③ 轨枕转运应分层进行，避免各运输平车之间由于载重悬殊产生车面高差。

④ 拖卸长钢轨时，每次只允许解开所拖卸的长钢轨的锁紧装置。

⑤ 在钢轨端部脱开车体或各工作机构时，一切人员与钢轨端部要保持一定的距离，防止钢轨端部反弹伤人。

⑥ 长钢轨间用临时连接器连接，就位应准确，摆放胶垫应在长钢轨入槽前放置好，避免操作人员手被压伤。

⑦ 长钢轨就位后，应对称安装部分扣件，保证铺轨机组安全通过。

⑧ 在工作中，所有无关人员必须远离移动的机构。

(8) 工具轨换铺法应符合下列规定：

① 对卸轨地段内妨碍卸轨的设备及材料等，应提前清理，并预留好卸轨的位置。

② 长钢轨轨头内侧面距线路钢轨轨头外侧面应不小于 600mm，并不得高于待换轨轨面 25mm，轨端不得相对，应错开放置。

③ 长轨列车到达卸轨点后，应根据地面卸轨起点准确对位。已卸长轨应拨顺，不得侵入限界。

④ 长钢轨卸车后应采取支护措施，防止长钢轨胀缩导致侵限，危及行车安全。

⑤ 确认线路封锁后，拆除工具轨扣件，每节工具轨应至少保留中间一处扣件及接头处扣件不松动，待施工列车通过后，换轨作业车临近前及时松开拆下，确保施工列车及换轨工具车的安全。

⑥ 换轨车换铺长钢轨，换铺时换轨车行进速度不得大于 5km/h。

⑦ 对已换铺的线路应及时进行全面检查，补齐或更换不合格扣配件、整修线路。

⑧ 换铺作业过程中，应加强对既有设备的防护，避免碰撞、挤压破坏既有设施。

(9) 纵向推送法应符合下列规定：

① 轨头送人推送机构时，位置要准确，推送要平稳。

② 防翻器安装位置应准确，并设专人看管，不得将手、脚放到轨底或直接用手处理推送运行中的支撑滚筒。

③ 长轨拨移和翻轨时，应协同动作，统一指择，手脚不得放在长轨下，翻轨时，翻轨器应安装正确，以免撬杠伤人。

④ 长钢轨就位后，对称安装部分扣件，保证长钢轨放送并安全通过。

(10) 拖拉法应符合下列规定：

① 拖拉长钢轨时必须卡牢牵引卡，并设专人保护，施工人员不应站在牵引钢丝绳两侧。

② 长钢轨拖拉牵引车应匀速行进，不应忽快忽平稳，牵引速度和允许通过的最小曲线半径不应超过设计值。

③ 拖拉长轨条落人到承轨槽时，施工人员的手脚不应放于支撑滚筒及钢轨下面。

(11) 必须对铺好的线路进行检查，确认符合要求，施工机械方可通行。

4. 工地钢轨焊接

(1) 施工时要按有关规定进行现场防护。

(2) 严禁氧气瓶、乙炔(或液化石油气)瓶同车运输。焊接作业时燃气具要摆放在焊接侧风上方各相距 5m 以上，乙炔(丙烷)瓶要远离火源 10m 以上。

(3) 采用罐装高压乙炔，转移工地时，要注意安全，严禁冲击或碰撞，以防发生事故，使用液化石油时，气瓶不应日晒、倒置、烘烤或油污。

(4) 工地闪光焊接除应符合有关规定外，还应符合下列规定：

① 焊轨作业车在线路上停放必须打好止轮器，防止溜车。

② 推进移动焊轨车初定位后，液压腿支撑应平稳、可靠，防止焊轨车侧翻。

③ 承受拉力的焊缝，在其轨温高于 400℃时应持力保压。焊缝区域冷却到 400℃以下时，焊轨作业车方可通过钢轨焊头。

④ 专用平车在线路区间运行时，应观察焊机集装箱和发电机集装箱内的设备的安全状况，有紧急状况及时通知调车人员。

⑤ 营业线单元焊施工时，应确认焊机吊架不侵入行车限界。

(5) 铝热焊接应符合下列规定：

① 材料及机具到达现场后，将所有机具及工具放置到位。对任何可能导致火灾或安全事故的隐患务必进行清除。高温火柴与焊剂必须分开存放，高温火柴不应放在衣袋中。

② 检查安全及火灾隐患，将可能引起火灾的干草及灌木丛以及所有易燃的物品打湿。焊接现场应配备足够的灭火器材。铝热焊接区域内及废碴弃置坑附近要保持干燥。

③ 锯轨和打磨作业时，非操作人员应离开作业区至少 5m 以上。

④ 铝热焊坩埚使用前不应受潮、破损、开裂。应配备限制钢水飞溅的坩埚盖。

⑤ 焊缝两侧 6～10 根轨枕以外的钢轨 15m 范围内必须严格按规定上紧扣件，确保焊接时轨缝间隙不应发生改变，避免钢水泄漏伤人。

⑥ 铝热焊焊剂在预热和高温反应过程中，操作者应佩戴护目镜。反应完成后，如果钢水不能漏下来，应等钢水在坩埚中冷却 20min 后才能移动坩埚。

⑦ 拿走灰碴盘时应端平，避免高温废碴溅出，不应将高温的灰碴盘放置在轨枕上或将高温废碴倒入水中，废碴未冷却之前，不应将废碴盘内的废碴倒入废物弃置坑。

⑧ 当出现焊药冻结情况时，操作人员应立即远离坩埚，并离开焊接现场，等坩埚内焊药反应完全之后再返回。

⑨ 钢轨焊接、冷却，打磨、探伤等各工序温度测量必须使用钢轨测温仪检测，不得用手触摸检测。

(6) 气压焊接应符合下列规定：

① 焊接前作业人员必须严格检查气压焊液压系统，焊接过程中应加强对油管的保护，防止油管破裂。

② 压接机在空载或载荷下，活塞杆全行程往返移动应平稳，不爬行，油缸和管接头不渗漏。

③ 加热器在使用和运输过程中必须严加保护，防止磕碰、挤压。

④ 焊接作业应符合下列规定：清理管路时，严禁同时清理氧气管路和乙炔管路；随时检查火孔平面，如遇有故障应及时处理；接水管路时，严禁冷却水滴入焊缝；点火前应先供足循环水，确认加热器已被冷却水冷却，水温高于 40℃时及时更

换循环水。

⑤ 钢轨焊接、冷却、打磨、探伤等各工序温度测量必须使用钢轨测温仪检测，不得用手触摸检测。

5. 无缝线路应力放散及锁定

(1) 现场工作人员必须服从放散负责人的统一指挥，严格按照规定程序操作，严禁违章蛮干。长钢轨拨移时，要协同动作，手脚不应放在长钢轨下。

(2) 拆扣件时严禁砸卸扣件，防止弹条砸飞伤人，上扣件时每两人之间要间隔 3 根轨枕的距离，并且人要站在扳手的一侧，防止相互碰伤。

(3) 拉伸器应安放牢固，拉伸过程中应加强对油管的保护，防止有关破裂。

(4) 撞轨时应用力均匀，避免撞块飞出伤人。

6. 轨道整理及钢轨预打磨

(1) 进行无缝线路整理作业，必须掌握轨温，观测钢轨位移，分析锁定轨温变化，根据作业轨温条件进行作业，严格执行作业前，作业中，作业后测量轨温制度。

(2) 当轨温低于实际锁定轨温 30℃以下时，伸缩区和缓冲区禁止进行整理作业。当轨温高于实际锁定轨温 20℃以上时，禁止进行无缝线路轨道整理作业。

(3) 大、中桥和特大桥整道前，应设临时避车台。

(4) 经起拨整道后的线路应及时补砟整道，随时观测钢轨位移，测量轨温，防止发生胀轨跑道等事故发生。

(5) 在松散的物料上不应再卸其他物料，应将轨料卸在限界以外，并堆放稳固。

(6) CRTSI 型板式无砟轨道充填式垫板施工前应符合下列规定：

① 上扣件时每两人之间要间隔 3 根轨枕的距离，防止相互碰伤。

② 调整垫板安放到位，操作人员手撤离调整板后，方可拧紧两侧扣件螺栓，避免压伤。

③ 注入袋应在钢轨状态精细调整全部结束、并确认轨下实际高量适宜范围内后插入

④ 树脂注入的压力应控制在 0.25MPa 以下，并缓慢、连续注入，防止带入空气。

(7) 钢轨预打磨应符合下列规定：

① 打磨列车的使用和管理应按照操作手册及维护保养手册执行。

② 人工操作的钢轨波纹研磨机在使用时要按照操作手册执行。作业中应经常检查砂轮紧固情况，如有松动应及时紧固，如有崩裂应及时更换。紧固或更换砂轮时必须停止操作。

③ 在自动闭塞或轨道电路地段打磨时，要经常检查打磨机走行轮的绝缘是否良好，以避免造成短路。

④ 用汽油作为动力的打磨机，由于噪声大，应有专人防护。恶劣气候或瞭望困难地段，应派专人在车站用对讲机向工地预报列车运行情况，确保行车安全。

7. 机械设备的使用

(1) 锯轨机使用应符合下列规定：

① 锯轨前应进行下列检查确认：夹轨装置性能良好，切口定位准确，各部螺栓无松动，摆臂机构动作灵活，无卡阻；夹盘螺栓拧紧，与锯片密贴，锯片应干燥、平整无变形、无裂纹；操作摇把各部螺栓牢固无松动；各部绝缘装置性能良好；安全防护罩与锯片的间隙≥5mm，防护罩上有旋转方向标志，防护罩各部螺栓无松动、串出现象。

② 锯轨作业应符合下列规定：钢轨要垫平、牢固，卡具安装牢靠；确定锯片切线方向无人、无易燃易爆物方可启动；确认锯片的旋转方向；锯割的过程中，注意保持适当的锯割速度，不得使锯口过热或变形，接近锯断时，要减少用力；在锯轨中，应注意切割的进给量不应过大，以免锯片损坏飞溅伤人；锯切过程中，严禁将手伸入锯切区域。

③ 锯片的直径和侧面磨耗超限应及时更换，不应在一个锯口没锯完时更换锯片。

④ 作业人员经常检查锯片质量状况，发现有裂纹和磨损过度时应及时更换，更换锯片时应切断电源。

(2) 闪光接触焊焊机使用应符合下列规定：

① 操作焊机时必须戴厚手套，穿绝缘鞋，戴防护眼镜。

② 每次焊接前，作业人员必须清洁钳口及钢轨夹紧区域，保证良好的电接触，以免烧坏钳口和钢轨。清洁工作钳口时应防止触碰烧伤。

③ 夹紧钢轨时，两夹钳必须同时夹紧钢轨，不得夹紧轨腰厚度不同的钢轨。

④ 焊机必须安装可靠的接地装置。焊机周围工作区域不应有易燃物。焊机工作区必须配置灭火器。焊接时严禁打开焊机防护罩。

⑤ 必须保持焊机干燥，不应用水冲洗，清理焊机时应使用干燥刷子或压缩空气。

⑥ 维护保养焊机时必须切断动力电源，并挂严禁通电的标志，并有专人看守。

⑦ 拆卸冷却水管应注意防止烫伤。

(3) 打磨机使用应符合下列规定：

① 在安装砂轮时，不应用硬物敲击或过紧嵌合。

② 砂轮与轴必须同心，否则禁止使用。

③ 打磨前应检查砂轮是否完好、安装稳固。

④ 新安装的砂轮，启动后先空转5分钟再使用。

⑤ 打磨结束，关闭引擎放置备用。

⑥ 精磨机在使用过场中禁止爬越机器。

⑦ 设备应设置漏电开关。

(4) 正火机应执行先通水再通电，先停电再停水的操作步骤。

(5) 空压机的使用应符合下列规定：

① 作业区应保持清洁和干燥。

② 储气罐和输气管路按有关规定定期作水压试验，压力表和安全阀按规定定期进行校验。作业中，储气罐内压力不得大于设计额定压力，安全阀应灵敏有效，进气阀、排气阀、轴承及各部件应无异声或过热现象。

③ 输气胶管应保持畅通，不得扭曲。开启送气阀前，应将输气管道连接牢固，并通知现场有关人员后方可送气。

④ 运行中发现下列情况时应立即停机检查，找出原因并排除故障后，方可继续作业：漏水、漏气、漏电或冷却水突然中断；压力表、温度表、水流表指示超过规定；排气压力突然升高，排气阀、安全阀失效；机械有异声或电动机电刷发生强烈火花。

⑤ 当电动空压机运转中突然停电时，应立即切断电源。再次启动时必须在无荷载状态下进行。

⑥ 运转中，因缺水而使气缸过热停机时，应待气缸自然降温至60℃以下时，方可加水。

(6) 拉轨器使用应符合下列规定：

① 使用前应检查拉轨器各连接、螺栓、液压油管无裂纹。

② 操纵手柄灵活，压力表调零。

③ 组装时应先组装机械部分，后装液压部分。

④ 拉轨器与钢轨的固定螺栓应拧紧。

⑤ 操纵液压手柄进行拉轨时应辅以撞轨，不应强行施压超过拉轨器拉力范围作业。

(7) 长钢轨铺轨机组使用应符合下列规定：

① 在使用铺轨机前应按规定检查下列机构是否工作正常：报警系统、运行灯、制动系统、发动机、电源充电显示装置、各运动副、卷扬机等，确保铺轨机达到正常铺轨作业状态。

② 每天工作前必须检查钢丝绳的状态，达到报废标准必须更换，严禁继续使用。

③ 铺轨机作业前按喇叭警示，确认铺轨机行走时没有人处于危险部位。

④ 工作状态下应经常检查各运动部件的磨耗情况，当磨耗过量使机构动作达不到要求时，应更换衬套、销和耐磨软带。

⑤ 施工完毕后，将机组恢复到停放状态，停止发电机组运行，所有电气控制恢复到零位；拔下开机钥匙、断开电瓶与负载连线；锁紧门窗。铺轨机组停机超过 1 小时及以上时，必须在转向架轮对与钢轨之间安放铁楔；重新开机时必须确认铁楔取掉后方可运行。

⑥ 在维修保养和进行修理工作时，将机器调至非工作状态，以防误操作伤人，并打好各项制动。维修电器故障时，必须确保电气设备不带电并防止误送电导致事故。

⑦ 当转向架斜楔与轴箱、构架之间有油污时，必须用有机溶剂清洗干净，保证转向架的动力学性能，以免造成行车安全事故。当转向架液压驱动装置减速箱齿轮接合时，严禁拖拉或连挂本机，当铺轨机处于停放或长途挂运状态时必须将减速箱齿轮分开。

⑧ 铺轨机挂运前，机组人员必须确认各工作机构正常锁定，按规定使铺轨机组达到挂运状态，机组人员押运。

⑨ 当风力大于六级时，铺轨机组应停止一切作业，并做好防风措施。

(8) 长钢轨放送车使用应符合下列规定：

① 长钢轨牵引及推送前，应检查牵引钢丝绳、接头连接器、推送装置是否正常。

② 龙门升降架作业人员在整个长钢轨推送过程中，应视具体情况调整龙门升降架高度。

③ 引导长轨时，监视人员注意力应高度集中，发现异常立即通知操作司机停止推送。

④ 长轨推送过场中，如发现推行机构辊轴空转现象，操作人员不应将长轨猛力向后拉回或连续空转。

(9) 拖拉法施工，长钢轨拖拉牵引车使用应符合下列规定：

① 长钢轨牵引车操作司机应经培训、考试合格后上岗。

② 长钢轨牵引车在作业前，应检查各连接部位的链接螺栓是否紧固，发动机润滑油、冷却液、液压油、燃油是否足够。并给各运动部件加注润滑油脂。在发动启动后应检查各仪表的指示是否正常，并对液压卷扬机进行试车。

③ 设备运行前，必须确认走行机构、起升机构等运动部件的制动装置处于可使用状态。

④ 启动牵引车拖拉钢轨时，应鸣笛并缓慢平稳启动，拖拉过程中应有专人严密监视牵引车的导向。

⑤ 当钢轨即将拖拉到位时，必须降低牵引车车速，以防后端钢轨快速落地产

生剧烈冲击，引起意外事故。

⑥ 牵引钢轨到位后，拆除钢轨夹轨钳，牵引车前行约5m，等待长轨车被顶推上来，进行下一个作业循环。

⑦ 长钢轨牵引车使用完毕，操作人员离开设备前应完成下列操作：关闭操纵台的总开关和电源；熄灭柴油机组，取出钥匙；关闭司机室的门窗。

⑧ 长钢轨牵引车不使用时应采取防溜措施。

(10) 工地移动式焊轨作业车使用应符合下列规定：

① 每班班前应对焊机及附属设备、焊机吊架进行例行维护和检查。

② 操作人员上岗前严禁饮酒，焊接过程中不应离开岗位。

③ 焊机控制室严禁闲杂人员进入。

④ 开机前应目测机器的吊架、电缆、液压软管、配电柜等处于良好状态，必要时予以调整、紧固。

⑤ 吊运焊机前，将平板车支腿支垫牢靠，并调整支腿使平板车处于水平状态。

⑥ 从集装箱内吊出焊机时，应避免焊机电缆与焊机机身和吊架吊臂干涉，防止电缆等损伤。

⑦ 焊接过程中应密切注意焊机动态，发现紧急情况应立即停焊，协同技术人员查找原因，并及时上报。

⑧ 平板车对位时，应将焊机收到集装箱内，严禁悬挂运输对位，对位时对位距离以离平板车最远轨缝为准，左右两轨缝相错量超过250mm时需进行二次对位。

⑨ 焊接时应将待焊轨端支垫，以免焊机推瘤刀碰撞混凝土枕螺栓或钢轨。

7.2.4　有缝线路铺设

1. 施工主要危险源分析及安全对策

(1) 有缝线路铺设作业应考虑下列主要危险源及危害因素：

① 硫黄锚固高温烫伤作业人员。

② 轨节车超重；轨节列车运行超速。

③ 长大坡道的轨节铺设防溜措施不当。

④ 轨节换装地点设置不合理。

⑤ 铺轨机对位时已铺轨排端头未安放止轮器。

⑥ 轨节起吊前挂钩不稳，下方站人。

⑦ 铺轨机过高压线安全距离不够，机顶站人。

(2) 预留轨缝应使用卡具，不应用手触探。

(3) 安装接头夹板螺栓时，不应用手摸探螺栓孔眼。

(4) 施工现场禁火区域内的动火作业，必须执行动火前审批制度。

(5) 当利用架桥机铺设桥上轨节时,应遵守架桥机的安全操作规程。

2. 轨排组装

(1) 轨料应堆码整齐,堆放应牢固,保证司索人员和操作人员安全操作设备。

(2) 轨排钉联线施工人员不应跨越正由绞车拖拉流动工作台的钢丝绳,不应站在两个流动工作台的连接处。

(3) 流动工作台移动前,应先发出音响信号,作业人员应撤离到钉联线两侧的工作平台上。

(4) 吊散枕、翻枕作业应符合下列规定:

① 台车未停稳前不准挂钩起吊,轨枕离地后挂钩人员应立即离开站到安全地点。

② 台车未停稳前,人工翻枕作业人员不准上车,翻枕前要站稳,按次序逐根进行翻转。在任何情况下不准台车边走边作业。

③ 用撬棍拨正轨枕应注意防止挤伤手指。

④ 手工粗放轨枕要戴手套,两端要同时用力。

(5) 硫黄锚固应符合下列规定:

① 硫黄库和水泥库要通风、防雨、防潮、防火。

② 硫黄锚固作业必须符合国家或地方环保部门的有关规定,并制定相应的防护措施,操作人员应戴齐防毒口罩、眼镜、手套、脚套等防护用品,工后要洗手。

③ 硫黄锚固施工工艺及车间布置必须符合国家有关消防安全规定。硫黄等易燃和可燃材料的存放场所与作业场地,应保持足够防火间距并留出消防通道,配设消防器材。

④ 熬制硫黄砂浆的地点,应设在施工现场的下风方向并远离住所,并用耐火材料搭设雨棚。不应在室内、电线下方熬制。

⑤ 熬制硫黄砂浆应用文火加温,温度控制在 140～170℃左右,不得大于180℃,要经常搅拌,以防燃烧,万一燃烧时,应立即用水泥、砂子进行覆盖。

⑥ 严禁在烈火空锅时投料及中途投放硫黄;溶液不得超过锅容量的 3/4,严禁有锡制品盛装热硫黄砂浆,装溶液量不得超过容器容量的 2/3。人员离开时,必须灭火。

⑦ 锚固浆保温车应有专人看火。

⑧ 在现场锚固混凝土枕时,应有专人操作,并应有防烫措施。

⑨ 吊运硫黄砂浆时,吊运范围内严禁站人。

(6) 熬制绝缘防锈涂料,温度不得超过 200℃,以防燃烧,操作的地点应选在下风处,操作人员应站在风头上方,并必须戴口罩、眼镜、手套和穿工作服。

(7) 散扣件应符合下列规定:

① 扣件要按类型堆码，其高度不得超过0.9m。

② 在台车未停稳前，散布配件时应防止枕头铁丝挂住衣服和扣件坠落。

(8) 吊散轨作业应符合下列规定：

① 吊运钢轨走行时，作业人员不应穿越工作台，应站在工段两端安全位置上。

② 吊点要适中，不应在倾斜的情况下吊运。

③ 不应坐在工作台和轨枕上休息，更不应站在轨排上随台车前进。

④ 随时调整钢轨车上的钢轨，防止偏重。跳板、吊架、钢轨钳要经常检查，不准用龙门吊车拖拉钢轨车对位。

⑤ 工作台行走时，任何人不应从工作台上跨越通过。

(9) 安装扣件作业应符合下列规定：

① 站在轨枕上用小撬棍拨入扣件时，脚跟要站牢，上扣件人员要两边分开，使用撬棍要注意防止碰伤邻近作业人员。

② 台车未停稳前，禁止上工作台抢先作业，更不得站在轨枕面上随台车前进。

③ 紧扣件工段的工作跳板要搭设牢固，跳板不应有断裂、下凹现象，跳板底距轨面距离不得少于0.15m。

(10) 成品装车作业应符合下列规定：

① 轨节车不应超重。钢轨为50kg/m、长度为25m的混凝土枕轨节不得超过7层，钢轨为60kg/m、长度为25m的混凝土枕轨节不得超过6层，钢轨为60kg/m、长度为25m的Ⅲ型混凝土枕轨节不得超过5层，营业线长途运输时不得超过6层。

② 吊点应对中，产生偏斜不平时不应起吊。

③ 作业人员不应从吊起的轨排下穿越。

④ 轨排上下应摆正、对齐，如有歪斜不齐现象，禁止捆扎和调车对位。

3. 机械铺轨

(1) 轨节运输应使用专列车组，随车配置防溜器材。

(2) 使用拖拉轨节的滚筒车体运输轨节时，轨节和滑轨间应有止滑卡具。

(3) 轨节列车运行速度应符合下列规定：

① 前方站至轨节换装点不得大于15km/h。

② 轨节换装点至铺轨地点不得大于5km/h。

(4) 轨节换装应符合下列规定：

① 轨节换装地点应避开曲线、桥头、高压线、通讯线交叉处、道口、跨线桥以及线间距小于4.5m的区段等有施工干扰的地段。

② 换装地点线路应予重点整道。

③ 换装时，人员不应站在轨节上、轨节车两旁或穿越换装龙门架。

④ 拖拉轨节应在直线或曲线半径较大的地段上进行，应指定专人引导铁靴顺

利进入铺轨机上的每个滚筒。轨节拖拉就位后，应立即锁定制动。

(5) 铺轨机前端应有放风制动装置。铺轨机前轮不应超过已铺轨节前端的第三根轨枕，并应安放止轮器。

(6) 轨节挂钩起钩前，应先将挂钩挂稳，待挂钩人员撤离到安全地点后方可起吊。

(7) 使用龙门架或铺轨机铺轨应符合下列规定：

① 起吊或走行前，应先发出音响信号。

② 铺轨机的走行速度不得大于 5km/h，对位时不得大于 1km/h。

③ 操作前进时，机前施工人员应撤离轨道，站在安全处。

④ 倒装龙门架必须支垫平稳，左右侧应水平。

⑤ 当穿过高压线时，应清理机顶物品，机顶严禁站人，与高压线间的安全距离应符合要求。

(8) 当拨正就位轨节时，人员应站在轨节侧旁。

(9) 轨节连接时，每侧接头的每根钢轨上拧紧的接头螺栓不得少于 2 个，并应使接头处轨面的错牙不大于 2mm。

(10) 连接接头的施工人员未撤离轨道前，下一节轨节不应伸出铺轨机。

(11) 站线铺轨不应在道岔导曲线或道岔连接曲线上拖拉轨节。

(12) 站内轨道施工，当邻线来车时，必须停车作业，人员和机具一律撤出限界以外。

(13) 长大坡道的轨节铺设应符合下列规定：

① 铺轨作业前应检查铺轨机，制动系统应确保良好，风压达到规定要求。

② 铺轨机对位铺轨时，应在下坡方向塞入 2 组 4 个铁鞋，备足防滑砂。

③ 铺轨机铺轨端应派专人掌握放风阀，当铺轨机到位或遇紧急情况时立即防风制动。

④ 换装后轨排拖拉应有专人防护，并备木楔和止轮器。

4. 人工铺轨

(1) 抬运钢轨和轨枕的跳板应安放稳固，承载力符合要求。

(2) 桥上散铺轨枕应纵向进行，并应留出人行通道。

(3) 人工钉道应符合下列规定：

① 钉道工序不应错乱，各工序应前后错开，减少相互干扰。

② 钉道应使用抱锤；每盘锤应前后错开 3 根木枕的距离，左右股错开不得小于 4m。

③ 压撬人员所处位置应与打锤人员成直角方向，撬棍插入枕底长度不应过短，防止滑撬，禁止坐骑压撬。

④ 不应在轨顶敲打整直弯曲道钉，防止飞钉伤人。

（4）硫黄锚固作业应符合有关规定。

（5）在钢轨底部安放垫板、胶垫时，不应将手伸入枕顶轨底间。

（6）连接钢轨接头，将钢轨推入已连接在另一根钢轨上的两块接头夹板间时，严禁用手扶接头夹板或将手放在任何一根钢轨的端部。

（7）当邻线来车时必须停止钉道作业，人员和机具一律撤出限界以外。

5. 机械设备的使用

（1）钉联机作业前准备应符合下列规定：

① 设备机械传动、钢丝绳、电缆线、限位器等应完好。电气部分应无漏电，接地装置应良好。

② 检查拖拉电葫芦与地面固定情况和电源线卷筒电缆排列情况、防护设施、电气线路、接地线、制动装置和钢丝绳等全部合格后方可使用。

③ 使用皮带和开式齿轮传动的机构，均需设防护罩。

④ 电动葫芦卷筒旋转方向和台车走行方向应与操纵开关上指示的方向一致。检查各控制电器是否完好、灵敏。

⑤ 清理钉联机轨道和升降架下杂物。

（2）钉联机作业过程中应符合下列规定：

① 进行空车试运转，检查机构运行是否正常，有无异响，各种安全装置是否灵敏、安全可靠。

② 动车前必须先鸣铃发出警告信号。动车后，严格遵守一听、二看、三确认、四动车的作业原则。

③ 不准用限位器作为断电停车手段。

④ 电动机不应在正常运行中突然进行反向运转。

⑤ 吊枕小吊两侧的揽风绳（钢丝绳）必须紧固有效，必要时进行调整。

⑥ 卷筒上的钢丝绳应排列整齐，如发现重叠和斜绕时，应停机重新排列，严禁在转动中用手、脚去拉踩钢丝绳。钢丝绳不应放完，最少应保留三圈。

⑦ 钢丝绳不应打结、扭绕，严格执行钢丝绳报废标准。

⑧ 电动葫芦的排绳器、限位器、止挡器等状态应完好，否则应检修或更换。

⑨ 作业中，任何人不应跨越拖拉钢丝绳，升降架起升后，操作人员不应离开总控室。

⑩ 作业中，司机、指挥员要保持良好的视线，司机与指挥员应密切配合，服从指挥人员统一指挥，如遇停电，应切断电源总开关。

（3）钉联机作业完毕，将各手柄扳回零位，切断电源，锁好开关箱，夜间应打开照明灯。

(4) 铺轨机使用应符合下列规定：

① 机车推送轨排车与主机连挂时，主机空气制动系统处于缓解状态，机车走行速度不得超过 3km/h，并禁止在轨道尽头由机车连挂。

② 起升、运行、走行应统一指挥。

③ 铺轨机作业时，大车走行时应先鸣笛，小车走行时应先打铃。制动系统风压不得低于 5kPa。

④ 轨排倒装龙门吊长时间停车时，车轮必须用夹轨器止动，大风时，施工单位必须采取防风措施。

7.2.5 道岔铺设

1. *施工安全主要危险源及安全措施*

(1) 道岔铺设作业应考虑下列主要危险源、危害因素：

① 道岔及其组件吊装挂钩不牢、吊具磨损严重、下方站人，运输过程中捆绑不牢、超限、超载、超速等。

② 道岔组装平台不稳定。

③ 轨排纵移小车走行轨道不稳定，纵移时纵移小车掉道，道岔倾覆。

④ 道岔滑移时滑行轮走偏。

⑤ 拆卸滑轨时，起道机倾倒导致道岔倒塌。

⑥ 道岔换铺机铺岔，上部小车支腿支垫不稳，提升道岔轨排时速度不同步，导致道岔轨排倾倒。

⑦ 轨道吊或其他起重设备支腿支垫不稳。

⑧ 工电联调时人员挤伤。

(2) 道岔铺设应具有和所铺设道岔类型相匹配的施工机具，并对作业人员进行安全技术培训。

(3) 道岔施工前应与相关专业施工单位做好沟通和协调，划分施工界面，明确各自的安全技术工作内容和配合事宜。

(4) 道岔装卸及运输应符合有关规定。

(5) 道岔组装平台应安装在坚实的基础上，安装到位后，各支撑点应支撑牢固。

(6) 应使用专用工具，按照说明和铺设图的要求安装弹性夹。

(7) 滚轮调整应在道岔尖轨闭合和打开定位正确的条件下进行。

(8) 组装道岔应符合下列规定：

① 安装滑床板、垫板时，严禁直接用手调试就位。

② 安装尖轨时，严禁将手、脚放在基本轨和尖轨之间。

③ 安装轨撑时，不得用手探摸轨撑和钢轨、滑床板、垫板间的空隙。

④ 道岔铺设后，当连接曲线未铺前，在辙叉后面必须加铺一节临时短轨，以免辙叉被机车附件挂上。

(9) 铺岔完成，经自检、电务互检合格后，电务应及时安装转辙及锁闭装置。安装转辙装置时，工务、电务部门应配合施工。转换设备未安装前，应用钩锁器固定尖轨、心轨，直向限速 15km/h 通过。

2. *无砟道岔铺设*

(1) 基础面凿毛人员应佩戴护目镜、手套等安全防护用品，凿毛作业面周围不应站人，避免混凝土碎块飞溅伤人。

(2) 原位铺设法施工时，道岔支撑调整系统应支撑牢固并具备精细调整功能，道岔组装平台应在道岔组装完毕并支撑牢固后拆除。

(3) 移位铺设法施工时，应采取道岔铺设机械或其他专用机具将道岔分段或整组平移。

(4) 移位铺设法轨排纵移就位后，钢轨调整器纵横向固定系统安装牢固、均匀受力后方可拆除轨排纵移小车。

(5) 移位铺设法轨排纵移应符合下列规定：

① 轨排纵移小车走行轨顶面标高应保持一致，两侧走行轨之间应用拉杆连接，提高稳定性。每根轨道安装限位固定装置。

② 轨排纵移小车的抬轨梁安装时，应注意控制间距，以符合岔枕间距位置和平稳均衡受力要求。

③ 道岔轨排沿走行轨道人工推动小车纵向移动，操作人员动作应协调，用力均匀，听从指挥，运行途中，避免掉道。推送人员手脚不应伸入滚轮及道岔轨排下方。

④ 轨排纵移接近指定地点后，应采用制动木楔制动，安装制动木楔时避免压伤。

(6) 板式道岔铺设应符合下列规定：

① 道岔板运输时应设计层数装载，层间加设垫木，采取有效措施防止道岔板挤碰。

② 运输道岔板的平板汽车四周应加装角钢围挡，道岔板与围挡之间的间隙采用硬杂木填充，以防止道岔板在运输过程中晃动或滑落。

③ 道岔板应采用专用吊具吊装，吊铺前应确认吊链上连接螺栓与道岔板上预埋螺栓孔连接可靠后，方可进行吊铺。

④ 道岔板精调后及垫层砂浆未达到规定的强度前，禁止人员或车辆在板上通过。

(7) 道岔密贴调整检查应用塞尺检测，不应直接用手触摸检测，避免挤压损伤。

(8) 无砟道岔道床钢筋加工、绑扎、焊接以及混凝土浇筑作业安全应符合有关规定。

(9) 电务转换设备安装调试过程中，避免手脚放入转辙器或可动心轨与基本轨之间，以防挤压损伤。

(10) 道床板预留的转辙机基坑在未安装转辙设备前，应临时用盖板覆盖或设置警示标志。

3. 有砟道岔铺设

(1) 移位铺设法施工时，应采用道岔铺设机械或其他专用机具将道岔分段或整组平移。

(2) 采用平台组装移位法铺设时，搭设的组装平台应稳固可靠，能承受道岔重量。

(3) 道岔钢轨接头用鱼尾板临时连接时，穿螺栓不应用手指触探对孔，应用撬棍等对好孔眼后再穿固定螺栓。

(4) 岔区遇接触网、高压线、通讯线等障碍物，不能满足其安全距离时，不应使用吊机直接铺设道岔。

(5) 道岔滑移就位应符合下列规定：

① 推拉道岔应统一号令，用力一致。

② 拉移道岔的绳索应结实，捆绑应牢靠。

③ 横移时应前后兼顾，尖轨应跟随尾部移动。

④ 道岔滑移过程中，应安排专人监管滑轮，发现走偏及时调整。

(6) 拆卸滑轮滑轨时应符合下列规定：

① 用起道机将道岔平稳抬起，在轨枕下支垫防止道岔倒塌保险后，再取下滑轮，抽出滑轨。

② 纵向滑轨应整条抽出。滑轨较长时，可分段抽出。抽出纵向滑轨时，应防止损伤道岔零部件和岔枕。

(7) 道岔落底应符合下列规定：

① 采用齿条式起道机下落混凝土枕道岔时，应设置防倒塌保险支垫，分层下落。

② 采用砂袋法下落混凝土枕道岔时，应设好枕木头保险支垫，拆除滑轮、滑道、保险支垫后，使道岔落到砂袋支垫上，再划破砂袋，使道岔自然落底。

③ 采用气袋法下落混凝土枕道岔时，应提前准备好空压机、风管路与气袋连接后充气，使气袋顶起道岔，拆卸滑轮、滑道后方可放气使道岔落底。

(8) 道岔铺设机换铺法铺设道岔应符合下列规定：

① 合理确定上部小车和下部小车数量，不应超负荷作业。

② 卸小车时轨道车必须停稳且做好防溜。

③ 上部小车在吊道岔前，应在道岔钢轨上提前设好调钳位置，确保整组道岔吊起后小车均衡受力。

④ 上部小车液压支腿应支垫稳固后方可抬升液压支腿，各组液压支腿抬升应步调一致，同步操作，避免道岔倾斜，在抬升过程中人员不应在下方走动，手脚不应伸入道岔轨排下方。

⑤ 上部小车吊起道岔后，在铺设和拆除辅助轨时，上部小车垂直支腿必须支上安全架，做好安全防护，没有施工负责人同意，任何人不应撤除安全架，以防止垂直支腿回缩造成道岔下落。

⑥ 辅助轨轨距应符合下部小车轮距要求，与正线轨道衔接部分应连接牢靠。

⑦ 拆除辅助轨时操作人员避免磕碰到道岔轨排，拖行辅助轨应缓慢，并注意避免撞伤周围作业人员。

⑧ 上部小车下落道岔轨排应缓慢匀速，并确保下方不应站人。

(9) 在岔位进行道岔吊装期间，作业人员不应从下方穿越和从事其他作业。

(10)采用起道机作业时，应多台起道机同时起落，严禁放炮落道。

(11) 轨道吊或其他起重设备支腿应支立在稳固的路基上，并检查支腿高差是否符合要求，正式吊装前先试吊一次，并认真观察起吊设备的变化。

(12) 线路上砟整道要确保工程列车的运输安全，同时随起随捣固，并做好线路顺坡。

4. 机械设备的使用

(1) 道岔铺轨机使用应符合下列规定：

① 施工前，小车的消防器材、警示标志、警示信号应齐全，保持性能良好。

② 上部小车对位后，应系好安全链，不系安全链不得开始吊装作业。

③ 遥控操作人员的站位要与小车前进方向一致，施工中不应换位。

④ 确保小车紧急手油泵、紧急缓解手油泵性能良好。

⑤ 操作人员和检修人员应经常检查油箱、油路，防止漏油，在作业检修中，禁止吸烟，防止火灾。

(2) 道岔捣固机使用应符合下列规定：

① 线间距不足 6m 地段进行作业时，严禁分开捣固装置大臂。

② 使用辅助起道不应超越警冲标。

③ 距轨尖不足 1m 时，禁止使用夹轨轮。

7.3 营业线轨道施工

7.3.1 施工安全管理一般规定

(1) 营业线轨道施工必须严格执行现行《铁路安全管理条例》、《铁路技术管理规程》、《铁路营业线施工安全管理办法》、《铁路工务安全规则》、《铁路线路修理规则》、《改建既有线和增建第二线铁路工程施工技术暂行规定》等的有关规定。

(2) 营业线轨道施工主要危险源及危害因素分析。

① 施工防护:未按规定设置施工防护。

② 施工命令:未确认施工命令、误判、臆测给点。

③ 轨道信号:施工前未经设备管理单位同意,作业人员擅自拆除轨道信号连线或轨道电路连线;电气化区段未设置轨道回流线。

④ 施工准备:施工准备时超范围作业;向营业线路内安放滑轨、预铺新设备或设备不平稳、垮塌侵入行车限界;工机具放置侵限;双线路段未设置安全红线或隔离措施。

⑤ 施工作业:施工作业没有统一指挥、现场组织混乱;工机具随手乱扔侵入邻线限界;拆除的钢轨、轨枕及其他材料侵入邻线限界;无缝线路区段超出锁定允许温度范围松动或拆卸扣件、扒挖到床、钢轨切口等作业;作业人员在行车线上行走、坐卧休息等。

⑥ 线路开通:施工完毕,线路开通未按规定进行三方检查确认,施工单位盲目登记销点;线路设备未进行及时交接造成养护不到位或中断等。

(3) 营业线施工项目,开工前施工单位应按铁路主管部门有关规定,申报审批施工计划,编制专项施工方案,按相关规定报批后实施,未经审核批准严禁施工。专项施工方案主要包括下述内容:

① 工程概况、设计要求、技术难点、过程控制重点。

② 施工方法、工艺要求、工艺流程。

③ 质量标准、关键技术控制。

④ 中度、重大危险源、危险因素。

⑤ 施工中安全措施和重点控制的其他事项。

(4) 施工安全协议由施工单位与设备管理部门(单位)和行车组织部门(单位)按施工项目分别签订,明确双方的安全责任和义务等内容,未签订施工安全协议的不予审批施工方案,严禁施工。

(5) 施工前,施工单位要提前向设备管理和使用单位进行技术交底,施工中应加强作业卡控制,不应超范围施工,施工完成后,必须达到放行列车的条件并经设备管理单位确认后，方可申请开通线路。

(6) 营业线封锁区间或限速条件下施工时，施工单位应提前做好施工准备工作，并按铁路主管部门有关规定，办理封锁区间和限速申请，批准后方可进行施工作业。

(7) 营业线施工应按现行《铁路技术管理规程》和《铁路工务安全规则》设置施工安全防护，未设置好防护不应进行施工作业。防护设施与器材及应急防护备品应符合下列规定：

① 营业线要点施工、正常施工、应急施工防护用作业标、防护信号备品应符合要求，铁路信号及标志应符合铁路主管部门有关规定。

② 施工临时道口应经铁路局组织验收后方可使用；其设施应比照有人看守道口相关规定设置和管理，防护备品配备应符合要求。电力牵引区段应按有关规定设置限高架。

(8) 双线或站线施工作业，施工单位除按规定设置施工防护外，还应在两线间加设安全红线(或隔离措施)，防止作业人员、施工机具侵入邻线限界。

(9) 营业线区间卸车应符合下列规定：

① 区间卸车时，严禁机车与车辆摘钩。道砟应以5km/h以下速度边走边卸；装运其他材料车不应边走边卸。

② 双线区间卸车不应侵入邻线限界。邻线来车时，应停止向邻线一侧卸车；严禁打开两线间的车门。当卸车线高于邻线时，严禁向两线间卸轨枕等滚动重材。

(10) 施工材料存放还应符合下到规定：

① 施工中使用的钢轨、轨枕、扣配件、道砟、道岔等轨料严禁侵入铁路行车限界，应放置平稳，必要时应采取加固措施。

② 拆卸的旧轨料应及时清理出铁路行车限界，按指定地点堆码稳固。

(11) 营业线施工严禁联电，并应符合下列规定：

① 在轨道电路区段和绝缘接头附近作业时，不应使用没有绝缘装置或绝缘装置不良的金属机具。

② 抬运钢轨、辙叉等金属物体，不应担在两股钢轨上。

③ 在钢桥上施工，不应把联结钢梁杆件的金属线绑在螺栓或道钉上。

④ 在线路、桥梁上作业，应防止碰断、损坏电务送变电线路电缆。

⑤ 防止扣轨梁联电，道口钢筋混凝土板钢筋头联电，轨端有飞边突尖联电，单轨车、接固架等机具的走行轮通过绝缘接头时联电，道岔配件脱落联电，散置在线路上的钢轨、道岔等金属物受震动移动联电等。

(12) 封锁施工应在调度命令的起止时间内完成；作业完成后，经监理、施工、设备管理单位共同检查达到放行列车条件后，按规定办理开通登记和交接手续。

(13) 轨道项目施工完毕，应及时验收交接、拨接开通，未经验收合格的工程不应拨接开通使用。对动态验收的线路和道岔，由施工领导小组成员单位联合检查确认达到设计和验收标准要求，验收合格后方可开通。开通后由运营单位接管，开通 24 小时内施工单位协助运营单位进行维护。

7.3.2 改建营业线

(1) 改建营业线施工，铁路局、铁路局运输处、车务段应根据施工等级成立相应的施工领导小组，负责组织相关部门和单位协调解决施工、运输、安全等问题以及施工现场的组织协调工作，做到运输、施工统筹兼顾，维护施工期间的运输秩序，确保行车和施工安全。

(2) 营业线改建施工前，施工单位应根据轨道设计文件，对作业现场的作业环境和条件，进行详尽的调查，制定安全的施工方案。

(3) 施工单位应根据批准的施工计划，在正式施工 72 小时前，向设备管理单位提出施工计划、施工地点及影响范围。设备管理单位接到施工请求后，应对施工方案和计划影响范围进行核对，并派员进行施工安全监督。

(4) 施工前，设备管理单位应积极协助设计和施工单位核查既有设备情况，提供地下管、线、电缆等隐蔽设施的准确位置，无法提供准确位置时，由设计单位会同施工、设备管理单位共同探查、核实，规划防护范围，并签订安全协议，明确各方的安全责任。施工中，施工单位应对施工区域内影响施工作业的既有设备，采取可靠的防护措施加以保护。

(5) 改建营业线应按规定报批施工方案、请点、防护、作业、验收、开通和交接。营业线改建、拆铺线路、道岔、轨道过渡工程以及临时道岔、便线施工作业应符合下列规定：

① 营业线改建、拆铺线路、道岔、轨道过渡工程以及临时道岔、便线施工前，做好人员、机具、设备等准备工作，并保证机具设备性能良好。

② 根据报批的改建、拆铺以及临时设施施工计划，做好书面安全技术交底工作，交底要详尽。

③ 营业线拆铺线路和道岔，应在封锁线路的条件下进行。

④ 封锁命令下达前不应进行施工相关作业，施工命令下达后，施工负责人要确认施工命令内容，防止误判、臆测给点。

⑤ 施工准备时不应超范围作业；向营业线路内安放滑轨、预铺新设备或搭设滑移平台时，要防止滑轨、设备或平台垮塌侵入行车限界；工机具放置有序、稳固，防止侵限；双线区间施工必须设置安全红线或隔离措施；无缝线路区段不应在超出允许轨温范围以外进行松动或拆卸扣件、扒挖道床、钢轨切口等有碍行车安全的作业。

⑥ 在自动闭塞区段拆铺线路和道岔，作业涉及道岔联锁、轨道电路、通讯信号

等设施时，施工命令下达后，由设备管理单位拆除施工区段影响作业和信联闭的轨道电路设施，施工单位不应随意剪断计划拆除的设备任何部位的轨道电路，只须做相关拆铺工作。

⑦ 电气化区段施工时，施工前应加设轨道回流线，施工中要防范调网作业工具、材料坠落伤人。相关安全规定按《铁路行车线上施工技术安全规则》有关规定执行。

⑧ 施工作业时，必须统一指挥，严密组织，严格控制施工范围，不应超出施工命令规定的范围，所用工机具不应随手乱掷。

⑨ 施工作业完成，应按规定条件进行检查，确认达到放行列车条件后，方可登记销点开通线路。开通前应将施工机具、新旧路料分类清理到限界以外并堆码整齐。

⑩ 线路或道岔经检查确认达到放行列车条件开通使用前，施工单位必须按报批的施工方案、命令规定的速度设置防护标志，防护办法按规定设置。

⑪ 线路或道岔开通后，施工单位在规定的时间或列车趟数内，要对新铺线路设备进行养护作业，并按相关规定，及时与设备管理单位进行交接。

⑫ 施工单位应在开通的线路或道岔限速区段设置测速仪。

(6)营业线换铺无缝线路应符合下列规定：

① 无缝线路换铺作业必须在封锁线路的条件下进行。

② 换下的旧轨应及时回收，存放在线路附近的要清理出限界，摆放牢固。

③ 待换的长轨必须采取加固措施，防止在跨越信号机两端处侵线联电。

④ 铺设时应按设计轨温锁定，如不符合设计要求，必须重新进行应力放散。

⑤ 对焊接接头应及时进行探伤检查，发现问题及时处理。

(7) 线路拨移应符合下列规定：

① 线路拨移前应设置拨移控制桩，标明拨移量，避免盲目拨移线路。

② 拨移准备工作必须符合列车放行条件，严禁超挖、超前和超范围准备。

③ 无缝线路区段，应提前进行应力放散。未放散区段，超出锁定轨温允许作业范围严禁挖开道床。

④ 采用滑轨拨移线路作业时，未封锁线路前，严禁向线路内穿放滑轨。

⑤ 曲线地段(改移路基的软硬密实度不均)，线路就位后应使用机械捣固、稳定。

(8) 站场改造应符合下列规定：

① 站场股道升级、换铺道岔应在封闭条件下进行，并按规定设置好防护。

② 预铺轨节或道岔的场地应平整，拼装好的轨节或道岔以及其他材料不应侵入行车限界。

③ 采用平台滑移轨排或道岔时，预铺的平台应稳固可靠，平台和预铺好的设

备不应侵入行车限界，并采取失稳加固措施。

④ 轨节或道岔预铺完成后，要及时做静态验收，各部位几何尺寸满足设计要求。

⑤ 拆除的旧轨道设备材料，如钢轨、轨枕、岔轨、岔枕、连接配件等应放置有序，严禁掩压、碰撞行车设备，确保邻线行车安全。

⑥ 在行车密度较大，线间不足 6.5m 的线路作业，应请求办理邻线限速慢行，并按规定设置安全防护和隔离措施。

⑦ 轨道升级、换铺道岔施工破底清筛道床或使用大型机械设备配合施工时，邻线来车时应停止施工，设备不应侵入行车限界。

⑧ 施工准备和施工作业时，严格按照批准的施工范围进行施工准备、施工，严禁超范围准备、超范围施工。

⑨ 须跨线滑移预铺轨节、道岔作业，必须请求封闭所跨邻线进行施工，封闭邻线的时间，按调度命令规定的时间实施，正点开通，不应延误。

⑩ 轨节、道岔铺设或滑移完成后，应按有关规定进行验收开通。

(9) 轨道过渡工程应符合下列规定：

① 轨道过渡应根据设计文件，对现场进行核对，过渡工程施工方案应与铁路局设备管理部门(单位)共同协商定，并对方案进行相应的论证，报铁路局运输部门或铁道部批准后，方可实施。

② 过渡工程开通的速度和运行速度由施工单位依据设计和施工资料提出申请，经运营单位审查后确定。验收合格的过渡工程，由运营单位维护，开通 24 小时内，施工单位协助运营单位进行维护。

③ 普通到发线路临时替代旅客列车到发线时，应采取保证旅客上下车和通行的安全措施。

④ 站线或其他线临时替代正线时，应先确认线路行车条件和状况，必要时应采取改造或其他安全措施。

(10) 线路整道和维修应符合下列规定：

① 线路整道、维修工作应在维修天窗点内进行。

② 桥上作业，列车通过前，施工人员应有秩序地撤到桥外或避等台上，所用工具不应堆放在轨道限界内。

③ 在双线区间作业，当邻线来车时，必须停止作业，下道避车，严禁站在两线间或跨越邻线避车。

④ 电气化区段线路维修作业时，应按中国铁路总公司现行《电气安全规则》有关规定执行。

⑤ 维修作业收工时，机具应停放在限界以外，覆盖机具的篷布必须捆扎牢固，防止刮风吹散侵入限界。

⑥ 使用的起道机必须具有速降装置，严禁使用齿条式起道机进行养护维修作业。

⑦ 维修作业涉及道岔联锁、轨道电路、通讯信号等设施时，应有设备单位人员配合。

⑧ 线路整道应符合下列规定：

a）经整道的线路应及时补充道砟。

b）在已卸道砟上不应再卸其他轨料，应将轨料卸在限界以外，并堆放稳固。

c）线路经过整道后应逐步恢复常速。

d）线路上砟整道地段与相邻地段衔接处，应有不小于 5‰的顺坡长度。

⑨ 线路维修应符合下列规定：

a）线路维修起拨道地段，要有足够的道砟，一次起道量不得超过 40mm。

b）起拨道后的线路要及时找平小坑，消除三角坑以及高低超限，并及时捣固，做到一撬一清。

c）线路维修作业时，应加强对钢轨、轨枕、接头、配件进行探伤和失效报废检查，标明符号，及时更换，轨道材料失效报废标准执行铁道部现行《铁路线路修理规则》规定。

(11) 无缝线路维修作业应符合下列规定：

① 无缝线路起拨道作业，应按规定的作业温度条件执行。

② 起道前必须拧紧全部扣件(或打紧浮起道钉)，拨正线路方向，防止作业时线路产生纵、横向移动。当线路方向发生显善不良时，应立即停止作业，迅速浇水降温，然后进行拨道等，必要时可限速通车。

③ 起、拨道时，不应将起、拨道机具放置在焊缝处。

④ 伸缩区防爬器成段失效时，应在实际锁定轨温±5℃范围内进行整修。

(12) 机养作业还应符合下列规定：

① 大型养路机械施工，应在施工天窗点内进行，并办理相关封闭要点作业手续，施工天窗时间一般不少于 180min。

② 大型养路机械的驻站与作业地段的距离一般不超过 25km，通讯设备保持良好。

③ 无缝线路区段机养作业应符合下列规定：

a）安排无缝线路机养封锁施工的天窗，应避开高温时间。

b）施工前，设备管理单位应将该段线路实际锁定轨温及安全起、拨道量等技术数据交机养施工单位，并备足道砟，调直钢轨，拧紧螺栓。

c）作业时，应派专人在施工地段测量轨温，在实际锁定轨温增减 10℃范围内容许作业。木枕无缝线路和半径小于 800m 的曲线地段，作业轨温应按上述要求的轨温上、下限再缩小 5℃。

d) 捣固车、动力稳定车、配砟整形车应紧密配合，形成流水作业，确保作业后的线路迅速得到稳定。

e) 营业线上作业时，捣固车一次起道量不得超过 50mm，起道量超过 50mm 应分两次起道捣固；一次拨道量不得超过 80mm。

f) 作业中，机组人员应随时监测线路变化，发现胀轨迹象，要立即停止作业，迅速组织抢修队伍进行处理，并使大型养路机械安全退出胀轨现场。

g) 施工作业期间，机养施工单位和设备管理单位必须分别派驻站联络员 1 名，以便传达慢行、封锁、开通命令及预报列车往来情况。

h) 大型养路机械作业区段的安全防护由机养施工单位设置，随机防护。大型养路机械作业区段两端及区段内的道口、桥梁的安全防护由设备管理单位设置。

i) 作业结束后，列车放行条件由机组人员和设备管理单位有关人员共同确认。

j) 作业后三日内，应派有经验的巡查人员巡回检查线路状况，发现胀轨或断轨预兆及时处理。

(13) 营业线施工作业人员应遵循的安全规定：

① 不应在铁路道心内，软枕头和线间距小于 5m 的两线间行走、坐卧；行车速度大于 160km/h 时严禁在两线间停留或跨越邻线避车，所持料具不应侵入建筑限界。

② 严禁随意横越铁路。确因施工确需，横越铁路时，应按现行铁路《工务安全规则》规定设置防护。

③ 不应钻车、扒车、跳车或通过车底部、车辆连接处传递料具。

④ 严禁在车下、车辆两侧线路上或有塌方落石危险处坐卧休息。

7.3.3 增建二线铺轨

1. 铺架设备上线应符合下列规定

(1) 架桥机、铺轨机设备技术状态必须始终保持良好，并经过营业线车站、车辆等相关部门检查合格后方准上线运行。

(2) 架桥机、铺轨机出车前，应对设备的走行、制动、油路、电路、起吊装置及车内备品、信号用具等进行全面检查，确认完好齐全后方准出车。

(3) 架桥机、铺轨机应配备通讯设施及灭火器材、防护信号用品。按机组配备起复设备及防溜设备，并经常保持完好，缺少或损坏时，应及时补充或恢复。

2. 施工作业前准备应符合下列规定

(1) 严格执行施工所在地铁路局的《铁路行车组织规则》、《铁路营业线施工管理办法》、相关车站的《站细》和其他有关行车和施工安全的规章及规定。

(2) 施工单位应组织相关人员进行现场调查,掌握施工地段线路设备状态以及线路坡度、曲线、道口、桥梁、隧道及信号设备位置等情况。

(3) 施工单位根据现场调查情况编制安全施工方案,并按有关规定进行报批。对有影响施工的既有设备,要及时与设备管理单位沟通,并根据报批的施工计划,向设备管理单位进行书面交底,请求现场配合。

(4) 铺架设备及施工列车自铺架基地至施工现场需要经过营业站时,应按所在路局规定报批施工计划。

3. 施工作业登记应符合下列规定

(1) 铺架作业前,施工单位、设备管理单位应按行车单位批准的作业计划,在规定的车站进行施工登记;登记的具体内容包括:施工作业内容、起止时间、地点、命令号、配合监管单位等。

(2) 车站值班员填写施工作业给点命令后,驻站联络员及时准确通知施工负责人按作业时间组织铺轨机或架桥机及施工列车进入施工区段。

4. 铺架设备运行及作业安全应符合下列规定

(1) 轨机或架桥机进退机前,施工单位负责人、安质人员、施工技术人员应对走行线路质量进行检查,线路技术状况满足过车条件后,施工负责人方可下达进退机命令。

(2) 铺轨机或架桥机进退机时,施工单位必须有队级以上领导、安质、机械和施工技术人员现场监察。

(3) 凡有碍营业线安全的铺轨架桥施工地段,按施工要点计划、调度命令及现行《铁路技术管理规程》、《铁路工务安全规则》中的要求设置好防护,方可进行铺架施工作业。

(4) 铺架设备和工具不应侵入限界。铺架施工作业过程中,严禁施工人员站在营业线上。

(5) 铺轨架桥作业遇到线间距小于4.2m时,应采用线路偏铺的方式,不应影响营业线的正常行车。

(6) 在已完成的新铺线路上,铺轨机或架桥机自轮运转速度不得大于15km/h。

(7) 在线路并行地段装立龙门架时,应利用施工天窗进行,严禁利用列车间隔时间进行作业。

(8) 线间距小于5m地段,营业线来车时,应立即停止铺架作业。

(9) 铺架施工作业过程中,严禁施工人员站在营业线上。

(10) 在小曲线半径的内曲线和线间距小的地段,应采用拨移施工线路等措旋,防止铺架机械大臂侵入营业线限界。线路不能拨移时,要利用施工天窗点进退机，严禁盲目运行。

(11) 确保营业线行车安全及铺架机械进退机的安全运行，线路整修及起道作业过程中，应执行下列规定：

① 设置施工防护后，方准进行作业，线路未达到放行铺架机的条件，禁止撤出防护和放行铺架机。

② 每次起道量不得大于 150mm，轨枕应在钢轨两侧 450mm 范围内均匀捣固密实。

③ 线路上砟整道地段与相邻地段衔接处应以不大于 2‰的坡度顺接。

④ 轨道铺设完成后应立即进行重点整修，拨顺线路方向，消除反超高和三角坑，严禁在线间距 4.2m 及以内地段出现负偏差。

⑤ 及时养护新铺线路，缩小荒道的长度，确保铺架机和施工列车的运行安全。

5. 铺架机械区间停放应符合下列规定

(1) 区间停放铺架设备地点应选择路基较低，线间距大于 4.2m 的直线地段，路基坚实稳定。停放在曲线上时，应停放在曲线半径大于 800m 的地段，大臂应摆向邻线反方向，确保不侵入限界。

(2) 司机室、操作室应收回，摆正大臂，靠邻线一侧无悬挂物。

(3) 做好防溜措施，打 8 只以上止轮器(下坡方向打 6 只，反方向打 2 只)，楔紧木楔，将铺架机械手制动扳到制动位置。

(4) 设专人看守防护铺架机械，看守人员应配备通讯和防护设备，确保通讯畅通，防止意外事件发生。

6. 线路拨接应符合下列规定

(1) 根据设计资料，施工单位应组织相关人员对拨接现场进行复查，按规定编制、报批实施性施工组织方案、施工作业指导书和技术交底书。

(2) 拨接施工前的准备工作不允许超前、超限，必须按施工放行列车条件的要求进行预备作业。

(3) 对有可能影响轨道电路和信号的准备作业时，必须在设备管理单位人员的指导和配合下进行，不应随意拆除连接线及绝缘设施，对有可能连电的作业工点，必须加装绝缘保护，防正工具连电而影响行车信号。

(4) 在拨接施工实施前，驻站联络员应根据批准的施工计划，向车站值班员办理登记要点申请封锁施工手续。

(5) 施工负责人接到封锁施工命令后，必须确认施工起止时间，下达设置防护命令，按要求设置防护。施工负责人确认防护工作已就绪，方可下达开工命令。

(6) 施工中，设计、监理、设备管理单位、施工单位应严格按审定的方案监督和组织施工，随时掌握进度与质量，消除不安全因素。

(7) 拨接施工完毕，线路开通前，设计、监理、设备、施工单位要认真进行质量检查，确认线路设备达到列车放行条件，方可办理开通交接手续。

(8) 拨接施工后，在 24 小时内，施工单位应配合设备管理单位巡养线路。

(9) 线路开通巡养期间须使用液压起拨道器，严禁使用齿条式起道机进行养护作业。起道作业时，必须使用带绝缘的水平道尺。

7.3.4　营业线工程运输

(1) 工程列车开行前，应与铁路局相关部门或单位签订安全运输协议。

(2) 在营业线作业的自备机车必须技术状态良好，按规定安装机车信号、列车无线调度通信设备、列车运行监控记录装置，经铁路局相关部门鉴定合格后，方可上线运行。

(3) 参与营业线行车工作的所有人员在开工前，必须学习所在铁路局《行车组织规则》、相关车站《车站行车工作细则》等规章制度，了解并掌握工程列车行车区段内运输设备的性能。

(4) 在营业线参与行车工作的所有人员，在作业中必须服从所在铁路局列车调度员、车站值班员的统一指挥，严格按标准化要求进行作业。接受营业线运输、设备管理部门和部门安全检查人员的监督和检查。

(5) 工程列车中编有铺轨机、架桥机等自轮运转特种设备时，自轮运转特种设备必须符合铁路有关规定要求，经营业线相关部门检查合格方可编入列车。

(6) 工程列车的牵引机车要行车安全装备良好。列车运行中，机车信号、列车无线调度通信设备、自动停车装置或列车运行监控记录装置必须全程运转，严禁关机。

(7) 工程列车运行中，司机应严格按规定速度和信号显示行车，认真执行呼唤应答制度，平稳操纵机车，严禁超速。

(8) 工程列车在区间被迫停车时，运转车长或司机应严格按《铁路技术管理规程》、所在铁路局的《行车组织规则》及相关规定和办法处理。发生行车事故时，运转车长或司机应严格按《铁路交通事故调查处理规则》的规定程序和办法处置。

(9) 在电气化铁路区段作业时应符合下列规定：

① 在电气化铁路上工作的有关人员（包括通过电气化铁路的乘务员、押运人员等），在施工开始时，必须经过有关安全考试合格后，方准单独作业。

② 任何人员所携带的物件（包括长杆、导线等）与接触网设备的带电部分需保持 2m 以上的距离。

③ 在带电的接触网的线路上进行调车时，禁止登上棚车（在区间和中间站禁止登上敞车和棚车）行走或使用人力制动机；敞车、平车上使用人力制动机时，不准

踏在高于人力制动机踏板的车帮上或货物上。

④ 在接触网没有停电并接地的情况下，禁止到内燃机车和车辆的车顶上进行任何作业。不应用水管冲洗机车车辆。

⑤ 机车上可以攀登到车顶的梯子和通往走台板的前门等处，均应明显地涂有“接触网有电，禁止攀登”的警告标语，天窗必须关闭加锁。

⑥ 铺轨机、架桥机等自轮运转特种设备的押运人员，在电气化区段运行和停留时，禁止踏上高于机组地板的任何位置并进行任何作业。其司机室的天窗必须关闭加锁。

7.3.5 机械设备的使用

(1) 换轨车作业时应注意作业安全，防止钢轨下落、入槽过程中压伤、挤伤手脚。

(2) 换轨作业牵引速度应小于5km/h。

(3) 使用收轨车收轨作业时应保持钢轨同时起落，装车时应确保钢轨均匀放置在车体左右两侧，防止压翻车体。

第 8 章　建设项目安全管理信息化系统

将现代信息技术引入施工安全管理,是安全管理中的重要内容,本章主要介绍信息技术在隧道施工安全管理中的应用。

8.1　视频监控及安全监测管理系统

8.1.1　建设管理信息化概述

1. 信息技术与信息化概念

人们对信息技术的定义,根据其使用的目的、范围、层次不同而有不同的表述。相对普遍的定义是:信息技术是指在计算机和通信技术支持下用以获取、加工、存储、变换、显示和传输文字、数值、图像以及声音信息,包括提供设备和提供信息服务两大方面的方法与设备的总称。

现代信息技术以计算机技术、微电子技术和通信技术为特征。按表现形态的不同,信息技术可分为硬技术(物化技术)与软技术(非物化技术)。前者指各种信息设备及其功能,如电话机、通信卫星、多媒体电脑等。后者指有关信息获取与处理的各种知识、方法与技能,如语言文字技术、数据统计分析技术、规划决策技术、计算机软件技术等。

从用户或者使用者的角度来看,其应用的典型包括:个人数字终端(手机、iPad、游戏机、电子图书等)、网络(互联网、移动通信网)、行业应用信息系统(缴费、办公自动化等等)。

信息化是充分利用信息技术,开发利用信息资源,促进信息交流和知识共享,提高经济增长质量,推动经济和社会发展转型的历史进程。

2. 铁路建设管理信息化历程

铁路建设管理是项目管理技术的一个具体应用。项目管理是第二次世界大战后期发展起来的重大新管理技术之一,最早起源于美国。有代表性的项目管理技术比如关键性途径方法(critical path method,CPM)和项目评估和反思(program evaluation and review technigue,PERT)技术,它们是两种分别独立发展起来的技术。目前国际上比较认可的项目管理认证体系主要有 IPMP 和 PMP 两大类。

我国铁路建设管理系统的发展经历了从零星分散应用到系统集成应用的过程。

2004年铁道部立项研究乌鲁木齐铁路局精伊霍铁路建设工程项目管理信息系统。系统整合铁路工程建设过程中的空间数据和动态施工数据,建立工程建设三维数据模型。系统应用结构分为建设指挥部层、标段层和单位工程层,围绕进度控制、质量控制、安全控制和投资控制四个方面实现了三个层次的工程建设项目管理功能,系统于2006年投入应用。

2005年铁道部组织了铁道部信息中心主持开发新一代的铁路建设项目管理信息系统,北京梦龙科技有限公司、三峡高科信息技术有限责任公司、中国铁道科学研究院等单位参加。其目标是根据铁道部和建设单位的实际需要,整合工程建设过程的基础数据和管理流程,在全路范围内建立一个以现代项目管理技术与现代信息技术为支撑的建设管理平台,支持铁道部和建设单位高效率、高质量地对铁路建设项目进行全过程管理。

系统第一个版本于2006年开发完成,并在合宁客运专线和武广客运进行了试点应用。铁道部于2006年下发了《关于进一步加强铁路建设项目管理系统建设和应用的意见》(铁建设函[2006]810号)。2007年3月召开了推进铁路建设项目管理信息系统(RCPMIS)的建设和应用会议。目前该系统在一些大的客运专线工程得到部署。

3. 铁路建设项目安全管理信息化系统

在多年的铁路建设项目安全管理的实践中,一些具有实用性的设备和技术不断得到应用,体现出强大的生命力。其中包括:远程施工视频监控系统、安全监测管理系统、隧道施工安全管理系统等。这些系统应用相对独立、自成体系,通过综合集成又能构成一个相互关联的整体。建设管理单位完全能够根据自己的需求进行剪裁组合,形成自己需求的应用。

该系统的主要特点就是强调过程控制、服务于安全生产实际需求。远程视频监控系统能够实时监控施工现场的作业情况;安全监测管理系统能够及时反映工程结构变形情况,发出安全风险预警;隧道施工安全管理系统能够对隧道施工人员、施工作业实施图像、隧道超挖和欠挖情况进行监控。

8.1.2 视频监控系统

1. 概述

工程建设视频监控系统是运用数据库技术、视频监视技术和网络技术开发的工程建设监控信息管理平台,实现直观、快速而准确地获取各种数据和信息,随时了解工程动态和进展。在重点控制工程施工现场安装监控摄像机,再将各区域的摄像机拍摄的信息汇聚到各个标段项目,通过设在指挥部的监控指挥中心集中控制、显示、回放现场施工的摄像机图像，可以让管理机构对各个工地的施工进度、质量、安全以及施工现场的实际施工状况进行多视点、多角度、全方位、全过程、全天候地远程监控管理。

2. 系统网络结构

网络是信息系统的神经，是信息化应用的基础。铁路工程呈线状分布，施工现场往往分布在山区农村，其通信条件非常困难，因此必须应用有线和无线相结合的方法来综合构建系统的网络平台。

3. 系统体系结构

系统的体系结构主要是从信息技术的角度来说明系统的构成。系统体系结构从下往上分为系统的硬件平台层、基础软件平台层和应用软件层。

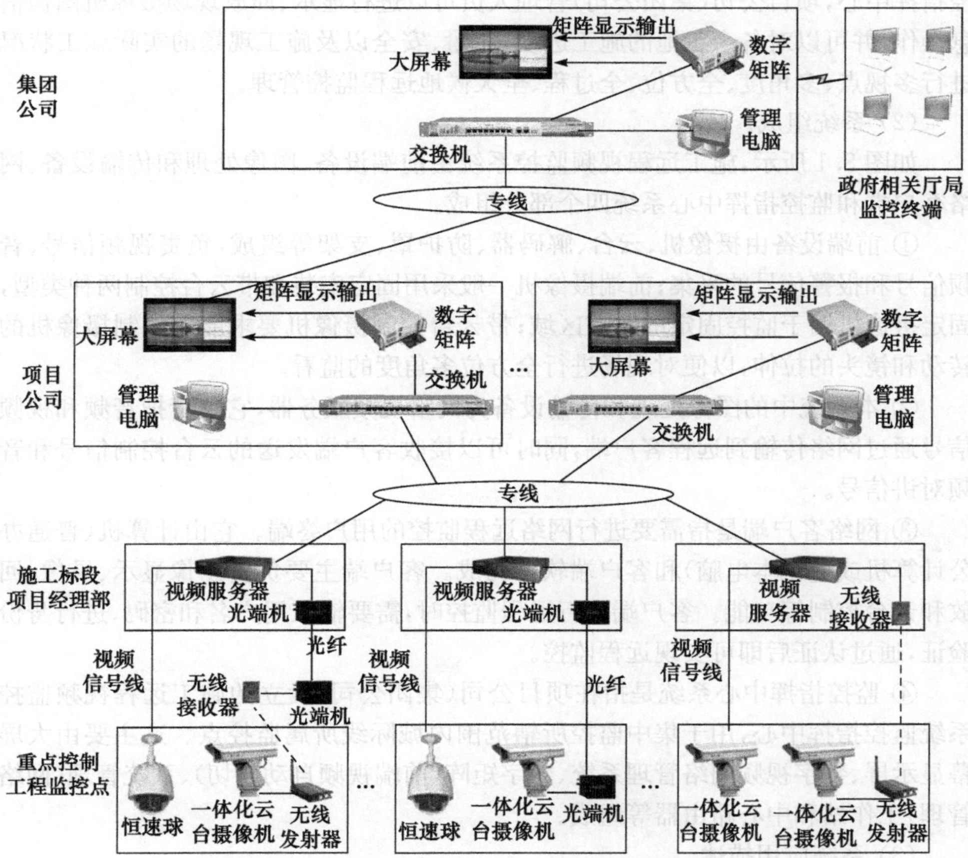

图 8.1　施工远程视频监控系统总体网络结构图

系统硬件平台层包括计算机、服务器、网络通信设备、视频监控装置、工程测量仪器、RFID设备、投影显示设备;基础软件平台层包括计算机和服务器的操作系统、数据库、WEB服务中间件、地理信息系统(geographic information system,GIS)软件;应用软件层包括视频监控软件、安全监测管理软件、隧道施工安全管理软件。

4. 系统设计方案

(1) 系统总体网络结构。

① 通过在重点控制工程施工现场安装监控摄像机,采集施工现场实时摄像信息。

② 通过有线或无线的方式传送并存储在施工标段项目经理部(或工点本地存储),施工标段管理人员可以实时监控施工现场情况。

③ 通过视频监控专线网络,将施工现场信息汇集至项目公司(集团公司)的监控指挥中心,项目公司(集团公司)管理人员可以进行显示、回放现场摄像机图像信息操作,并可以对各个工地的施工进度、质量、安全以及施工现场的实际施工状况进行多视点、多角度、全方位、全过程、全天候地远程监控管理。

(2) 系统组成。

如图8.1所示,施工远程视频监控系统由前端设备、图像处理和传输设备、网络客户端和监控指挥中心系统四个部分组成。

① 前端设备由摄像机、云台、解码器、防护罩、支架等组成,负责视频信号、音频信号和报警信号的采集;前端摄像机一般采用固定安装和带云台控制两种类型,固定摄像机用于监控固定的监控区域;带云台控制摄像机要求能够控制摄像机的转动和镜头的拉伸,以便对现场进行全方位多角度的监看。

② 本系统中的图像处理和传输设备为网络视频服务器,它负责把音频和视频信号通过网络传输到远程客户端,同时可以接收客户端发送的云台控制信号和音频对讲信号。

③ 网络客户端是指需要进行网络远程监控的用户终端。它由计算机(普通办公计算机或笔记本电脑)和客户端软件构成。客户端主要负责图像显示、录像、回放和云台控制等功能。客户端进行远程监控时,需要输入用户名和密码,进行身份验证,通过认证后即可实现远程监控。

④ 监控指挥中心系统是指在项目公司(集团公司)设立的施工远程视频监控系统监控指挥中心,用于集中监控所辖范围内城际线所属监控点。这主要由大屏幕显示屏、数字视频网络管理系统、数字矩阵(前端视频自动轮切)、系统管理(网络管理)工作站和中心路由器等组成。

(3) 系统应用描述。

施工远程视频监控系统的建成,将使重点控制工程工地的建设管理无盲区,使管理者具有权限的办公电脑上就能看到每个工地的实时建设情况，并可查阅工地视频历史资料，随时了解施工作业现场的各类数据。每个监控工地的计算机亦可实时查看本工地的施工情况。在监控指挥中心，工作人员可同时看到多个工地的实时视频信息。

5. 系统主要功能

(1) 图像显示。

① 支持多幅画面同时显示。

② 可单画面或多画面分割显示任意一路或几路视频图像，并可多路轮循显示。

③ 可对显示图像的亮度、对比度、饱和度、色调进行连续调整。

(2) 语音功能。

① 具有多路音频与视频同步输入功能，音质清晰流畅，无杂音。

② 监看图像时可进行现场监听。

③ 每路视频和音频可进行同步存储，声音与图像数据同包，回放时音质无失真。

(3) 对讲功能。

可以和前端设备进行语音对讲，主叫不需要应答即可喊话。

(4) 录像存储。

① 持手动录像，自动指定录像盘符。

② 支持多硬盘循环录像，无需人工换盘。

(5) 检索回放。

① 可精确选定时、分、秒，以迅速检索需要的录像资料。

② 回放与录像同时进行，互不影响。

③ 可对录像资料进行时间检索、事件检索，录像资料储存情况通过图形表示一目了然。

④ 可单画面全屏回放，也可多路同时回放。

⑤ 回放速度全实时。

⑥ 多种回放速度，可正常回放、单帧回放、快速回放(2～5 倍)、慢速回放(1/2～1/5)、画面冻结和跳至指定时间播放回放图像大小可调；

⑦ 回放时支持抓拍功能，即某幅图像的数字化拍照，也可对图像进行电子处理。

(6) 放大与打印。

系统支持本地端与网络远程端同时回放影音文件。

(7) 设备状态监测功能。

系统可判断设备故障、网络中断等故障状态，并具有故障报警功能。

(8) 控制功能。

① 支持多路云台全方位控制,可手动控制,也可自动控制。

② 支持电动变焦镜头的聚集、光圈与变焦控制。

③ 支持灯光和雨刷等辅助控制。

④ 可控制高速球,可调节高速球转动速度。

(9) 管理功能。

① 提供了用户账号的开户、修改、删除、密码修改等维护操作。

② 对于每个用户可以指定他有权进行操作(包括浏览/控制/管理)的监控点集合,用户只需要登陆服务器即可以对给予他授权的所有设备进行操作。

③ 可对监控服务器及其下属监控点进行添加、删除、修改等维护操作。

④ 采用多级交叉的权限控制机制,每个用户对每个监控工作站具备的权限可以独立设置,避免了传统权限管理方式造成的一级权限可访问多个子系统的情况,保证监控信息安全。

⑤ 合理的权限冲突检测机制。用户仅可进行有权限系统操作,避免恶意删除和修改监控信息,最大程度保障系统信息的安全。

⑥ 整个系统中包含的所有视频数据和其他用户数据在服务器的数据库均记录有它们的索引信息,用户在服务器上可以查询到所有对他授权的数据信息,并且服务器会自动将用户的请求重定向到物理存放数据文件设备进行流方式点播。

6. 系统布点设计

(1) 原则。

铁路工程建设存在建设周期长、标段施工进度差异大的特点,因此必然将导致施工远程视频监控系统的具体实施随着土建工程的建设进度而相应的向后推迟,只有在相应的施工监控现场的土建工程开工后并具备视频监控系统施工的条件下才能进行快速、安全、高质量的实施。

(2) 施工现场视频监控点设计。

铁路建设是个复杂的系统工程,施工方法多。这给施工远程视频监控系统前端设备的安装部署、安全稳定运行造成了一定的困难。因此针对不同的施工方法,要结合施工现场的实际环境,合理地对前端设备进行布点。

① 地下车站施工区域,每个车站安装 2～4 台恒速球,盖挖车站应另安装 3 台一体化云台彩色摄像机,采用视频线缆及控制线缆的有线方式将现场施工监控点的摄像机与管理设备间的视频控制终端连接。

② 在隧道明挖施工区域,安装 1 台恒速球,采用视频线缆及控制线缆的有线方式将现场施工监控点的摄像机与管理设备间的视频控制终端连接。

③ 在矿山法施工的区域,各安装 1～3 台一体化云台彩色摄像机,采用光纤或

无线配合光纤传输，将视频信号及控制信号利用光纤传送到管理设备间后，与视频控制终端连接。

④ 在盾构法施工的区域，分别在施工竖井安装 2 路摄像机，跟踪相应的盾构机作业，随着工程的进展实时推进；两路视频都是通过户外单模光纤进行视频图像传输，传输到相应的标段项目部存储机房。

(3) 前端设备布点设计原则。

施工远程视频监控系统前端设备类型与数量的确定和网络传输方式的选择，主要依据施工现场的实现需要、施工方法、施工进度、周边环境等综合因素。

① 特大桥：建议在跨国、省道、高速公路、既有铁路及大跨度连续梁（跨度 70m 及以上）、深基坑，以及主桥墩、桩基处设置。

② 长大隧道/地下车站：建议在竖井（盾构始发井、暗挖竖井、电力井等）、出入口和隧道内掌子面设置。

③ 梁场：建议在制梁台、钢筋加工区、梁场测试台、内模修整台、存梁区等区域设置。

④ 管片场：建议在钢筋加工车间、管片堆场设置。

⑤ 其他需要监控的监控点。

8.1.3　安全监测管理系统

在工程建设过程中对岩土结构进行实时监测以保障施工安全已经成为业界的共识。然而大多数情况下，各类量测数据都是以纸质记录表格的形式保存在施工监测单位和第三方监测单位，建设管理者往往得到的只是一些结论性的总结报告。整个工程施工安全监测的数据分散，监测管理不系统、不透明、不规范，大大降低了监测的安全保障作用。因此应用计算机及网络技术进行工程监测及风险管理已经成为必然的趋势。

1. 系统概述

安全监测管理信息系统主要是应用计算机技术、数据库技术、网络通信技术、自动化测量技术、地理信息系统技术实现对工程监测数据采集和处理，实现工程风险信息管理，达到工程监测数据和风险信息管理系统化、规范化和流程化的目的，从而为保障工程施工安全提供有力支撑。系统的主要应用目的包括以下几点：

(1) 实现人工监测数据和自动化监测数据的系统管理，方便进行各种分析、统计和报表。

(2) 实现对工程安全报告和风险进行管理的系统管理，使得工程建设各方能够及时了解工程的安全风险状况。

(3) 实现施工安全风险管理流程化和信息化，实现风险预警发布、风险预警确认、风险预警处理和风险预警解除等各个环节的网络流转、沟通、催办和督办，提高风险预警处理的效率。最终使得整个风险管理过程规范化、透明化。

2. 系统信息处理流程

安全监测管理系统是工程建设安全风险管理体系的一部分，是工程安全风险管理的信息支撑平台，其信息处理流程必须满足工程风险管理相关制度和流程的需求。

3. 监测管理

监测管理功能包括监测数据输入、安全评估分析、风险预警、考核管理等功能，如图 8.2 所示。

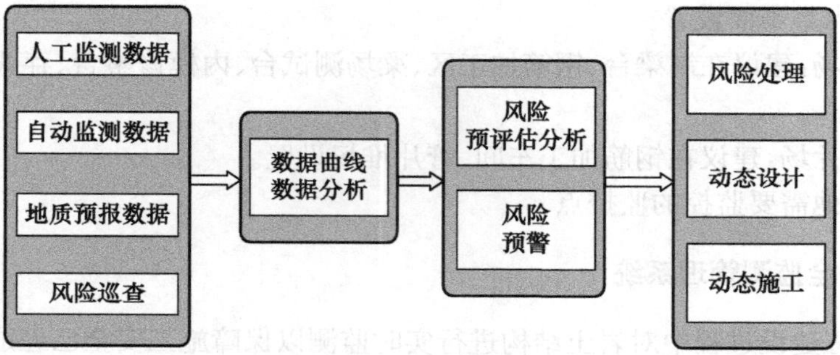

图 8.2　安全监测数据处理流程

4. 系统主要功能

工程监测及风险管理系统主要功能见图 8.3。

监测管理	自动化监测	风险评估分析	地质超前预报	风险管理	文件管理	工程资料管理	项目管理	工程地图	个人桌面	基础数据管理	系统管理
系统软件平台（操作系统、数据库、GIS）											

图 8.3　安全监测系统软件功能

5. 工程地图

GIS 地图功能是以地理信息系统技术为基础，将工程安全监测和风险管理等信息在工程地图上显示，方便用户直观的查询与管理。

(1) 工程地图信息，在工程地图上显示各工点的测量数据报警情况、风险评估情况和风险预警情况。能够进行地图放大缩小和移动，方便了解工地周边环境情况。通过点击能够直接进入工点风险管理界面，迅速了解工点详细的监测数据、风险预警报告等信息。

(2) 工点测点设计图，对工点测量的布置以图形的方式显示，用户能够通过选择显示所关心的测点和断面，点击测点和断面的图标能够显示相应的曲线。

6. 风险管理

对工程建设过程中的风险预评估报告、重大风险源、风险巡查报告、应急预案进行管理，方便用户查阅。

7. 基础数据管理

基础数据管理主要功能是对工程的工点和测点进行设置。

(1) 工点管理，分为工程、标段和工点三级结构对进行管理。

(2) 测点管理，系统将工程类型划分为基坑工程、隧道工程、边坡工程和软基工程。不同工程类型的测点类型不同。根据工程监测方案设计情况可以批量生产所有的测点。

8. 工程资料管理

对工程中的安全评估报告、勘察资料、设计资料、监理资料、会议文件资料、监测报告资料进行系统管理和搜索查询。

9. 项目管理

对线路和工点的工程进度情况、安全风险管理工作等信息进行发布管理，以便参建各方及时了解相关信息。

10. 文件管理

对工程安全风险管理中的会议通知、文件、会议纪要、专题报告进行系统管理，起到沟通参建各方的作用。

11. 个人桌面

集中显示个人的代办和已办的各种预警、文件，以及相关的表扬、红牌等信息，方便工程安全风险管理事物办理。

12. 系统管理

对系统应用的组织机构、用户和权限进行管理，达到信息共享和信息保密的目的。

8.1.4　关键设备及技术

1. 设备选取的原则

由于铁路建设施工现场环境恶劣，灰尘、雨水、雷电、爆破、施工电源、电磁干扰等都可能对计算机和电子设备造成损坏。因此选用适用铁路建设施工现场的设备型号是系统安全稳定运行的关键。一般家庭或商用的计算机或者电子通信设备很难适用于铁路现场，必须选择相应的工业级计算机或者电子通信设备。

2. 服务器软硬件

服务器软硬件是整个系统的大脑，一般安装在中心机房中，具有较好的工作环境。常用服务器硬件主要包括小型机和 PC 服务器两大类，常用服务器软件主要包括操作系统、数据库、Web 应用平台软件、地理信息系统平台软件。

(1) 小型机。

小型机是指采用 8-32 颗处理器，性能和价格介于 PC 服务器和大型主机之间的一种高性能 64 位计算机。它们是使用 RISC 或 EPIC 处理器，并且主要采用 UNIX 和其他专用操作系统的服务器。一般而言，小型机具有高运算处理能力、高可靠性、高服务性、高可用性等四大特点。

① 采用 8-32 颗处理器，实现多 CPU 协同处理功能。

② 配置超过 32GB 的海量内存容量。

③ 系统设计有专用高速 I/O 通道。

④ 延续了大型机、中型机的高标准的系统与部件设计技术。

⑤ 采用高稳定性的 UNIX 类操作系统。能够实时在线诊断，精确定位出根本问题所在，做到准确无误的快速修复。

⑥ 多冗余体系结构设计是小型机的主要特征，如冗余电源系统、冗余 I/O 系统、散热系统等。

(2) PC 服务器。

PC 服务器是指采用 CISC 架构服务器，它是基于 PC 机体系结构，使用 Intel 或其他兼容 x86 指令集的处理器芯片和 Windows 操作系统的服务器。PC 服务器具有较高的性能价格比，通用性是其最大的一个优点，会使用 PC 机就可以很容易地使用 PC 服务器，它的硬件结构与 PC 机差不多，用户心里有底；它的操作系统一般是 Windows nt/2000，又对用惯 Windows 95/98 的用户来说容易掌握，而且应用软件也更丰富。另外，价格便宜也是 PC 服务器的优势，价位处于 PC 机与昂贵的小型机之间，具有最佳的性能价格比。

（3）操作系统。

服务器操作系统包括 Unix、Linux 和 Windows Server 三大类，一般小型机采用 Unix 或 Linux，PC 服务器采用 Linux 和 Windows Server。

（4）数据库。

数据库软件包括 Oracle、Sybase、SQL Server、MySQL。一般 Sybase 市场占有率低，应用的较少；Oracle 运行稳定、使用大规模应用、性能好但价格昂贵；SQL Server 是微软公司产品，使用中小规模应用，应用较简单方便，性格适中；MySQL 是开源免费产品，产品的稳定性一般，没有技术支持维护。

（5）Web 应用平台软件。

Web 应用平台软件是应用软件运行的平台，主要是将用户通过 IE 网页输入的数据转发给应用软件，并把应用软件处理结果转化成 IE 网页的形式发送给用户。Web 应用平台软件主要包括 IBM 的 WebSphere、Oracle 公司的 WebLogic、Tomcat。其中，WebSphere 和 WebLogic 都是支持大型网站和大型企业应用的平台软件，价格昂贵；Tomcat 是开源产品，适合于中小应用，但是缺乏技术支持。

（6）地理信息系统平台软件。

地理信息系统平台软件主要是处理地图相关的空间数据，能够快速提取用户需要的空间信息数据并显示出来，同时还提供地图坐标搜索、比例缩放、拖动、地图编辑等操作。地理信息系统平台软件主要包括 ArcGIS、MapInfo、SuperMap、GeoServer 等产品。其中，ArcGIS 应用最多，运行稳定成熟，适用于大规模应用，价格昂贵；MapInfo 进入中国市场比较早，产品的用户友好性一般，二次开发难度大；SuperMap 是国内品牌，技术服务和支持较好，价格便宜；GeoServer 是开源产品，适于小规模应用，缺乏技术支持和服务。

（7）选择服务器软硬件产品的主要依据包括以下几条：

① 数据业务的特点，是否交易数据、实时控制数据还是业务管理数据。

② 数据业务对运行稳定性和安全性的要求。

③ 数据业务流量的大小。

（8）铁路建设安全管理系统中服务器主要包括数据库服务器、应用服务器（安全监测管理、隧道安全管理、拌合站生产管理）、地理信息系统服务器、视频会议服务器、视频监控服务器。根据其数据业务特点，一般可选择如下方案：

① 服务器硬件选择 PC 服务器。

② 服务器操作系统选择 Windows Server 2003。

③ 数据库一般选择 SQL Server。

④ Web 应用平台软件选择开源的 Tomcat 5.0。

⑤ 地理信息系统平台软件一般选用 ArcGIS。

3. 网络通信设备

网络通信设备主要包括路由器、交换机、防火墙、无线通信设备、GSM 短信模块和 VPN 网关。

(1) 路由器。

路由器(router)是用于连接多个逻辑上分开的网络,所谓逻辑网络是代表一个单独的网络或者一个子网。当数据从一个子网传输到另一个子网时,可通过路由器来完成。因此,路由器具有判断网络地址和选择路径的功能,它能在多网络互联环境中,建立灵活的连接,可用完全不同的数据分组和介质访问方法连接各种子网,路由器只接受源站或其他路由器的信息,属于网络层的一种互联设备。它不关心各子网使用的硬件设备,但要求运行与网络层协议相一致的软件。路由器分本地路由器和远程路由器,本地路由器是用来连接网络传输介质的,如光纤、同轴电缆、双绞线;远程路由器是用来连接远程传输介质,并要求相应的设备,如电话线要配调制解调器,无线网络要通过无线接收机、发射机。一般主要用于企业中局域网连接到因特网或广域网,它会根据信道的情况自动选择和设定路由,以最佳路径,按前后顺序发送信号的设备。

路由器根据用途和规模其使用级别可分为:接入路由器、企业级路由器和骨干级路由器。

路由器产品品牌主要包括:思科(Cisco)、华为、H3C、D-Link 等。

(2) 交换机。

交换机主要用于完成局域网内不同计算机信息交互处理。工作在数据链路层。交换机拥有一条很高带宽的背部总线和内部交换矩阵。交换机的所有的端口都挂接在这条背部总线上,控制电路收到数据包以后,处理端口会查找内存中的地址对照表以确定目的 MAC 的网卡挂接在哪个端口上,通过内部交换矩阵迅速将数据包传送到目的端口,目的 MAC 若不存在广播到所有的端口,接收端口回应后交换机会学习新的地址,并把它添加入内部 MAC 地址表中。使用交换机也可以把网络分段,通过对照 MAC 地址表,交换机只允许必要的网络流量通过交换机。通过交换机的过滤和转发,可以有效的减少冲突域,但它不能划分网络层广播,即广播域。交换机在同一时刻可进行多个端口对之间的数据传输。每一端口都可视为独立的网段,连接在其上的网络设备独自享有全部的带宽,无须同其他设备竞争使用。

根据交换机的功能范围一般可分为二层交换机、三层交换机和四层交换机。

二层交换机技术的发展比较成熟,二层交换机属数据链路层设备,可以识别数据包中的 MAC 地址信息，根据 MAC 地址进行转发，并将这些 MAC 地址与对应的端口记录在自己内部的一个地址表中。二层交换机主要用于小型局域网。

三层交换机的最重要的功能是加快大型局域网络内部的数据的快速转发，加入路由功能也是为这个目的服务的。如果把大型网络按照部门，地域等等因素划分成一个个小局域网，这将导致大量的网际互访，单纯的使用二层交换机不能实现网际互访；如单纯的使用路由器，由于接口数量有限和路由转发速度慢，将限制网络的速度和网络规模，采用具有路由功能的快速转发的三层交换机就成为首选。

对于四层交换机来说，决定传输不仅仅依据 MAC 地址（第二层网桥）或源/目标 IP 地址（第三层路由），而且依据 TCP/UDP（第四层）应用端口号。第四层交换功能就象是虚 IP，指向物理服务器。它传输的业务服从的协议多种多样，有 HTTP、FTP、NFS、Telnet 或其他协议。这些业务在物理服务器基础上，需要复杂的载量平衡算法。

（3）防火墙。

防火墙指的是一个由软件和硬件设备组合而成、在内部网和外部网之间、专用网与公共网之间的界面上构造的保护屏障，是一种获取安全性方法的形象说法。它是一种计算机硬件和软件的结合，使 Internet 与 Intranet 之间建立起一个安全网关（security gateway），从而保护内部网免受非法用户的侵入，防火墙主要由服务访问规则、验证工具、包过滤和应用网关 4 个部分组成。

防火墙可分为网络层防火墙和应用层防火墙。网络层防火墙可视为一种 IP 封包过滤器，运作在底层的 TCP/IP 协议堆栈上，只允许符合特定规则的封包通过，其余的一概禁止穿越防火墙。应用层防火墙是在 TCP/IP 堆栈的应用层上运作，当使用浏览器时所产生的数据流或是使用 FTP 时的数据流都是属于这一层。应用层防火墙可以拦截进出某应用程序的所有封包，并且封锁其他的封包（通常是直接将封包丢弃）。

（4）无线通信设备。

无线网桥是为使用无线（微波）进行远距离数据传输的点对点网间互联而设计。无线网桥从作用上来理解无线网桥，它可以用于连接两个或多个独立的网络段，这些独立的网络段通常位于不同的建筑内，相距几百米到几十公里。所以说它可以广泛应用在不同建筑物间的互联。同时，根据协议不同，无线网桥又可以分为 2.4GHz 频段的 802.11b 或 802.11g 以及采用 5.8GHz 频段的 802.11a 无线网桥。无线网桥有三种工作方式，点对点，点对多点，中继连接。特别适用于远距离通讯．它有 2 种接入方式，IP 接口接入，IP＋E1 双接口接入。

在无高大障碍（山峰或建筑）的条件下，其作用距离取决于环境和天线。一对 27dbi 的定向天线可以实现 10km 的点对点微波互连。12dbi 的定向天线可以实现

2km 的点对点微波互连；一对只实现到链路层功能的无线网桥是透明网桥，而具有路由等网络层功能，可以实现异种网络互联的设备叫无线路由器，也可作为第三层网桥使用。

(5) GSM 短信模块。

此模块是一种支持 GSM 无线通讯的工业级调制解调器，一般基于法国 WAVECOM 或德国 SIEMENS 的 GSM 模块，插入国内移动通信运营商的 SIM 卡后即可接入运营商 GSM 网络，实现无线 GSM 通话、短信、数据等功能

(6) VPN 网关。

VPN 网关为防火墙＋VPN 软硬件一体化的产品。VPN 是虚拟专用隧道网络的意思，通过 VPN 技术可以实现不同的网络互联，构成一个网络，是总部与分支机构网络互通的最好形式。主要是在 Internet 网络上构建企业内部的专用虚拟网络通道，从而保证用户信息传输的安全性。

8.1.5 视频监控设备

1. 硬盘录像机

硬盘录像机(digital video recorder，DVR)，即数字视频录像机，相对于传统的模拟视频录像机，采用硬盘录像，故常常被称为硬盘录像机。其工作过程就是利用 AD 技术将模拟的视频信号转换为数字信号，运用 MPEG-2、MPEG-4、H. 264、M-JPEG 等数字视频压缩标准进行压缩编码，从而提高了视频信号储存和传输的效率。它是一套进行图像存储处理的计算机系统，具有对图像/语音进行长时间录像、录音、远程监视和控制的功能。

DVR 集合了录像机、画面分割器、云台镜头控制、报警控制、网络传输等 5 种功能于一身，用一台设备就能取代模拟监控系统一大堆设备的功能，而且在价格上也逐渐占有优势。DVR 采用的是数字记录技术，在图像处理、图像储存、检索、备份以及网络传递、远程控制等方面也远优于模拟监控设备，DVR 代表了电视监控系统的发展方向，是目前市面上电视监控系统的首选产品。

DVR 的主要参数包括：输入视频回路数、监控和回放画面质量、图像储存压缩标准、图像传输压缩标准。

2. 摄像头

摄像头选用是视频监控工程中最为关键的一个环节。选型时应根据现场环境和用户需求，慎重选择。

(1) 根据安装方式选择。如固定安装，监控摄像头多选用普通枪式摄像头或半球摄像头；如采用云台安装方式，现多选用一体化摄像头，如 SANNO 的

SN-220C，特点是内置电动变焦镜头，小巧美观，安装方便，性价比优，也可采用普通枪式摄像头另配电动变焦镜头方式，但价格相对较高，安装也不及一体化摄像头简。

(2) 根据安装地点选择。由于普通枪式摄像头，既可壁装又可吊顶安装，因此室内室外不受限制，比较灵活。而半球摄像头只能吸顶安装，所以多用于室内且安装高度有一定限制。但和枪式摄像头相比，不需另配镜头、防护罩、支架，安装方便，美观隐蔽，且价格经济。

(3) 根据环境光线选择。如果光线条件不理想，应尽量选用照度较低的摄像头，如彩色超底照度摄像头、彩色黑白自动转换两用型摄像头、低照度黑白摄像头等，以达到较好的采集效果。需要说明的是，如果光线照度不高，而用户对监视图像清晰度要求较高时，宜选用黑白摄像头。如果没有任何光线，就必须添加红外灯提供照明或选用具有红外夜视功能的摄像头，如 SANNO 的 SN-350CWH 或 SN-350CW 摄像头，其特点是：摄像头本身具有彩色黑白转换模式，自带镜头和安装支架，独特的真空包装设计，在室内使用时无需加装防护罩，且外形美观，隐蔽性好，性价比优。

(4) 根据对图像清晰度的要求进行选择。如果对图像画质的分辨率要求较高，应选用电视线指标较高的摄像头。一般来说，对于彩色摄像头，420、450TVL（电视线）都为中解析摄像头，470TVL 以上都为高解析摄像头。清晰度越高，价格相对越高。

(5) 还应注意产品说明上的一些性能指标。如信噪比、自动光圈镜头的驱动方式等。一般的电视监控系统中信噪比指标要选大于 48dB 的，这样不仅满足行业标准规定的不小于 38dB 的要求，更重要的是当环境照度不足时，信噪比越高的摄像头图像就越清晰。镜头的驱动方式一般选用双驱动的，以便随意选用 DC 驱动或视频驱动的自动光圈镜头。

(6) 另外，选型时还要注意工作温度、电源电压等。绝大多数摄像头生产厂家的温度指标是－10～＋50℃，如使用地区的温度、湿度变化较大应加特别防护。由于国内摄像头交流电压适应范围一般是 200～240V，抗电源电压变化能力较弱，在系统中使用时需添加稳压电源。

8.2 隧道施工安全管理系统

8.2.1 系统概述

1. 施工安全管理系统简介

隧道施工在实体中建造空间，不仅难度非常大，而且风险也很高，安全事故容易频繁发生。因此,隧道施工安全管理非常重要。目前隧道施工安全管理信息化技术主要包括三个方面:隧道施工掌子面视频监控技术;隧道施工人员安全监控技术;隧道施工断面自动化测量技术。

隧道施工安全管理的关键部位包括两部分:隧道施工出入口和隧道施工二衬与掌子面部位。施工安全监控主要是应用远距离 RFID 技术和视频监控技术在出入口和施工掌子面附近对人员的出入和分布情况进行监控,隧道断面自动化测量技术主要是在施工掌子面附近应用隧道断面仪对隧道断面进行测量。人员出入信息和隧道断面测量数据通过光纤传输到现场控制站,再通过有线或者无线的方式可传输到建设指挥单位或者监理单位进行查询统计分析。

2. 施工人员安全监控

(1) 在隧道施工过程中,常规使用的方式是配备专职员工留守隧道口进行翻牌登记或者让出入者自行翻牌登记。然而这样的方式存在着诸多弊端:进出隧道的参建单位比较多,更换人员挂牌信息不方便;存在人为的不翻牌或者误翻牌等情况,造成信息不准;无法掌握隧道中人员的分布情况;只能获取是否进出隧道信息,无法记录具体进出隧道时间。

(2) 在长距离隧道施工中,尤其是在应急逃生时,需要对隧道内人员信息有准确的掌握。为了完善长距离隧道施工的风险管理系统,更及时、细致、准确地对隧道内进出人员进行登记管理,经过调研,采用 RFID 技术的人员安全管理系统被引入隧道工程施工管理中。

(3) 隧道人员安全管理系统是集隧道施工人员考勤、区域定位、灾后急救、日常管理等功能于一体,也是国内技术领先、运行稳定、设计专业化的隧道施工现场人员监测系统。使管理人员能够随时掌握施工现场人员的分布状况,便于进行更加合理的调度管理。当事故发生时,救援人员也可根据隧道人员安全管理系统所提供的数据、图形,迅速了解有关人员的位置情况,及时采取相应的救援措施,提高应急救援工作的效率。这一科技成果的实现,将为隧道建设的安全生产和日常管理再上新台阶提供有力保障。

(4) 隧道人员安全管理系统是基于最新的远距离 RFID 识别技术,采用计算机平台实时监控隧道出入口通道,利用射频技术通过监控可识别 RFID 定位,实现到位监督。系统会自动记录当前进出者的相关信息,包括姓名,职务和进出时间,实现人员进出隧道信息管理自动化、规范化、功能管理多元化。通过光纤网络,可以在隧道口和远处的地面办公室实时获得进出者的相关信息,解决了传统挂牌方式的弊端,提高了管理的效率和信息采取的精确度,并保证了数据的实时性。

系统总体结构如图 8.4 所示。

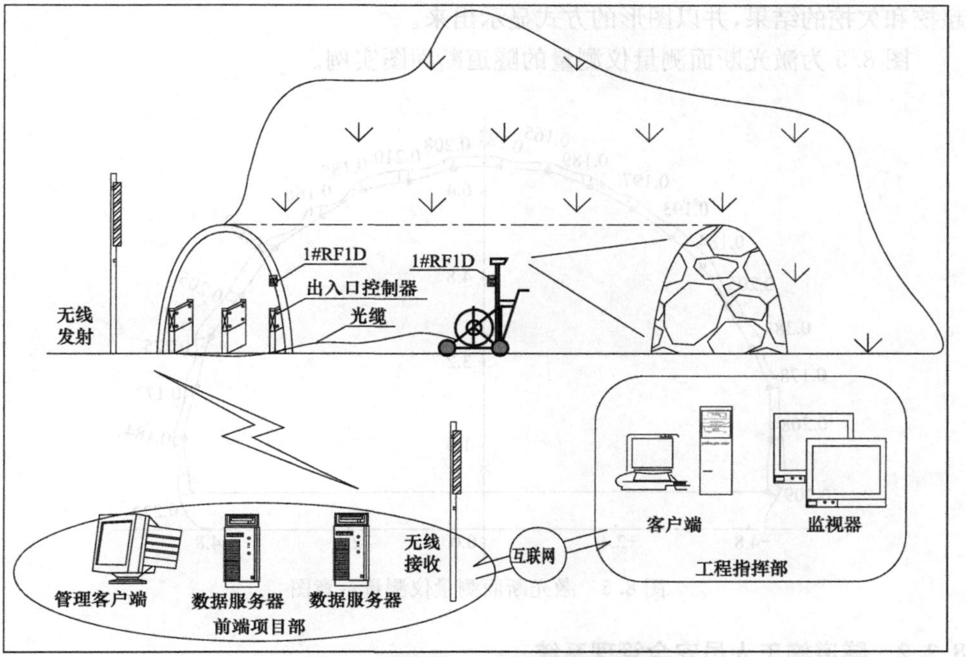

图 8.4　隧道施工安全管理系统结构

3. 隧道断面自动化监测

(1) 开挖是隧道施工工期、造价和安全质量控制的关键工序。超挖不仅因为出碴量和衬砌量增多而提高工程造价,还会因为局部超挖产生应力集中问题而直接影响围岩的稳定性。欠挖则直接影响衬砌厚度,对于工程质量和安全产生隐患。因此测量工作在隧道开挖施工中非常重要,它控制着隧道开挖的平面、高程和断面几何尺寸,关系到隧道的贯通。为满足测量工作的需要,需选择关键工序工作污染小的时间,停止一些次要工序。若测量工作占用时间过长,将直接影响隧道施工的工程进度和经济效益。如何准确及时地提供测量成果,使用的仪器和方法成为重要的因素。

(2) 为了提高隧道施工断面测量的工作效率,激光断面测试技术的得到了应用。其测量过程与人工测量类似,只不过是由激光测距仪的测量代替了人工手拉皮尺的测量。计算和绘图是通过电脑软件编程实现的,具有精度高、效率高和劳动强度低等特点。由于能环 360°自由选取测量点,根据需要可以任意增加测点,测点越多,误差越小,因而能大大提高检测精度。测距精度误差可以缩减至 3mm 以内。

(3) 为了实现隧道断面自动化测量,除了需要在施工现场应用激光断面仪进行测量外,还需要配套相应的断面测量数据处理软件。断面数据处理软件通过串口或者并口从激光断面仪中读取测量数据,与断面设计数据进行对比,从而计算出超挖和欠挖的结果，并以图形的方式显示出来。

图 8.5 为激光断面测量仪测量的隧道断面图实例。

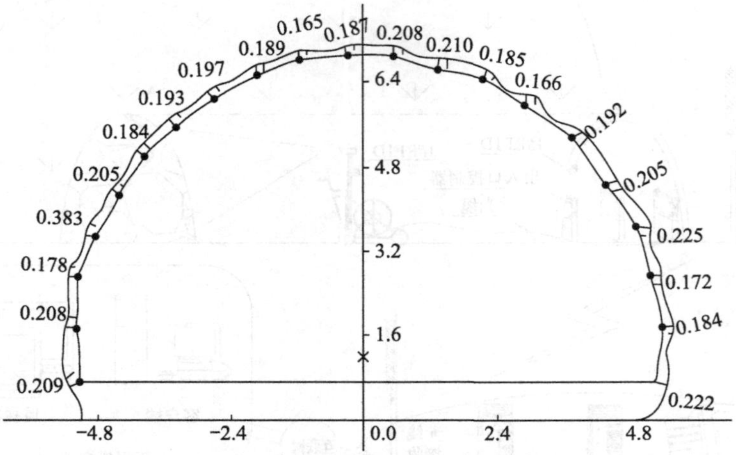

图 8.5 激光断面测量仪测量示意图

8.2.2 隧道施工人员安全管理系统

1. 基本原理

系统硬件主要包括控制主机、LED 显示屏、门禁机构或红外越界报警装置、RFID 读写器、RFID 安全帽等构成，见图 8.6。

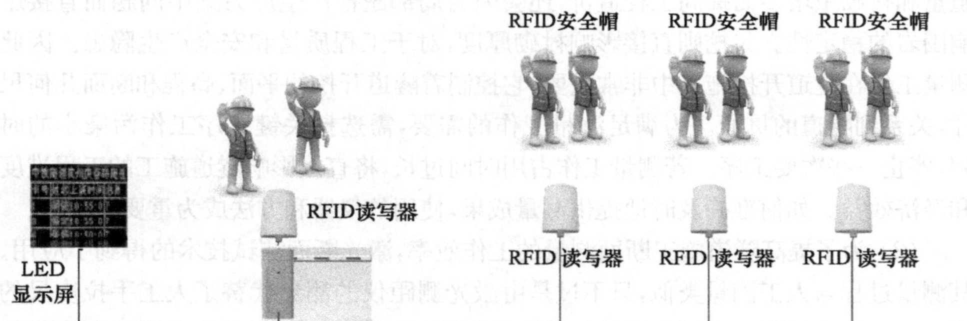

图 8.6 隧道施工人员安全管理系统结构

(1) RFID安全帽。

RFID安全帽是将RFID电子标签布置在工人的安全帽中，RFID标签的主要特点是利用电波交换信息的非接触式操作，通过数据读取器即电波交换信息可同时读取多个IC芯片的信息，在RFID标签内写入持有者的相关信息，通过远距离读取，可实现人员进出记录的电子化管理，确保信息的实时性，准确性。

(2) RFID读卡器。

通过合理布置RFID读卡器的位置和角度来进行人员进出的准确判断，并对人员的位置进行判断。

(3) 控制主机。

控制主机是系统的核心，能够从读写器中读取附近RFID标签的信息，判断其位置和合法性，控制门禁机构，并将必要的信息显示在LED屏上。

(4) 门禁机构或红外越界报警装置。

当采用门禁机构进行隧道的出入控制时，门禁装置要受控于控制主机，当合法的戴有RFID安全帽工人经过时，RFID读卡器就能读出信息，控制主机将打开门禁机构允许其通行。

当采用红外越界报警装置进行隧道的出入控制时，其控制核心也是控制主机。当合法的戴有RFID安全帽工人经过时，RFID读卡器就能读出信息，控制主机将关闭红外越界报警装置，允许其通行，否则的话红外越界报警装置将检测到非法的出入从而进行报警。

(5) LED屏。

受控于控制主机，显示隧道中施工安全人员的基本信息和分布情况，同时根据需要还可以显示通知和公示信息。

2. 系统功能

(1) 考勤管理功能。

① 通过读卡器能判断出施工人员是任何时刻的出入记录。

② 能对施工人员和干部以及部门信息进行添加，修改，查询。

③ 员工考勤查询：可按部门及各种指定条件进行人员的出勤情况查询，如编号、姓名、班次、工种、部门等查询条件；可以按任意条件自动排序。

④ 干部考勤查询：对当天所有干部的出勤情况进行查询显示。

⑤ 可以按照用户要求输出报表。

(2) 设置报警功能。

对于外来人员的或无卡施工人员独自进入隧道时系统会自动报警。但是和携带卡者一起进入时，系统不会出现报警。

(3) 查询统计。

① 施工人员查询:可以自定义组合条件对施工人员当前区域、滞留时间及带班领导等进入隧道相关情况进行查询。

② 工人分布查询:对隧道各区域的施工人员分布情况进行查询,使管理人员可以方便的知道特定区域的工作人数。点击相应区域可获得相关人员详细信息。

③ 未到达区域查询:用以督察和考核相关责任人跟班情况,查询特殊工种是否到达了其工作范围的所有区域。点击相关状态,可以得到到达人员和工作的明细记录。

④ 施工人数统计:可以根据日期对进出隧道的施工人员数量进行统计。

⑤ 区域人数统计:可以任意设置和管理相关施工区域,自动进行区域人数统计。

8.2.3 隧道断面自动化测量

1. 系统概述

为了实现隧道断面自动化测量,除了需要在施工现场应用激光断面仪进行测量外,还需要配套相应的断面测量数据处理软件。断面数据处理软件通过串口或者并口从激光断面仪中读取测量数据,与断面设计数据进行对比,从而计算出超挖和欠挖的结果,并以图形的方式显示出来。

2. 隧道断面自动化测量系统功能

(1) 设计数据管理。

将施工隧道的设计数据输入到系统中作为计算和比对的基础,包括桩号里程、隧道断面几何尺寸、围岩的性质、围岩收敛和拱顶下沉控制标准等。

(2) 断面测量数据采集。

通过串口、USB 口或者其他通信方式,按照预定的通信协议,控制断面仪的初始化、采集点数,并可以启动测量、依次读取测量数据。

(3) 断面超挖欠挖计算。

隧道开挖后进行断面测量,将一个桩号断面采集的数据进行分析处理,通过拟合算法,与该桩号的断面设计的几何尺寸进行比对积分后就能得出超挖和欠挖的面积差,将一个序列桩号断面超挖和欠挖的面积差进行处理和积分就能够得到超挖和欠挖的工程量。

(4) 断面收敛计算。

在断面开挖后到断面收敛稳定期间进行断面测量,将多次测量的断面数据进行数值处理,就能够计算出断面拱顶下沉和围岩收缩数据,将该数据与控制标准值进行比对，可能及时进行风险预警。

(5) 隧道断面图形显示与开挖三维模拟。

运用计算机图形学技术，根据设计数据和测量数据，能够显示出隧道断面实际开挖几何尺寸与设计的几何尺寸对比。并结合三维图像技术，能够动态三维模拟隧道开挖过程。

8.2.4 隧道施工安全管理设备

1. RFID 设备

(1) RFID 射频识别是一种非接触式的自动识别技术，它通过无线射频信号自动识别目标对象并获取相关数据，识别工作无须人工干预，可工作于各种恶劣环境。RFID 技术可识别高速运动物体并可同时识别多个标签，操作快捷方便。RFID 是一种简单的无线系统，只有两个基本器件，该系统用于控制、检测和跟踪物体。系统由一个询问器(或阅读器)和很多应答器(或标签)组成。

(2) 最基本的 RF 系统由三部分组成：

① 标签(tag，即射频卡)：由耦合元件及芯片组成，标签含有内置天线，用于和射频天线间进行通信。

② 阅读器：读取(在读写卡中还可以写入)标签信息的设备。

③ 天线：在标签和读取器间传递射频信号。

(3) RFID 按应用频率的不同分为低频(LF)、高频(HF)、超高频(UHF)、微波(MW)，相对应的代表性频率分别为：低频 135kHz 以下、高频 13.56MHz、超高频 860M～960MHz、微波 2.4G，5.8G。RFID 按照能源的供给方式分为无源 RFID、有源 RFID 以及半有源 RFID。无源 RFID 读写距离近，价格低；有源 RFID 可以提供更远的读写距离，但是需要电池供电，成本要更高一些，适用于远距离读写的应用场合。

(4) RFID 标签由标签芯片和标签天线或线圈组成，利用电感耦合或电磁反向散射耦合原理实现与读写器之间的通讯。RFID 标签中存储一个唯一编码，通常为 64bit、96bit 甚至更高，其地址空间大大高于条码所能提供的空间，因此可以实现单品级的物品编码。当 RFID 标签进入读写器的作用区域，就可以根据电感耦合原理(近场作用范围内)或电磁反向散射耦合原理(远场作用范围内)在标签天线两端产生感应电势差，并在标签芯片通路中形成微弱电流，如果这个电流强度超过一个阈值，就将激活 RFID 标签芯片电路工作，从而对标签芯片中的存储器进行读/写操作，微控制器还可以进一步加入诸如密码或防碰撞算法等复杂功能。

(5) 读写器是 RFID 系统中最重要的基础设施，一方面，RFID 标签返回的微弱电磁信号通过天线进入读写器的射频模块中转换为数字信号，再经过读写器的数字信号处理单元对其进行必要的加工整形，最后从中解调出返回的信息，完成对RFID标签的识别或读/写操作；另一方面，上层中间件及应用软件与读写器进行交互，实现操作指令的执行和数据汇总上传。

(6) 天线在RFID系统中的重要性往往被人们所忽视，在实际应用中，天线设计参数是影响RFID系统识别范围的主要因素。高性能的天线不仅要求具有良好的阻抗匹配特性，还需要根据应用环境的特点对方向特性、极化特性和频率特性等进行专门设计。

2. 激光周界报警器

激光入侵探测器发射机发射一束激光，经反射或直接射到接收机上，如果中间任意一处被遮断，形成断路，则报警。激光它的穿透力强、误报率低0.01%、超远距离(>1～1000m)、不受任何干扰、高度保密难破坏(激光发射头外形尺寸50mW的激光头只有Φ12mm×35mm大小)(手尾指大小)比较容易隐蔽。耗电少，一般情况下寿命长达22年以上。

3. 激光隧道断面仪

(1) 本仪器是建立在无合作目标激光测距技术和精密数字测角技术之上的。极坐标测量法与计算机技术紧密相结合，加上专门设计的图象处理软件，能迅速得到断面图并与设计图进行对比，可以快速给出检测报告等文件。由于采用了大容量的内存，本仪器在现场不须使用笔记本计算机，即可检测记录多组断面数据。操作者可以在回到办公室后，输入到任何一台PC机中去，在本仪器提供的台式机软件基础上可以进行数据处理和作图等工作。

(2) 激光隧道断面仪的主要技术指标包括以下几种：

① 检测半径。

② 检测时间。

③ 测距精度：±3mm。

④ 测角精度：±6′。

⑤ 方位角范围：0°～360°。

⑥ 定位测量方式：具有垂直向下激光定心标志点和测距。

第 9 章 工程事故分析

本章介绍了事故报告、事故调查及处理的相关规定，并对近几年的铁路工程安全事故做一简要分析。

9.1 事故调查与处理的相关规定

9.1.1 事故报告

1. 事故等级划分

根据《生产安全事故报告和调查处理条例》(国务院令第 493 号)第三条，事故分为特别重大、重大、较大、一般事故四个等级，如表 9.1 所示。

表 9.1 安全事故分级

指标等级	死亡人数	重伤人数	直接经济损失
特别重大	30 人以上	100 人以上	1 亿元以上
重大	10 人以上 30 人以下	50 人以上 100 人以下	5000 万元以上 1 亿元以下
较大	3 人以上 10 人以下	10 人以上 50 人以下	1000 万元以上 5000 万元以下
一般	3 人以下	10 人以下	1000 万元以下

2. 事故报告

(1) 安全事故报告实行两条线、双报告制：①向事故发生地县级以上人民政府安全生产监督管理部门报告；②向本企业负有安全生产监督管理职责的有关部门报告。

(2) 基本要求。

国务院令第 493 号规定，事故发生后，事故现场有关人员应当立即向本单位负责人报告。

单位负责人接到报告后，应当于 1 小时内向事故发生地县级以上人民政府安全生产监督管理部门和负有安全生产监督管理职责的有关部门报告。

安全生产监督管理部门、负有安全生产监督管理职责的有关部门逐级上报。每级上报的时间不得超过 2 小时。

事故报告应当及时、准确、完整，任何单位和个人对事故不得迟报、漏报、谎报或者瞒报。事故具体情况暂时不清楚的，负责事故报告的单位可以先报事故概况，随后补报事故全面情况。事故信息报告后出现新情况的，负责事故报告的单位应当及时续报。较大涉险事故、一般事故、较大事故每日至少续报1次；重大事故、特别重大事故每日至少续报2次。自事故发生之日起30日内，事故造成的伤亡人数发生变化的，应于当日续报。

(3) 下列较大涉险事故必须按相关规定报告。

涉险10人以上的事故；造成3人以上被困或者下落不明的事故；紧急疏散人员500人以上的事故；因生产安全事故对环境造成严重污染(人员密集场所、生活水源、农田、河流、水库、湖泊等)的事故；危及重要场所和设施安全(电站、重要水利设施、危化品库、油气站和车站、码头、港口、机场及其他人员密集场所等)的事故。

(4) 事故迟报、漏报、谎报与瞒报。

报告事故的时间超过规定时限的，属于迟报；因过失对应当上报的事故或者事故发生的时间、地点、类别、伤亡人数、直接经济损失等内容遗漏未报的，属于漏报；故意不如实报告事故发生的时间、地点、类别、伤亡人数、直接经济损失等有关内容的，属于谎报；故意隐瞒已经发生的事故，并经有关部门查证属实的，属于瞒报。

(5) 事故报告内容。

事故发生单位概况；事故发生的时间、地点以及事故现场情况；事故的简要经过；事故已经造成或者可能造成的伤亡人数(包括下落不明的人数)和初步估计的直接经济损失；初步原因分析和已经采取的措施；其他应当报告的情况。

(6) 伤亡人数统计。

事故死亡、重伤、轻伤按解除现场危险状态的人数据实统计；事故受伤人员因事故伤害30日内死亡的，纳入事故死亡人数统计；下落不明人数包括可能的被困或失踪人数；救援过程中的下落不明人员称为被困人员；救援终止后的下落不明人员习惯上称为失踪人员。

3. 铁路行业对事故报告的要求

(1) 生产安全事故发生后，施工单位负责人或项目经理应于1小时内向建设、监理单位和工程所在地县级以上人民政府报告，并在12小时内提交书面报告。

(2) 建设单位接到生产安全事故报告后，应于2小时内向铁路建设工程质量安全监督机构、铁路建设行政主管部门报告，并在24小时内提交书面报告。

发生较大及以上生产安全事故、较大涉险事故或社会影响重大的事故的，事故发生单位负责人、建设单位负责人应在1小时内先用电话快报铁路工程质量安全监督总站、铁路建设行政主管部门，随后补报书面报告。

(3) 涉及营业线运输安全的情形的，还应同时报告铁路运输管理机构、铁路安全监察机构。

9.1.2　事故调查处理

1. 事故调查

安全事故调查处理实行分级管理和属地管理原则，铁路交通事故实行行业管理。

事故调查的目的是防止事故的再发生，也就是说，根据事故调查的结果，提出整改措施，控制事故或消除此类事故。在事故调查中应坚持实事求是、尊重科学，及时准确地查清事故经过、事故原因和事故损失，查明事故性质，认定事故责任，总结事故教训，提出整改措施，并对事故责任者依法追究责任。事故调查工作一般先设立事故处理领导小组，首先抓好事故紧急抢险和救援工作，遏制事故蔓延，减轻事故灾害；然后抓好事故调查工作，分设管理组、综合组、技术组、善后组等。事故调查工作的重点是搜集与事故有关的各种物证、人证和相关材料。

2. 落实事故处理意见

(1) 落实有关人民政府批复意见。

按负责事故处理的人民政府批复意见，对本单位负有事故责任的人员进行处理。认真吸取事故教训，落实批复意见明确的防范和整改措施。

(2) 落实铁路主管部门事故处理意见。

按要求在规定的期限内及时调整充实相应岗位的人员，清退被限制在铁路工程执业的人员。需要调整项目负责人、设计现场负责人、总监理工程师等备案人员的，应按建设项目管理程序取得建设单位的批准，并在规定的时间内报工程质量安全监督总站备案。

细化防范和整改措施，防止事故再次发生。

9.2　铁路工程施工安全状况

9.2.1　近年铁路工程安全事故情况

1. 2006～2009 年事故统计

2006 年发生事故 10 起，死亡 40 人。

2007 年发生事故 11 起，死亡 68 人。

2008 年发生事故 18 起，死亡 66 人。

2009 年发生事故 19 起，死亡 36 人。

2. 2006～2009 年事故分析

铁路建设百亿元投资死亡人数与全国建筑业百亿元投资及国家百亿元 GDP 死亡人数对比情况见表 9.2。事故次数与死亡人数按月统计如图 9-2～图 9-4 所示。

表 9.2　百亿元 GDP 死亡人数/人

年　度	铁路建设	全国建筑业	全社会	备注
2006	2.58	6.11	56	2007 年发生一起特别重大事故，造成 35 人死亡
2007	3.86	5.33	41.3	
2008	1.98	4.42	31.2	
2009	0.60	-	-	

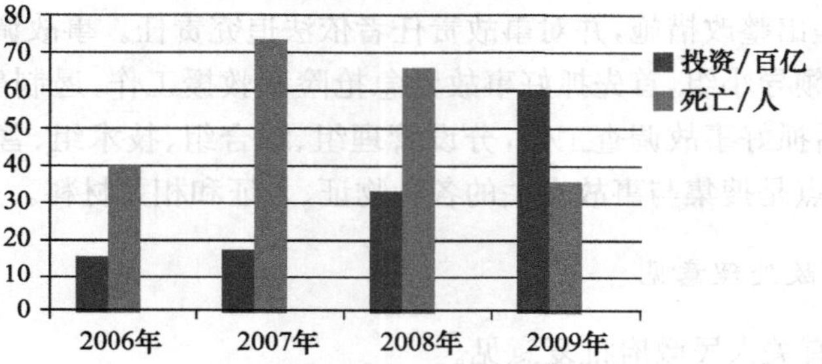

图 9-1　年度投资与事故死亡人数

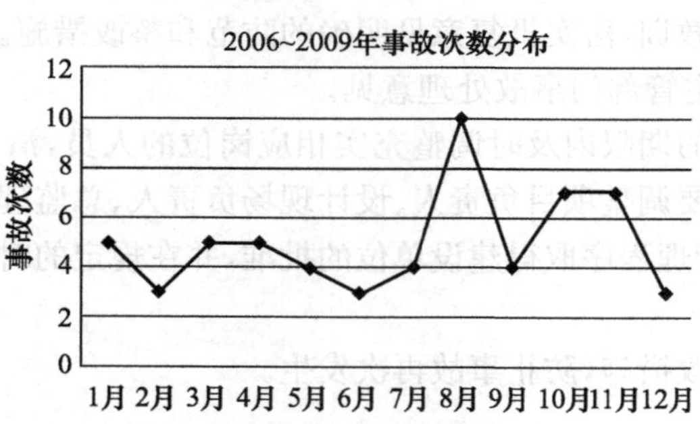

图 9-2　事故次数按月统计分布

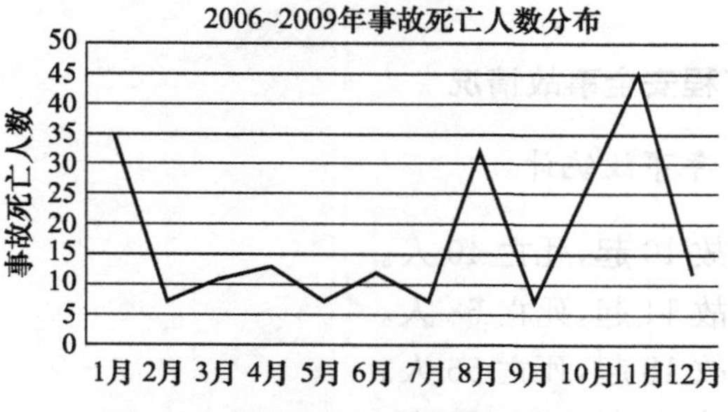

图 9-3　事故死亡人数按月统计分布

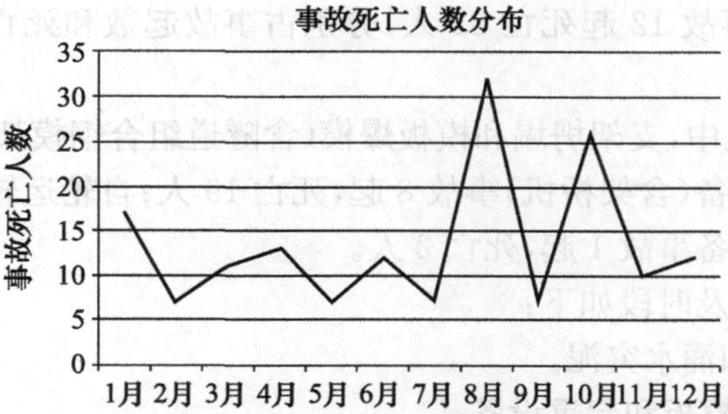

图 9-4 减去两次重大事故后的按月统计死亡人数分布

减去胶济铁路"1.23"(18 人)、宜万铁路"11.20"(35 人)

3. 2006～2009 年事故类别分析

不同专业事物发生情况统计见图 9-5。

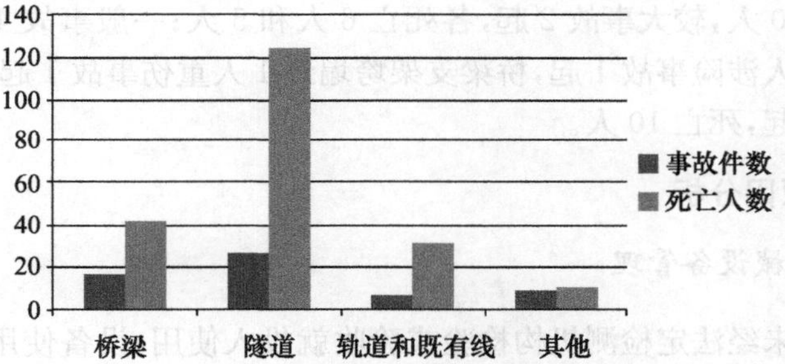

图 9-5 事故按铁路专业统计分布

2006～2009 年,隧道工程事故 28 起死亡 127 人,事故次数和所造成的死亡人数都是最多的,分别占总量的 48.3%和 60.5%。其次是桥梁工程事故 17 起死亡 42 人,占总量的 29.3%和 20%。两项合计占总量的 77.6%和 80.5%。

28 起隧道工程事故中,洞内塌方 14 起死亡 35 人,洞口工程 5 起 44 人,涌水突泥 5 起 30 人,洞内爆炸和火灾 5 起 15 人。

58 起事故中,设备事故 24 起死亡 59 人,分别占总量的 39.7%和 27.1%。特别是 2009 年,若将桥梁模板和支架、工程设备及自轮运转设备全部合并计算,设备事故件数和死亡人数均超过了 60%。

2006 年设备事故 3 起死亡 10 人,分别占事故起数和死亡人数的 30.0%和 25.0%。

2007 年设备事故 3 起死亡 7 人,分别占事故起数和死亡人数的 27.3%和 10.3%。

2008 年设备事故 5 起死亡 18 人,分别占事故起数和死亡人数的 27.8%和 27.3%。

2009 年设备事故 12 起死亡 22 人，分别占事故起数和死亡人数的 63.2%和 61.1%。

24 起设备事故中，支架坍塌和模板爆模（含隧道组合钢模架 1 起）事故 11 起，死亡 28 人；起重设备（含架桥机）事故 8 起，死亡 19 人；自轮运转设备事故 4 起，死亡 10 人；盾构机设备事故 1 起，死亡 2 人。

事故高发环节及时段如下：

① 隧道塌方和涌水突泥。

② 桥梁支架、模板和起重设备。

③ 8 月份和 10 月份是事故高发月。

4. 2010 年安全事故情况

1 至 5 月份，全路发生建设工程亡人事故 7 起，造成 28 人死亡，同比事故起数增加 2 起，上升 40%，死亡人数增加 19 人，上升 211%。7 起亡人事故中，重大事故 1 起，死亡 10 人，较大事故 2 起，各死亡 6 人和 5 人；一般事故 4 起，死亡 7 人，隧道塌方致 8 人涉险事故 1 起，桥梁支架垮塌致 1 人重伤事故 1 起。另外，租住民房火灾事故 1 起，死亡 10 人。

9.2.2 事故原因分析

1. 施工机械设备管理

机械设备未经法定检测机构检验或验收就投入使用；设备使用单位安全意识淡薄，违章操作、违规使用；机械设备不按规程维修养护，无安全保障技术措施，现场安全防护不到位；有的随意减弱结构部件，减少结构零件。自制的设备、器材，施工设计标准不执行，复核检算制度不落实，加工制造质量不过关，进场检验和安装调试程序简化，缺少经常性的维修保养、检查和隐患治理。

2. 隧道工程施工

超前地质预报工作不到位；初期支护不规范、不到位；仰拱和二次衬砌跟进不及时，没有严格落实标准。变形监控量测不认真，不按要求设置断面量测布点、量测断面、布点数量和量测频次不足，量测资料整理分析不及时，起不到指导现场施工的作用。

9.2.3 施工安全突出问题

(1) 高空作业劳动保护和临边防护措施不落实，脚手架或作业平台安装不满足稳定性要求，安全防护网设置不规范。

(2) 隧道施工主要工序间的安全距离不符合要求，存在擅自改变隧道开挖方法的现象。

(3) 不重视用电安全和消防工作，施工配电箱破损、无漏电保护设备、照明与动力共线、电线路架设不规范，消防设施配备不足或失效。

(4) 既有线施工时大型机械未做到一机一人防护，路料侵线，隔离防护措施不满足要求。

(5) 桥梁和接触网杆塔基础施工时基坑放坡不足、无防护措施。

(6) 爆破方案装药量标准控制不严、爆破防护不到位、易爆物品存储不规范。

(7) 起重设备和大型制、运、架设备定期检查、维修保养不到位。

(8) 对应急预案管理重视不够，应急队伍、物资器材和设备配备不满足要求，应急演练要求不落实。

参考文献

白思俊. 2012. 现代项目管理. 北京：机械工业出版社.

北京铁路局. 2011. 北京铁路局建设工程重大危险源管理办法.

黄守刚，王宁. 2012. 铁路工程施工安全精细化管理. 北京：中国铁道出版社.

江苏省华建建设股份有限公司. 2012. 建筑机械使用安全技术规程. 北京：中国建筑工业出版社.

劳雷工业有限公司. 2011. 地质雷达工作原理.

罗云. 2009. 现代安全管理. 北京：化学工业出版社.

马旭晨. 2003. 项目经理能力解析：助您通过 IPMP、PMP、PRINCE2、CPMP 能力认证. 北京：中国建筑工业出版社.

牛温佳. 2013. 移动网络视频监控系统. 北京：电子工业出版社.

彭力，冯伟. 2013. 无线射频识别工程实践. 北京：北京航空航天大学出版社.

单承赣，单玉峰，姚磊，等. 2008. 射频识别(RFID)原理与应用. 北京：电子工业出版社.

铁道部工程管理中心. 2009. 客运专线铁路箱梁运架安全管理手册. 北京：中国铁道出版社.

铁道部工程管理中心. 2009. 客运专线铁路工程质量安全监控要点手册. 北京：中国铁道出版社.

铁道部运输局. 2011. 铁路工务安全规则. 北京：中国铁道出版社.

铁道部运输局. 2013. 铁路营业线施工安全管理办法. 北京：中国铁道出版社.

王麟书. 2003. 中国铁路信息化建设与展望. 铁路计算机应用，112：10.

吴波. 2010. 隧道施工安全风险管理研究与实务. 北京：中国铁道出版社.

西刹子. 2010. 智能网络视频监控技术详解与实践. 北京：清华大学出版社.

许红，宋亚萍. 2006. 我国铁路信息化建设现状及发展规划. 综合运输，8：129～132.

饶国宁，陈网桦，郭学永. 2010. 安全管理. 南京：南京大学出版社.

中国安全生产协会注册安全工程师工作委员会. 2011. 安全生产管理知识. 北京：中国大百科全书出版社.

中华人民共和国铁道部. 2009. 铁路工程基本作业施工安全技术规程 TB 10301—2009 J944—2009. 北京：中国铁道出版社.

中华人民共和国铁道部. 2009. 铁路路基工程施工安全技术规程 TB 10302—2009 J945—200. 北京：中国铁道出版社.

中华人民共和国铁道部. 2009. 铁路桥涵工程施工安全技术规程 TB 10303—2009 J946—2009. 北京：中国铁道出版社.

中华人民共和国铁道部. 2009. 铁路隧道工程施工安全技术规程 TB 10304—2009 J947—2009. 北京：中国铁道出版社.

中华人民共和国铁道部. 2009. 铁路轨道工程施工安全技术规程 TB 10305—2009 J948—2009. 北京：中国铁道出版社.